Biophilosophien

AF809809

Reihe »Politik der Geschlechterverhältnisse«
Band 43

Herausgegeben von Cornelia Klinger, Eva Kreisky, Andrea Maihofer
und Birgit Sauer

Susanne Lettow, Dr. phil., ist Gastprofessorin am Institut für Philosophie an der FU Berlin sowie Projektleiterin und Visiting Fellow am Institut für die Wissenschaften vom Menschen, Wien.

Susanne Lettow

Biophilosophien

Wissenschaft, Technologie und Geschlecht im philosophischen Diskurs der Gegenwart

Campus Verlag
Frankfurt/New York

Gedruckt mit freundlicher Unterstützung des Fonds zur Förderung der wissenschaftlichen Forschung (FWF) sowie der Johanna und Fritz Buch Gedächtnis-Stiftung, Hamburg.

Bibliografische Information der Deutschen Nationalbibliothek
Die Deutsche Nationalbibliothek verzeichnet diese Publikation in der Deutschen Nationalbibliografie; detaillierte bibliografische Daten sind im Internet über http://dnb.d-nb.de abrufbar.
ISBN 978-3-593-39295-0

Das Werk einschließlich aller seiner Teile ist urheberrechtlich geschützt. Jede Verwertung ist ohne Zustimmung des Verlags unzulässig. Das gilt insbesondere für Vervielfältigungen, Übersetzungen, Mikroverfilmungen und die Einspeicherung und Verarbeitung in elektronischen Systemen.
Copyright © 2011 Campus Verlag GmbH, Frankfurt am Main
Umschlaggestaltung: Guido Klütsch, Köln
Satz: Campus Verlag, Frankfurt am Main
Gedruckt auf Papier aus zertifizierten Rohstoffen (FSC/PEFC).
Printed in Germany

Besuchen Sie uns im Internet: www.campus.de

Inhalt

Dank

An der Entstehung dieser Arbeit waren Viele beteiligt, die Teile der Arbeit gelesen, vorläufige Gedanken mit mir diskutiert und mich auf die eine oder andere Art ermuntert haben. Bei ihnen allen möchte ich mich bedanken. Darüber hinaus danke ich im Besonderen dem DFG-Graduiertenkolleg »Öffentlichkeiten und Geschlechterverhältnisse. Dimensionen von Erfahrung« an den Universitäten Kassel und Frankfurt am Main, in dessen Rahmen die Arbeit in den Jahren 2001 bis 2003 erste Züge annahm. Großer Dank gebührt zudem Cornelia Klinger, die die Arbeit über weite Strecken mitverfolgt und begleitet hat, sowie dem gesamten Institut für die Wissenschaften vom Menschen in Wien, das mich so freundlich aufgenommen hat und immer noch aufnimmt. Ruth Hagengruber danke ich für ihr Interesse an meiner Arbeit und dafür, dass sie das Habilitationsverfahren an der Universität Paderborn geleitet hat. Astrid Deuber-Mankowsky danke ich für ein inspirierendes Gutachten und ebensolche Gespräche.

In finanzieller Hinsicht wurde die Arbeit ermöglicht durch ein Post-doc Stipendium der Deutschen Forschungsgemeinschaft, ein Forschungsstipendium des Berliner Programms zur Förderung der Chancengleichheit für Frauen in Forschung und Lehre, ein Lise-Meitner-Stipendium des österreichischen Fonds zur Förderung der wissenschaftlichen Forschung (FWF) sowie ein Stipendium der Hochschule Magdeburg-Stendal im Rahmen des Hochschul-Wissenschaftsprogramms des Landes Sachsen-Anhalt. Diesen Institutionen sei hier ebenfalls gedankt.

Einleitung

Biowissenschaften und -technologien sind seit den 1960er Jahren immer wieder Anlass philosophischer Reflexion geworden. Molekularbiologie und Genetik, seit den 1950er Jahren auf konzeptioneller Ebene eng mit der Informationstheorie verbunden, werden im philosophischen Diskurs ebenso aufgegriffen wie die technologischen und biomedizinischen Entwicklungen in der zweiten Hälfte des zwanzigsten Jahrhunderts – angefangen mit den ersten Organtransplantationen in den 1960er Jahren, über die Entstehung rekombinanter DNA-Technologien und der Reproduktionstechnologien in den 1970er Jahren, bis hin zu den Versprechen der Stammzellforschung und der Konjunktur der Hirnforschung zu Beginn des einundzwanzigsten Jahrhunderts. Es geht daher um wissenschaftliche und technologische Entwicklungen, die auf die konzeptionelle Durchdringung und praktisch-technologische Gestaltung der Mikrostrukturen von Menschen, Tieren und Pflanzen zielen. Diesen hat sich jedoch keineswegs nur die Ethik, in Form der Bioethik, zugewandt. Auch in poststrukturalistischen Positionen, in der analytischen Philosophie des Geistes und im Rahmen des Wiederauflebens der philosophischen Anthropologie, das seit einigen Jahren im deutschsprachigen Raum zu konstatieren ist, haben sich theoretische Strategien herausgebildet, die sich in unterschiedlicher Form auf den Komplex der Biowissenschaften und Biotechnologien beziehen. In diesem Buch wird daher das philosophische Feld insgesamt in den Blick genommen und daraufhin befragt, welche wirkmächtigen theoretischen Strategien sich in den vergangenen Jahrzehnten herausgebildet haben. Als »Biophilosophien« werden diese Strategien nicht nur aufgrund ihrer thematischen Ausrichtung bezeichnet, sondern auch, weil sie sich – mit Michel Foucault gesprochen – als Elemente einer Biopolitik erweisen, die nicht nur die staatliche Regulierung von Biowissenschaften und -technologien, sondern auch die Entstehung neuer Formen der Subjektivierung und Normalisierung umfasst. Philosophische Artikulationen von biowissenschaftlichem Wissen und Biotechnologien gliedern diese nicht allein ins philosophische Feld und dessen spezifische Denk- und Sprechweisen ein. Sie bringen darüber hinaus auch kulturelle und politisch-ethische Codierungen hervor, die die gesellschaftlichen Diskurse um diese Wissenschaften und Technologien mit prägen – und damit indirekt auch diese selbst. Weit davon entfernt, »reine« Erkenntnisprojekte zu sein, sind die hier untersuchten philosophischen Interventionen und Diskurse Teil der gesellschaftlichen Politiken um Biowissenschaften und -technologien. Sie berühren Fragen der Ökonomie, des Rechts, der gesellschaftlichen Naturverhältnisse ebenso wie Körper- und Bevölkerungspolitiken, die sich wiederum um so existenzielle Bereiche wie Fortpflanzung und Geburt, Gesundheit und Krankheit, Altern, Sterben und Tod herum gruppieren. Dabei stehen Entwürfe von Subjektivität und Handlungsfähigkeit individueller und kollektiver Lebensweisen ebenso auf dem Spiel wie die Formen und Möglichkeiten gesellschaftlicher Partizipation an wissenschaftlichen und technologischen Entwicklungen.

Die hier untersuchten philosophischen Praxen und Strategien adressieren diese Fragen zum Teil direkt, zum Teil nur implizit und auf sehr unterschiedliche Art und Weise. An der kulturellen Artikulation von Biowissenschaften und -technologien arbeitend, sind sie jedoch immer in Machtverhältnisse und daher auch in Geschlechterverhältnisse verstrickt. Denn alle gesellschaftlichen Verhältnisse sind auch Verhältnisse, in denen Individuen als vergeschlechtlichte agieren und vergeschlechtlicht werden. Geschlechterverhältnisse bilden keinen spezifischen gesellschaftlichen »Bereich«, der sich gesondert betrachten ließe, sondern sind eine konstitutive Dimension des Sozialen. Ihre spezifische Ordnung und die Formen geschlechtlicher Subjektivität, von Männlichkeit und Weiblichkeit, sind historisch kontingent und wandelbar. Sofern philosophische Artikulationen aber in einem sozialen und kulturellen Kontext stehen beziehungsweise in diesen intervenieren, stellen sie immer auch eine Relation zu dessen geschlechterpolitischen Dimensionen her, ob dies nun intentional und explizit oder implizit beziehungsweise im Modus der Ausblendung geschieht. Daher gilt es, die philosophischen Interventionen, die sich thematisch oder konzeptionell auf Biowissenschaften und -technologien beziehen, daraufhin zu befragen, wie diese Relation hergestellt wird. In diesem Zusammenhang sind die Positionen, die feministische Philosophinnen in den vergangenen Jahrzehnten formuliert haben, bedeutsam. Ein Blick auf die Disziplin zeigt jedoch, dass diese dort immer noch marginal sind. Die Analyse hat sich daher insbesondere mit jenen dominanten Positionen auseinanderzusetzen, die Geschlecht und Geschlechterverhältnisse nicht, nur am Rande oder auch im Widerstreit mit feministischen Intentionen thematisieren. Untersucht wird, worin die Spezifik der biophilosophischen Artikulationen besteht, das heißt, wie in den unterschiedlichen Strategien philosophische Kompetenz eingesetzt wird, um Geschlechterverhältnisse zu artikulieren beziehungsweise zu desartikulieren. Im Modus der Kritik und der bestimmten Negation geht es darum, strukturelle Defizite in den bisherigen philosophischen Artikulationen auszuloten, dabei jedoch zugleich auch Ansatzpunkte dafür aufzuzeigen, wie gegenwärtige philosophische und gesellschaftliche Debatten um Biowissenschaften und -technologien transformiert und erweitert werden können.

Im Zentrum der Arbeit stehen Geschlechterverhältnisse, weil mit den Biowissenschaften und -technologien menschliche Körper, die immer auch Geschlechtskörper sind, auf neuartige Weise praktisch verändert und kulturell artikuliert werden. Mit dem Durchlässigwerden von individuellen Körpergrenzen durch die Zirkulation menschlicher und tierischer Körperstoffe und durch technische Interventionen in körperliche Mikroprozesse stehen tradierte Vorstellungen von Körper, Sexualität, Fortpflanzung und Verwandtschaft zur Disposition. In gesellschaftlichen Strukturzusammenhängen, die durch hierarchische Geschlechterverhältnisse geprägt sind, liegt es dabei nahe, dass sich an diese Veränderungen neue Formen sozialer Ungleichheit zwischen den Geschlechtern anlagern. So stehen weibliche Körper, die Eizellen und Embryonen hervorbringen, auf eine Art und Weise im Zentrum medizinischer, wissenschaftlicher und bioökonomischer Interessen, für die es in Hinblick auf männliche Körper keine Entsprechung gibt. Die wissenschaftlichen und technologischen Zugriffe richten sich dabei nicht auf »den Körper« schlechthin – auch nicht auf »den Frauenkörper« – sondern auf geschlechtliche Individuen, die zudem in ökonomischen und geopolitisch bestimmten Ungleichheitsstrukturen situiert sind. In den biowissenschaftlichen und -technologischen Prozeduren werden menschliche Körper vielmehr auf unterschiedliche Art und Weise, mit unterschiedlichen Risiken, materiellen und symbolischen Einsätzen vergesellschaftet. Auf welche Art und in welchem Ausmaß dies geschieht, kann dabei nicht durch den isolierten Blick auf einzelne wissenschaftliche Praxen und technische Verfahren verstanden werden, sondern nur, sofern die »gesellschaftlichen Wissenschafts- und Technologieverhältnisse« (Haraway 1985/1995, 54) in den Blick genommen werden.

Wie vor allem die neuere Wissenschafts- und Technikforschung herausgestellt hat, sind Wissenschaften und Technologien immer auch politisch, das heißt, sie tragen zur Gestalt des Gemeinwesens bei und gewinnen ihre spezifischen Konturen in diesem. Technologien werden daher als »soziotechnische Produkte« (Wajcman 2004, 7) beziehungsweise »soziotechnische Konstellationen« (Rammert 2007, 17) aufgefasst, die Artefakte, Verfahren und Wissen umfassen. Im Unterschied zu rationalistischen und instrumentalistischen Technikauffassungen hat insbesondere die konstruktivistische Technikforschung Prozesse des *social shaping of technology* rekonstruiert. Demzufolge stehen Technologien und Geschlecht in einem Wechselverhältnis, »in which technology is both a source and a consequence of gender relations« (Wajcman 2004, 7). Das bedeutet zum einen, dass Technologien Spuren der Machtverhältnisse in sich tragen, in denen sie entstehen und benutzt werden. Zum anderen heißt dies, dass Technologien wie andere soziale Verhältnisse auch gestalt- und veränderbar sind. Eine solche Analyse orientiert, wie Judy Wajcman hervorhebt, auf Handlungsfähigkeit in Bezug auf die Gestaltung und Veränderung von Technologien. In einem umfassenden Sinn begreift sie Technologien als kulturell, politisch und ökonomisch umkämpftes Terrain. Dabei sind sowohl die Prozesse technologischer Innovation als auch die vielfältigen Formen, in denen Technologien eingesetzt und gebraucht werden, von Bedeutung. Denn wie viele Untersuchungen im Umkreis der *Social Studies of Technology*[1] gezeigt haben, ist für die Entwicklung von Technologien nicht unbedingt die technische Effizienz ausschlaggebend, sondern eine Vielfalt kontingenter Faktoren (vgl. ebd., 36).[2] Auch einmal etablierte Technologien wirken nicht handlungsdeterminierend, selbst wenn sie Tätigkeiten strukturieren und, wie Bruno Latour betont, zu einer »Här-

1 Seit den 1970er Jahren haben sich »in den USA unter dem Begriff *Science, Technology, and Society* (STS)« – oder auch Social Studies of Science and Technology – »[...] interdisziplinäre Forschungsprojekte (etabliert), die den Dialog mit TechnikentwicklerInnen, EntscheidungsträgerInnen aus Wirtschaft und Politik, (alltäglichen) NutzerInnen sowie geistes-, ingenieur- und naturwissenschaftlichen ForscherInnen suchen und anstoßen« (Degele 2002, 18). Zu zentralen Debatten und Konzepten dieses Feldes vgl. Edward J. Hackett, Olga Amsterdamska, Michael Lynch und Judy Wajcman (Hg.), *The Handbook of Science and Technology Studies*, Cambridge 2008.

2 Ein Standardbeispiel hierfür ist die Durchsetzung der vergleichsweise ineffizienten Schreibmaschinentastatur QWERTY. Ein weiteres Beispiel, das die historisch-soziale Kontingenz technischer Innovation zeigt, ist die Entstehungsgeschichte des Fahrrads, die Wiebe Bijker und Trevor Pinch in ihrer einflussreichen Studie rekonstruiert haben. Sie zeigen, dass »bei der Entwicklung vom Hochrad [...] zum Fahrrad heutiger Bauart [...] Ingenieure, sportbegeisterte junge Männer, Frauenvereine und Hochradmechaniker sehr verschiedene Visionen mit diesem Fortbewegungsmittel [verbanden]: Die eines Sportgeräts, eines alltäglichen Fortbewegungsmittels oder eines speziellen Hobbygegenstandes.« (Degele 2002, 101)

tung« des Sozialen führen, also »soziales Handeln auf Dauer« stellen (Degele 2002, 132). Denn eine gewisse »interpretative Flexibilität« bleibt erhalten. Dabei sind nicht nur die Möglichkeiten des Gebrauchs und die symbolischen Dimensionen von Technologien gesellschaftlich kontingent, sondern auch Einschätzungen darüber, ob eine Technologie »funktioniert«. So bestreiten zum Beispiel viele Kritikerinnen und Kritiker, dass pränatale Diagnoseverfahren, die eine relativ hohe Fehlerquote aufweisen und zum Teil ein zusätzliches Fehlgeburtsrisiko hervorrufen, eine funktionierende Technologie darstellen. Da die Fokussierung auf soziale und politische Prozesse in der Technikgenese und -anwendung aber vielfach zu einem Soziologismus geführt hat, der sich spiegelbildlich zum kritisierten Technikdeterminismus verhält, ist die konstruktivistische Technikforschung inzwischen durch Einsichten der Aktor-Netzwerk-Theorie weiterentwickelt worden. So wird Technik im Anschluss an Bruno Latour nicht nur als gesellschaftlich konstruiert begriffen, sondern es wird zudem die Eigendynamik technischer und natürlicher Zusammenhänge betont. Die Metapher des Netzwerks, an dem verschiedene menschliche und nicht-menschliche »Aktanten« teilhaben, stützt die Auffassung, dass Gesellschaft und Technologie sich gegenseitig konstituieren.[3] Wie Mona Singer hervorhebt, geht dieser Ansatz auch deshalb über den Konstruktivismus hinaus, »weil damit im Vordergrund steht, dass materialistisch gesehen Handlungsmöglichkeiten in Abhängigkeit von natürlichen, quasi-natürlichen oder selbst geschaffenen Bedingungen zu verstehen sind« (Singer 2003, 120). Gerade in Bezug auf Biotechnologien, die menschliche, tierische und pflanzliche Körper modifizieren, ist es von zentraler Bedeutung, die Materialität des Technischen, der Artefakte – die in diesem Fall zum Großteil selbst Körperstoffe sind – sowie der Objekte und Zusammenhänge, in die Techniken intervenieren, nicht aus dem Blick zu verlieren. Schließlich ist es gerade die Materialität der Körper – und in vielen Hinsichten der weiblichen Körper –, die diese Technologien so brisant macht.

Nicht nur die Technikforschung, auch die Wissenschaftsforschung und Wissenschaftstheorie haben sich in den vergangenen Jahrzehnten zunehmend der Einsicht geöffnet, dass wissenschaftliches Wissen immer in historisch-spezifischen »Kontexten« entsteht und dass Forschungsfragen, -methoden und -ziele sowohl von den jeweiligen Formen, in denen wissenschaftliche Praxis institutionalisiert ist, als auch von der Art und Weise, in der Wissen-

3 Problematisch ist freilich, dass die Rede von der »Koproduktion von Technik und Gesellschaft« entgegen der erklärten Absicht »Technik« und »Gesellschaft« als zwei getrennte Größen setzt.

schaftsinstitutionen in sozialen und globalen Gefügen verankert sind, geprägt werden. Die Auffassung, dass Wissenschaft eine spezifische kulturelle Praxis beziehungsweise ein Ensemble von Praxen darstellt, ist in den *Social Studies of Science* und in der historischen Epistemologie, die an die Arbeiten von Ludwik Fleck und Gaston Bachelard anknüpft, gleichsam zum Gemeinplatz geworden. Mit Peter Janich und Dirk Hartman lässt sich auch von einem »methodischen Kulturalismus« sprechen, der die genannten Ansätze verbindet. Gemeinsam ist ihnen die Annahme, dass »auch die Naturwissenschaften als gesellschaftliche Praxen Bestandteil unserer Kultur sind und in ihren Geltungsansprüchen kulturimmanenten Rationalitätsnormen unterworfen bleiben« (Hartmann, Janich 1998, 17). Als Form menschlicher Tätigkeit ist Wissenschaft jedoch unauflöslich mit anderen Praxisformen und dem gesamten gesellschaftlichen Kompetenz-/Inkompetenzgefüge, das heißt, den hierarchischen Anordnungen von Tätigkeiten und Wissen, verbunden. Das heißt auch, dass Macht- und insbesondere Geschlechterverhältnisse als strukturierendes Element von wissenschaftlichen Praxen und wissenschaftlichem Wissen begriffen werden müssen. Wie feministische Forschung vielfach aufgezeigt hat, sind Wissenschaften in so gut wie keiner Hinsicht geschlechtsneutral.

»Das beginnt bei den Bedingungen der Möglichkeit, überhaupt WissenschaftlerIn werden zu können, warum jemand als wissenschaftlich anerkannt wird oder nicht, setzt sich fort bei der Auswahl dessen, was als erklärungsbedürftig angesehen wird, das heißt der Wahl der Forschungsfragen im so genannten Entdeckungszusammenhang beziehungsweise *context of discovery*, der Wahl der Methoden und Techniken im Rahmen des Begründungszusammenhangs beziehungsweise *context of justification* bis hin zum so genannten Überzeugungskontext beziehungsweise *context of persuasion*, das heißt jenen Überzeugungsprozessen, die einer wissenschaftlichen Erkenntnis zu ihrer Durchsetzung verhelfen, wie zum Beispiel rhetorische Strategien oder das Bilden von Netzwerken zur Anwerbung von Verbündeten. Wissenschaft, gesellschaftliche Verhältnisse, kulturelle Normen und Werte«, so fasst Mona Singer zusammen, »sind demnach als unlösbar verstrickt vorzustellen« (2005, 29).

Zwar teilen längst nicht alle Positionen im Feld der Social Studies of Science and Technology, des methodischen Kulturalismus und der historischen Epistemologie eine solche geschlechtertheoretische Perspektive, eine prinzipielle Kritik an positivistischen beziehungsweise realistischen und rationalistischen Wissenschaftsauffassungen verbindet sie jedoch mit dieser. Gaston Bachelard hat eine solche Kritik bereits in paradigmatischer Weise formuliert. Gegen einen Realismus, der hofft, mittels wissenschaftlicher Begriffe, Theorien und

Prozeduren zu einer unmittelbaren Erkenntnis der Realität zu gelangen, besteht Bachelard darauf, dass »wissenschaftliche Objektivität allererst möglich [ist/SL], wenn man mit dem unmittelbaren Gegenstand gebrochen« hat (1974, 134). Die spezifischen Konturen, die ein »wissenschaftliches Objekt« gegenüber den unmittelbar erfahrenen Objekten des Alltagslebens auszeichnen, gewinnt es erst dann, »wenn wir den Erkenntnisgegenstand in eine Problematik einordnen«, das heißt im Kontext eines spezifischen Ensembles von Fragestellungen und Problemen.[4] Diese werden zwar im wissenschaftlichen Feld und in der Sprache des Feldes formuliert, sie ent- beziehungsweise bestehen aber nur, sofern sie auch außerhalb des Feldes Resonanz finden. Denn die Entwicklung wissenschaftlicher Problematiken verbindet auf komplexe Weise eine jeweils feldspezifische Logik mit anderen kulturellen sowie gerade auch politischen und ökonomischen Logiken und ist somit immer in spezifische historische Konstellationen eingelassen. Dies impliziert, dass neben den Fragestellungen, Gegenständen und Methoden wissenschaftlicher Forschung auch die Subjekte wissenschaftlicher Praxen historisiert und kontextualisiert werden müssen. Keine omnihistorische Rationalität regiert die Produktion wissenschaftlicher Erkenntnisse,[5] und auch die wissenschaftliche Persona und die Rationalität, die sie auszeichnet, unterliegen historischen Veränderungen. Was Ludwik Fleck (1935/1980) mit den Begriffen des Denkkollektivs und des Denkstils bezeichnete, nämlich dass Erkennen nicht durch voraussetzungsloses Beobachten und reine Vernunft zustande kommt, sondern nur aufgrund der Einübung spezifischer Seh- und Denkweisen möglich ist, hat in der Gegenwart vor allem Lorraine Daston historisch rekonstruiert. Sie zeigt, dass sich nicht nur die »Tätigkeiten, die einhellig als rational anerkannt werden« (2001, 16), historisch verändern, sondern auch Art und Bedeutung der »kognitiven Leidenschaften«, wie zum Beispiel Staunen und Neugier (ebd., 78), also insgesamt die Vorstellungen und Praxen, die wissenschaftliche Subjektivität konstituieren.

4 Bachelard »hat immer wieder darauf hingewiesen, dass die modernen Naturwissenschaften sich ihre Phänomene im Labor technisch zurichten und daher Erscheinungen zur Darstellung bringen, die der unmittelbaren Alltagserfahrung in der Regel gar nicht zugänglich sind« (Rheinberger 2006, 32).

5 Scharf kritisiert Bachelard, was er »fixistischen Rationalismus« nennt: »Aus den Bereichen des Idealismus geht der Rationalismus also sofort zum nicht kontrollierten Realismus über, zu einem Realismus, der eine nicht näher untersuchte Realität zu Grund und Boden macht. [...] Er formuliert die Bedingungen für den Konsensus zwischen Menschen aller Länder und aller Zeiten im Hinblick auf jede beliebige Erfahrung. Das läuft darauf hinaus, die Bewegung des Geistes an ihrem toten Punkt zu untersuchen [...]« (Bachelard 1974, 118).

Wenn aber Wissenschaften und auch Technologien keine vom sozialen Zusammenhang abgetrennten Bereiche oder Dinge sind, dann gehören auch philosophische Artikulationen zu ihrer Kontextualität und sind Bestandteil der gesellschaftlichen Wissenschafts- und Technologieverhältnisse. Sie haben Teil an jenen kulturellen und politischen Prozessen, in denen Wissenschaften und Technologien formiert, das heißt mit Bedürfnisstrukturen und -politiken vermittelt und mit Zukunftsperspektiven und -erwartungen aufgeladen werden. Die philosophischen Strategien und Interventionen entstehen, wie ein Großteil des wissenschaftlichen und technologischen Wissens auch, im Kontext eines institutionalisierten, akademischen Feldes, das ihre Produktion durch eine Anzahl von Regeln und disziplinären Grenzbestimmungen reguliert. Wie Pierre Bourdieu schreibt, stellen die Felder der kulturellen Produktion, zu denen auch das der Philosophie gehört, einen »Raum des Möglichen« dar, der »nach Art eines gemeinsamen Koordinatensystems« funktioniert (1998, 55). Dieser »in bezug auf die einzelnen Akteure des Feldes transzendente Raum« bewirkt, dass die unterschiedlichen Interventionen, »auch wenn sie sich nicht bewußt aufeinander beziehen, objektiv durch ihr Verhältnis zueinander bestimmt sind« (ebd.). Mit Foucault spricht Bourdieu auch von einem »Feld strategischer Möglichkeiten« (ebd., 57). Denn die Struktur des Feldes ermöglicht bestimmte diskursive Operationen, legt einige nahe, erschwert andere oder schließt sie gar aus. Sie konstituiert Ein- und Ausschlüsse, ist dabei jedoch keineswegs statisch, sondern immer auch umkämpft. »Diese Kämpfe«, so Bourdieu, »bei denen es um Erhalt oder Veränderung der im Feld der Produktion bestehenden Kräfteverhältnisse geht, bewirken [...] den Erhalt oder die Veränderung der Struktur des Felds und der Formen, welche Mittel wie Gegenstand dieser Kämpfe sind« (1998, 64). Die strategischen Möglichkeiten eines Feldes sind also keineswegs unbegrenzt und von der »internen« Struktur ebenso abhängig wie von der spezifischen Verankerung des Feldes in der sozialen Ordnung. Schließlich ist ein Feld niemals »autonom«, auch wenn die in ihm produzierten Stellungnahmen nicht auf den »externen« Kontext reduziert werden können. Es bewirkt vielmehr »eine Brechung (wie ein Prisma)« (ebd., 62), durch die hindurch bestimmte Problematiken sichtbar werden. Das philosophische Feld produziert, wie Bourdieu an anderer Stelle formuliert hat, in diesem Sinne eine »philosophische Formgebung« (1988, 58). In Bezug auf Biowissenschaften und -technologien bedeutet dies, dass auch sie, sofern sie Gegenstand beziehungsweise theoretischer Bezugspunkt philosophischer Reflexion werden, einer solchen »Formgebung« unterliegen. Wissenschaftliche und technologische Konzepte werden aus ihren gewöhnlichen Kontexten gelöst und in die Verweisungszusammenhänge des philosophischen Feldes eingegliedert. Auf diese Weise werden sie re-artikuliert, so dass durch das »Prisma« des philosophischen Diskurses spezifische Aspekte kulturell und politisch-ethisch bedeutsam werden oder aber außerhalb des Sichtbaren, also im Ungedachten verbleiben.

Diese Prozesse philosophischer Formgebung gilt es aus der Perspektive feministischer Philosophie[6] zunächst daraufhin zu untersuchen, ob und wie sie eine Thematisierung von Geschlechterverhältnissen erlauben. Dies bedeutet nicht nur, manifeste und implizite Männlichkeits- und Weiblichkeitskonstruktionen in den Texten zu rekonstruieren. Darüber hinaus gilt es, nach strukturellen Ausblendungen und Entnennungen zu fragen, also danach, welche »epistemologischen Hindernisse« (Bachelard) in den unterschiedlichen philosophischen Anordnungen eine Auseinandersetzung mit den geschlechtertheoretischen und -politischen Dimensionen von Biowissenschaften und -technologien blockieren. Die An- und die Abwesenheit von Geschlechtertheoremen und -thematiken sind in den philosophischen Texten und Diskursen gleichermaßen zu analysieren, beides kann sich als problematisch erweisen. Entweder werden Praxen, Prozesse und Konzepte so vergeschlechtlicht, dass hierarchische Geschlechterverhältnisse reproduziert werden. Oder aber Geschlechterverhältnisse werden systematisch übergangen und einem philosophischen Schweigen überantwortet. Auch abstrakte Stellungnahmen oder mehr oder weniger stillschweigend vollzogene theoretische Optionen wie die, wissenschaftliche Objekte statt alltagsweltlicher Perspektiven und sozialer Verhältnisse ins Zentrum einer Debatte zu stellen, haben Konsequenzen für eine Artikulation von Geschlechterverhältnissen, und sei es die, dass sie schon die Frage nach diesen marginalisieren. Immer wieder muss daher die gesamte theoretische Anordnung der philosophischen Diskurse oder einzelnen Interventionen rekonstruiert werden, um ihren geschlechtertheoretischen und -politischen Einsatz bestimmen zu können. Der Analyse von Dualismen und Dualismuskritiken kommt hierbei eine strategische Bedeutung zu. Nicht nur führen die Dualismen von Körper und Geist, Natur und Kultur, mit denen die hier untersuchten philosophischen Strate-

6 Zum gegenwärtigen Stand feministischer Philosophie vgl. Linda Martín Alcoff, Eva Feder Kittay (Hg.), *The Blackwell Guide to Feminist Philosophy*, Malden und Oxford 2007. Wie Alcoff und Kittay betonen, sind es eher spezifische Fragestellungen denn festgelegte Positionen, die feministische Philosophie auszeichnen: »Feminist philosophy can be characterized as a research program or an area of inquiry within philosophy that consists of a set of questions rather than commitments« (2007, 8).

gien immer wieder ringen, – einer langen philosophischen Tradition entsprechend – geschlechtliche Konnotationen mit. Die »Dualismenthematik eröffnet [...] überdies die Möglichkeit, die Parallelen zwischen verschiedenen Herrschaftsverhältnissen ins Blickfeld zu rücken, denn dichotome Strukturen charakterisieren auch alle anderen symbolischen Ordnungssysteme, welche Über- und Unterordnungsverhältnisse herstellen und aufrecht erhalten« (Klinger 2005, 338). Die Reartikulationen traditioneller Dualismen, aber auch die Formen philosophischer Dualismenkritik, wie sie sich zum Beispiel in poststrukturalistischen Positionen finden, sind daher in einer geschlechter- und herrschaftskritischen Perspektive zu untersuchen. In systematischer Hinsicht wird darüber hinaus aufgezeigt, inwiefern Dualismen ein epistemologisches Hindernis für ein Denken darstellen, das Subjektivität und Handlungsfähigkeit im Zusammenhang mit Körperpraxen und gesellschaftlichen Naturverhältnissen begreifen will – ein Desiderat, das angesichts der biowissenschaftlichen und -technischen Durchdringung menschlicher, tierischer und pflanzlicher Körper besonders deutlich aufscheint. Insgesamt aber muss die Frageperspektive zudem schon deshalb über die Codierungen der Differenz männlich/weiblich hinaus ausgeweitet werden, weil Geschlechterverhältnisse auf mannigfache Weise mit anderen Machtverhältnissen verbunden sind. Subjektivierungs- und Normalisierungsstrategien erweisen sich vielfach auch dort als geschlechterpolitisch relevant, wo nicht von Geschlechternormen die Rede ist. Denn zum einem stellen die hierarchischen Strukturen, die über entpersonalisierte Differenzen wie normal/anormal etabliert werden, Auftreffstrukturen für Geschlechterideologeme dar. Zum anderen müssen sie auch dort als Element von Geschlechterverhältnissen begriffen werden, wo sie explizit andere soziale Ein- und Ausschlüsse regulieren. Denn erst aus der Verbindung unterschiedlicher Machtverhältnisse und -formen resultiert die konkrete Geschlechterordnung einer Gesellschaft. So tragen Konstruktionen von ›behinderten‹, von ›kranken‹ oder überhaupt bedürftigen Körpern, aber auch Konstruktionen von Kriminalität – um nur einige Beispiele zu nennen – in einem erweiterten Sinne zur Artikulation von Geschlechterverhältnissen bei, insofern sie Entwürfe von gelungenen und zu verwerfenden Lebensweisen, von gesellschaftlichen und politischen Sanktionsmechanismen und somit soziale Ordnungsvorstellungen transportieren. Damit reartikulieren sie nicht zuletzt Trennungen und Zusammenhänge zwischen dem Privaten und dem Öffentlichen beziehungsweise Staatlichen, das heißt Strukturzusammenhänge, die zugleich die Geschlechterordnung prägen.

In einer solchen integralen Perspektive erweist sich die Frage nach der Artikulation von Geschlechterverhältnissen als Schlüsselfrage einer sozialphilosophischen Analyse der Debatten um Biowissenschaften und -technologien. Sie zielt auf eine umfassende Rekonstruktion des Sozialen in den biophilosophischen Diskursen und legt deren politisch-ethische Dimensionen frei. Diese aber sind eng mit bestimmten epistemologischen Strategien verknüpft. Ob und in welcher Form soziale Verhältnisse und kulturelle beziehungsweise politisch-ethische Codierungen von Biowissenschaften und -technologien überhaupt thematisiert werden können, hängt schließlich grundlegend von den jeweils virulenten Konzeptionen von Wissenschaft und Philosophie beziehungsweise dem Verhältnis beider zueinander ab. Auf diese Weise verbindet sich daher eine sozialphilosophische mit einer epistemologischen Perspektive. Entsprechend werden die im philosophischen Feld etablierten theoretischen Strategien auch daraufhin befragt, welche Konzeptionen philosophischer Kompetenz sie generieren. Diese Analyseperspektive ist insbesondere vor dem Hintergrund der gegenwärtigen epistemischen Umbrüche, allen voran der Erosion der sogenannten »zwei Kulturen« der Natur- und Geisteswissenschaften, von zentraler Bedeutung. Denn anhand der philosophischen Debatten um Biowissenschaften und -technologien lassen sich Transformationen des philosophischen Feldes exemplarisch studieren. Auch wenn dies nicht oder nur am Rande thematisch wird, tragen die biophilosophischen Strategien dazu bei, dem Feld neue Konturen zu verleihen. Zum einen wird – insbesondere im Fall des bioethischen Diskurses – das Verhältnis von Philosophie und Politik neu bestimmt, nämlich im Sinne von Politikberatung. Zum anderen kommt es zu unterschiedlichen Rekonfigurationen des Verhältnisses von philosophischem und wissenschaftlichem Wissen.

Wenn in diesem Buch vom philosophischen Diskurs der Gegenwart die Rede ist, sind damit jene philosophischen Strategien gemeint, die sich seit den 1960er Jahren auf die Biowissenschaften und damit verbunden die modernen Biotechnologien beziehen. Wie die Analysen der einzelnen Kapitel zeigen, sind viele der in der zweiten Hälfte des zwanzigsten Jahrhunderts entstandenen diskursiven Strategien noch immer zeitgenössisch, insofern sie auch die gegenwärtigen Debatten und Denkhorizonte strukturieren. Das heißt, ein epistemischer Einschnitt lässt sich mit Blick auf die biophilosophischen Debatten der letzten vierzig Jahre nicht sinnvoll vollziehen. Vielmehr sind die Entwicklungen, die in den 1950er Jahren zu einer Adaptation der Informationstheorie in der Biologie und zur Formierung des interdisziplinären Komplexes der Biowissenschaften geführt haben, von konstitutiver Bedeutung für die nachfolgenden wissenschaftlichen und technologischen Entwicklungen gewesen, die noch lange nicht abgeschlossen sind. Lily Kay zufolge stellten die 1950er Jahre »einen Wendepunkt, einen Einschnitt in den Lebensrepräsentationen dar [...]; von rein materiellen und energetischen verschoben diese sich zu Informationsvorstellungen, es entwickelte sich eine molekulare Sichtweise des Lebens, ergänzt durch einen informatischen Blick« (2000, 8). Insbesondere der Formierung der Molekularbiologie, jener »hybriden Wissenschaft, die – zumindest – Experimentalsysteme aus der Biophysik, der Biochemie und der Genetik kombiniert« (Rheinberger 2006, 227), kommt dabei eine Schlüsselstellung im Prozess der Konstitution der Biowissenschaften zu, die im weiteren Sinne auch die Neurowissenschaften[7] umfassen. Denn die Molekularbiologie konstituierte ein neues wissenschaftliches Objekt beziehungsweise veränderte das zentrale Objekt der klassischen Genetik in einer Weise, die eine Reihe von Forschungsfragen und -praxen erst ermöglichte. Aus dem »formalen Gen« der klassischen Genetik[8] wurde zunächst ein »physikalisch-chemisches Substrat, eine Substanz« und in der Folge »eine mit Informationseigenschaften ausgestattete Entität« (ebd., 223). »Die erste Veränderung«, so Hans-Jörg Rheinberger, »löste ein Problem, das die klassische Genetik mit der Stabilität – und Mutabilität – [...] [der/SL] Eigenschaften hatte. Die Lösung lautete: Gene bestehen aus metastabilen Makromolekülen in der Art von Nukleinsäuren. Die zweite Veränderung löste das Problem, das die klassische Genetik mit dem Reproduktionsvorgang ihrer Einheiten und den Beziehungen zwischen Genotyp und Phänotyp hatte. Die Lösung lautete: Sequenzen von Nukleotiden, insbesondere die DNS, werden aufgrund der komplementären stereochemischen Eigenschaften ihrer Bausteine spezifisch und exakt reproduziert; au-

7 »Neuroscience as an integrated interdisciplinary field goes back to the late sixties and early seventies, when the MIT study programme bearing this name started« (Debru 2007, 25). Zum Teil konvergieren die Neurowissenschaften inzwischen auch direkt mit der Genetik. »Neurogenetics«, so Claude Debru, »is a more recent field which really began when the study of biochemical mechanisms in the brain was mature enough to allow genetic techniques [...] to be fruitfully introduced, thus helping to understand the mechanisms of various diseases as well as of normal brain function relying on an increasing number of transmitters and receptors« (ebd.).

8 »In der klassischen Genetik fungierte das Gen fraglos als eine formale Einheit, mit der im Kontext immer ausgeklügelterer Kreuzungsversuche das Erscheinen beziehungsweise Verschwinden bestimmter Merkmale bei späteren Generationen erklärt werden konnte« (Rheinberger 2006, 223). In diesem Zusammenhang war »die materielle Zusammensetzung des Gens keine Frage, die definitiv gelöst werden musste« (ebd., 230).

ßerdem spezifizieren die DNS-Abschnitte aufgrund der geordneten Folge von Nukleotiden, die sie enthalten und die mit Hilfe einer komplexen zytoplasmischen Maschinerie und entsprechenden Sequenzen von Aminosäuren übersetzt werden, die Strukturproteine und Enzyme. Letztere katalysieren die vielfältigen Stoffwechselmechanismen der Zelle« (ebd.). Auch wenn sich, seitdem die DNA auf diese Art ins Zentrum des Interesses geriet, die Zusammenhänge, die die Molekularbiologie untersucht, weiter verkompliziert haben und inzwischen überhaupt die Orientierung am »Gen« problematisiert wird und die »Wiederentdeckung des Organismus« auf der Tagesordnung steht (vgl. ebd., 240), ist der »Informationsdiskurs« (Kay) in den Biowissenschaften inklusive der Neurowissenschaften bis heute leitend. Da also der nachrichtentechnische Informationsbegriff, den Claude Shannon und Warren Weaver Ende der 1940er Jahre im Kontext der Kybernetik formulierten, für die konzeptionellen Entwicklungen in den Wissenschaften vom Leben in der zweiten Hälfte des zwanzigsten Jahrhunderts eine derart zentrale und konstitutive Rolle gespielt hat und spielt, bezieht die Analyse der biophilosophischen Strategien Positionen ein, die neben Molekularbiologie und Genetik auch Kybernetik und Informationstheorie beziehungsweise die Neurowissenschaften philosophisch artikulieren.

Der zeitliche Horizont, in dem die untersuchten Biophilosophien stehen, umfasst nicht nur die skizzierten wissenschaftlichen Entwicklungen, sondern zugleich Prozesse der politischen und ökonomischen Formierung der Biowissenschaften und -technologien. Seit den späten 1950er Jahren interpretierte der politische Diskurs Molekularbiologie als neues wissenschaftliches Feld von zentraler Bedeutung für die Medizin, die Industrie und die gesellschaftliche Entwicklung insgesamt (vgl. Gottweis 1998, 7). Politiken um die Molekularbiologie wurden daher in Europa – und auch schon früh auf europäischer Ebene – im Kontext von umfassenden Modernisierungsstrategien verstanden (vgl. ebd.). Biowissenschaften und -technologien wurden und werden jedoch nicht nur staatlich gefördert und reguliert, immer wieder sind sie auch Gegenstand zivilgesellschaftlicher Politiken geworden. So ist die Entwicklung der Reproduktionstechnologien – für deren Entstehung die Geburt des ersten »Retortenbabys« 1978 ein symbolisches Datum ist – von einer Vielzahl feministischer Auseinandersetzungen und Interventionen begleitet worden.[9] Aber auch andere soziale Bewegungen haben die Biotechno-

9 Vgl. hierzu Heidi Hofmann, *Die feministischen Diskurse über Reproduktionstechnologien. Positionen und Kontroversen in der BRD und den USA*, Frankfurt/Main und New York 1999.

logien – vor allem seit sich in den frühen 1980er Jahren eine Bio-Industrie herauszubilden begann –[10] politisch artikuliert. Insbesondere die ökonomischen und ökologischen Probleme, die etwa mit der gentechnologischen Produktion von Nahrungsmitteln, der Ökonomie gentechnisch veränderten Saatguts und Patentierungen von pflanzlichen, tierischen und menschlichen Körperstoffen verbunden sind, wurden problematisiert. Auch wenn diese Prozesse in den untersuchten biophilosophischen Strategien nur selten direkt zur Sprache kommen, strukturieren sie doch den gesellschaftlichen Kontext, in dem diese situiert sind. Dabei ist zu bedenken, dass dieser zugleich lokal und global ist. Die biowissenschaftliche Forschung und die biotechnologische Entwicklung haben ihre Zentren längst nicht mehr allein in den USA oder Europa. Ebenso hat der Einsatz von Biotechnologien im medizinisch-pharmazeutischen, reproduktionstechnologischen und im Agrarbereich globale Ausmaße und ist in die ungleichen globalen Machtverhältnisse eingelassen.[11] Doch auch wenn die gesellschaftlichen Konflikte um Biowissenschaften und Biotechnologien eine globale Dimension haben, stellen sie sich im jeweiligen lokalen Kontext je anders dar. Das bedeutet, dass die politischen und kulturellen Artikulationen unterschiedliche Form annehmen, auch wenn sich zum Teil globalisierte Regulations- und Artikulationsmuster herausbilden. Von Seiten der Philosophie ist dabei vor allem an die Bioethik zu denken, die sich zunehmend globalisiert beziehungsweise als interkulturelle Bioethik formiert. So gibt es inzwischen eine intensive bioethische Diskussion in Lateinamerika, in Asien sowie bioethische Debatten im Kontext der verschiedenen Religionen.[12] Diese Entwicklungen können

10 Herbert Gottweis beschreibt, wie in den frühen 1980er Jahren Gentechnologie in den Vereinigten Staaten und in Europa zur Schlüsseltechnologie der Bioindustrie avancierte, von der weitreichende Auswirkungen auf Gesellschaft und Ökonomie erwartet wurden. »Inspired by what was perceived as the ›new US biotechnology industry‹, European states in the early 1980s were assigned a central role in the support and the encouragement of biotechnology and its commercial usage« (1998, 153). Daniel Barben zufolge investieren bis 1983 »fast alle großen Pharma- und Chemieunternehmen in die Biotechnologie« (2007, 106), wobei deutsche Großunternehmen zunächst vor allem Beziehungen zu Start-Ups im Ausland knüpfen, die »in Deutschland erst seit Mitte der 1990er Jahre in größerer Anzahl gegründet werden« (ebd., 126).

11 Vgl. unter anderem Ulrich Brand, Christoph Görg, *Postfordistische Naturverhältnisse. Konflikte um genetische Ressourcen und die Internationalisierung des Staates*, Münster 2003.

12 Vgl. unter anderem Dariusch Atighetchi, *Islamic Bioethics. Problems and Perspectives*, New York 2007; Swasti Bhattacharyya, *Magical Progeny, Modern Technology. A Hindu Bioethics of Assisted Reproductive Technology*, New York 2006; Phinhit Rattanakun, *Bioethics and Buddhism*, Bangkok 2004; Ren-Zong Qiu, *Bioethics: Asian Perspectives. A Quest for Moral Diversity*, Dordrecht und Boston 2004; Arleen L.F. Salles, Maria Julia Bertomeu (Hg.),

in diesem Buch aus naheliegenden, bei Sprachbarrieren beginnenden Gründen nicht eingeholt werden. Dieses Buch zeichnet sich vielmehr durch eine partiale, lokal gebundene Perspektive aus. Das philosophische Feld, das in den untersuchten hegemonialen Strategien umrissen wird, ist somit in gewisser Weise geopolitisch überdeterminiert. Vom institutionalisierten akademischen Feld der deutschsprachigen Philosophie ausgehend, werden die internationalen philosophischen Debatten erschlossen, soweit sie von konstitutiver Bedeutung für dieses Feld sind. Das bedeutet, dass vor allem englisch- und französischsprachige Positionen mit in den Blick rücken.

Das erste Kapitel widmet sich dem bioethischen Diskurs. In den 1960er Jahren entstanden, wurde er in den darauf folgenden Jahrzehnten zunehmend institutionalisiert und stellt bis heute die wirkmächtigste philosophische Strategie in Bezug auf biowissenschaftliche und -technologische Entwicklungen dar. Im Zentrum stehen vier thematische Komplexe: Wissenschaft und Technologie, Ökonomie, Recht und Subjektivierung sowie schließlich Ethik und Politik. Der Schwerpunkt der Analyse liegt auf den bioethischen Debatten im Zusammenhang mit der biotechnologischen Reorganisation von Fortpflanzung, da hier die Frage nach der Art und Weise, in der Geschlechterverhältnisse artikuliert werden, besonders naheliegt. Da die Untersuchung vor allem auf spezifische Problemanordnungen und damit verbundene strukturelle Defizite des bioethischen Diskurses zielt, sind die Ergebnisse jedoch auch für thematisch anders ausgerichtete bioethische Debatten relevant und zielen insgesamt auf eine Transformation des bioethischen Diskurses.

Im zweiten Kapitel geht es um die Artikulation molekularbiologischer und informationstheoretischer Theoreme in poststrukturalistischen Philosophien. Die Frage ist, wie durch Metaphorisierungen wissenschaftlicher Konzepte Bezüge zwischen Bio- beziehungsweise Informationswissenschaften, Philosophie und gesellschaftlichen Transformationsprozessen, insbesondere der Transformation von Geschlechterverhältnissen in den 1960er bis 1980er Jahren hergestellt werden. Dabei wird auch analysiert, auf welche Art und Weise philosophische Kompetenz im Umgang mit natur- und technikwissenschaftlichen Konzepten reklamiert und konfiguriert wird. Texte von Jacques Derrida, Gilles Deleuze und Félix Guattari sowie von Jean-François Lyotard, in denen Kybernetik, Informationstheorie und Molekularbiologie beziehungsweise Genetik auf unterschiedliche Art und Weise und in unter-

Bioethics: Latin American Perspectives, Amsterdam 2002; Benjamin Freedman, Charles Weijer, *Duty and Healing. Foundations of a Jewish Bioethics*, New York 1999.

schiedlichem Ausmaß in den Blick rücken, werden exemplarisch untersucht. Obwohl sich die philosophischen Entwürfe und Strategien der genannten Autoren sowohl in Hinblick auf die jeweiligen Artikulationen von Geschlecht und Geschlechterverhältnissen als auch in epistemologischer Hinsicht deutlich unterscheiden, stehen sie doch in einem gemeinsamen theoretischen Horizont, so dass die strukturellen Probleme dieser Positionen in gewisser Weise konvergieren.

Grundlegend anders stellen sich die Probleme im dritten Kapitel dar, das die Artikulationen von Neurowissenschaften in der Philosophie des Geistes untersucht. Um die spezifischen Einsätze dieser Artikulationen sowie Subjektivierungs- und Normalisierungsstrategien und ihre geschlechterpolitischen Implikationen zu rekonstruieren, ist es zum einen notwendig, die basalen wissenschaftstheoretischen Annahmen der behandelten Positionen zu diskutieren. Zum anderen müssen auch jene – zeitlich ebenfalls bis in die 1960er Jahre zurückreichenden – Debatten der Philosophie des Geistes mit einbezogen werden, die anstatt der Neurowissenschaften den Kognitivismus und die Künstliche-Intelligenz-Forschung zum Referenzwissen gemacht haben. Das Kapitel gliedert sich daher in einen wissenschaftstheoretischen Teil zum Naturalismus, einen Abschnitt zur Transformation von Subjektkonstruktionen und Subjektivierungsstrategien von den 1960er bis in die 1990er Jahre sowie schließlich eine Analyse der von der Hirnforschung ausgehenden Debatte um Willensfreiheit und Determinismus, die insbesondere im deutschsprachigen Raum in den vergangenen Jahren intensiv geführt wurde. Dabei geht es zum einen um die Analyse der Konstruktionen des Normalen und des Anormalen, zum anderen um eine Rekonstruktion vor allem der körpertheoretischen Defizite der verschiedenen Positionen, die zumeist in dualistischen Anordnungen verfangen bleiben.

Das vierte Kapitel schließlich untersucht, wiederum anhand exemplarischer Analysen von Texten einzelner Autoren und einer Autorin, die seit einigen Jahren in der deutschsprachigen Philosophie zu verzeichnende Konjunktur der philosophischen Anthropologie. Aus unterschiedlichen philosophischen Richtungen und mit weit auseinanderliegenden politisch-ethischen sowie geschlechtertheoretischen Konsequenzen treten Jürgen Habermas, Ludwig Siep, Peter Sloterdijk und Elisabeth List in einen gemeinsamen Horizont ein, sofern sie auf die philosophische Anthropologie rekurrieren, die mit den Namen von Max Scheler, Helmuth Plessner und Arnold Gehlen verbunden ist. Dadurch werden zwar nicht die Differenzen und Divergenzen in ihren biophilosophischen Positionen gelöscht, doch kehren bestimmte strukturelle Probleme in den Positionen auf unterschiedliche Art und Weise wieder. Insbesondere der Kollektivsingular »Mensch«, das Zentraltheorem der philosophischen Anthropologie, und die szientistische Dimension dieser Subdisziplin erweisen sich aus einer geschlechtertheoretischen Perspektive als äußerst problematisch.

Da sich die politisch-ethischen und epistemologischen Problematiken, die in den einzelnen Kapiteln entfaltet werden, erheblich voneinander unterscheiden, wird abschließend die Frage aufgegriffen, worin philosophische Kompetenz in einer sich verändernden Wissensordnung bestehen könnte. Eine kritische philosophische Praxis, die der Problematik der Geschlechterverhältnisse in Hinblick auf die Biowissenschaften und -technologien wie auch auf andere gesellschaftliche Prozesse angemessen Rechnung tragen kann, setzt, so das Fazit, eine transdisziplinäre Rekonfiguration von Philosophie auf die Tagesordnung, die neben dem Verhältnis zu den Natur- und Technikwissenschaften auch das zu Kultur- und Sozialwissenschaften neu bestimmt.

1. Bioethik als symbolische Transformation von Fortpflanzungsverhältnissen

Bioethik ist die in der Gegenwart wirkmächtigste diskursive Formation, deren Gegenstand die sozio-kulturellen und politischen Implikationen der Biowissenschaften und -technologien sind. Philosophie stellt neben der Theologie und den Rechtswissenschaften eine zentrale Disziplin dieses interdisziplinären Komplexes dar, und obwohl Bioethik ihre Wirkmächtigkeit in erster Linie aus ihrer politischen Institutionalisierung in Ethik-Kommissionen unterschiedlicher Art und der öffentlichen Resonanz der bioethischen Debatten bezieht, ist sie im philosophischen Feld stark verankert. So ist Bioethik auch im deutschsprachigen Raum zum festen Bestandteil der Lehre an philosophischen Instituten geworden, Publikationen in Fachzeitschriften und -verlagen sind kaum noch überschaubar. Gleichzeitig zeichnet sich Bioethik allerdings dadurch aus, dass sie das philosophische Feld dezentriert. Als philosophische Subdisziplin überschreitet sie die etablierten disziplinären Grenzen der Philosophie in zwei Hinsichten, nämlich zum einen in Hinblick auf die Politik, zum anderen in Hinblick auf andere akademische Disziplinen. Von zentraler Bedeutung für die Wissensproduktion der Bioethik sind daher vor allem interdisziplinäre Forschungsinstitute, in denen Perspektiven aus Medizin und Biowissenschaften, Theologie, Philosophie und Rechtswissenschaften zusammengeführt werden. Als modellbildend für diese Interdisziplinarität können dabei das 1971 gegründete *Kennedy Institute of Ethics* an der Georgetown University in Washington D.C. und das *Institute of Society, Ethics and the Life Sciences* in Hastings-on-Hudson (Hastings-Centre), das 1969 gegründet wurde, gelten.[1] In deren Gründungsphase, die mit der Bildung des Neologismus »bioethics« und der Konstitution eines neuen

1 In Deutschland sind das *Deutsche Referenzzentrum für Ethik in den Biowissenschaften* in Bonn, die *Europäische Akademie Bad Neuenahr-Ahrweiler* sowie, im universitären Rahmen, das *Interfakultäre Zentrum für Ethik in den Wissenschaften* an der Universität Tübingen führend.

akademischen Diskurses an der Grenze zur Politikberatung zusammenfällt,[2] war insbesondere die Theologie leitend. Sowohl Daniel Callahan, der erste Direktor des Hastings-Centre, als auch André Hellegers, Gründer des Kennedy-Instituts, waren in katholischer Theologie ausgebildet beziehungsweise ihr zugewandt und begannen ihre bioethische Karriere über die Auseinandersetzung mit der Frage nach der Legitimität von Abtreibungen (Jonsen 1998, 22, 80). Auch Warren T. Reich, Herausgeber der *Encyclopedia of Bioethics* (1978), die, wie er im Rückblick schreibt, maßgeblich zur Bildung des neuen Feldes beitrug (2003, 165), ist katholischer Theologe. Im Laufe der 1970er Jahre wurde der Einfluss der Theologie jedoch zurückgedrängt. »Initially«, so Tristam H. Engelhardt, »individuals working from within particular religious traditions held the centre of bioethical discussions. However, this focus was replaced by analyses that span traditions, including particular secular traditions. As a result, a special secular tradition that attempts to frame answers in terms of no particular tradition, but rather in ways open to rational individuals as such, has emerged« (1986, 5). Auch wenn Bioethik bis heute, insbesondere auch im deutschsprachigen Raum, stark durch theologische Perspektiven geprägt wird, hat sich in der Tat die Figur des »rationalen Individuums« im Zentrum bioethischer Debatten etabliert. Diese Figur konstituiert und begrenzt gewissermaßen das Feld der Bioethik, das thematisch für immer neue Gegenstände und Verfahren der Biowissenschaften und -technologien offen ist. Waren in den 1960er und 1970er Jahren Menschenversuche, das Arzt-Patienten-Verhältnis, Euthanasie, Abtreibung und Kindstötung zentrale Themen, die ab Ende der 1970er Jahre durch In-vitro-Fertilisation, Leihmutterschaft und Gentechnologie ergänzt wurden, so sind um die Wende zum einundzwanzigsten Jahrhundert die Themen Stammzellforschung, Klonen, Präimplantationsdiagnostik und jüngst Neuroenhancement und Nanobiotechnologie hinzugekommen. Die Offenheit für thematische Ergänzungen und Schwerpunktänderungen, die sich an der Entwicklung

2 Bioethik war von Beginn an eng mit staatlicher Politik verbunden. Albert Jonsen datiert den »Eintritt« der US-amerikanischen Regierung »in die Bioethik« auf 1968, »beginning with Congressional hearings and moving to legislation establishing two federal commissions to study bioethical issues, *The National Commission for the Protection of Human Subjects of Bioemdical and Behavioral Research* […] and the *President's Commission for the Study of Ethical Problems in Medicine and Biomedical and Behavioral Research* […]« (1998, 90). Deutlich ist der politische Auftrag der Bioethik aber unter anderem auch im ELSI-Programm (Ethical, Legal and Social Implications), das als Begleitung zum staatlichen Human-Genom-Projekt der USA 1989 aufgelegt wurde. Dieses Programm stellt, wie die Gründung des Kennedy-Instituts und des Hastings-Centres, einen Meilenstein der internationalen Entwicklung der Bioethik dar.

der Biowissenschaften und dem jeweiligen politisch-rechtlichen Regelungsbedarf orientiert, korreliert jedoch mit einer konzeptionellen Geschlossenheit. Das bedeutet, dass ein bestimmtes Set an Fragen und Begriffen auf immer neue wissenschaftliche und technologische Entwicklungen angewandt wird. Schon Mitte der 1970er Jahre wurden in der Bioethik Fragen nach der richtigen Definition von Leben, Tod und Personalität gestellt (vgl. Fox 1990, 202) – Fragen, mit denen in den bioethischen Debatten noch heute unter anderen technologischen Vorzeichen gerungen wird. Auch die »Ökonomisierung« des Feldes, das heißt die Einführung ökonomischer Kategorien wie Wert, Kosten und Nutzen, die Renée Fox zufolge ab Mitte der 1980er Jahre einsetzte, als zunehmend von knappen Ressourcen und Kostendämpfungsproblemen im Gesundheitswesen die Rede war (vgl. ebd., 206), prägt bis heute den bioethischen Diskurs. Im deutschsprachigen Raum wurde Bioethik zwar erst ab Ende der 1980er Jahre durch Übersetzungen aus dem angelsächsischen Raum etabliert, traf aber auch hier mit dem Beginn eines neoliberalen Um- und Abbaus von Sozialstaatlichkeit zusammen sowie mit dem Bestreben, als »postindustrielle Gesellschaft« internationale Wettbewerbsfähigkeit vor allem durch wissenschaftlich-technische Innovation und die Entwicklung des Dienstleistungssektors zu erhalten beziehungsweise auszubauen.[3] Der Begriff der Bioethik wurde in Deutschland 1986 zum ersten Mal in einem Sonderheft der Zeitschrift *Mensch, Medizin, Gesellschaft* vorgestellt und diskutiert (vgl. Sass 1988, 28); doch noch 1993 stellten Andreas Gaidt und Johann S. Ach fest: »Eine institutionalisierte Bioethik wie in den USA, Australien oder auch in Großbritannien gibt es hierzulande (noch) nicht« (1993, 11). Dies hat sich im Laufe der vergangenen Jahrzehnte grundlegend geändert.[4] Insbesondere die politischen Auseinandersetzungen um die Forschung an embryonalen Stammzellen, in deren Verlauf 2001 der Nationale Ethikrat eingesetzt wurde und die in das Gesetz zur Stammzellforschung von 2002 mündeten, haben in der Öffentlichkeit wie auch im philo-

3 »Seit Anfang der 1980er Jahre fördert die EU die Biotechnologie zusammen mit anderen Zukunftstechnologien. Der Ausbau der Grundlagenforschung und der vorwettbewerblichen Entwicklung soll zu einer leistungsfähigen Innovationsinfrastruktur in den Mitgliedsländern führen« (Barben 2007, 129f.). In Deutschland werden seit Mitte der 1980er Jahre »institutionelle und gesetzliche Maßnahmen ergriffen, die Forschende ermutigen, sich an Technologiezentren zu beteiligen oder vermehrt selbst Patente anzumelden« (ebd., 128).

4 Eine wichtige Rolle für die Etablierung der Bioethik hat auch die Bioethik-Konvention des Europarates von 1996 gespielt. Zur politischen Kontroverse um diese Konvention vgl. Kathrin Braun, *Biomedizin und Menschenwürde. Zum philosophischen Diskurs der Bioethik*, Frankfurt/Main und New York 2000, 196ff.

sophischen Feld zu einem enormen Anwachsen bioethischer Interventionen geführt.

Obwohl Bioethik in sich durchaus heterogen ist und in der rund vierzigjährigen Geschichte des Feldes mehrfach thematische und konzeptionelle Verschiebungen stattgefunden haben, kann sie als ein theoretisches Dispositiv betrachtet werden, das sich durch spezifische Regelmäßigkeiten in der Art und Weise, Gegenstände zu konstituieren und zu artikulieren, auszeichnet. Quer zu den einzelnen bioethischen Thematiken und den unterschiedlichen Stellungnahmen werden daher die diskursiven Operationen der Bioethik und die Grenzen, die sich daraus für die Artikulation von Geschlechterverhältnissen ergeben, untersucht. Dabei stehen thematische Komplexe, die für den Diskurs der Bioethik seit den 1970er Jahren von zentraler Bedeutung sind, nämlich erstens Wissenschaft und Technologie, zweitens Ökonomie und Recht sowie drittens Subjektivität und Handlungsfähigkeit, im Zentrum. Im Anschluss an die Analyse dieser Komplexe geht es dann in der Auseinandersetzung mit dem Projekt feministischer Bioethik um die Frage, wie das Verhältnis von Ethik und Politik rekonfiguriert werden müsste, um die soziokulturellen und insbesondere geschlechterpolitischen Problematiken, die mit der Entwicklung der Biowissenschaften verbunden sind, angemessen thematisieren zu können. Thematisch ist dabei die Frage der Geschlechterverhältnisse in diesem Kapitel auf die Frage nach der Artikulation von Fortpflanzungsverhältnissen zentriert, wobei unter Fortpflanzungsverhältnissen die Gesamtheit von persönlichen und sozialen, das heißt auch institutionell geronnen Verhältnissen verstanden wird, die Menschen eingehen, um Kinder, also die nächste Generation hervorzubringen. Da die Praxen der Fortpflanzung durch eine Vielzahl von Akteuren und Institutionen bestimmt sind, sind sie immer schon in Geschlechterverhältnisse in einem integralen Sinn eingelassen, das heißt in Verhältnisse gesellschaftlicher Arbeitsteilung, in Familien- und Verwandtschaftsstrukturen, politische und rechtliche Verhältnisse. Zudem sind Fortpflanzungsverhältnisse durch Artikulationsmuster der symbolischen Ordnung bestimmt. Die Biotechnologien, die auf eine Technisierung von Fortpflanzungspraxen zielen – also Gen- und Reproduktionstechnologien, aber auch biomedizinische Techniken der Kontrolle und der Generierung von Bio-Daten[5] –, tragen nämlich ebenso zu neuen kulturellen Wahrnehmungen von Fortpflanzung wie zu neuen Praxen und poli-

5 Darunter fallen zum Beispiel genetische Vaterschaftstests und genetische Screenings während und/oder vor einer Schwangerschaft genauso wie die Einrichtung von Biobanken, die genetische Daten ganzer Bevölkerungen speichern und kommerzialisieren.

tisch-rechtlichen Regulierungen bei. Dabei sind Biotechnologien der Fortpflanzung keineswegs die alleinige »Ursache« einer Transformation von Fortpflanzungsverhältnissen. Sie sind vielmehr Elemente in dynamischen sozialen Prozessen und daher in ihrer konkreten Gestalt, ihren Gebrauchsweisen und ihren soziokulturellen Bedeutungen umkämpft. Bioethik, die diese Technologien philosophisch und politisch-ethisch artikuliert, trägt insofern zur symbolischen Transformation von Fortpflanzungsverhältnissen bei, als sie bestimmte Aspekte der neuen Praxen und Prozeduren benennt und problematisiert, andere aber entnennt beziehungsweise im Ungedachten belässt.

Ein Grund für die thematische Ausrichtung des Kapitels an Fortpflanzungsverhältnissen ist, dass die Regulation von Fortpflanzung von Beginn an ein zentrales Anliegen der Bioethik ist. So kommt der Abtreibung seit den 1960er Jahren in den verschiedenen Debatten immer wieder eine zentrale Bedeutung zu. Sie ist, wie Anton Leist 2002 mit Blick auf die frühe Bioethik feststellt, »ein historischer Vorläufer der heutigen und zukünftigen Problemfälle […] In gewisser Weise war der Schwangerschaftsabbruch das erste neue moralische Thema, sogar das erste *wirklich* neue moralische Thema« (2002, 138; Herv. i. Orig.). Abtreibung ist, so auch Johann S. Ach, »nachgerade zu einem Probierstein der Leistungsfähigkeit angewandter Ethik geworden« (1993, 72), und in der Tat werden bis heute die Debatten um Forschung an embryonalen Stammzellen und Präimplantationsdiagnostik durch Vergleiche mit Verhütung und Abtreibung strukturiert. Über die Artikulation von Abtreibung als Tötung ergibt sich zudem eine Verbindung zum Thema Sterbehilfe, wie die Parallelisierung von »Problemen am Lebensanfang« und am »Lebensende« zeigt, die in vielen bioethischen Publikationen hergestellt wird. Ein Beispiel hierfür liefert Ronald Dworkin, für den »Abtreibung – die bewußte Tötung eines sich entwickelnden menschlichen Embryos – und die Euthanasie – die bewußte Tötung des Menschen aus Mitgefühl – […] beides Todesarten [sind], die auf einer Entscheidung beruhen« (1994, 9). Der Gegenstand »Abtreibung« kann also als ein diskursiver Knotenpunkt der diversen bioethischen Debatten gelten. Dabei laufen hier Körper- und Bevölkerungspolitiken, die Regulation von individuellen Körperpraxen und von Bevölkerungen im Ganzen zusammen, auch wenn die bevölkerungspolitische Dimension in den vergangenen Jahrzehnten eher in den Hintergrund getreten ist. In der frühen Bioethik, also bis zum Ende der 1970er Jahre, standen die Themen »Bevölkerungsexplosion« und »Bevölkerungskontrolle« jedoch durchaus mit auf der Agenda (vgl. Jonsen 1998, 303). Mit der zunehmenden Technisierung der Fortpflanzungspraxen hat sich das bioethische Interesse allerdings von Verfahren der Verhinderung auf Verfahren der Herstellung beziehungsweise von der »Quantität« auf die »Qualität« von Schwangerschaften, Geburten und Nachwuchs verschoben. Infolgedessen sind individuelle Körperpraxen stärker ins Zentrum der Aufmerksamkeit gerückt, während die bevölkerungspolitischen Dimensionen zwar nicht verschwunden, aber weniger zentral geworden sind.[6] Im Zentrum der bioethischen Debatten stehen gegenwärtig zumeist technische und medizinische Optionen, die das individuelle Wohlergehen und individuelle Wahlmöglichkeiten steigern sollen. »Abtreibung« ist dabei bis heute zwar von diskursstrategischer Bedeutung, doch als kontroverses Thema ist sie längst hinter die diversen Prozeduren der Hervorbringung von Körpern und Körperstoffen zurückgetreten.

Dies ist nicht zuletzt der engen Verknüpfung von Reproduktionstechnologien mit anderen biotechnologischen Verfahren geschuldet, die nicht auf menschliche Fortpflanzung, sondern auf die Regeneration und Reproduktion von Körpern und Körperstoffen zielen. Die Reproduktionstechnologien sind nämlich zugleich Basistechnologien für weitere technowissenschaftliche Verfahren wie Stammzellforschung und Klonen, mithin unterschiedliche Formen der Gewebeproduktion, insofern sie den Rohstoff Embryo hervorbringen. Das bioethische Interesse an Fragen der Fortpflanzung ist daher nicht allein durch die Veränderungen in den Fortpflanzungsverhältnissen motiviert, sondern insbesondere auch durch die Entstehung von Bioökonomien. »The reproductive processes of humans, plants, and animals are now technologically modified, monitored, managed and marketed to an unprecedented extent. [...] the control enhancement, and harnessing of reproductive and genetic processes are the basis for the emergent industry of biotechnology«, hat Sarah Franklin bereits Mitte der 1990er Jahre festgestellt (1995, 326). Inzwischen hat sich auf dieser Basis eine globale »Biotech-(Re-)Pro-

6 In jüngster Zeit allerdings werden »population-level-bioethics« erneut auf die Agenda gesetzt und umfassen nun neue Themen wie »global aging« (vgl. Wikler, Brock 2008). Im *Lexikon der Bioethik* (2000) wird das Stichwort »Bevölkerungspolitik« in einer eher traditionellen, das heißt quantitativ ausgerichteten Perspektive behandelt. So heißt es dort, »der quantitativ-demografischen Seite« komme »unter prioritärer Betrachtung der ökologischen Zusammenhänge bei der Bewältigung unserer Zukunft [...] sicherlich zentrale Bedeutung zu« (Hauser 2000, 347). Zur Restrukturierung globaler Bevölkerungspolitik seit den 1990er Jahren vgl. Susanne Schultz, *Hegemonie, Gouvernementalität, Biomacht. Reproduktive Risiken und die Transformation internationaler Bevölkerungspolitik*, Münster 2006. Schultz zeigt, dass auch die globale Bevölkerungspolitik zunehmend auf die Regulierung individueller Verhaltensweisen ausgerichtet worden ist.

duktionsweise« konstituiert, die sich durch die Transformation von Leben und Tod »into means of (re)production and, in turn, into component parts that together compose an emergent global biological economy«, auszeichnet (Franklin, Lock 2003, 13). Insofern es dabei um die Modifikation von Reproduktionsprozessen auf Mikroebenen unterhalb der Speziesgrenzen geht, bedeutet »Reproduktion« hier nicht mehr die Reproduktion von ganzen Organismen beziehungsweise menschlichen Individuen, sondern vielmehr die Herstellung und Wiederherstellung von Mikroentitäten wie Genen, Zellen und Gewebe. Dabei erodiert die schon immer problematische Grenzziehung zwischen »Produktion« und »Reproduktion«, da menschliche Körper in den unterschiedlichsten Entwicklungsstadien und Zuständen zum Teil von Bioökonomien werden, die menschliche, tierische und pflanzliche Körper einbeziehen. Fortpflanzung wird demzufolge zu einem Element von (Re)Produktionsprozessen, die in einem umfassenden Sinn auf die Herstellung von Körpern und Körperstoffen zielen. Aus geschlechtertheoretischer und -politischer Perspektive brisant ist dabei, dass die Transformation gesellschaftlicher Fortpflanzungsverhältnisse, zu der die Entkoppelung von Sexualität und Fortpflanzung ebenso gehört wie die Veränderung von Verwandtschaftsstrukturen,[7] auf diese Art und Weise auch mit einer weitgehenden Transformation von gesellschaftlichen Naturverhältnissen verbunden ist. Insofern die reproduktiven Substanzen vor allem des weiblichen Körpers, die Eizellen, basal für viele biotechnologische Verfahren sind, werden Fortpflanzungsverhältnisse zum integralen Bestandteil einer Transformation von Produktions- und Naturverhältnissen. Das bedeutet, dass Fortpflanzung nicht nur in dem Sinne entprivatisiert wird, dass, wie Martha Gimenez schreibt,

»jene ›alten Geschichten‹ über die Fortpflanzung, in denen heterosexuelle Eltern und der mit ihnen genetisch verwandte, in Liebe und Privatheit ihres Heims gezeugte Nachwuchs die Hauptrollen spielen, durch ›neue Geschichten‹ [ersetzt werden/SL], in denen neben die Eltern auch andere gesellschaftliche AkteurInnen treten: ExpertInnen, Sperma- beziehungsweise EizellspenderInnen, KäuferInnen und VerkäuferInnen, KonsumentInnen, Leihmütter« (2001, 659).

Fortpflanzungsverhältnisse werden auch dadurch entgrenzt, dass Frauenkörper einen neuartigen techno-ökonomischen Status erhalten, der sie mit Pro-

7 Vgl. Michi Knecht, »Reproduktionstechnologien und die Biomedikalisierung von Verwandtschaft. Anmerkungen aus ethnographischer Perspektive«, in: *Das Argument* 275/2008, 179–194. Bettina Bock von Wülfingen (2007) zeigt zudem, wie seit den 1990er Jahren homosexuelle Paare in den Medien als potenzielle NutzerInnen von Reproduktionstechnologien entdeckt und konstruiert werden.

zessen verbindet, die Petra Gehring als ein »Durchlässig-Werden der individuellen Körpergrenze im Zeichen des ›Lebens‹« (2006, 22) bezeichnet. »Nicht etwa metaphorisch«, so Gehring, »sondern ganz real wird die Einheit des Individuums unterminiert – als Einheit nämlich, die über eine unabsehbare Tradition hinweg an die Hautgrenze des Einzelnen gebunden war. Allgemeiner gesprochen: Das biologische ›Leben‹ bringt ganz neue Grenzen hervor, die quer durch ein einzelnes Individuum hindurchgehen, das dieses ›Leben‹ exemplarisch verkörpert.« (Ebd., 19)

Offensichtlich sind die Reproduktionstechnologien also auf unterschiedlichen Ebenen für die gesellschaftliche Artikulation von Geschlechterverhältnissen von Bedeutung. Wie andere Technologien auch, wirken sie jedoch nicht als a-gesellschaftliche »Dinge an sich« auf soziale Verhältnisse, sondern werden in diesen formiert und modifiziert. Die Antwort auf die Frage, welche Bedeutung die Reproduktions- beziehungsweise Biotechnologien im Kontext von Geschlechterverhältnissen haben, ist daher auch abhängig von einem Verständnis der Prozesse, in denen diese Technologien soziokulturell artikuliert werden. Bioethik als Diskurs, der an der Scharnierstelle von Wissenschaft und Politik operiert, auf die Formierung von kulturellen Selbstverständlichkeiten zielt und über weite Strecken den theoretischen Zuschnitt des Sagbaren und des Unsagbaren festlegt, kommt dabei eine Schlüsselstellung zu. Wie im Diskurs der Bioethik über Geschlecht, Geschlechterverhältnisse und Fortpflanzung/Reproduktion gesprochen wird beziehungsweise wie die Fortpflanzungs- und Geschlechterverhältnisse, in denen die Bio- und Reproduktionstechnologien situiert sind, thematisiert und dethematisiert werden, ist daher die zentrale Frage, die in diesem Kapitel behandelt wird. Dies bedeutet nicht, dass nicht auch die bioethische Thematisierung von Krankheit, Behinderung, Alter, Sterben und Tod aus einer geschlechtertheoretischen Perspektive relevant wäre. Im Gegenteil werden hier doch Fragen von Pflege und Fürsorge aufgeworfen, die weder in technischer Rationalität aufgehen noch durch eine Idealisierung privatisierter weiblicher Arbeit zu lösen sind. Mit den bioethischen Interventionen zum Komplex Fortpflanzung/Reproduktion steht jedoch ein Bereich im Mittelpunkt, der für Geschlechterverhältnisse von besonders zentraler Bedeutung ist. Die bioethischen Debatten, die mit der Entwicklung der Intensivmedizin verbunden sind und unter anderem um Organtransfer, Hirntod und »Sterbehilfe« kreisen, sind allerdings thematisch in vielen Hinsichten mit den Debatten um Fortpflanzungs- und Reproduktionspraxen verbunden, geht es doch immer wieder um die Sorge um den Körper, den eigenen wie den von Anderen.

Zudem machen sich die grundlegenden theoretischen und begriffstrategischen Probleme des bioethischen Diskurses, die in der Art und Weise liegen, wie Gegenstände bestimmt und Fragen formuliert werden, mit Modifikationen auch in den anderen Themenbereichen, denen Bioethik sich zuwendet, geltend.

1.1 Die bioethische Artikulation von Wissenschaft, Technologie und Ethik

Wie aus den unterschiedlichen Selbstdefinitionen von Bioethik hervorgeht, sind die Entwicklungen der Biowissenschaften und der medizinisch-technischen Möglichkeiten Anlass und Motor des bioethischen Diskurses. »›Bioethik‹«, so heißt es beispielsweise bei Edmund Pellegrino, sei ein »umfassender Begriff, der die ethischen Probleme im Zusammenhang mit der Anwendung biologischen Wissens auf menschliche Angelegenheiten betrifft« (1988, 3). Warren T. Reich zufolge ist Bioethik »the systematic study of the moral dimensions […] of the life sciences and health care« (zit. n. Ach, Runtenberg 2002, 14). Aus dieser Engführung von Ethik, Wissenschaft und (Medizin-)Technologie ergibt sich, dass der Art und Weise, wie diese Komplexe gefasst und verknüpft werden, zentrale Bedeutung zukommt, wenn es darum geht, die Grenzen des Diskurses auszuloten. Als Problem ist in kritischen Analysen immer wieder hervorgehoben worden, dass Bioethik zwar auf Wissenschaft und Technologie ausgerichtet ist, deren Entwicklungslogiken und -dynamiken aber nicht selbst zum Thema macht. In der Konsequenz kommt es zu einer unreflektierten Affirmation der jeweils neuesten wissenschaftlichen und technischen Optionen. So hat Daniel Callahan kritisiert, dass Bioethik spätestens ab den 1990er Jahren zu einer »Service-Disziplin geworden (sei), die affirmativ der wissenschaftlich-technischen Entwicklung das Imprimatur ethischer Expertise verleihe und im Grunde alles legitimiere, was gewünscht sei« (Ach, Runtenberg 2002, 73). Dabei ist es zwar keineswegs so, dass im Diskurs nur technik-affirmative Positionen zirkulieren; doch auch die skeptischen und kritischen Positionen bleiben fast immer vom »stummen Drängen der Technologieentwicklung« (Gehring 2006, 147) bestimmt. Dies aber, vor allem das Fehlen einer Techniktheorie, ist Gehring zufolge »gleichsam das Schicksal der Bioethik, denn es ist ihr blinder Fleck« (ebd.). Im Folgenden gilt es diesen näher zu beleuchten und nach den theoretischen und politisch-ethischen Konsequenzen dieses Mangels zu fragen. Dazu werden zunächst unterschiedliche, in ihrer Heterogenität aber dennoch konvergierende Artikulationen von Wissenschaft und Technologie im bioethischen Diskurs rekapituliert. Die Ausblendung der epistemischen und gesellschaftlichen Konstitutionsbedingungen von Wissenschaften und Technologien korreliert dabei, wie sich zeigt, mit einer Nicht-Thematisierung der theoretischen Praxis der Bioethik, die im Konzept der Angewandten Ethik angelegt ist. Beides zusammen führt zu einer szientistischen Verengung von Ethik. Anhand des wissenschaftlichen Objekts »Embryo«,[8] das nicht zuletzt durch die Bioethik symbolisch überdeterminiert wird, werden dann exemplarisch die Ausblendungen rekonstruiert, die mit dem in der Bioethik dominanten Wissenschafts- und Technologieverständnis verbunden sind. Abschließend geht es darum, inwiefern eine gesellschaftstheoretisch vermittelte Epistemologie diesen Ausblendungen, insbesondere der Entnennung von Geschlechterverhältnissen, entgegenwirken könnte.

Der »blinde Fleck« der Bioethik: Wissenschafts- und Technikdeterminismus

Ein zentrales Merkmal der meisten Definitionen von Bioethik ist der implizite Technikdeterminismus, auf den bereits Renée Fox hingewiesen hat. »Much of the bioethical literature is based on the assumption that the value questions which have arisen in the field of biomedicine have been ›caused‹ or ›created‹ by medical scientific and technological advances« (Fox 1990, 207). Dies ist im Ausdruck »Bioethik« angelegt, dessen Vorsilbe »Bio« Ethik an Biologie knüpft. So handelt es sich im Verständnis von Van Rensselaer Potter, auf den der Ausdruck zurück geht, bei der Bioethik um eine neue Disziplin, die biologisches Wissen mit dem Wissen um »Wertsysteme« verbindet (vgl. Glannon 2004, 1), und auch André Hellegers, der den Ausdruck zur gleichen Zeit wie Potter prägte, betonte die Verbindung zu den Biowissenschaften (Jonsen 1998, 11). Deterministische Formulierungen des Verhältnisses von Wissenschaft, Technologie und Ethik finden sich dann zum Beispiel

8 Wissenschaftliche Objekte werden im wissenschaftlichen Prozess hervorgebracht und haben spezifische, auch institutionelle Existenzbedingungen. Sie sind dadurch von den Gegenständen der Alltagswelt unterschieden. Bachelard, der den Begriff des wissenschaftlichen Objekts geprägt hat, »hat immer wieder darauf hingewiesen, dass die modernen Naturwissenschaften sich ihre Phänomene im Labor technisch zurichten und daher Erscheinungen zur Darstellung bringen, die der unmittelbaren Alltagserfahrung in der Regel gar nicht zugänglich sind« (Rheinberger 2006, 32).

bei Thomas Beauchamp und James Childress, die davon ausgehen, dass wissenschaftliche, technologische und soziale Entwicklungen grundlegende Veränderungen in den Biowissenschaften und im Gesundheitswesen hervorgerufen hätten. Diese Veränderungen, so heißt es weiter, »challenged many prevalent conceptions of the moral obligations of health professionals and society« (1979/1994, 3). Auch Tristam H. Engelhardt macht die Technologieentwicklung zur Ursache moralischer Problematiken, wenn es heißt, »major and rapid technological changes [...] have created pressures to re-examine the underlying assumptions of established practices« (1986, 4). In ähnlicher Weise hat Helga Kuhse festgestellt: »Heute fordern [...] neue Praktiken in den biomedizinischen Wissenschaften das traditionelle Denken heraus« (1987/1990, 75). Insbesondere die Topoi des »Drucks« und der »Herausforderung«, die eine unmittelbare Notwendigkeit und Dringlichkeit suggerieren, tauchen im bioethischen Diskurs immer wieder auf. Sie leisten dabei vor allem eines, nämlich eine diskursive Ent-Kontextualisierung von Wissenschaft und Technologie. Wie diese Beispiele zeigen, wird die Frage nach den historischen und gesellschaftlichen Bedingungen für die Entwicklung bestimmter Technologien sowie die Frage, in welchem Zusammenhang technologische und soziokulturelle Veränderungen stehen, durch den Verweis auf die Dringlichkeit einer Neuausrichtung des Denkens zurückgedrängt. Als grundlegende Antriebskräfte der Moral- und gegebenenfalls Politikentwicklung werden Wissenschaft und Technologie außerhalb der soziokulturellen Prozesse angesiedelt. Sie fungieren als deren neutrales Fundament. So heißt es bei Marcus Düwell, sie seien der »Hintergrund für das gewachsene Interesse an ethischen Diskursen« (2000, 76). Bioethik geht es dementsprechend um »Auswirkungen der mit neuen wissenschaftlichen Entwicklungen verbundenen Handlungsmöglichkeiten« (ebd., 77). Doch indem die wissenschaftlichen Entwicklungen als schlichte Gegebenheiten betrachtet werden, die nicht in ihren Konstitutionsbedingungen, sondern allein in den »Auswirkungen« interessieren, wird vernachlässigt, dass sie aus heterogenen und widersprüchlichen Prozessen hervorgehen und wissenschaftliche Felder immer auch ein Ensemble konkurrierender Positionen und Perspektiven sind. Die nicht weiter spezifizierte Rede von »der wissenschaftlichen Entwicklung« entnennt, dass es in jedem wissenschaftlichen Feld subaltern gehaltene und hegemoniale Positionen gibt, deren Status nicht nur von feldspezifischen Kräfteverhältnissen abhängt, sondern insbesondere auch von der gesellschaftlichen, insbesondere der politischen und ökonomischen Resonanz, die bestimmte Erkenntnisse erfahren, andere aber nicht. Auch innerhalb von

Disziplinen konkurrieren stets »verschiedene, durch ihre kognitiven (verschiedene Forschungsprogramme, Erklärungsvarianten und Forschungsstrategien [...]) und sozialen Kontexte charakterisierbare Akteursgruppen oder ›Denkkollektive‹ miteinander um die Federführung« (Hohlfeld 1999, 201). »Handlungsmöglichkeiten« gehen zudem nicht unmittelbar, dem Modell von Ursache und Wirkung entsprechend, aus bestimmten Techniken hervor, sondern müssen in sozialen Kontexten erfunden und entwickelt werden. Schließlich sind sie abhängig von der Art und Weise der bestehenden und entstehenden Bedürfnisse und den gesellschaftlichen Formen, in denen diese, wie etwa das Bedürfnis nach Fürsorge im Krankheitsfall oder das nach einem Leben mit Kindern, befriedigt werden. In technikdeterministischen Formulierungen werden diese Prozesse allerdings verdeckt, so dass sie nicht zum Gegenstand der Auseinandersetzung werden können.

Auch dadurch, dass der Technikdeterminismus bioethischer Argumentationen um andere Faktoren erweitert wird, wird diese Beschränkung nicht aufgehoben. Vielmehr zeigt sich, dass, auch wenn weitere determinierende Ursachen angeführt werden, diese nicht in ihrer Gewordenheit, Interdependenz und Veränderbarkeit analysiert werden. Dies ist zum Beispiel der Fall bei Hans-Martin Sass, der als Gründe für die Entstehung von Bioethik neben dem »Wirkungspotential der modernen Technik« auch die »Pluralität der Wertvorstellungen und individuellen Wertprioritäten und Lebensziele« sowie »soziale Risiken« anführt, die durch ökonomische Entwicklungen wie die »Verlagerung von Wertschöpfungspotenzialen in einer internationalen Konkurrenzsituation« entstehen (1988, 23). Diese Aufzählung entspricht in etwa der von Tristam H. Engelhardt, der nach der technologischen Entwicklung »(2) rising health care costs [...], (3) the frankly pluralistic context in which health care is now delivered [...] and (4) the expansion of publicly recognized rights of self-determination« als Ursachen für die Entstehung von Bioethik nennt (1986, 4). In unterschiedlicher Form und Zusammensetzung werden diese Bedingungsfaktoren immer wieder aufgerufen. Johann S. Ach und Andreas Gaidt etwa konstatieren: »Mit der kostenintensiven Technologie einerseits und (angeblich) immer knapper werdenden öffentlichen finanziellen Mitteln andererseits stellen sich neue Probleme und Zielkonflikte ein« (1993, 12). Marcus Düwell wiederum nennt nach den technischen Gestaltungsmöglichkeiten die Tatsache, dass »die Maßstäbe, die den moralischen Beurteilungen zugrunde liegen [...], als verbindliche Bezugsgrößen nicht umstandslos vorausgesetzt werden können« (2000, 76). Auch wenn die Wissenschafts- und Technologieentwicklung somit zumeist nicht als alleiniger Grund für die Entstehung von Bioethik angesehen wird, führt die Einführung weiterer Ursachen nicht zu einer Kontextualisierung von Wissenschaft und Technik. Vielmehr werden auch die angeführten politischen, ökonomischen und soziokulturellen Aspekte als untereinander bezugslose Gegebenheiten angeführt. Sie werden allenfalls, wie bei Ludger Honnefelder, systemtheoretisch zusammengefügt. So geht dieser in dem Artikel »Ethik«, der im *Lexikon der Bioethik* erschienen ist, von »Handlungszusammenhängen« aus, »die durch besondere funktionelle und/oder technische Sachgesetzlichkeiten bestimmt sind und die zum Teil – wie Wirtschaft, Wissenschaft, Kunst etc. – relativ autonome Teilsysteme innerhalb der modernen Großgesellschaften darstellen« (2000, 660). Die Aufgabe der Ethik besteht demzufolge darin, Moral mit den jeweiligen Effizienzkriterien der Teilsysteme kompatibel zu machen. Das bedeutet, dass ethische Prinzipien von vornherein ihre Grenze an der »gewünschten Funktionalität der jeweiligen Sachbereiche« finden (ebd.), die damit jeder Reflexion oder gar Kritik entzogen sind. Notwendig erscheint allenfalls eine »partielle Konsensbildung über die Grenzen der Ethosformen hinaus« (ebd.), um das Zusammenwirken der Teilsysteme zu garantieren. Was die unterschiedlichen bioethischen Stellungnahmen also verbindet, ist die Abwesenheit einer praxeologischen Wissenschafts- und Techniktheorie, die wissenschaftliche und technologische Entwicklungen nicht als Ursache, sondern als Dimension gesellschaftlich-kultureller Prozesse begreifen würde, an denen unterschiedliche Akteure mit widerstreitenden Interessen und Perspektiven teilhaben.

Ethik als angewandte Ethik

Die Form, die Ethik im bioethischen Diskurs annimmt, ist somit durch einen eigentümlichen Kompetenzentzug bestimmt. Thematisch auf Biowissenschaften und -technologien bezogen, ist ihr eine Auseinandersetzung mit den spezifischen internen Entwicklungslogiken sowie mit den gesellschaftlichen Verhältnissen, in denen Wissenschaften und Technologien ihre spezifischen Konturen gewinnen, versagt. Was bleibt, ist ein positivistischer Bezug auf Gegenstände, wie sie die Biowissenschaften hervorbringen. Auf diese Art und Weise verschafft Bioethik den jeweils dominanten Entwicklungen innerhalb der Biowissenschaften Resonanz und erbringt zugleich eine spezifische politisch-kulturelle Artikulationsleistung. Diese ist zwar genauso wenig Gegenstand der Reflexion, wie es die impliziten Konstruktionen von Wissenschaft und Technologie sind, doch geben auch hier einzelne Aussagen

Hinweise auf die impliziten Annahmen. So besteht Tristam H. Engelhardt zufolge die spezifische Leistung der Bioethik darin, eine gegenseitige Adaptation von Kultur und biomedizinischer Technologie herzustellen. »It is«, wie er schreibt, »through applying the language of bioethics that health care understands its place in a culture, and the culture comprehends the significance of health care practices and the biomedical sciences it sustains« (1986, 8). Dabei geht es aber nicht nur um wechselseitige Explikation, sondern Bioethik arbeitet vor allem an einer kulturellen Transformation, an Veränderungen von etablierten kulturellen Wahrnehmungen und Praxen. In diesem Sinne ist Bioethik Engelhardt zufolge »a central element of a culture's self-understanding and self-transformation« (ebd., 9). Diesen Anspruch, der mehr auf Intervention und Veränderung von soziokulturellen Selbstverständlichkeiten denn auf theoretische Reflexion zielt, macht auch Sass geltend. »Von der reinen Ethik als Wertbegründungstheorie unterscheidet sich die Angewandte Ethik«, wie er schreibt, »durch den Primat der Wertdurchsetzung und durch die enge Verbindung mit der technischen Expertise, die erst eine effiziente Durchsetzung [...] erlaubt« (1988, 23). Effizienz ist dabei für Sass vor allem ökonomische Effizienz, so dass sich die »Verbindung von Ethik und Expertise durch das Hineinholen von metaethischen Kosten-Nutzen-Analysen und Bewertungen« auszeichnet (ebd.). Dieser krude Ökonomismus und Technizismus wird freilich nicht allgemein geteilt, sondern dient vielmehr auch als Negativ-Folie, von der sich viele bioethische Stellungnahmen abheben. So geht beispielsweise Wilhelm Korff statt von einer Amalgamierung der Perspektiven von Ethik, Technik und Ökonomie von einer »Doppelperspektive von ethischem Anspruch und empirischer Sachgerechtigkeit« aus (2000, 11). Für die Ethik fordert er einen »Bezugspunkt« außerhalb von Ökonomie und Naturwissenschaften, nämlich die Perspektive auf »den Menschen als moralisches Subjekt und die damit gegebene Würde seiner Person« (ebd.). Allerdings ist das Problem damit nicht gelöst, dass Bioethik den Bereich, aus dem sie ihre Problemvorgaben bezieht – die Biowissenschaften –, nicht kritisch analysiert, sondern außerhalb ihres Kompetenzbereichs verortet. Dies gilt auch für den argumentationstheoretischen Rückzug von Ethik, wie ihn Gregor Damschen und Dieter Schönecker vollziehen. Diese gestehen zwar ein, dass »die logisch korrekte Form eines Arguments [...] keine hinreichende Bedingung für seine Wahrheit« ist, meinen aber dennoch, »dass es der Diskussion dient, wenn man weiß, welche logische Form ein Argument hat, und welches die Prämissen sind, um die gestritten wird« (2003, 2). Solange allerdings eine Analyse der Problematik, in deren Kontext Argumente formuliert werden, genauso fehlt wie eine kritische Rekonstruktion der Gegenstände, über die diskutiert wird – bei Damschen und Schönecker der Embryo und die Stammzelle –, ist dies jedoch zu bestreiten.

Insgesamt bleibt festzuhalten, dass sich Ausführungen zum Verhältnis von Ethik, Wissenschaft und Technologie in der Bioethik nur spärlich finden. In den impliziten Annahmen aber kommt ein szientistischer Zuschnitt der Ethik zum Ausdruck. Darin macht sich nicht zuletzt die Abkünftigkeit der Bioethik aus der analytischen Philosophie geltend. Denn die »angewandte« Ethik, zu der neben Bioethik auch Wirtschaftsethik, Wissenschaftsethik, Medienethik etc. zählen, ist als Komplement zum Programm der Metaethik entstanden, die sich grundsätzlich materialen Stellungnahmen entzieht, da sie Ethik auf die Analyse der Moralsprache reduziert. Schon George Edward Moore hatte in *Principia Ethica* (1903) die Frage, welche »Dinge« gut sind, von der nach der Bedeutung und Funktion des Prädikats »gut« unterschieden. Alfred Jules Ayer hatte dann in Anschluss daran und im Umfeld des Wiener Kreises die Idee einer Reduktion der Ethik formuliert. Da ethische Urteile weder auf analytische Urteile reduziert werden können noch empirische Behauptungen sind, schloss Ayer, dass ethische Ausdrücke »Pseudobegriffe« seien. Da sie nicht verifizierbar sind, müssten sie, so Ayer, als bloße Ausdrücke von Empfindungen verstanden werden, so dass eine Diskussion ethischer Fragen unmöglich sei.[9] Ethik wurde so einem positivistischen Wissenschaftsverständnis unterworfen und als Teilgebiet sprachanalytischer Philosophie reformuliert. Damit war eine grundlegende Herauslösung von Fragen nach dem »guten Leben«, nach richtigem und falschem, gutem und schlechtem Handeln aus allen gesellschaftlichen Zusammenhängen vollzogen. Das erneute Interesse an inhaltlichen ethischen Fragen, das in der analytischen Philosophie seit den 1960er Jahren zu verzeichnen ist, hat vor diesem Hintergrund die Form der angewandten Ethik angenommen. Jedoch wurde dabei nicht nur das szientistische Wissenschaftsverständnis des Logischen Empirismus, sondern auch die vorgängige politische und lebensweltliche Entkontextualisierung von Ethik übernommen. Eine Konsequenz dessen ist, dass ethische Fragen, die angewandte Ethik behandelt, als isolierte Entscheidungsfragen erscheinen. Es ist, wie Ursula Wolf schreibt, der »Kon-

9 Schon bei Rudolf Carnap hieß es programmatisch: »Die vermeintlichen Sätze der Metaphysik, der Wertphilosophie, der Ethik (wenn sie eine normative Disziplin und nicht eine psychologisch-soziologische Tatsachenuntersuchung sein soll) sind Scheinsätze; sie haben keinen theoretischen Gehalt, sondern sind nur Gefühlsäußerungen, die beim Hörer wiederum Gefühle und Willenseinstellungen anregen.« (Carnap 1934/1968, 204)

trast zwischen neutraler Theorie und praktischer Entscheidung« (1995, 13), der für die Konzeption der angewandten Ethik konstitutiv ist. Von zentraler Bedeutung ist für das hier implizierte Verständnis von »Anwendung« die Abkehr von moralphilosophischer Theoriebildung zugunsten dessen, was Dieter Birnbacher »option presentation« nennt. Birnbacher zufolge geht es in der Bioethik nicht um »verläßliche Orientierungen im Sinne ›ewiger Werte‹ oder eines unumstößlichen Kanons ethischer Prinzipien«, sondern um »die Erarbeitung eigener Lösungsvorschläge, die gegenüber ihren Konkurrenten gewisse Vorteile an Explizitheit und Transparenz haben mögen, keinesfalls aber einen Anspruch auf Letztbegründung erheben können« (1993, 49). In ähnlicher Weise stellt auch Anton Leist fest, dass es auf »Lösungsvorschläge« ankommt, die »vorzugsweise nicht darin bestehen, Moral ›allgemein zu begründen‹, sondern von möglichst schwachen, meist weitgehend geteilten Voraussetzungen aus Urteile über umstrittene Fälle zu gewinnen« (1990, 11). Dabei ist der Rückzug aus Moraltheorie keineswegs auf die kasuistische Bioethik beschränkt, die ihre Aufgabe »von vornherein in der Lösung von Fällen« sieht, nicht aber »einer moralphilosophischen Arbeit, die für die Lösung von Fällen relevant ist« (Steigleder 2003, 152).[10] Er prägt ebenso den *Principlism* von Beauchamp und Childress, denen es um die Formulierung von »Prinzipien mittlerer Reichweite«[11] geht, welche das Handeln im Gesundheitsbereich anleiten sollen. So hat Dieter Birnbacher hervorgehoben, dass diese Prinzipien gerade »keine ethischen Axiome oder Grundprinzipien im herkömmlichen Sinne sind« (1993, 53). Sie sind vielmehr »offen für eine Vielzahl wechselseitig unvereinbarer Anwendungen« (ebd.). Birnbacher hält es für »charakteristisch für diesen Ansatz [...], daß die beiden Autoren von durchaus unterschiedlichen ethischen Grundannahmen ausgehen – Beauchamp eher von utilitaristischen, Childress eher von deontologischen –, dennoch aber auf mittlerer Ebene zu gemeinsamen Positionen kommen« (ebd.).

10 Albert R. Jonsen hat diesen Ansatz zusammen mit Stephen Toulmin unter Rückgriff auf die scholastische Kasuistik entwickelt. In der Kasuistik »wird nicht von einer (übergreifenden) Theorie der normativen Ethik ausgegangen – solche Theorien erscheinen vielmehr als entbehrlich oder defizient – sondern von der Analyse von Fällen« (Steigleder 2003b, 152). Wie Klaus Steigleder kritisiert, verrät »das Vertrauen in den ›Boden‹ konkreter Problemstellungen [...] ein Defizit an ›kritischer Theorie‹« (ebd.).

11 Von »Prinzipien mittlerer Reichweite« ist die Rede, weil jedes der vier Prinzipien, die Beauchamp und Childress anführen – *beneficence, nonmaleficence, autonomy* und *informed consent* – immer nur *prima facie* Geltung hat, das heißt durch die Geltung eines anderen, konkurrierenden Prinzips eingeschränkt werden kann (vgl. Beauchamp, Childress 1979/1994, 33). Das pragmatistische Konzept von nicht absolut, sondern nur *prima facie,* also bis auf Weiteres geltenden Werten geht auf W.D. Ross zurück.

Auch im Kontraktualismus, der unter Bezug auf das grundlegende Prinzip der Autonomie auf die Herstellung eines ethischen Konsenses zielt, geht es weniger um die Ausarbeitung eines moralphilosophischen Entwurfs als um die effiziente Strukturierung von Diskussionen. »Die Aufgabe der Bioethik«, so Ach und Runtenberg, »kann aus dieser Perspektive im Wesentlichen nur darin bestehen, die Herstellung von Konsensen zu befördern und die rationale Geltung faktischer Konsense zu überprüfen« (2002, 66). Selbst dort, wo Moralphilosophie als relevant angesehen wird, tritt sie in erster Linie als Legitimationsinstanz auf. »Moralphilosophisch müssen wir [...] legitimieren«, heißt es bei Marcus Düwell, dass bioethische Urteile »präskriptiv etwas darüber aussagen, dass diese technischen Entwicklungen und medizinischen Angebote moralisch verantwortbar oder unverantwortbar sind« (2008, 27). Die Form der Bioethik ist in all diesen Positionsbestimmungen immer schon vorausgesetzt und wird nicht als spezifische und kontingente theoretische Praxis begriffen. In all ihren unterschiedlichen Ausrichtungen ist der Bioethik der Blick auf sich selbst, auf die Grenzen ethischer Problematisierung, die sich aus dem Paradigma der angewandten Ethik ergeben, verstellt.

Ein Beispiel: Der Embryo als ethisches Objekt

Eine Konsequenz der Abkehr von moraltheoretischen Fragen und der Orientierung an den Objekten der Biowissenschaften und -technologien besteht darin, dass die Anleihen bei den verschiedenen ethischen Traditionen wie Kantianismus, Utilitarismus und Vertragstheorie einer strukturellen Konvergenz unterliegen. Deutlich wird dies unter anderem an den Einlassungen zur Frage des »moralischen Status des Embryos«, die sich Leist zufolge dadurch auszeichnet, dass sie »offen läßt, ob man sich im weiteren der Begriffe des Rechts, der Pflicht, des Werts etc. bedient« (1990, 11). Gleichwohl sind mit dieser »neutralen Formulierung« (ebd.), die Leist geeignet scheint, die bioethische Debatte zu zentrieren, bestimmte Stellungnahmen, das heißt vor allem Ausgrenzungen schon vollzogen. So erscheint nämlich von dieser Frage ausgehend die Orientierung an »sozialen Beziehungen oder Sichtweisen keine geeignete normative Grundlage, um über die Statusfrage zu entscheiden« (ebd., 20). Gerade feministische Positionen, die immer wieder die Konstruktion des isolierten Embryos kritisiert und Reproduktionstechnologien im Kontext von Geschlechterverhältnissen und soziokulturellen Veränderungen analysiert haben, werden auf diese Weise als irrational desartikuliert. Sie stehen, so Leist, »in Gefahr, moralische Prämissen unausgesprochen einzuführen und die moralische Frage [der Abtreibung/SL] willkürlich und unbegründet zu entscheiden« (ebd.). Dies implizit voraussetzend, vollzieht auch Johann Ach eine Ausgrenzung feministischer Positionen durch Zentrierung der Debatte auf den Embryo. In einem Überblicksartikel aus dem Jahr 1993 bemerkt er knapp, dass »eine Diskussion feministischer Argumente fehlt«, und fügt als Rechtfertigung an, dass sich »Feministinnen allerdings auch kaum direkt mit der Frage nach dem moralischen Status von Embryo-Föten auseinandergesetzt haben« (1993, 74). Dabei handelt es sich keineswegs um eine zufällige Auslassung, sondern um eine den Diskurs strukturierende Operation. Denn die Desartikulation von Frauen und feministischer Kritik, die über die Figur des Embryos erfolgt, wird von unterschiedlichen Autoren und in unterschiedlichen Zusammenhängen immer wieder vollzogen. So diskutiert beispielsweise Otfried Höffe, der in die Debatte um die Forschung an embryonalen Stammzellen interveniert, ob die Verbindung des Embryos »mit einem mütterlichen Körper […] für die Menschwerdung im strengen Sinn wesentlich« ist (2002, 139). Ein Gedankenexperiment, in dem die In-vitro-Fertilisation durch eine In-vitro-Schwangerschaft ergänzt wird, bringt ihn zu dem Ergebnis, dass die Abhängigkeit vom Mutterleib »nicht im strengen, philosophischen Sinn von ›substantiell‹ substantieller Natur« sei (ebd.). An dieser Stelle zeigt sich deutlich, inwiefern der szientistische und technikdeterministische Zuschnitt der Bioethik, der das biowissenschaftliche Objekt »Embryo« ins Zentrum rückt, durch politisch-ethische Stellungnahmen überdeterminiert ist, die sich in eine lange patriarchale Tradition einschreiben, in denen der Frauenkörper nur von sekundärer Bedeutung für das Fortpflanzungsgeschehen ist. Schließlich galt schon Aristoteles der weibliche Beitrag zur Fortpflanzung, die Materie, als unwesentlich gegenüber dem männlichen Prinzip der Form, das ihm »besser und göttlicher« zu sein schien (vgl. Tuana 1993, 132).[12] Seit den ausgehenden 1970er Jahren aber, also parallel zur bioethischen Debatte, ist in der feministischen Theorie die symbolische Eliminierung des Frauenkörpers unter biowissenschaftli-

12 »The female body«, so Nancy Tuana zur Aristotelischen Fortpflanzungstheorie, »becomes the workplace and source of raw material out of which the male crafts a human life« (Tuana 1993, 132). Auch in der Modifikation durch Galen und zum Teil eben auch bis in die Genetik der Gegenwart ist diese Konstruktion immer wieder reartikuliert worden. Vgl. unter anderem Bärbel Mauss, »Genomic Imprinting im Kontext feministischer Kritik«, in: Schmitz, Sigrid; Schinzel, Britta, *Grenzgänge. Genderforschung in Informatik und Naturwissenschaften*, Königstein/Taunus 2004, 149–163.

chen Vorzeichen kritisiert worden.[13] Insbesondere die Konstruktion des Embryos ist im Zusammenhang mit der Politik um Abtreibung wie auch mit den Reproduktionstechnologien vielfach analysiert worden.

So hat etwa Rosalind Pollack Petchesky die Übertragung der Konzeption des autonomen Subjekts auf den Embryo problematisiert. Denn, so schreibt sie,

»the idea of ›persons‹ as self contained atoms is a fallacy at any stage of human development and certainly at its inception. Without conscious awareness of others, or ability to communicate its needs, the fetus cannot be a being ›in and for itself‹ (a person) [...] Its identity as a ›human life‹ is thus all the more inevitably endowed or bound up with contextual meaning; it is the social context and the value placed on the fetus by those immediately concerned in its care that determine to a large extent its value in the world« (Petchesky 1992, 427).

Im Kontext der Reproduktionstechnologien und der sich formierenden Bioökonomien ist freilich die persönlich-emotionale Einstellung zum Embryo als entstehendem Kind nur eine Einstellung, die neben anderen, konkurrierenden praktisch-tätigen Einstellungen vorkommt. Sie wird sowohl von der wissenschaftlich-technologischen Perspektive auf den zu bearbeitenden »Zellhaufen« als auch von der ökonomischen auf den biomedizinischen Rohstoff beziehungsweise die herzustellende Ware und schließlich von der juristischen Perspektive, die ein zu schützendes Objekt konstituiert, stark in den Hintergrund gedrängt. All diese Einstellungen und Perspektiven konstituieren das Objekt »Embryo« auf unterschiedliche, zum Teil antagonistische, zum Teil konvergierende Art und Weise. Der Embryo ist daher, wie Sarah Franklin schreibt, zu einem Cyborg-Wesen geworden:

»Though it is fully human (for what else can it be?), it is born of science, inhabits the timeless ice land of liquid-nitrogen storage tanks, and feeds on special (pure) culture in its Petri dish. At once potential research material (scientific object), quasi citizen (it has legal rights), and potential person (human subject), the embryo has a cyborg liminality in its contested location between science and nature« (1995, 337).

Diese Umkämpftheit, die aus der Kollision von sozialen, alltagsweltlichen Perspektiven und Erfahrungen mit technowissenschaftlichen Perspektiven, Ansprüchen und Praxen resultiert, wird mit der Frage nach dem »moralischen Status des Embryos« desartikuliert beziehungsweise sie ist immer schon zugunsten der letzteren vorentschieden. Denn da die Problematik um

13 Vgl. unter anderem The Biology and Gender Study Group, »The Importance of Feminist Critique for Contemporary Cell Biology«, in: Tuana, Nancy (Hg.), *Feminism and Science*, Bloomington und Indianapolis 1989, 172–187.

einen Gegenstand herum zentriert wird, der erst durch die Embryologie des achtzehnten Jahrhunderts hervorgebracht wurde[14] und im Rahmen der Biotechnologie des ausgehenden zwanzigsten Jahrhunderts zentrale Bedeutung erhalten hat, ist die wissenschaftliche Perspektive als dominierende festgeschrieben. Alle anderen Perspektiven der Moral, des Rechts, der Ökonomie und des Alltagslebens sind gezwungen, sie zu übernehmen oder aber durch die sich überlagernden Gegensätze rational/irrational, wissenschaftlich/nichtwissenschaftlich auf die Seite des Irrationalen zu fallen. Sarah Franklin hat diese Anordnung anhand der britischen Debatte zum *Human Fertilization and Embryology Bill* von 1989 skizziert: Die Gegner der Embryonenforschung,

»who argue that the embryo is part of a shared community and that how it is treated therefore affects all of us, whether we use the benefits of embryo research or not, have nothing to point to but the embryo itself. This, in addition on to the fact, that despite science and theology being the two privileged forms of expertise, they are privileged unequally – science being seen as neutral and theology being seen as a particular point of view [...] – disadvantaged the anti-embryo-research parliamentarians considerably« (1993, 155).

Dass es bei der Vorrangstellung der wissenschaftlichen Perspektive also auch um Macht beziehungsweise die Verhinderung von Widerspruch und Kritik geht, wird zudem bei Tristan H. Engelhardt deutlich. Dieser geht davon aus, dass der Embryo zum einen durch soziale Beziehungen Bedeutung erhält. »The would-be mother, father, grandmothers, grandfathers, uncles and aunts can vest a wanted embryo or fetus with great value«, beziehungsweise der Embryo kann, sofern die Frau kein Kind will, auch als bedrohlich, störend oder verletzend wahrgenommen werden (1986, 218). Diese alltagsweltlichen Perspektiven verlieren ihm zufolge allerdings jegliche Berechtigung, wo der Embryo zum Gegenstand wissenschaftlicher Forschung wird. Sofern es um das wissenschaftliche Objekt »Embryo« geht, sind Engelhardt zufolge grundsätzlich die Ansprüche und Einspruchsmöglichkeiten der Frauen verwirkt. »Claims regarding the privacy and integrity of the woman's body cannot be invoked in order to forbid interference in such undertakings [fetal experimentation/SL], even if they have a reproductive, not purely scientific, in-

14 Erst mit der Entstehung der Biologie entwickelt sich gegen Ende des achtzehnten Jahrhunderts auch die Embryologie. »Die philosophischen oder theologischen Lehren der Männer vom Werden des Menschen [in den Jahrhunderten davor/SL] und die naturkundlichen Beobachtungen an Hühnereiern oder an Blutklumpen, an Gewächsen, die aus Frauen abgegangen waren, generierten das moderne biologische ›Ding‹ nicht.« (Duden 2002, 17)

tent« (ebd.). Die Macht einer wissenschaftlichen Einstellung, die alltagsweltliche und damit auch gesellschaftliche Perspektiven desartikuliert, die sich kritisch gegen wissenschaftlich-technologische Projekte wenden könnten, wird hier schlicht vorausgesetzt. Sie ist allerdings nur auf der Grundlage einer Konzeption von Wissenschaft und Technologie möglich, die deren soziokulturelle Bezüge immer schon ausgeblendet hat.

Um dagegen die Frage angemessen diskutieren zu können, wie Reproduktionstechnologien und eine entstehende Bioökonomie in Prozesse der Transformation von Geschlechterverhältnissen eingelassen sind und inwiefern dabei alte und neue Machtverhältnisse etabliert werden, ist es notwenig, mit der Orientierung der Bioethik an den biowissenschaftlichen Objekten zu brechen. Dabei geht es nicht allein darum, Frauenkörper und Frauenrechte in die Debatte einzubeziehen. Auf der Tagesordnung steht vielmehr eine Analyse jener Veränderungen, denen Fortpflanzungsverhältnisse im Kontext von Biowissenschaften, -technologien und -ökonomien unterliegen, sowie ihrer Bedeutung für die Geschlechterverhältnisse, in denen Frauen und Männer vielfältig positioniert sind. In einer solchen Perspektive geht es nicht um »den Embryo« und nicht um »Auswirkungen« bestimmter Technologien auf Frauen oder andere Bevölkerungsgruppen, sondern um die gesellschaftlichen Zukunftsentwürfe, die sich in Wissenschaften und Technologien verdichten. Denn Wissenschaften und die Entwicklung von Technologien sind gesellschaftliche Praxen, die ökonomisch und politisch überdeterminiert sind. Erst durch diese Überdeterminierung erhalten sie ihre spezifische Gestalt. Sofern sie durch verschiedene Diskurse mit Versprechen, Hoffnungen und Ängsten verbunden werden, haben sie immer auch eine symbolische Dimension. Schließlich sind »technische Artefakte und gesellschaftliche Symbolgehalte«, wie Peter Wehling unter Verweis auf Walter Benjamin schreibt, auf kaum auflösbare Weise miteinander verschränkt (2004, 45). »So wie soziale Bedürfnisse und Wunschbilder in die Konstruktion und Verwendung technischer Gegenstände eingehen, so prägen und verändern diese umgekehrt die gesellschaftlichen Symbolwelten« (ebd.).[15] Dies ist ganz sicher bei den biomedizinischen und den Reproduktionstechnologien der Fall, die auf vielfältige Art und Weise sowohl mit persönlichen Hoffnungen und Ängsten in Bezug auf den eigenen Körper und den des Nachwuchses aufge-

15 »In Technik geht nicht nur Wissen über die Natur ein, sondern immer auch bewusste und mehr noch latente Vorstellungen und Wünsche über den Umgang der Gesellschaft mit sich selbst und mit der Natur. Diesen Gedanken hat Benjamin«, so Wehling, »bereits recht früh, 1928, in seiner Aphorismensammlung *Einbahnstraße* festgehalten« (2004, 44).

laden sind, als auch mit wissenschaftlichen, ökonomischen und politischen Zukunftsszenarien. Technologie, also auch Biotechnologie kann somit nicht als Gegebenheit betrachtet werden, die ein fixes Set an Optionen zulässt, sondern muss ausgehend von gesellschaftlichen Prozessen der Transformation und der Hervorbringung von Bedürfnissen zum Thema gemacht werden. Ethik, die sich dieses Themas annimmt, wäre daher weder auf »option presentation« zu reduzieren noch dazu aufgerufen, stellvertretend quasi juristische Entscheidungen zu fällen, sondern müsste vielmehr als Katalysator einer »Politik der Bedürfnisinterpretation« (Nancy Fraser) fungieren. Das bedeutet, dass ethische Reflexion die Entstehung und Formierung von Bedürfnissen genauso thematisieren müsste wie die gesellschaftlichen Machtstrukturen, in denen sich Bedürfnisse geltend machen oder aber ausgeblendet und negiert werden. Schließlich ginge es darum, in all jene Auseinandersetzungen zu intervenieren, in denen verhandelt wird, auf welche Art und Weise Bedürfnisse zu befriedigen sind. Gerade Technologien als Mittel der Bedürfnisbefriedigung und Wissenschaften als Generierung von Wissen, das Technologien konstituiert, sind nämlich auf diese Art umkämpft. Ethik als philosophische Praxis könnte sich im Kontext von solchen durchaus antagonistischen Politiken der Bedürfnisinterpretation dadurch bewähren, dass sie Selbstverständlichkeiten und scheinbaren Evidenzen alltagsweltlicher und theoretischer Denkformen stört und aufbricht, um Problem- und Diskussionshorizonte zu erweitern. Mehr als eine Ethik der Vorschrift wäre dies eine Ethik der Infragestellung und Kritik etablierter Denk-, Handlungs- und Lebensweisen.

1.2 Nutzen, Wert und Würde – Symbolische Inwertsetzung und juridische Regulation

Als Ensemble von Artefakten, Wissen und Verfahren, die Handlungen strukturieren und rationalisieren, sind Technologien in einem umfassenden Sinn in den gesellschaftlichen Strukturen der Bedürfnisbefriedigung verankert und haben insofern immer schon eine ökonomische Bedeutung. Dabei strukturieren sie nicht nur Arbeitsprozesse und Produktionsverfahren, sondern konstituieren auch spezifische Verhältnisse zur menschlichen und nicht-menschlichen Natur, indem sie auf diese einwirken und sie modifizieren.[16] Die Biotechnologien, die eng mit der Entwicklung von Bioökonomien verbunden sind, das heißt der industriellen Nutzung jener Erkenntnisse und Verfahren, mit denen sich die Mikroprozesse von Organismen gestalten lassen, tragen somit zu einer Transformation von Natur- und Körperverhältnissen bei. Diese ist geprägt durch Prozesse der Inwertsetzung, die insbesondere auch die Fortpflanzungsverhältnisse verändern. Inwertsetzung bedeutet dabei, dass Bereiche, die bisher nicht wertförmig verfasst waren, der Logik von Kauf und Verkauf unterworfen werden. Voraussetzung dafür ist, dass zunächst Dinge und Dienstleistungen konstituiert werden, die die Form von veräußerbarem Eigentum annehmen können. Eine solche Transformation erfolgt, wie Catherine Waldby und Robert Mitchell zeigen, zum Beispiel durch die Aneignung von gespendeten oder als Müll deklarierten Biomaterialien, wozu zum Beispiel »überzählige« Embryonen nach einer In-vitro-Befruchtung oder von Krebs befallenes Gewebe gehören. Juristisch sind Körperteile und -substanzen nicht eigentumsfähig, solange sie zum Körper eines Individuums gehören, werden es aber, sobald sie vom Körper getrennt sind und in den Verfügungsbereich einer zweiten Partei übergehen.[17] Dieser Übergang erfolgt, so Waldby und Mitchell, im Fall der »Spende« durch den Mechanismus der informierten Einwilligung. »Informed consent [...] dissociates the embryo from the network of family relations that produced it, and positions it as a technical entity whose productivity is at the disposal of the laboratory« (2006, 73). In Form einer solchen »technischen Entität« sind der Embryo und seine Derivate, das heißt Stammzellen und deren (mögliche) Produkte, in den Bereich kommerzieller beziehungsweise kommerzialisierbarer Objekte eingegangen. Ähnlich verhält es sich mit Materialien, die als

16 In der gegenwärtigen Technikphilosophie und -soziologie sind sowohl die ökonomischen Dimensionen von Technik als auch das Verhältnis Technik/Natur stark unterbelichtet. Eine theoretische Auseinandersetzung mit dem Verhältnis von Technik und Körperpraxen beziehungsweise -verhältnissen fehlt mehr oder weniger ganz. Vgl. unter anderem Val Dusek, *Philosophy of Technology. An Introduction*, Malden und Oxford 2006; Thomas Zoglauer (Hg.), *Technikphilosophie*, Freiburg 2002. Zur klassischen Technikphilosophie vgl. Christoph Hubig, Alois Huning, Günther Ropohl (Hg.), *Nachdenken über Technik. Klassiker der Technikphilosophie*, Berlin 2001.

17 So wurde in dem wohl ersten Verfahren, in dem um Eigentumsrechte an Körpersubstanzen gestritten wurde, dem Verfahren *John Moore v. Regents of the University of California* von 1984, entschieden, dass Moore, aus dessen Zellen sein Arzt Dr. Golde eine Zelllinie produzierte, die er patentieren ließ, kein Eigentumsrecht an seinen Zellen gehabt und daher auch keinen Anspruch auf Gewinnbeteiligung habe (Waldby, Mitchell 2006, 88ff.) Vgl. zu den Kontroversen um diesen Fall Gehring 2006, 35ff.

Müll beziehungsweise »abandoned« klassifiziert werden. Da hier keine Beziehung zu einem Individuum besteht, erfolgt die Aneignung allerdings direkt, ohne Vermittlung durch die »informierte Einwilligung« (ebd., 86).[18] Wie der Fall des Nabelschnurblutes zeigt, wird das verarbeitete beziehungsweise präparierte Rohmaterial zum Teil auch den »Rohstofflieferantinnen« zurückverkauft.[19] Frauenkörper haben in diesen bioökonomischen Entwicklungen einen besonders prekären Status, da Eizellen beziehungsweise Embryonen ihnen durch invasive Methoden entnommen werden müssen, auch wenn daran gearbeitet wird, diese Rohstoffe zu ersetzen.

In den bioethischen Debatten werden diese Prozesse nur selten benannt und analysiert. So stellt etwa Wilhelm Korff in der Einleitung zum *Lexikon der Bioethik* fest, »das Marktgeschehen« habe in den vergangenen Jahrzehnten »eine Dynamik entfaltet, die zunehmend alle Bereiche des Umgangs des Menschen mit dem Menschen und des Menschen mit der Natur« ergriffen und dabei »mitunter herkömmliche Handlungsmuster verdrängt« habe (2000, 10). Doch eine Analyse dieser Prozesse und der »möglichen dehumanisierenden oder auch naturzerstörenden Folgen« ist von vornherein durch die Unterstellung einer »gewünschten Effizienz« begrenzt (ebd.). Bioethik wird daher auf eine »kritische Begleitung des ökonomischen Prozesses« (ebd.) festgelegt, noch bevor dieser in seinen vielfältigen Dimensionen begriffen ist. Von einem solchen Blickwinkel aus lässt sich denn auch nur schwer die symbolische Inwertsetzung, die Bioethik hervorbringt, bestimmen. Doch schon ein flüchtiger Blick auf die verschiedenen bioethischen Interventionen zeigt, dass ökonomische Kategorien und Bedeutungselemente eine wichtige Rolle spielen und im bioethischen Diskurs auf verschiedenen Ebenen zirkulieren. Dies betrifft zum einen die Durchführung von Kosten-Nutzen-Analysen, zum anderen Debatten zu Eigentumsrechten an Körperteilen und -substanzen. Darüber hinaus transportieren die Konzepte des Werts und der Würde

18 »Unsurprisingly«, so stellen Waldby und Mitchell fest, »this blatant dispossession is becoming more and more controversial [...] The social consensus around what constitutes a waste or abandoned tissue is breaking down, so that the economy of waste tissue rehabilitation is becoming more complex and contested« (2006, 86).

19 Nabelschnurblut gilt als Stoff, aus dem adulte Stammzellen gewonnen werden können, die »gegenwärtig in der Leukämietherapie sowie bei einigen anderen seltenen Erkrankungen des Immun- und Blutsystems« genutzt werden können (Manzei 2006, 165). In Deutschland und anderen Staaten haben sich »neben öffentlichen Blutbanken, die Nabelschnurblut als Spenden sammeln, anonym einlagern und weltweit unverwandten Empfängern zur Verfügung stellen, auch kommerzielle Blutbanken etabliert, die für die private Nutzung von Nabelschnurblut werben. Geworben werden die Schwangeren mit dem Slogan: ›Nabelschnurblut – die biologische Lebensversicherung für ihr Kind‹.« (Ebd., 166)

ökonomische Bedeutungen, auch wo dies nicht explizit ist oder wo diese Begriffe sogar im Gegensatz zu Kosten-Nutzen-Kalkülen ins Spiel gebracht werden. Gerade am kantianischen Begriff der Würde, mit dem zumeist Grenzen von Inwertsetzungsprozessen markiert werden sollen, wird einerseits deutlich, inwiefern Kritik, die diese Prozesse nicht gesellschaftstheoretisch fasst, sondern allein moralisch in Begriffen des Werts zurückweist, vor ihnen immer schon zurückgewichen ist. Von zentraler Bedeutung ist dabei auch, dass sich im Begriff der Würde eine moralphilosophische und eine verfassungsrechtliche Bedeutung verbinden. Dadurch erweist sich der Würdebegriff für den juristischen Diskurs als anschlussfähig beziehungsweise trägt zu einer präjuridischen Formierung von Problematiken bei. Nicht zuletzt durch die diskursiven Operationen der Bioethik wird es daher möglich, die politischen und gesellschaftlichen Fragen, die im Zusammenhang mit den wissenschaftlichen, technologischen und ökonomischen Entwicklungen aufgeworfen werden, ins Recht zu übersetzen. Dieses ist nämlich nicht von vornherein auf die neuartigen Problematiken zugeschnitten. Vielmehr müssen die Legislative und die Gerichte, wie Renée Fox betont, die durch eine Fülle neuartiger Fälle auftretenden Fragen »reduzieren« und »technisieren«, sofern sie sie nicht insgesamt für nicht justiziabel erklären wollen (vgl. 1990, 209).[20] Für die Bioethik bedeutet dies, dass Fragestellungen von vornherein auf Prozeduren der staatlichen Regulation von bio-wissenschaftlichen, -technologischen und -ökonomischen Prozessen ausgerichtet werden. Dies geschieht zuungunsten einer Perspektive, in der Ethik Teil einer zivilgesellschaftlichen Politik der Bedürfnisinterpretation wäre. Gerade aber mit Blick auf die Geschlechterverhältnisse, die private und öffentliche, materielle und symbolische Strukturen umfassen, ist deutlich, dass sich die gesellschaftlichen Problematiken, die mit der Transformation von Fortpflanzungsverhältnissen im Kontext von Bioökonomien entstehen, nicht auf Fragen der rechtlichen Regulation reduzieren lassen. Bevor allerdings der Status des Rechts beziehungsweise von juridischen Kategorien, die die Prozesse der Inwertsetzung zum Teil verstärken, zum Teil begrenzen, untersucht werden kann, werden im Folgenden die verschiedenen Dimensionen des Ökonomischen im bioethischen Diskurs rekonstruiert.

20 »Die Verrechtlichung des Leibesstoffes ist nicht eine unter vielen Verschiebungen, die der technische Fortschritt nun einmal mit sich bringt. Vielmehr zeigen die Verlegenheit der Rechtswissenschaft und die fragwürdigen Manöver der Theoriebildung der 1980er und 1990er Jahre […], wie neuartig das Neue ist, das hier Normalität werden möchte. […] Eine passende Sprache und Dispositionsregeln sind noch nicht gefunden.« (Gehring 2006, 51)

Kosten und Nutzen. Ökonomie als Moral

Die Methode der Kosten-Nutzen-Analyse entstammt der Wohlfahrtsökonomie (*welfare economics*), die sich mit der effizienten Allokation von Ressourcen im öffentlichen Sektor befasst. Sie ist in der Bioethik vor allem dort präsent, wo es thematisch um Ressourcenmanagement im Gesundheitswesen geht und sich die Argumentation auf die moralphilosophische Tradition des Utilitarismus stützt. Dabei ist hervorzuheben, dass der Utilitarismus, durch den der Begriff des Nutzens im neunzehnten Jahrhundert moralphilosophischen Rang erhielt, im zwanzigsten Jahrhundert einen »Wandel der Grundbegriffe« (Han, Hügli 1971, 507) durchgemacht hat.[21] Orientierten sich Jeremy Bentham und John Stuart Mill an der klassischen Ökonomie des neunzehnten Jahrhunderts und der Figur des *homo oeconomicus*, so ist der Utilitarismus der Gegenwart durch die Einbeziehung der Wohlfahrtsökonomie und der Theorie rationaler Entscheidung geprägt. Die hedonistische Sprache der Lust und des Glücks, die den klassischen Utilitarismus bei Bentham, Mill und Henry Sidgwick[22] prägt, wird dabei zugunsten einer stärker ökonomischen Sprache zurückgedrängt, die Interessen, Güter und eben »Wohlfahrt« in den Vordergrund stellt. Dem Präferenzutilitarismus, den vor allem Richard M. Hare und Peter Singer vertreten, geht es daher »nicht mehr um eine Maximierung von Lust oder Glück [...], sondern um die Erfüllung oder Befriedigung von Präferenzen« (ebd.). »This other version of utilitarianism«, so formuliert es Singer, »judges actions, not by their tendency to maximize pleasure or minimize pain, but by the extent to which they accord with the preferences of any beings affected by the action or its consequences« (zit. n. Han, Hügli 1971, 507). Allerdings ist der Präferenzutilitarismus nur eine Spielart utilitaristischer Ethik in der zweiten Hälfte des zwanzigsten Jahrhunderts. Denn in den 1960er und 1970er Jahren hat eine starke »Ausdifferenzierung verschiedener Formen des Utilitarismus stattgefunden. In neueren Diskussionen«, so Marcus Düwell, »stößt man vermehrt auf Versuche, Grundmotive des Utilitarismus mit Elementen zu verbinden, die in an-

21 Philosophiegeschichtlich bedeutsam ist der Nutzenbegriff allerdings schon seit der Antike, in der »das Prinzip des Nutzens ein gemeinsamer Begriff von Ethik und Ökonomie war« (Hagengruber 2000, 11). Zu den unterschiedlichen Konstellationen dieser Wissensgebiete und dem Wandel des Nutzenbegriffs vgl. ebenfalls Ruth Hagengruber, *Nutzen und Allgemeinheit. Zu einigen grundlegenden Prinzipien der Praktischen Philosophie,* Sankt Augustin 2000.

22 Sidgwicks *Methods of Ethics* (1874) systematisieren den Utilitarismus von Bentham und Mill und wurden im angelsächsischen Raum zu einem zentralen Bezugspunkt utilitaristischer Ethik.

deren ethischen Theorien eine wichtige Rolle spielen« (2003, 57). Insbesondere der Gegensatz zur deontologischen Ethik Kants wird dabei aufgelöst.[23] Dies ist auch der Fall bei Hare, dem zufolge es bei Kant eine »Spannung« zwischen utilitaristischen und nicht-utilitaristischen Elementen gibt (1997, 155). Der Utilitarismus, so Hare, könnte daher auch unter Bezug auf Kants Vorstellung des »guten Willens« formuliert werden. Schließlich ziele der Wille immer auf bestimmte Konsequenzen. »So, although the only good thing without qualification is a good will, what makes it a good will is what is willed (autonomously, universally, rationally, and impartially), and that is the consequences that are intended« (ebd., 165). Deutlich wird hierbei, inwiefern die Rede von Konsequenzen ein Scharnier darstellt, das heterogene moralphilosophische Perspektiven zusammenführt. »Konsequentialismus« hat sich daher als Überbegriff für die unterschiedlichen Varianten des Utilitarismus etabliert. Ein verbindendes Element ist dabei, dass die Konsequenzen einer Handlung den Axiomen der *rational-choice*-Theorie und der mathematischen Entscheidungstheorie entsprechend kalkuliert werden. Vorausgesetzt wird ein »rein instrumenteller Begriff der Rationalität«, dem zufolge eine Entscheidung rational ist, wenn sie »den erwarteten Nutzen eines Individuums maximiert« (Vossenkuhl 2000, 612). Konstitutiv für diesen Rationalitätsbegriff ist wiederum die Fiktion von Individuen, die »ausgestattet (sind) mit allen relevanten Informationen über den Wert und die Wahrscheinlichkeit aller wählbaren Optionen« und die zudem »perfekte kalkulatorische Fähigkeiten haben« (ebd.). Dabei handelt es sich nicht nur um eine kontrafaktische Annahme, sondern die Unterordnung des Rationalitätsbegriffs unter den Nutzenbegriff, die hier stattfindet, führt zur »Vernichtung seiner ursprünglichen Bedeutung« (Hagengruber 2000, 11). Rationalisierung wird »verwechselt mit methodisch-technischer Optimierung«, wobei nur zu oft vergessen wird, »darüber nachzudenken, was sich zu optimieren lohnt« (ebd.). Dies ist nicht nur im Fall von handlungsutilitaristischen Positionen so, sondern auch im Regelutilitarismus, der mit der Orientierung an egoistischen Privatinteressen ein Stück weit bricht. Denn obwohl auch hier das Ideal des *homo oeconomicus* weiterhin leitend ist, fragen regelutilitaristische Positionen nicht nach den Konsequenzen einzelner Handlungen, sondern

23 Wie Bruce Jennings betont, haben im zwanzigsten Jahrhundert »die einflußreichsten amerikanischen Philosophen, die eine Art neo-kantianische, mit der liberalen politischen Theorie kompatible Ethik entwickelt haben, Kant eine ausgesprochen individualistische und subjektivistische Wendung gegeben, und es wäre angemessen, sich mit dieser Lesart exegetisch zu beschäftigen« (2000, 57).

nach den Auswirkungen, die die Befolgung bestimmter Handlungsregeln hat. Damit nähern sie sich insgesamt kantianischen Positionen an.

Nicht alle bioethischen Positionen, die mit Kosten-Nutzen-Kalkülen operieren, nehmen allerdings auf eine spezifische utilitaristische Position Bezug oder formulieren eine solche. Vielmehr zeigt sich an vielen Stellen ein mehr oder weniger unausgewiesener Einsatz utilitaristischer Theoreme, die zum Teil mit anderen Theorie-Elementen amalgamiert werden. Dies ist zum Beispiel bei Beauchamp und Childress der Fall, von deren vier bioethischen Grundprinzipien zwei Kosten-Nutzen-Analysen einschließen. So umfasst das Prinzip »Wohltun« (beneficience) ihnen zufolge »a group of norms for providing benefits and balancing benefits against risks and costs«; das Prinzip »Gerechtigkeit« wird bestimmt als »a group of norms for distributing benefits, risks and costs fairly« (1979/1994, 38). Dabei ist mit Kosten-Nutzen-Analysen, die grundsätzlich nicht die Entstehung beziehungsweise Produktion von Ressourcen thematisieren, sondern von einer gegebenen, zu verteilenden Menge ausgehen, immer auch eine bevölkerungspolitische Perspektive verbunden. Schließlich geht es bei der Festlegung von Kriterien der Zuteilung darum, Bevölkerungsgruppen zu klassifizieren, denen Ressourcen nicht oder nur unter bestimmten Bedingungen zustehen. Ein Beispiel hierfür ist Norbert Hoerster, der die Frage diskutiert, wie mit »schwerstgeschädigten Neugeborenen sowie Frühgeborenen mit einem Geburtsgewicht unter 500 Gramm« (1995, 7) umgegangen werden sollte. Unter Verweis auf die »nicht geringe Wahrscheinlichkeit einer gravierenden späteren Behinderung dieser Kinder« und die »immensen Kosten ihrer neonatologischen Behandlung« (ebd.) plädiert er dafür, diesen keine Ressourcen zukommen zu lassen. Ausgehend von dem »Ziel einer Menschheit, die von Behinderungen möglichst frei ist«, tritt er für »Sterbehilfe« bei Neugeborenen ein beziehungsweise dafür, »bei Frühgeborenen das Recht auf Leben erst mit dem Erreichen eines bestimmten Entwicklungsstandes in Geltung treten zu lassen« (ebd., 9). Allerdings steht mit den Kosten-Nutzen-Kalkülen nicht nur der Ausschluss bestimmter Individuen von Ressourcenzuteilungen auf dem Spiel, sondern auch die Unterwerfung unter Kontrollmechanismen. So geht etwa Tristam H. Engelhardt von einer moralischen Verpflichtung zur Inanspruchnahme und Durchführung von genetischer Beratung, Pränataldiagnostik und Abtreibung aus, sofern die Geburt eines Kindes bevorstehen könnte, das unvermeidbare Kosten für die Gesellschaft verursache – »costs society does not wish to accept« (1986, 227). Schließlich, so Engelhardt weiter, wäre es nur wünschenswert größere Ressourcen aufzuwenden, wenn man damit Personen zur Existenz verhelfe, deren Existenz »will be of sufficient quality and quantity« (ebd., 228). Dabei wird die Antwort auf die Frage, was Lebensqualität und Lebensglück im individuellen wie im kollektiven Sinn bedeuten können, als immer schon gegeben vorausgesetzt. Grundlegende Fragen der Ethik, also Fragen nach dem »guten Leben« sind damit prinzipiell ausgeschlossen, denn sie gelten als immer schon beantwortet. Philosophische und gesellschaftliche Reflexion wird mit der Umstellung auf mathematische Verfahren, wie sie Engelhardt in der Behauptung vollzieht, die »angemessene Quantität und Qualität« eines Menschenlebens sei »in einem Algorithmus« (ebd.) ausdrückbar, geradezu überflüssig. Das mathematische Kalkül entzieht die bevölkerungspolitische Ausrichtung von Fortpflanzung an Effizienzkriterien scheinbar jeglicher Kritik und entnennt die Machtposition, von der aus über Leben und Tod entschieden wird.[24]

Im bioethischen Diskurs treten Kosten-Nutzen-Analysen jedoch nicht nur in Form von direkten menschenökonomischen Kalkülen auf, sondern auch in metonymischer Form. So ist bei Hans-Martin Sass die Rede von einer »Methode der ethischen Kosten-Nutzen-Analyse«, die eine »technische Risikoanalyse auf der einen und die ökonomische Kosten-Nutzen-Kalkulation auf der anderen Seite« verbindet (1988, 65). Das »ökonomische Modell« ist hier »Vorbild« für das Verfahren einer »ethischen Güterabwägung« (ebd.). Das Scharnier für diesen Übergang von der Ökonomie zur Ethik stellt dabei der Wertbegriff dar. Denn sowohl in der Ethik als auch in der Ökonomie geht es, wie es bei Sass heißt, »bei der Abwägung von Werten um eine tragbare Balance und im idealen Fall um einen eindeutigen Gewinn und das Überwiegen des Nutzens über die Kosten« (ebd.). »Kosten« sind in dieser Perspektive moralische und politische Mängel und Verluste, das heißt sie sind nicht monetär bestimmt. In dieser Form der »Güterabwägung« stellen Kosten-Nutzen-Kalküle ein Element des bioethischen Diskurses dar, das auch jenseits von Fragen des Ressourcenmanagements zum Einsatz kommt. Das Vorbild der Kosten-Nutzen-Analyse wird dabei zumeist nicht derart explizit benannt wie bei Sass, wirkt aber strukturbildend. Dies ist etwa der Fall, wenn Ludger Honnefelder mit Blick auf die Humangenetik eine »Abwägung der in Konkurrenz stehenden Güter und die Abschätzung nicht nur der Folgen, sondern auch der Nebenfolgen« fordert (1994, 171) oder wenn Julian

24 Mathematisierung ist ein konstitutives Element der bevölkerungspolitischen Diskurse seit dem neunzehnten Jahrhundert, insbesondere seit Francis Galtons Begründung der »Eugenik« durch statistische Verfahren. Vgl. Stephen Jay Gould, *Der falsch vermessene Mensch*, Frankfurt/Main 1988, 75ff., sowie Alain Desrosières, *Die Politik der großen Zahlen. Eine Geschichte der statistischen Denkweise*, Berlin 2005.

Nida-Rümelin davon spricht, eine »Wertbestimmung des Lebens« mache »Abwägungen mit anderen Gütern notwendig« (1996, 835). Überhaupt von »Kosten«, »Wertbestimmung« und »Güterabwägung« zu sprechen bedeutet in den bioethischen Debatten zum Umgang mit Neugeborenen, zu Entscheidungen für oder gegen bestimmte Schwangerschaften, zum Einsatz von medizinischen Apparaten bei Komapatienten, Todkranken und Sterbenden ökonomische Kalküle in Lebensbereiche einzuführen, die bislang weitgehend davon ausgenommen waren. Es ist diese Konstitution eines ökonomischen Blicks, der die Individuen zu Objekten solcher Kalküle macht und aus ihren persönlichen wie auch gesellschaftlichen Bezügen herauslöst. Fortpflanzungsverhältnisse werden in dieser Perspektive zum Gegenstand von Bevölkerungspolitiken.

Eigentum an sich selbst

Eine andere Form der symbolischen Inwertsetzung, die der bioethische Diskurs generiert, ist die Konstitution eines ökonomischen Selbstverhältnisses, das heißt eines Sich-zu-sich-Verhaltens nach dem Modell von Ware und Verkäuferin. Seit den 1970er Jahren wird in der Bioethik die Frage des Eigentums am eigenen Körper, seinen Elementen und Hervorbringungen diskutiert. Im Gegensatz zur bevölkerungspolitischen Rationalität der Kosten-Nutzen-Kalküle kreisen diese Debatten nicht um einen staatsökonomischen, sondern um einen privat-ökonomischen Zugriff auf den Körper. Die Individuen werden hier nicht als Objekte von Berechnungen konstituiert, sondern treten als Eigentümer ihrer selbst auf. Brisant ist dabei insbesondere die Artikulation des Verhältnisses von Frauen zu den sich in ihnen entwickelnden Embryonen als Eigentumsverhältnis. Schon in der *Encyclopedia of Bioethics* (1978) hebt Charles E. Curran hervor, der Fötus werde entweder als »truly human being« angesehen oder aber als Gewebe im Körper der Mutter, so dass dieser das Recht »to control her body as her personal property« zukomme (1978, 22). Unter der Hand wird hier die Institution des Eigentums eingeführt, wo zunächst nur eine Beziehung der körperlichen Zugehörigkeit besteht. Explizit ist dies unter anderem bei Tristam H. Engelhardt. Ihm zufolge haben die Eltern – »and especially the women« – den Embryo »produziert«, der ihnen deshalb gehört:

»Next to one's own body, the sperm, ova, zygotes, and fetuses one produces are most primordially one's own. They are the extension of and fruit of one's own body. They are one's own to dispose of until they take possession of themselves as conscious entities, until one gives them a special standing in a community, or until one transfers one's rights in them to another« (1986, 219).

Engelhardt, so Klaus Steigleder, kommt daher zu dem Schluss, »dass sich keine säkularen Argumente finden lassen, die dagegen sprechen, menschliche Embryonen oder Feten zu kaufen oder zu verkaufen oder nach den Vorstellungen der Eigentümer zu designen« (2003a, 82). Grundlegend für diese Art der symbolischen Inwertsetzung, die nicht nur bei Engelhardt, bei diesem aber sehr deutlich erfolgt, ist der Eigentumsbegriff John Lockes, der das Eigentum an sich selbst als Arbeitskraft und die Möglichkeit, diese zu verkaufen und zu kaufen, zentral stellt. »Jeder Mensch«, heißt es bei Locke, habe »ein Eigentum an seiner eigenen Person. Über seine Person hat niemand ein Recht als nur er allein. Die Arbeit seines Körpers und das Werk seiner Hände [...] sind im eigentlichen Sinne sein« (*Über die Regierung*, V/27, 22). Damit hat Locke nicht nur eine politische Theorie des Privateigentums umrissen, sondern zugleich die Möglichkeit, »die Arbeit seines Körpers«, also die Arbeitskraft, zu verkaufen, theoretisch formuliert. Eine Kommerzialisierung von Körperstoffen war für ihn freilich nicht denkbar. Petra Gehring hebt somit zu Recht hervor, dass bei Locke nicht der »Körper einer ›Biologie‹ sondern der arbeitende Körper zur Disposition steht« (2006, 41). Dennoch kann sich die bioethische Bezugnahme auf Locke auf eine – unausgesprochene, ungedachte – Parallele zu Lockes theoretischer Operation stützen. Schließlich ist auch die Artikulation von »Arbeitskraft« in Termini von Eigentum, Kauf und Verkauf keine Selbstverständlichkeit, sondern einem Prozess der Inwertsetzung, das heißt der Entstehung eines kapitalistischen Arbeitsmarktes im siebzehnten Jahrhundert geschuldet. Die rechtliche Institution des Eigentums auf Selbstverhältnisse zu übertragen ist also in jedem Fall, das heißt sowohl in Hinblick auf das Vermögen zu arbeiten als auch in Hinblick auf den eigenen Körper, ein historisch und kulturell kontingenter Vorgang und nur im Kontext gesellschaftlicher und ökonomischer Machtverhältnisse zu begreifen.

Wie mit der Formierung und Inwertsetzung von Arbeitskraft, so werden auch mit der Inwertsetzung von Körpersubstanzen spezifische Formen von Aneignung und Enteignung etabliert. In Hinblick auf den Embryo steht dabei vor allem eine »Enteignung« der Frauen, das heißt die Etablierung von Zugriffsmöglichkeiten auf weibliche Körper auf dem Spiel. John Harris beispielsweise hat in einer solchen Perspektive das Eigentumsrecht am Embryo diskutiert. Zwar kann man, so Harris, »durchaus den Eindruck haben«, es bestehe ein »Besitzanspruch« der Frauen, doch gibt es vor allem »Gründe, die dagegen sprechen, der Mutter das Eigentum am Fötus allein aufgrund der Tatsache zuzuerkennen, daß er in ihr gewachsen ist« (1985/1995, 179). Schließlich bestehe auch kein Eigentumsrecht an »tödlichen und ansteckenden Viren«, das ein »Recht der Gemeinschaft ausschließt, die Viren gegen den Willen des ›Besitzers‹ zu töten, wenn der gesellschaftliche Nutzen auf der Hand liegt« (ebd., 180). Zudem kennen »selbst die konservativsten Verfechter des Privateigentums« die Möglichkeit, »Eigentum zu ›beschlagnahmen‹« (ebd., 224) – warum sollte man also ausgerechnet im Fall von Embryonen Frauen ein absolutes Eigentumsrecht zusprechen? Harris kommt zu dem Schluss, dass »die Tatsache, daß der Fötus dem Körper einer bestimmten Frau ›gehört‹ und sich in ihm befindet, tatsächlich nicht ganz ohne Bedeutung« ist (ebd., 225). Vor allem in Bezug auf eine Abtreibung spielt daher ihr Votum eine Rolle. Doch, so Harris, »zu schließen, daß bei einem Schwangerschaftsabbruch die Wünsche der Mutter Bedeutung haben, ist eine Sache; eine andere Sache ist es, zu schließen, sie seien ausschlaggebend« (ebd., 225f.). Hier wiederholt sich die Desartikulation der Perspektiven, Interessen und Bedürfnisse von Frauen, wie sie in der Ausrichtung bioethischer Debatten am wissenschaftlichen Objekt »Embryo« vollzogen wird, im Bereich des Ökonomischen. Diskursiv weggearbeitet wird damit jene Barriere des Zugriffs auf Eizellen und Embryonen, die der weibliche Körper darstellt. Zudem wird an der Konstitution eines Selbstverhältnisses gearbeitet, das in einer gewissen Selbstobjektivierung jede Art von Körpersubstanz – Embryonen, Gameten, Zellen und Gewebe – in eine zu verkaufende Ware transformiert. Denn Eigentümerin oder Eigentümer seiner selbst zu sein bedeutet zuallererst, potentieller Verkäufer seiner selbst zu sein. Auch wo nicht so explizit wie bei Harris von Frauen die Rede ist, intervenieren die bioethischen Debatten zu Eigentumsrechten am eigenen Körper in die Prozesse einer Transformation von Fortpflanzungsverhältnissen, indem sie die ökonomische Aneignung von Körpersubstanzen und ihre Unterwerfung unter die Logik von Kauf und Verkauf kulturell etablieren.

Besonders intensiv ist die Debatte um Eigentumsrechte am eigenen Körper und die Möglichkeit des Verkaufs von Substanzen und Organen in den vergangenen Jahren im Zusammenhang mit der Transplantationsmedizin geführt worden. Dabei wird zumeist die Möglichkeit von »Eigentum« an sich selbst stillschweigend vorausgesetzt und allein die Frage gestellt, warum ein »Kommerzialisierungsverbot« in Bezug auf den menschlichen Körper Bestand haben sollte (Taupitz 2007, van den Daele 2007, Kliemt 2007). Immer wieder wird betont, dass das »verbreitete Ethos der Lebensführung«, das ein solches Verbot einschließe, keine ausreichende, rationale Begründung sei. Wolfgang van den Daele zum Beispiel führt »moralische Kosten« an, die das Festhalten an einem »Gewinnverbot« mit sich brächte, und macht das Selbstbestimmungsrecht der Verkäufer zum zentralen Orientierungspunkt (2007, 128f.). Immer wieder wird der Vergleich mit den gesellschaftlich etablierten Formen des Verkaufs der Arbeitskraft und mit der Prostitution angeführt (Taupitz 2007, van den Deale 2007, Kliemt 2007), um den Selbstverkauf von Körperteilen und -substanzen zu entproblematisieren. Ausgeblendet wird dabei, dass es trotz der strukturellen Ähnlichkeit zwischen der Inwertsetzung von Arbeitskraft, auch sexueller Arbeitskraft, und der Inwertsetzung von Körpern eine spezifische Differenz zwischen diesen Formen gibt. Schließlich ist der Verkauf von Arbeitskraft ein Vertrag auf die zeitlich begrenzte Ausführung bestimmter Tätigkeiten, die – wie auch jede nicht monetarisierte Tätigkeit – eine Verausgabung von Körperkräften darstellt. Der Verkauf von Körperteilen und -substanzen aber stellt, wo es sich nicht um Absonderungen des Körpers wie Haare, Sperma oder Exkremente handelt, eine Destruktion des Körpers, zumindest eine gezielte Verletzung der körperlichen Integrität dar, die als »freiwillig« nur bezeichnet werden kann, sofern gesellschaftliche Zwänge schlicht geleugnet werden.[25] Insgesamt wird die Kategorie des Eigentums in diesen Debatten nur selten problematisiert und in Frage gestellt. Ingrid Schneider kritisiert zwar, sie sei »wenig angemessen«, wenn es um »Verfügungsverhältnisse über eigene und fremde Körpersubstanzen, um gesellschaftliche Austauschverhältnisse, die ökonomische Inwertsetzung von Körpersubstanzen und die Kommodifizierung des dabei generierten Wissens geht« (2008, 26). Sie plädiert für eine Abkehr der Debatte von individualrechtlich begründeten »Verfügungsansprüchen und Pflichten« zugunsten einer Refokussierung auf »eine sozialregulative Public Policy« (ebd., 48). Damit ist aber erstens wenig über die gesellschaftlichen Dynamiken, die die Problematik und das Konzept »Eigentum am eigenen Körper« überhaupt hervorbringen, gesagt, und zweitens bleiben die Machtverhältnisse und strukturellen Zwänge im politischen Raum ausgeblendet, das heißt die Tatsache, dass politische Regulierungen nicht unbedingt eine Barriere gegenüber Intwertsetzungsprozessen darstellen müssen. Eine Kritik der bioökonomischen Zugriffe auf Körper und Körpersubstanzen müsste genau dies mit

25 In diesem Sinne behauptet van den Daele: »Auch Menschen, die Teile ihres Körpers verkaufen, weil sie arm sind und Geld brauchen, wird man dies noch als eigene Entscheidung zurechnen – nicht anders als wenn sie sich prostituieren oder einen Diebstahl begehen, um ihre Lage zu verbessern.« (2007, 137)

in den Blick nehmen. Schließlich geht es nicht nur um die Verhinderung von »nicht intendierten Nebenfolgen«, etwa einer Kommerzialisierung der Organabgabe, und nicht allein um den Schutz »ökonomisch vulnerabler Gruppen« (Schneider 2007, 123). Auf dem Spiel stehen vielmehr gesellschaftlichen Transformationsprozesse, die mit der Entstehung globaler Bioökonomien einhergehen und die die Formen gesellschaftlichen Zusammenlebens inklusive der gesellschaftlichen Naturverhältnisse betreffen. Erst wenn diese Veränderungen in ihrer historischen Tragweite und in ihren gesamtgesellschaftlichen Dimensionen in den Blick genommen werden, wird es möglich, Kritik problemadäquat zu formulieren und Ansatzpunkte der Subversion zu finden.

Wert haben

Die symbolische Inwertsetzung, die sowohl durch Kosten-Nutzen-Kalküle als auch durch die Etablierung eines Eigentumsverhältnisses zum eigenen Körper und seinen Elementen konstituiert wird, wird im bioethischen Diskurs durch den Einsatz des Wertbegriffs gestützt. Für diesen ist das Changieren zwischen Ökonomie und Moral geradezu konstitutiv, und die unterschiedlichen Verwendungsweisen des Begriffs machen sich genau dies zunutze. Neben einem manifest ökonomischen Wertbegriff, der in utilitaristischen Positionen, in denen vom »Wert des Lebens« die Rede ist, nur zu oft in einen eugenischen Wertbegriff übergeht, finden sich auch sublimiertere Formen der symbolischen Inwertsetzung. Insbesondere der neukantianische Wertbegriff ist dermaßen stark in der philosophischen Sprache verankert, dass ökonomische Konnotationen kaum noch anklingen. Sie werden aber in einem diskursiven Kontext, in dem ökonomische und ökonomisierende Kategorien so präsent sind wie in der Bioethik, sozusagen re-aktiviert. Denn der dem Neukantianismus entlehnte Wertbegriff trifft unvermittelt mit Positionen zusammen, die »Wert« explizit ökonomisch fassen. So stellt sich zum Beispiel John Broome das Problem, wie der Wert eines Lebens gegen andere Güter beziehungsweise andere Leben »abgewogen« (weighed) werden kann. Dabei knüpft er an die Überlegungen von Gesundheitsökonomen an, die im Zusammenhang mit der Berechnung des Nutzens von lebenserhaltenden oder -verlängernden Maßnahmen die Größe »qualys« (quality-adjusted life years) konstruiert haben (2004, 233). »The approach«, so Broome, »would be exactly right if wellbeing were substituted for quality of life« (ebd.). Dies entspricht in etwa der Position Dieter Birnbachers, für den »das Leben kein

Höchstwert unabhängig von der Lebensqualität und den mit der Aufrechterhaltung des Lebens verknüpften subjektiven Kosten« ist (1990, 420). Das Adjektiv »subjektiv« verschiebt hier zwar die ökonomische, vor allem monetäre Bedeutung von »Kosten« hin zu persönlichen Erfahrungen, Gefühlen und Einschätzungen, doch werden die »objektiven« Kosten gleichzeitig mit aufgerufen. Ein derart metonymischer Gebrauch des Wertbegriffs findet sich unter anderem auch bei Norbert Hoerster und John Harris. Letzterer zentriert die gesamte Medizinethik – »ja, die gesamte Ethik« – auf die Frage »Was verleiht dem menschlichen Leben Wert?« (1985/1995, 33). Die Bedeutung des Wertbegriffs wird dabei auch hier zunächst auf subjektive »Wertschätzung« festgelegt. Denn Harris stellt fest, dass »der Wert des Lebens für jedes Individuum einfach aus den Gründen besteht, die eine Person dazu bringen, ihr Leben als wertvoll anzusehen und es fortsetzen zu wollen, was immer das für Gründe sein mögen« (ebd., 45). Das Problem liegt jedoch bereits in der Frage, die eine Anschlussstelle für ökonomische Berechnungen generiert. Explizit werden diese denn auch, wo Harris die Frage aufwirft, »ob wir weiterhin Ressourcen darauf verwenden sollen, alte oder todkranke oder komatöse Menschen zu retten oder wiederzubeleben« (ebd., 34). In ähnlicher Weise stellt Hoerster eine Anschlussstelle für ökonomische Berechnungen mit dem Begriff des Fremdwerts her. So beantwortet er die Frage, worin der »Wert eines menschlichen Lebens besteht« (1995, 117), damit, dass er den »Fremdwert eines Lebens«, das heißt »die Bewertungen, die vom Standpunkt anderer oder der Gesellschaft vorgenommen werden«, mit dem »Eigenwert des Lebens (den Bewertungen, die vom Standpunkt seines Trägers selbst vorgenommen werden)«, addiert (ebd.). Die bevölkerungspolitische und ökonomische Wertbestimmung verbirgt sich nur leicht hinter der Formel des »Fremdwerts«, tritt damit doch sogleich die gesellschaftliche »Nützlichkeit« eines Individuums auf den Plan. »Manche Leben«, so Hoerster, »sind offensichtlich für die Gesellschaft wertvoller (insbesondere nützlicher) beziehungsweise für ihre Träger wertvoller (nämlich sinnvoller und erfüllter) als andere« (ebd.). Die ökonomische Bestimmung des »Werts des Lebens« geht somit in eine normalisierende Bestimmung über. Denn das »wertvolle« Leben verweist immer auch auf das »wertlose«, das »lebenswerte« auf das »lebensunwerte« und damit auf herrschende Normierungen von Körpern und Lebensweisen. Diese Verbindung ebenso wie die Zusammenführung von »objektiver« und »subjektiver« Wertbemessung findet sich bereits Ende des neunzehnten Jahrhunderts bei Adolf Jost, der »das Paradigma vom ›Lebenswert‹« erschafft (Gehring 2006, 216). Jost zufolge gibt es »thatsächlich Fälle

[...], in welchen mathematisch gesprochen, der Werth eines Menschenlebens negativ wird« (Jost zit. n. ebd.). Der Tod stellt in diesem Schema »gewissermaßen den Nullwerth dar, ist daher gegenüber dem negativen Lebenswerth noch immer das Bessere« (ebd.). In dieser Anordnung werden, wie Gehring schreibt, »Mitleid und Gesellschaftsinteresse und autonomes Eigeninteresse« (ebd.) gleichzeitig aufgerufen. Ökonomischer Wert, gesellschaftliche Bewertungen und (vermeintliche) persönliche Wertschätzungen laufen so im eugenischen Wertbegriff zusammen.

Dieser kollidiert immer mit einem neukantianischen Wertbegriff, der ebenfalls, wenn auch auf andere Art, eine ökonomische Bedeutung sublimiert. In den 40er Jahren des neunzehnten Jahrhunderts nämlich wurde der Wertbegriff »aus der Nationalökonomie übernommen und durch Rudolf Hermann Lotze [...] zu einem philosophischen Grundbegriff gemacht« (Schnädelbach 1983, 197). Die manifeste ökonomische Bedeutung wurde dabei zugunsten einer moraltheoretischen weggearbeitet.[26] Bei Heinrich Rickert etwa »sind die Werte ›irreal‹ gegenüber der wirklichen, erfahrbaren Welt. Sie haben relationalen Charakter und gehören daher weder zu den Subjekten noch zu den Objekten, die Wertende und Träger von Werten sind« (Baran 1990, 809). Vorausgesetzt ist dabei die Verdoppelung der Welt in Sein und Sollen, Faktizität und Geltung. Werte können sich demnach »in Form der Wahrheit oder durch das Gesollte der Norm, der Regel und des Gesetzes an uns wenden« (ebd.). In dieser Form nimmt der Wertbegriff dann auch eine juridische Bedeutung an, die im Kantianismus mit seiner Gesetzesmetaphorik fest verankert ist. »Werte« verweisen auf »Werturteile«, die homolog zum Urteil eines Richters gefällt werden. Zu ökonomischen Wertbestimmungen verhalten sich diese Werturteile, wie das Recht überhaupt, kontrastiv-regulierend. Eine solche Distanz und Kritik an ökonomischen Kalkülen leistet denn auch der Begriff der Menschenwürde, der insbesondere in der deutschsprachigen Debatte um die Forschung an embryonalen Stammzellen Karriere gemacht hat. Menschenwürde gilt dabei als fundamentaler Wert, der anderen Werten wie dem der Forschungsfreiheit und dem der ökonomischen Freiheit entgegengehalten wird. Dies entspricht durchaus der Position Kants, auch wenn bei diesem der Wertbegriff »keinen

26 »Von den Neukantianern wurde Philosophie als Wertlehre geradezu definiert, und als Wertphilosophie versuchte sie, alle Wertbereiche zu umfassen und zu begründen, vom ökonomischen über den kulturellen, sittlichen, ästhetischen bis hin zum theoretischen ›Wahrheitswert‹, wobei freilich zu beachten ist, dass die uns geläufige Rede von Wahrheitswerten aus der mathematischen Logik stammt und wohl von Gottlob Frege eingeführt wurde.« (Schnädelbach 1983, 197)

Raum« hat (Adorno 1997, 181). Denn schon Kant klagt mit dem Begriff der Würde einen Bruch mit dem zweckrationalen Denken ein. Schließlich verlangt der kategorische Imperativ, die Anderen »als Zweck an sich selbst, nicht bloß als Mittel zum beliebigen Gebrauche für diesen oder jenen Willen« zu behandeln (Kant, *Grundlegung*, 78). Dabei bleibt aber in dieser Negation Zweckrationalität, durchaus im ökonomischen Sinn, der Bezugspunkt. »Würde« wird von Kant als Ausnahme konstruiert, die allgemeine Tauschverhältnisse voraussetzt, hat doch »im Reich der Zwecke«, wie es heißt, alles »entweder einen Preis, oder eine Würde« (ebd., 87). »Was einen Preis hat, an dessen Stelle kann auch etwas anderes als Äquivalent gesetzt werden; was dagegen über allen Preis erhaben ist, mithin kein Äquivalent verstattet, das hat eine Würde« (ebd.). Es ist, so Kant, »Zweck an sich selbst« (ebd.). Mit diesem Gegensatz von Preis und Würde, Zwecken und Zwecken an sich hat Kant, wie Adorno feststellt, »in der heraufkommenden hochkapitalistischen Gesellschaft [...] die Tendenz zur totalen Fungibilität erkannt, dass also alles, was überhaupt in diesen gesellschaftlichen Zusammenhang fällt, nur noch einen Funktionswert hat für anderes, für das es als Mittel da ist. Die kantische Moralphilosophie« aber, so Adorno weiter, »hat ihr Pathos daran, einen Zweck zu suchen, der der Tendenz dazu, dass alles bloß Mittel sei, entgegengesetzt ist« (1997, 225).

Wenn nun mit Blick auf die biotechnologischen und -ökonomischen Zugriffe auf Embryonen deren Menschenwürde eingeklagt wird, besteht der Sinn dieser Position darin, Embryonen als »Selbstzwecke« jenseits von technologischer und ökonomischer Rationalität zu reklamieren. Dies ist etwa bei Robert Spaemann der Fall, der befürchtet, dass, »wenn Embryonen kein Lebensrecht haben, [...] sie selbstverständlich für therapeutische Forschung benutzt werden« können (2001, 81). Dennoch bleiben diese Argumentationen gegenüber utilitaristischen Positionen, die den wissenschaftlichen beziehungsweise ökonomischen Nutzen von Stammzellforschung beschwören, defensiv. Sie behaupten eine Grenze der »totalen Fungibilität«, eine Herausnahme aus den Formen instrumentellen Handelns, die Wissenschaft, Ökonomie und Technologie prägen, ohne jedoch die Frage zu stellen, worin die Problematik der technologischen Durchdringung und ökonomischen Inwertsetzung von Körpern und Körpersubstanzen besteht und wie sie entstanden ist. An die Stelle einer Analyse der Problematik und der Machtverhältnisse, die sie strukturieren, tritt die Anrufung von Metaphysik. So stellt etwa Otfried Höffe fest, die Menschenwürde gehöre »zu jenen schlechthin höchsten Prinzipien, bei denen die üblichen Formen philosophischer und wissenschaftlicher Argumentation versagen« (2002, 113). Für ein derartiges Prinzip existiere »weder eine deduktive noch eine induktive Begründung« (ebd., 115). Kathrin Braun stellt in ähnlicher Weise fest, »daß der Kategorie der Menschheit«, die für den Begriff der Menschenwürde konstitutiv ist, »ein Rest Metaphysik anhaftet« (2001, 68). Was fehlt, ist dabei eine Reflexion auf das untergründige Verhältnis zur Ökonomie, das schon Kants Konzeption prägt. Anton Leist hingegen hat gerade in Kants »Marktassoziation« (1993, 37) dessen besondere Relevanz für die Bioethik erkannt. Denn wo die »interessenbezogene Bioethik [...] nur über eine ›Preis‹-Auffassung von Wert« verfügt, nehme Kant den »Einwand vorweg, daß jeder Versuch des interessenmäßigen Bewertens von Leben [...] zur ökonomischen Verrechnung des Lebens von Menschen führen müsse« (ebd.). Der springende Punkt liegt hier jedoch nicht wie bei Leist darin, diesen Einwand zu desartikulieren. Vielmehr geht es darum, zu problematisieren, dass die Art, wie er vorgebracht wird, noch in der Negation in »Marktassoziationen« befangen ist, das heißt eine symbolische Inwertsetzung vollzieht. Deutlich wird dies das an einer Referenzstelle zu Kants Unterscheidung von Preis und Würde, die sich im *Leviathan* findet. Hobbes betrachtet dort, wie C.B. Macpherson schreibt, die »Macht eines Menschen [...] als Ware, die, da regelmäßig mit ihr gehandelt wird, einem Marktpreis unterliegt« (1973, 15). »Die Geltung oder der Wert eines Menschen«, so liest es sich bei Hobbes,

> »ist wie bei allen anderen Dingen, sein Preis, das heißt das, was man für den Gebrauch seiner Macht zu geben bereit ist. [...] Wie bei anderen Dingen, so bestimmt auch beim Menschen nicht der Verkäufer, sondern der Käufer den Preis. Ein Mensch mag sich selbst so hoch einschätzen, wie er will [...], es zeigt sich doch sein wahrer Wert nur im Urteil anderer« (zit. n. ebd., 51).

Diese Übertragung der Markt-Kategorien von Preis, Kauf und Verkauf auf Menschen begründet bei Hobbes einen »Besitzindividualismus« (Macpherson), den Kant durch die Selbstzweckformel des kategorischen Imperativs einhegt.

Diese wenn auch kritische Nähe des kantianischen zu einem ökonomischen Wertbegriff wird im bioethischen Diskurs insbesondere dort aktualisiert, wo kantianische und utilitaristische Positionen amalgamiert werden. Dies ist zum Beispiel bei Karen Lebaqcz der Fall, der zufolge der kategorische Imperativ »does not prohibit persons from being used as a means to other's ends, but from being used as means *merely*« (Lebaqcz 2001, 159; Herv. i. Orig.). Damit aber ist der kategorische Imperativ zu einer leeren Formel degradiert, lässt sich doch schließlich noch jeder Aus- und Vernutzung von

Menschen hinzufügen, dass »an attitude of respect and awe should accompany our approach to the entity to be used« (ebd.). Ebenso wendet Hoerster die kantianische Begrifflichkeit auf utilitaristische Perspektiven hin. Auch ihm zufolge darf man »einen Menschen [...] zwar als Mittel, aber niemals *bloß* als Mittel gebrauchen oder benutzen« (2002, 13; Herv. i. Orig.). Dementsprechend ist nicht die Instrumentalisierung von Menschen, sondern die »ethisch illegitime Instrumentalisierung« kritikwürdig, und folgerichtig stellt das Prinzip der Menschenwürde »für sich genommen gar keinen Maßstab« dar (ebd., 18). Soll diese Konsequenz aber vermieden werden und sollen die gesellschafts- und herrschaftskritischen Dimensionen von Kants kategorischem Imperativ fruchtbar gemacht werden, müssen jene Elemente des bioethischen Diskurses dekonstruiert werden, die dies blockieren. Dazu gehört der Wertbegriff. Denn die Polysemie dieses Begriffs, der in der Bioethik nicht theoretisch reflektiert wird, führt dazu, dass er als diskursiver Knotenpunkt fungiert, an dem kantianische und utilitaristische Positionen ineinander übergehen und an Prozessen der symbolischen Inwertsetzung von Körpern und Körpersubstanzen teilhaben.

»Menschenwürde« und Juridifizierung

Die Problematik des kantianischen Wertbegriffs liegt allerdings nicht allein in seinen unaufgearbeiteten Affinitäten zu einem ökonomischen Wertbegriff, sondern auch in seinen juridischen Dimensionen. Denn mit den Begriffen des Wertes und der Würde wird eine Juridifizierung von Ethik vollzogen. Die Analyse der gesellschaftlich-kulturellen Problematiken, etwa die Veränderung von Körperverhältnissen, die Entstehung neuer Formen von Gesundheit und Krankheit sowie neuartiger Verwandtschaftsverhältnisse mit möglicherweise neuartigen Konflikten und nicht zuletzt die Transformation der Verhältnisse zur nicht-menschlichen Natur, wird dabei auf rechtliche Regulation und das binäre Schema verboten/erlaubt ausgerichtet. Dies mag funktional sein, sofern es darum geht, wie Andreas Lösch mit Blick auf die bioethischen Debatten zum europäischen Humangenomprojekt kritisch bemerkt, »die Forschungs- und ökonomischen Interessen der Biotechnologie in den legitimen Rahmen, den die Rechtsordnung bereitstellt«, zu integrieren (2001, 254). Die gesellschaftliche Diskussion und erst recht die philosophische Analyse aber wird dadurch eingeengt.

Angelegt ist eine solche Engführung von Ethik und Recht bereits bei Kant, bei dem das »oberste Prinzip der Moralität« (*Grundlegung*, 26) die

Form des Gesetzes annimmt. So heißt es in der *Grundlegung zur Metaphysik der Sitten*, die »Idee der Würde« komme einem »vernünftigen Wesen [zu], das keinem Gesetze gehorcht als dem, das es zugleich gibt« (*Grundlegung*, 87). An anderer Stelle konstruiert Kant das Gewissen nach dem Modell eines »inneren Gerichtshofes« (*Metaphysik der Sitten*, A 100). Dabei handelt es sich zwar zunächst um einen metonymischen Gebrauch des Juridischen, doch hat dieser Kants Anschlussfähigkeit an die Rechtswissenschaft begründet. So ist Kant immer wieder für die Begründung von Artikel 1, Abs. 1 des deutschen Grundgesetzes herangezogen worden, der lautet: »Die Würde des Menschen ist unantastbar. Sie zu achten und zu schützen ist Verpflichtung aller staatlichen Gewalt«. Einer einflussreichen, am kategorischen Imperativ orientierten Interpretation dieses Artikels durch Günter Düring zufolge ist die Menschenwürde dann verletzt, wenn »der konkrete Mensch zum Objekt, zu einem bloßen Mittel, zur vertretbaren Größe herabgewürdigt wird« (Düring, zit. n. Dreier 2001, 235).[27] Der Begriff der Menschenwürde, der gleichzeitig im juristischen und im philosophischen Diskurs verankert ist, macht somit ethische und rechtliche Perspektiven miteinander kompatibel. Deutlich ist dies zum Beispiel in den homologen Fragen nach dem »moralischen Status des Embryos« und nach dem »verfassungsrechtlichen Status des Embryos«, die die öffentliche wie die philosophische Debatte um die Forschung an embryonalen Stammzellen maßgeblich strukturiert haben. Dabei wird allerdings mit einer falschen Konkretion des Konzepts »Menschenwürde« gearbeitet, sofern es darum geht, Kriterien für die »Zuschreibung der Menschenwürde an eine Entität« (Quante 2003, 137) festzulegen. Denn die Menschenwürde des Grundgesetzes bezieht, wie Petra Gehring hervorhebt, ihre Bedeutung daraus, dass sie sich »gerade nicht durch positive Festlegung

27 »In der Bundesrepublik Deutschland bildet die Menschenwürde den ›Mittelpunkt des Wertsystems der Verfassung‹ und die Basis sowie den Geltungsgrund der Grundrechte. Die Menschenwürdegarantie des Grundgesetzes ist dreierlei: Sie ist Maßstab für alle Auslegungsentscheidungen geltenden Rechts, Ziel allen staatlichen Handelns und Grund für die Grundrechte, die dem Einzelnen zugesprochen werden.« (Deutscher Bundestag 2002, 29) Dabei hat »schon im Prozess der Genese von Art. 1 GG [...] Theodor Heuss die Menschenwürde als eine ›nicht interpretierte These‹ bezeichnet« (ebd., 32), so dass unterschiedliche Verfassungsinterpretationen mit unterschiedlichen Würdetheorien operieren, nämlich der Leistungs-, der Anerkennungs- beziehungsweise Kommunikationstheorie und der Statustheorie. In Bezug auf die »Folgen gentechnologischer Entwicklungen für künftige Generationen« hat der ehemalige Präsident des Bundesverfassungsgerichts Ernst Benda das Konzept der Menschenwürde als »vertretbare Hilfskonstruktion« bezeichnet, mit der »der verfassungsrechtliche Schutz auf vorstellbare, aber noch nicht lebende Menschen« ausgedehnt werde (zit. n. Lösch 2001, 204).

auf empirische Kriterien auszeichnen darf, sonst wäre sie nicht mehr universal. Menschenwürde muss daher juristisch unbestimmt, ein bloßes Prüfkriterium bleiben, das sich nur durch Kasuistik konkretisieren kann, also fallweise, sofern sie verletzt ist« (2001, 98). Die verschiedenen Positionen, die für und gegen die Menschenwürde von Embryonen argumentieren und dabei die biologische Zugehörigkeit zur Gattung Mensch beziehungsweise die Potentialität, Kontinuität oder Identität von Embryonen mit den Menschen, zu denen sie sich möglicherweise entwickeln, anführen, verfehlen daher die Abstraktionsleistung, die mit dem Begriff der Menschenwürde bei Kant verbunden ist.[28] Erst recht wird dessen philosophischer Sinn, die gesellschaftlich dominanten Formen instrumentellen Handelns zu transzendieren, durch die Konstruktion eines »Stufenbaus der Würden«, mit der Otfried Höffe operiert (2002, 121), sabotiert. Würde ist Höffe zufolge »nach dem Rang gestaffelt, der sich seinerseits nach Stufen grundsätzlicher Leistungsfähigkeit bemißt« (ebd., 118). Gemeint ist dabei zum einen eine hierarchische Ordnung der Natur, in der »die relativ geringste Würde der unbelebten Natur, eine höhere der Pflanzenwelt und eine noch höhere der Tierwelt und in ihrem Rahmen die höchste den Primaten« und schließlich dem »geistigen Aristokraten innerhalb der Natur, dem Menschen«, zukommt (ebd., 118). Doch auch unter den Menschen gibt es offenbar relevante Unterschiede, muss doch die »unverdiente Würde, die allen Menschen zukommt«, paradoxerweise »von jedem noch verdient werden« (ebd., 117). Diejenigen, denen dies nicht gelingt, erscheinen sozusagen als Unwürdige. Aus einem universalistischen Konzept, das Gleichheit voraussetzt und als politisch-ethisches Ideal formuliert, wird hier ein Konzept, das Hierarchien und Ungleichheiten festschreibt.

Obwohl juridische Konzepte und Metaphern in der kantianischen Philosophie besonders präsent sind, lässt sich die Arbeit an einer prä-juridischen Formierung von Problematiken auch in anderen bioethischen Positionen beobachten. Im US-amerikanischen Kontext, in dem utilitaristische, kasuistische und prinzipienethische Positionen stark entwickelt sind, konstituiert

28 Ein Überblick über die verschiedenen Argumente findet sich bei Gregor Damschen und Dieter Schönecker (Hg.), *Der moralische Status menschlicher Embryonen*, Berlin und New York 2003. Eine verfassungsrechtliche Argumentation zur Präimplantationsdiagnostik, die für den Menschenwürdestatus des Embryos plädiert, ohne jedoch die Verknüpfung von Präimplantationsdiagnostik- und Abtreibungsverbot zu bedienen, wie dies Befürworter und Gegner in der deutschen Debatte um Präimplantationsdiagnostik und Forschung an embryonalen Stammzellen taten, formuliert Ute Sacksofsky, »Präimplantationsdiagnostik und Grundgesetz«, in: *Kritische Justiz* 3/2003, 274–292.

die Orientierung an Fallbeispielen die Anschlussfähigkeit an den juristischen Diskurs, geht doch das amerikanische Recht »bei der Entwicklung rechtlicher Prinzipien von juristischen Entscheidungen partikularer Einzelfälle aus. Das singuläre Urteil wird dabei zum Ausgangs- und Angelpunkt, von dem die weitere Rechtssprechung und die weitere juristische Diskussion ausgehen muss. Dieses Verfahren«, so Ach und Runtenberg, »hatte offenbar großen Einfluss auch auf die Modelle angewandter Ethik und die bioethische Diskussion in den USA« (2002, 31). Jedenfalls stellt auch George Annas fest: »Bioethics has adopted this technique. In the United States with its pluralism of beliefs and people, the law is what holds us together. There is no other ethos. Thus the law – procedural, autonomy based, and case focused – came into bioethics« (zit. n. Jonsen 1998, 343). In ähnlicher Weise haben Beauchamp und Childress die Nähe ihrer Prinzipienethik zu Prozeduren gerichtlicher Urteilsfindung herausgestellt. Schließlich gehe es darum, die Prinzipien und die aus ihnen abgeleiteten Urteile auf den jeweiligen Fall zu beziehen und ihm anzupassen (1979/1994, 23). Es zeigt sich also, dass bioethische Theorien, die im Kontext unterschiedlicher Rechtstraditionen entwickelt wurden, darin konvergieren, dass sie Ethik auf das Recht hin ausrichten. Die Möglichkeiten einer Problematisierung der Prozesse einer technologisch-ökonomischen Durchdringung von menschlichen und nicht-menschlichen Körpern sowie die Frage nach Alternativen in der Gestaltung der gesellschaftlichen Naturverhältnisse, nach Entwürfen gelungener Generationen- und Fortpflanzungsverhältnisse sowie der Körper- und Selbstverhältnisse aber sind damit eingeschränkt. Denn Verrechtlichung stellt nicht nur einen durchaus ambivalenten Prozess dar, der gerade auch in der Begrenzung und Regulation bestimmter Praxen diese gesellschaftlich etabliert und normalisiert.[29] Als eine spezifische Institution staatlich verfasster Konfliktbearbeitung greift Verrechtlichung immer dort zu kurz, wo es um komplexe gesellschaftliche Veränderungen geht. Schließlich entziehen diese sich gerade auch in Hinblick auf die Geschlechterverhältnisse mit ihren gleichzeitig persönlichen und kollektiven, materiellen wie symbolischen Dimensionen der binären Logik des Erlaubten und des Verbotenen.

29 Was für die rechtliche Regulation der Zugriffe auf pflanzliche und tierische Körper gilt, gilt *mutatis mutandis* auch für die Zugriffe auf menschliche Körper. Mit Blick auf die internationalen Abkommen zur Biodiversität vertreten Christoph Görg und Ulrich Brand die These, dass diese »einen Rahmen für die Kommerzialisierung der Natur [...] schaffen« und sie gerade dadurch etablieren (2003, 53).

1.3 Mensch, Person und Autonomie – Strategien der Subjektivierung

Obwohl die prä-juridische Formierung von Problematiken eine der zentralen Leistungen des bioethischen Diskurses ist, geht dessen Normierungsanspruch nicht im Recht auf. Denn das Recht ist »einerseits nicht in der Lage beziehungsweise bisweilen ungeeignet, alle moralisch strittigen Fragen zu regeln, andererseits sind die Verfahrensweisen des Rechts schon aus Gründen der Funktionsfähigkeit auf eine zumindest grundsätzliche Übereinstimmung mit den moralischen Überzeugungen der Bürger angewiesen« (Düwell 2000, 77). An diesen »moralischen Überzeugungen« arbeitet Bioethik. Als Ethik zielt sie über das Recht hinaus auf die Regulation von Handlungsweisen in einem umfassenden Sinn, das heißt auf die Konstitution spezifischer Selbstverhältnisse und eines spezifischen »Blicks« auf Problemlagen. Nicht immer wird dies so deutlich formuliert wie bei Hans-Martin Sass, dem zufolge es im medizinethischen Unterricht auf das »Einüben in Argumentations- und Abwägungsketten und in die Einübung der Anwendung ethischer Prinzipien auf konkrete Situationen medizinischen Handelns« geht (1988, 37).[30] Doch der praktische, anwendungsbezogene Anspruch der Bioethik, der nicht auf das professionelle Handeln im Gesundheitswesen beschränkt ist, impliziert genau dies, eine Formierung von Handlungsfähigkeit. Dabei erfolgt die bioethische Zurichtung von Handlungsfähigkeit keineswegs nur durch den Einsatz des binären Codes erlaubt/verboten, also in den expliziten Stellungnahmen zu juristisch und/oder moralisch strittigen Fragen, sondern vor allem durch die Subjektkonstruktionen, die im bioethischen Diskurs virulent sind. Bioethik, so lässt sich in Anschluss an Foucault formulieren, besteht also nicht nur in der Etablierung eines Moralcodes, sondern ebenso in der eines Moralsubjekts.[31]

30 Inwiefern die Aneignung und Auseinandersetzung mit biotechnologischem und bioethischem Wissen in der Schule weitaus komplexer ist als ein einfaches »Einüben«, zeigen Katharina Liebsch und Ulrike Manz in ihrer Studie *Jenseits der Expertenkultur. Zur Aneignung und Transformation biopolitischen Wissens in der Schule*, Wiesbaden 2007.

31 Foucault unterscheidet in seiner Analyse antiker Ethiken »Moralcode«, »Moralverhalten« und »Moralsubjekt«. Jede moralische Handlung, so führt er aus, »impliziert auch ein bestimmtes Verhältnis zu sich; dieses ist nicht einfach ›Selbstbewußtsein‹, sondern Konstitution seiner selber als ›Moralsubjekt‹, in der das Individuum den Teil seiner selbst umschreibt, der den Gegenstand dieser moralischen Praktik bildet, in der es seine Stellung zu der von ihm befolgten Vorschrift definiert, in der es sich eine bestimmte Seinsweise fixiert, die als moralische Erfüllung seiner selbst gelten soll; und um das zu tun, wirkt es auf sich

Eine zentrale Rolle spielt dabei die Unterscheidung von »Mensch« und »Person«, die von Vertretern und Vertreterinnen unterschiedlicher Positionen bedient wird. Denn mit dieser Unterscheidung steht nicht nur der Ausschluss von bestimmten Rechten, allen voran des Rechts auf Leben, auf dem Spiel, sondern es wird zudem eine Anrufung produziert, die auf die Subjektivierung der Eingeschlossenen zielt. Im Folgenden werden daher zunächst die mit der Differenz Mensch/Person verbundenen Anrufungen, die ein spezifisches Verhältnis zu sich, zum eigenen Körper und somit auch zu Schwangerschaft und Geburt konstituieren, analysiert. Anhand der Übertragung des Begriffs der Person, der zumeist von Locke, teils aber auch von Kant entlehnt wird, auf Embryonen wird daran anschließend das theoretische Defizit einer Theorie des Körpers rekonstruiert. Dieses Defizit ist insofern in den Personbegriffen von Locke und Kant angelegt, als auch diese – wie vor allem feministische Analysen aufgezeigt haben – Körperlichkeit weitgehend ausblenden und von einem erwachsenen bürgerlich-männlichen Individuum ausgehen. Dies hat Konsequenzen für den Begriff der Autonomie, der an diese Vorstellungen von Subjektivität gebunden ist und im bioethischen Diskurs eine zentrale Rolle spielt, unter anderem im Konzept der informierten Einwilligung. Bezug nehmend auf die bisherige Kritik an der Dominanz einer zu begrenzten Autonomieauffassung in der Bioethik, wird abschließend skizziert, wie eine Rekonzeptualisierung von Autonomie angelegt sein müsste, die Selbstbestimmung und Handlungsfähigkeit sowohl als körperlich verfasste als auch als gesellschaftlich konstituierte begreift. Denn erst eine solche Rekonzeptualisierung erlaubt es, über die Formen von Subjektion, die der bioethische Diskurs nahelegt, hinaus die Perspektive auf Handlungsfähigkeit in den gesellschaftlichen Wissenschafts- und Technologieverhältnissen hin zu öffnen. Erst damit wäre eine Vorstellung von Autonomie möglich, die weit über eine kalkulierte Wahl zwischen vorstrukturierten Optionen hinausgeht.

Die Differenz Mensch/Person

Die Unterscheidung zwischen »Mensch« und »Person« ist eine für den bioethischen Diskurs konstitutive Operation. Als Person klassifiziert zu werden bedeutet dabei, einen ausgezeichneten Status zu haben, der nicht allen Menschen zukommt. Auf dem Spiel steht hier in erster Linie die Aussetzung des

---

selber ein, geht es daran, sich zu erkennen, kontrolliert sich, erprobt sich, vervollkommnet sich, transformiert sich.« (SW2, 40)

Tötungsverbots, das dieser Differenz zufolge nicht für jene menschlichen Wesen gilt, die die Kompetenzen, durch die eine Person bestimmt ist, nicht oder nicht mehr haben. Dies betrifft Embryonen, Neugeborene, Behinderte, Komapatienten und Sterbende gleichermaßen, so dass die Differenz Mensch/Person so gut wie alle bioethischen Debatten strukturiert und miteinander verbindet. Eine zentrale Funktion des Begriffs besteht dabei in der Dezentrierung der Kategorie »Mensch«, so dass Grenzen zwischen Menschen und Tieren, also auch moralische Grenzen dessen, was man legitimerweise Menschen und Tieren antun darf, aufgebrochen werden. »Person«, so fasst Gerhold Becker zusammen,

> »usually [...] stands for an assembly of identifying properties or characteristics. While most lists are anchored in a strong conception of rationality, they offer no unified set of criteria of personhood. They may, or may not, provide even for the extension of personhood in one or both directions, below and above the traditional levels of human beings, thus encompassing non-human animals as well as extra-terrestrials« (2000, 4).

Trotz aller Unterschiede im Einzelnen ist Personalität in der Bioethik zumeist durch eine Reihe von Eigenschaften bestimmt, die allesamt auf die Vernunftkompetenz von Individuen ausgerichtet sind. Für Peter Singer, an dessen Position sich Ende der 1980er Jahre im deutschsprachigen Raum eine grundsätzliche Kritik der Bioethik entzündete, ist eine Person schlicht ein »rationales und selbstbewußtes Wesen« (1979/1994, 120). Die Kategorie umfasst auch einige Tiere, nicht aber alle Menschen. Demzufolge »scheint es«, wie Singer schreibt, »daß die Tötung eines Schimpansen schlimmer ist als die Tötung eines menschlichen Wesens, welches aufgrund einer angeborenen geistigen Behinderung keine Person ist und nie sein kann« (1979/1994, 156).[32] Diese Position wird zwar in ihren Konsequenzen keineswegs allgemein geteilt, die Denkfigur aber ist ein zentrales Element des bioethischen Diskurses. So heißt es auch bei Tristam H. Engelhardt: »The problem is that not all humans are persons. [...] Infants are not persons. The severely senile and the severely or profoundly mentally retarded are not persons in this very important and central way [of being a moral agent/SL]. Nor are those who are severely brain damaged« (1986, 202). Keine Person zu sein bedeutet also, kein moralisches Subjekt zu sein, und diese Entitäten, so Engelhardt, »need not be regarded with the special moral concern that one ought to show for a

32 Ausführlich zu Singer und der Kritik an seiner Position vgl. Kathrin Braun, *Menschenwürde und Biomedizin. Zum philosophischen Diskurs der Bioethik*, Frankfurt/Main und New York 2000, 108ff.

living, intact opossum or racoon which can exquisitely feel pain an know fear and suffering« (ebd., 205). Grundlegend ist dabei, dass die als »Menschen« oder »Personen« zu klassifizierenden Individuen diskursiv aus allen sozialen, persönlichen wie gesellschaftlichen Beziehungen herausgelöst werden. Denn nur durch die Abstraktion von Situiertheit und Relationalität gelingt es, sie als »Dinge« zu artikulieren, denen bestimmte Eigenschaften zukommen oder nicht zukommen. Die Verdinglichung von Menschen und nicht-menschlichen Lebewesen ist somit eine implizite Voraussetzung für das Funktionieren der Differenz Mensch/Person. Als paradigmatisch kann daher jene Definition gelten, die Michael Tooley 1972 in einem Aufsatz mit dem Titel *Abortion and Infanticide* gegeben hat. »The basic issue to be discussed«, heißt es dort, »is what properties a thing must possess in order to have a serious right to life« (1972/1999, 21). Tooleys Antwort lautet, dass »an organism possesses a serious right to life only if it possesses the concept of a self as a continuing subject of experiences and other mental states, and believes that it is itself such a continuing entity« (ebd., 24). Dabei nimmt er, wie viele andere Bioethiker auch, Lockes Begriff der Person auf und unterzieht ihn einer weitreichenden Reartikulation. Denn erst im bioethischen Kontext, in dem es um Entscheidungen über Leben und Tod geht, organisiert der Personbegriff die Ausgrenzung bestimmter Menschengruppen aus dem Geltungsbereich des Lebensrechts und des Rechts auf körperliche Unversehrtheit. Auf diese Ausgrenzung haben Kritiker und Kritikerinnen der Unterscheidung Mensch/Person immer wieder hingewiesen und mit einer Ausweitung der Bedeutung des Personbegriffs geantwortet. Im deutschsprachigen Raum hat dies zum Beispiel Robert Spaemann getan, der davon ausgeht, dass auch ein Wesen, das »aufgrund einer Behinderung niemals ›ich‹ sagen lernt, […] als Sohn oder Tochter, als Bruder oder Schwester zu einer menschlichen Familie und so zur Menschheitsfamilie, die eine Personengemeinschaft ist«, gehört (2001, 49). Es gibt für ihn »nur ein zulässiges Kriterium für menschliche Personalität: die biologische Zugehörigkeit zur Menschheitsfamilie« (ebd.). In ähnlicher Weise formuliert auch Kathrin Braun, dass das Kriterium für die »Zugehörigkeit zur moralischen Gemeinschaft« nicht in bestimmten Qualifikationsmerkmalen der »Personen« bestehe, sondern allein in der Zugehörigkeit zur Gattung. »Da die Würde des Menschen daraus folgt, daß er Teil der Menschheit ist und diese ein Zweck an sich«, heißt es, »kann die Würde des Individuums nicht gegen etwas anderes aufgewogen werden. Darüber hinaus folgt, daß die einzige naturale Bedingung, von der sie abhängig gemacht werden darf, das Als-Mensch-Geborensein darstellt, denn diese Bedingung ist zugleich natural und hat einen normativen Gehalt« (Braun 2000, 71).

Obwohl diese Positionen die Klassifikationen von Individuen, die die Unterscheidung Mensch/Person hervorbringt, kritisieren, bleiben sie doch im Diskurs befangen, sofern sie diese Unterscheidung nicht dekonstruieren, sondern weiterhin bedienen. In dem Versuch, den Personbegriff so zu reformulieren, dass er mit dem des Menschen gleichbedeutend wird, entgeht diesen Positionen nämlich die spezifische Anrufung, die von der Unterscheidung Mensch/Person ausgeht und die eine Subjektivierung nicht nur der Exkludierten, sondern vor allem der Inkludierten konstituiert. Denn sich selbst als Person an- und wiederzuerkennen bedeutet, ein spezifisches Selbstverhältnis auszubilden. Dieses zeichnet sich zum einen durch die Übernahme jener Abstraktion von Sozialität aus, die das Konstrukt der Person kennzeichnet, zum anderen durch die Einschränkung von Handlungsfähigkeit auf Selbstbewusstsein und die Kompetenz rationalen Denkens. Abgespalten werden dabei sowohl die gesellschaftlichen Dimensionen von Handlungsfähigkeit als auch Körperlichkeit und Situierung in gesellschaftlichen Naturverhältnissen. Dies hat zur Folge, dass Verletzlich- und Endlichkeit nicht ins Selbstverhältnis integriert werden können und also auch keine Modi des reflektierten Umgangs mit diesen Dimensionen ausgebildet werden. Stattdessen wird ein Imperativ zur Selbstoptimierung und Defektvermeidung im Subjekt verankert, nämlich über die permanente Drohung, auf den Status bloßen Menscheins zurückzufallen. Schließlich können Krankheiten, Unfälle, Situationen und Phasen psychischer und mentaler Einschränkung jederzeit auftreten, so dass Personsein immer schon durch die Gefahr, diesen Status zu verlieren, bestimmt ist. Es liegt in der Logik der Unterscheidung Mensch/Person, dass ein Individuum zu einem bestimmten Zeitpunkt zur »Klasse der Personen« gehören kann, zu einem anderen Zeitpunkt jedoch nicht. »Losing the status of personhood is not identical with ceasing to exist« (Quante 2000, 57). Da der Status des Personseins von bestimmten Eigenschaften und Fähigkeiten abhängt, ist er immer schon prekär. So werden John Harris zufolge menschliche Wesen »zu Personen, wenn sie diese Fähigkeit [ihrer eigenen Existenz Wert beizumessen/SL] entwickeln, und hören auf Personen zu sein, wenn sie diese Fähigkeit verloren haben« (1985/1995, 47). Die Gefahr eines solchen Verlusts wird den Subjekten als mobilisierende Drohung eingeschrieben. Normalität, also das, was »normale erwachsene Menschen« ausmacht, wie Harris sie vor Augen hat (ebd., 43; vgl. Hoerster 2002, 74), ist niemals ein für alle Mal gegeben. Sie bedarf permanenter Her-

und Sicherstellung, das heißt Aktivitäten der Selbst-Formierung. Die Art und Weise, in der Subjektivität im bioethischen Diskurs artikuliert wird, korreliert daher mit Anrufungen biomedizinischer Risikodiskurse, die Individuen als Subjekte potentieller Krankheiten sowie ausgedehnter Kontrollen und Tests konstituieren.[33] Im Falle einer Schwangerschaft, in der das Selbstverhältnis aufs Engste mit dem zu einem antizipierten Anderen verknüpft ist, ist es zudem naheliegend, dass sich die Subjektivierung als »Person« und der Imperativ der Defektvermeidung auf das ungeborene Kind mit erstrecken. Im Rahmen der genetischen Beratung in der Schwangerschaftsvorsorge werden denn auch, wie Silja Samerski gezeigt hat, neue Denk- und Verhaltensweisen eingeübt, insofern den Frauen nahegelegt wird, »in Bezug auf ihr kommendes Kind zu einem [Wahrscheinlichkeiten/SL] berechnenden ›decision maker‹ zu werden« (2002, 239). Diese Ausrichtung an Normalitätsstandards aber, die das Selbst und den Nachwuchs gleichermaßen betreffen, hat zweifellos eugenische Züge. Zwar handelt es sich dabei um eine »liberale Eugenik«, die, wie Nicholas Agar betont, nicht auf den Staat, sondern auf »parental choice« setzt (1998/1999, 171). Doch die »Produktion von Sicherheits- und Normalitätsbedürfnissen«, die mit der bioethischen Differenzierung von »Mensch« und »Person« verbunden ist, bringt nicht zuletzt auch »die Definition des behinderten Kindes als vermeidbares Risiko« hervor (Waldschmidt 2003, 104).[34] Vor allem aber konstituiert sie eine Bedürfnisstruktur, die Verfahren wie der Pränatal- und der Präimplantationsdiagnostik, die weniger Techniken der Biomedizin als Techniken der Biokontrolle sind, entgegenkommt.

Die »Person« bei Locke und Kant

Bereits bei Locke und Kant, auf die aus unterschiedlichen theoretischen und politisch-ethischen Perspektiven in der Bioethik Bezug genommen wird, sind strukturelle Probleme mit dem Begriff der Person verbunden. Gerade

33 Wie Thomas Lemke betont, geht »der Rekurs auf Risiken […] mit dem Versprechen eines Zugewinns an Sicherheit einher, zugleich aber werden immer mehr ›Dispositive der Unsicherheit‹ geschaffen. Die versprochene Kontrolle von Risiken in der Genomanalyse führt letztlich sogar zu einer unkontrollierten Ausweitung möglicher Defekte und Krankheiten« (2000, 229).

34 Anne Waldschmidt hebt hervor, dass sich in der neoliberalen Normalisierungsgesellschaft die Grenzziehungen zwischen Normalität und Abweichung verändern. »Strategien der Neo-Eugenik (werden) mit der Anerkennung Behinderter kombiniert« (Waldschmidt 2003, 105).

weil im bioethischen Diskurs, in dem das Verhältnis zum eigenen Körper beziehungsweise zu körperlichen Bedürfnissen von Anderen auf dem Spiel steht, der Begriff der Person in einem Kontext reartikuliert wird, der diese Probleme verstärkt, lohnt ein Blick auf die Konzeptionen von Locke und Kant. Im Folgenden geht es darum, die theoretischen Konturen und Begrenzungen des Personbegriffs bei diesen Autoren zu umreißen. Obwohl sie den Begriff unterschiedlich gebrauchen, zeichnen sich bei ihnen nämlich auch strukturelle Ähnlichkeiten ab, die noch die gegenwärtigen Verwendungsweisen prägen.

Locke, der den Begriff im Kontext der politischen Philosophie entwirft, versteht unter Person

> »ein denkendes, verständiges Wesen, das Vernunft und Überlegung besitzt und sich selbst als sich selbst betrachten kann. Das heißt, es erfaßt sich als dasselbe Ding, das zu verschiedenen Zeiten und an verschiedenen Orten denkt. Das geschieht lediglich durch das Bewußtsein, das vom Denken untrennbar ist und [...] zu dessen Wesen gehört« (*Versuch* II/27, 419f.).

Von dieser Bestimmung, die sich unschwer in der Definition Michael Tooleys wieder erkennen lässt, hebt sich auch bei Locke die »Idee des Menschen« ab. »Ein Lebewesen« ist ihm zufolge

> »ein lebender organisierter Körper; folglich ist er dasselbe Lebewesen, [...] dasselbe anhaltende Leben, das verschiedenen Partikeln der Materie mitgeteilt wird, so wie sie nacheinander jenem organisierten lebenden Körper eingegliedert werden. Gleichviel von welchen anderen Definitionen auch sonst die Rede sein mag, eine scharfsinnige Beobachtung läßt keinen Zweifel daran, daß die in unserem Geist vorhandene Idee, für die unser Wort ›Mensch‹ als Zeichen dient, nichts anderes ist als die eines Lebewesens von bestimmter Gestalt« (ebd., 416).

Diese Bestimmungen setzen nicht nur einen Dualismus von Körper und Geist voraus, sie folgen auch einem methodischen Individualismus. Unterstellt wird dabei, wie feministische Philosophie vielfach aufgezeigt hat, ein männliches, erwachsenes, zurechnungs- und daher rechtsfähiges Individuum.[35] Der Begriff der Person ist bei Locke nämlich zuallererst ein »juristi-

35 Vgl. hierzu unter anderem Seyla Benhabib, »Ein Blick zurück auf die Debatte über ›Frauen und Moraltheorie‹«, in: Dies., *Selbst im Kontext. Kommunikative Ethik im Spannungsfeld von Feminismus, Kommunitarismus und Postmoderne*, Frankfurt/Main 1995, 192–220; Iris Marion Young, »Impartiality and the Civic Public. Some Implications of Feminist Critiques of Moral and Political Theory«, in: Seyla Benhabib, Drucilla Cornell (Hg.), *Feminism as Critique*, Cambridge und Oxford 1987, 56–76; Kathrin Braun, Anne Diekmann, »Individuelle und generative Reproduktion in den politischen Philosophien von

scher Ausdruck, der sich auf Handlungen und ihren Lohn bezieht« (ebd., 435). Dies impliziert, dass er, wie es weiter heißt, »nur bei vernunftbegabten Wesen Anwendung (findet), für die es Gesetze geben kann und die glücklich und unglücklich sein können« (ebd.). Es ist somit die Institution des Rechts, die dem Begriff der Person Bedeutung verleiht und seine Grenzen markiert. Ausgegrenzt sind daher alle Formen von eingeschränkter oder nicht vorhandener Zurechnungsfähigkeit sowie all jene Individuen, die aus politischen Gründen nicht als voll rechtsfähige Subjekte gelten. Dies sind im siebzehnten Jahrhundert vor allem die Frauen und die Arbeitenden, denen folgerichtig auch die Kompetenz der Vernunft nur in eingeschränktem Maße zugesprochen wurde. Wie insgesamt in den Vertragstheorien des siebzehnten und achtzehnten Jahrhunderts disqualifiziert auch bei Locke der Mangel an Vernunft, gepaart mit dem Mangel an Eigentum, für den Status eines politischen Subjekts.[36] Die Mehrheit der Menschheit kann ihm zufolge daher »nicht der Leitung durch das Gesetz der Natur oder der Vernunft überlassen werden« (Macpherson 1973, 254). Vielmehr besteht der »sicherste und einzige Weg, Tagelöhner und Händler, Jungfern und Milchmädchen [...] zu tätigem Gehorsam anzuhalten darin, ihnen klare Gebote zu geben« (Locke zit. n. ebd.).

Auch bei Kant finden sich diese sozialen und geschlechterpolitischen Einschränkungen. Wie bei Locke steht der Begriff der Person im Zentrum rechts- und staatsphilosophischer Überlegungen. Als Person gilt das Subjekt, sofern ihm seine Handlungen zuzurechnen sind. Ausgenommen vom Personenstatus werden Gesellen, Dienstboten, Unmündige, »alles Frauenzimmer und überhaupt jedermann, der nicht nach eigenem Betrieb, sondern nach Verfügung anderer (außer der des Staats), genötigt ist, seine Existenz (Nahrung und Schutz) zu erhalten« (Kant, MdS §46, 433). Sie alle entbehren Kant zufolge der »bürgerlichen Persönlichkeit und [...] [ihre] Existenz ist gleichsam nur Inhärenz« (ebd.). Zwar findet sich bei Kant neben dem Begriff der Person auch der des Menschen, allerdings in einer gänzlich anderen Verwendung als bei Locke. beziehungsweise bei Kant ist die Unterscheidung Mensch/Person überhaupt nicht terminologisch fixiert. Leitend ist vielmehr

Hobbes, Locke und Kant«, in: Elke Biester, Barbara Holland-Cunz, Birgit Sauer (Hg.), *Demokratie oder Androkratie? Theorie und Praxis demokratischer Herrschaft in der feministischen Diskussion*. Frankfurt/Main und New York 1994, 157–187.

36 Die Vertragschließenden verstehen und anerkennen sich als politisch Gleiche, lassen aber die Autoritäts- und Ungleichheitsverhältnisse im Privaten unangetastet. Frauen sind nur in Bezug auf die Eheschließung vertragsfähig. Vgl. dazu klassisch Carol Patemann, *The Sexual Contract*. Stanford und Cambridge 1988.

die Differenz von Person und Sache, die er in der *Grundlegung zur Metaphysik der Sitten* expliziert. Als Sachen gelten demnach alle Wesen, »deren Dasein zwar nicht auf unserem Willen, sondern der Natur beruht« und die, »wenn sie vernunftlose Wesen sind, nur einen relativen Wert, als Mittel« haben (*Grundlegung*, 78). Personen hingegen sind vernünftige Wesen, deren »Natur sie schon als Zwecke an sich selbst, d.i. als etwas, das nicht bloß als Mittel gebraucht werden darf, auszeichnet, mithin sofern alle Willkür einschränkt (und ein Gegenstand der Achtung ist)« (ebd.). An anderer Stelle trifft Kant die gleiche Unterscheidung unter Verwendung der Ausdrücke »Mensch« und »Ding«.[37] Wo er jedoch mit dem Begriffspaar Mensch/Person arbeitet, ist die Anordnung der von Locke geradezu entgegengesetzt. In der Formulierung des kategorischen Imperativs »Handle so, daß du die Menschheit sowohl in deiner Person als in der Person eines jeden anderen zugleich als Zweck, niemals bloß als Mittel brauchst« (ebd., 79) oder auch in der Formulierung, dass ich »über den Menschen in meiner Person nicht disponieren« kann (ebd., 80), steht der Begriff des Menschen für das abstrakte Prinzip der Vernunft. »Person« hingegen bezeichnet an diesen Stellen das konkrete Individuum, das sowohl der Sinnenwelt als auch der intelligiblen Welt angehört, also den Dualismus von Körper und Geist in sich vereinigt.[38] Insgesamt aber wird die Differenz Mensch/Person bei Kant von anderen Differenzierungen überlagert, so dass Kant nicht wie Locke auf eine Differenz Mensch/Person festgelegt ist und keineswegs die Vorstellung eines bloßen Menschseins jenseits von Personalität, Moral- und Rechtsfähigkeit ausbildet.

Obwohl sich die Begriffsanordnungen bei Locke und Kant derart unterscheiden, ist ihnen sowohl die geschlechter- und klassenspezifische Einschränkung gemeinsam als auch, eng damit verbunden, die Illusion eines »losgelösten und entkörperlichten Subjekts« (Benhabib 1995, 11). Ihre Subjektkonzeptionen sind geprägt von einer strategischen Abstraktion vom Körper, die die Abstraktion von der eigenen körperlichen Herkünftigkeit, von Fortpflanzung, Geburt und Kindheit einschließt.[39] Diese resultiert aus der

---

37 »Nun findet der Mensch in sich wirklich ein Vermögen, dadurch er sich von allen anderen Dingen, ja von sich selbst, sofern er durch Gegenstände affiziert wird, unterscheidet, und das ist die Vernunft.« (Kant, *Grundlegung*, 111)

38 Darüber hinaus operiert Kant mit der Unterscheidung von »Person« und »Persönlichkeit«, wobei letztere das »›Vermögen‹ der Person [bezeichnet/SL] […], dem von der eigenen Vernunft gegebenen Gesetz zu folgen, also sich selbst zu bestimmen« (Scherer 1971ff., 307).

39 Bei Kant finden sich trotz der bewusstseinsphilosophischen Anlage gleichwohl auch köpertheoretische Überlegungen, die in der Bioethik aber bisher nicht fruchtbar gemacht

Zentralstellung der Kompetenz der Vernunft, die die Materialität des Körpers, seine Situierung in gesellschaftlichen Verhältnissen und die für seine Aufrechterhaltung und sein Wohlergehen notwendigen Arbeiten und Tätigkeiten nur im Rahmen der dualistischen Hierarchie von Körper und Geist fassen kann. Im Kontext der Bioethik aber erweist sich diese Ausblendung von physischen und psychisch-emotionalen Abhängigkeiten und Bedürfnissen als besonders problematisch. Denn die Personbegriffe von Kant und Locke können die Formen von sozialer und emotionaler Affiliation, von psychisch-mentaler und körperlicher Verletzlich- und Endlichkeit, die in den bioethischen Problematiken von zentraler Bedeutung sind, nicht fassen. Schließlich entziehen sich die Umgangsweisen mit diesen Dimensionen von Subjektivität der Vertragsform und dem Gegensatz von Autonomie und Heteronomie.

Embryonen-Personen und Körperverhältnisse

Erweist sich der Personbegriff schon in Hinblick auf Erwachsene als problematisch, so erst recht dort, wo es um Embryonen geht. Deren spezifische Seinsweise, die sich durch eine besondere physische Abhängigkeit auszeichnet, da sie – ob im weiblichen Körper oder in vitro – gar nicht unabhängig existieren, wird durch einen Begriff, der Selbstbewusstsein und Rationalität zentral stellt, radikal vefehlt. Gerade diese Verfehlung aber fungiert als Motor bioethischer Debatten. Sie wirkt als diskursiver Anreiz für die Kontroversen um Abtreibung, Kindstötung, Präimplantationsdiagnostik und Stammzellforschung. Wie die Unterscheidung Mensch/Person insgesamt, ist auch die Applikation des Personbegriffs auf Embryonen als Element des bioethischen Diskurses unabhängig davon, ob dem Embryo ein bestimmter Status zu- oder abgesprochen wird. So hat beispielsweise Julian Nida-Rümelin die Ansicht vertreten, dass die »Achtung der Menschenwürde […] dort angebracht [ist], wo die Voraussetzungen erfüllt sind, daß ein menschliches Wesen entwürdigt werden, ihm seine Selbstachtung genommen werden kann« (zit. n. Spaemann 2001, 46). »Die Selbstachtung eines menschlichen Embryos« aber, so stellt er fest, »läßt sich nicht beschädigen« (ebd.). In ähnlicher Weise begegnet das Argument bei Reinhard Merkel, der unter Berufung auf Kant formuliert, dass »die menschliche Fähigkeit zur freien, vernunftgeleiteten Selbstbestimmung, die Autonomie, als Grundlage des Würdeanspruchs

wurden. Vor allem im *Opus postumum* kommt er dem »Gedanken einer apriorischen Leiblichkeit des Subjekts« nahe (Kaulbach 1971ff., 181).

gilt« (2001, 56). Der Embryo hat jedoch, so Merkel, »keine moralisch relevante Identität […] mit der Person, die aus ihm werden kann« (ebd., 62). Ludger Honnefelder wiederum geht davon aus, dass »wir den Menschen mit Kants Sprachgebrauch auch ›Person‹ nennen« können, insofern »es zum Menschen gehört, ein Lebewesen zu sein, das seiner Natur nach das Vermögen besitzt, selbstgesetzte Zwecke zu verfolgen« (2002, 86). Er folgert aber im Gegensatz zu Nida-Rümelin und Merkel, dass »der Besitz der mit dem Vernunftvermögen ausgestatteten menschlichen Natur […] bereits dem ungeborenen Menschen eigen ist« (ebd., 87). Wie durch den Würdebegriff, der bei Kant mit dem der Person koextensiv ist, werden über die Zuschreibung oder Aberkennung von Personalität an den Embryo die Grenzen seiner wissenschaftlichen und technologischen Verfügbarkeit ausgehandelt. Grundsätzlich ausgeblendet bleiben in diesen Kontroversen jedoch die Fortpflanzungsverhältnisse, in denen die Debatte um Stammzellforschung, aber auch andere bioethische Kontroversen situiert sind. Denn die Frage, inwieweit Embryonen Personalität zugeschrieben werden kann, erlaubt es nicht, die sozialen Praxiszusammenhänge, in denen die in Frage stehenden wissenschaftlichen und technischen Verfahren verankert sind und in die sie intervenieren, zu thematisieren. Insbesondere die historisch neue Verbindung von Praxen der Fortpflanzung, der Forschung und der biomedizinischen Produktherstellung, aus der die Brisanz vieler bioethischer Debatten resultiert, kann so nicht analysiert werden. Die Tatsache, dass mit der bioökonomischen Transformation von Fortpflanzungsverhältnissen eine Veränderung von Körperverhältnissen auf dem Spiel steht, verbleibt im Ungedachten des Diskurses. Dies ist insofern problematisch, als gerade diese neuen Körperverhältnisse geschlechterpolitisch relevant sind. Denn sie umfassen nicht zuletzt die Verhältnisse, die Frauen als Akteurinnen auf Fortpflanzungsmärkten zu ihren Körpern ausbilden, sei es als Patientinnen und Kundinnen von Reproduktionskliniken, sei es als Spenderinnen oder Verkäuferinnen ihrer Eizellen oder Embryonen. Zu erwarten ist, dass die in diesen Zusammenhängen entstehenden Körperverhältnisse auch auf kulturelle Imaginationen von Frauenkörpern in einem weiten Sinne ausstrahlen und insgesamt nicht auf die Körperpraxen der konkret in reproduktionstechnologische Verfahren einbezogenen Frauen beschränkt bleiben. Das bedeutet, dass sich der kulturelle Status weiblicher Körper verändert, mögen diese Veränderungen auch vielfältige und widersprüchliche Formen annehmen. Darüber hinaus verändern sich mit der bioökonomischen Artikulation von Körpern die Selbstverhältnisse von Individuen auch in Hinblick auf Haltungen und Einstellungen zur

Her- und Abkünftigkeit des eigenen Körpers. Die Dissoziation von Fortpflanzung und sexueller Praxis, die Vorstellung technologischer Gestalt- und Perfektionierbarkeit des eigenen und der zu gebärenden Körper sowie nicht zuletzt die Möglichkeit der Aufhebung von Speziesgrenzen können dabei als Elemente solcher Veränderungen gelten. Wo es aber um die Verhältnisse, die Individuen zu sich und ihren Körpern eingehen, sowie um die politischen Regulierungen und symbolischen Artikulationen der neuen Körperpraxen geht, stehen immer auch Geschlechterverhältnisse auf dem Spiel, auch wenn längst nicht ausgemacht ist, welche neuen Praxen, Imaginationen und Formen geschlechtlicher Subjektivierung sich herausbilden werden.

In jedem Fall aber ist es nötig, mit den konzeptionellen Verengungen, die mit dem Begriff der Person verbunden sind, zu brechen und Körper beziehungsweise Körperverhältnisse – im Plural – in den Blick zu nehmen, um Tendenzen der gegenwärtigen Entwicklungen analysieren und in diese Entwicklungen intervenieren zu können. Dabei kann zwar teilweise an körpertheoretisch inspirierte Kritiken des bioethischen Diskurses angeknüpft werden, auch wenn dort Körperlichkeit zumeist nur immediatistisch als Leiberfahrung gefasst wird, so dass die gesellschaftlichen, kulturellen und politischen Transformationsprozesse der theoretischen Aufmerksamkeit entgehen. So geht etwa Hille Haker davon aus, dass »die spezifische Selbsterfahrung, die mit dem Begriff des Selbstbewusstseins nur unzureichend gefasst ist, […] eine vorgängige, jeden Wirklichkeitsbezug konstituierende, körperlich vermittelte Erfahrung« ist (2004, 144). Sie plädiert dafür, den Begriff der Person »nicht atomistisch zu fassen« sondern »soziale Beziehungen […], soziale Interaktionen und Anerkennungsverhältnisse« mit einzubeziehen (ebd.). Damit unternimmt sie zwar den Versuch, die Defizite des Personbegriffs zu beheben, doch kann sie die Dimensionen der Körperlichkeit und Sozialität nur als Attribute des Individuums fassen, nicht soziostrukturell. Im Ergebnis leitet sie aus der Körperlichkeit und der »damit einhergehenden physischen und psychischen Verletzbarkeit« (ebd., 148) Schutzrechte und aus der Sozialität Anspruchs- und Förderungsrechte ab. Damit verbleibt sie durchaus im juridischen Paradigma der Bioethik. Auch Haker stellt die Frage nach dem Umgang mit Embryonen letztlich nur als Frage nach deren Personalität und Menschenwürde. Im Gegensatz dazu ist der Versuch von Andreas Brenner, »den Leib zur Sprache zu bringen«, mit einer prinzipiell kritischen Perspektive auf den bioethischen Diskurs verbunden. Seine These ist, dass »Bioethik und Biopolitik eine gleichwohl nicht explizierte Leib-Relation zum Gegenstand haben, welche sie auf dem Wege der Vergegenständlichung ihrer Kontrolle zu unterwerfen versuchen« (2006, 26). Problematisch ist jedoch auch bei ihm der Singular, der die Komplexität der Transformation von Körperverhältnissen im Ausgang von den Biowissenschaften und -technologien verdeckt. Im Verweis auf den Leib als »Instanz der Betroffenheit« (ebd., 67) verschwinden nämlich die politischen und kulturellen, also auch die geschlechterpolitischen Dimensionen der Körperpraxen. Sie werden zu einer unmittelbaren »Leibwahrnehmung« kondensiert. Im Anschluss an Hermann Schmitz' Konzept des eigenleiblichen Spürens treibt Brenner damit den Immediatismus einer phänomenologischen Körperauffassung noch über Husserl hinaus, bei dem der Leib immerhin durch Intentionalität, also das Bewusstsein vermittelt war. Erst recht grenzt Brenner sich von Merleau-Pontys Körperauffassung ab, für die die historische und gesellschaftliche Situiertheit der Individuen zentral ist. »Maßgeblich für das neophänomenologische Leib-Verständnis – im Unterschied etwa zu demjenigen Merleau-Pontys –« ist für ihn, »dass der Leib zur Konstitution nicht der Alterität bedarf« (2006, 275). Brenner kommt daher zwar zu dem Schluss, dass die Bioethik mit einem Reduktionismus operiert, »der die ethischen Subjekte in phänomenunangemessener Weise verkürzt« (ebd., 14). Einen Zugang zu den gesellschaftlichen Dimensionen des bioethischen Diskurses und seinem Gegenstandsbereich gewinnt er jedoch nicht.

Autonomie und Handlungsfähigkeit

Das Konzept der Autonomie ist in der Bioethik dort von zentraler Bedeutung, wo Individuen als selbsttätige Entscheidungsträger angerufen werden. Insbesondere die juristische Konstruktion der informierten Einwilligung, mit der Zugriffsrechte auf den Körper oder auf Körperdaten reguliert werden, basiert jedoch auf einem eingeschränkten Autonomiebegriff. In den unterschiedlichen Kontexten und bei unterschiedlichen Autoren gruppieren sich die Bestimmungen von Autonomie um eine Kernbedeutung herum, die die Fähigkeit zentral stellt, rationale, den eigenen Interessen entsprechende Entscheidungen zu fällen. So heißt es etwa bei Peter Singer, Autonomie sei »die Fähigkeit [...], eine Wahl zu treffen, eine Handlung nach eigener Entscheidung zu vollziehen« (1979/1994, 134). Beauchamp und Childress gilt Autonomie – das erste von vier bioethischen Prinzipien – in ähnlicher Weise als »norm respecting the decisionmaking capacities of autonomous persons« (1979/1994, 38). Adaptiert wird dabei die Sprache der *rational-choice*-Theorie. Die implizite Konzeption von Handlungsfähigkeit und Subjektivität wird an der Figur des *homo oeconomicus* ausgerichtet und der Begriff der Autonomie auf diese Art mit den Formen symbolischer Inwertsetzung, die der bioethische Diskurs hervorbringt, verknüpft. Schließlich liegt eine Grundannahme der *rational-choice*-Theorie darin, dass Entscheidungen dadurch zustande kommen, dass eine gegebene Situation in verschiedene Optionen zerlegt und nach einem Vergleich die günstigste davon gewählt wird. Dabei fungiert das Kosten-Nutzen-Kalkül als Modell, geht man doch davon aus, dass Menschen in ihrem Handeln prinzipiell danach streben, »Kosten« zu minimieren und »Nutzen« zu maximieren. Diese auf ein Interessenkalkül reduzierte Auffassung von Selbstbestimmung wird allerdings den komplexen Situationen der Sorge um sich und um Andere, mit denen Bioethik es zu tun hat, nicht gerecht und ist daher von verschiedenen Seiten kritisiert worden.[40] So hat unter anderem Renée Fox hervorgehoben, dass »the skein of relationships of which the individual is a part, the social-moral importance of the interdependence of persons, and of reciprocity, solidarity, and community between them have been overshadowed by the insistence on the autonomy as the highest moral good« (1990, 207). Gestützt wird diese Fixierung auf Autonomie Fox zufolge vor allem durch die analytische Philosophie in ihren utilitaristischen, neo-kantianischen und kontraktualistischen Varianten und insgesamt durch die Ausrichtung von Bioethik am Rationalismus und am Individualismus des US-amerikanischen Rechts. Fox zufolge sollte Bioethik sich jedoch eher an Konzepten der Verantwortung, Verpflichtungen und Pflicht orientieren. Dies ist auch der zentrale Gedanke von Onora O'Neill, die Kants Autonomiebegriff gegen seine bioethische Verengung zurückzugewinnen sucht. Denn, so O'Neill, »what is rather grandly called ›patient autonomy‹ often amounts simply to a right to choose or refuse treatments on offer, and the corresponding obligations of practitioners not to proceed without patient's consent« (2002, 37). Gegen diese »consumerist vision of informed consent« (ebd., 47) orientiert O'Neill auf Verpflichtungen und vollzieht damit einen Perspektivenwechsel. Denn, so heißt es, »in speaking about obligations we shift from a way of thought that is often viewed [...] as individualistic, to one that takes relationships between obligation bearers and right holders, including institutionally defined relationships as central« (ebd., 78). Sie begründet diesen Perspektivenwechsel damit, dass viele biotechnologi-

40 »Eine vollständige und transitive Präferenzordnung [...] verlangte als Voraussetzung«, so kritisiert etwa Ruth Hagengruber, »daß der Handelnde über alle relevanten Alternativen und deren Folgen Bescheid wüßte und daß es eine konstante Ordnung der Bedürfnisse gebe. Das aber dürfte äußerst fraglich sein« (Hagengruber 2000, 93).

sche Entwicklungen, etwa die Etablierung von Biobanken, nicht ein Mehr an individueller Autonomie erforderten, sondern »forms of regulation that restrict and control individual autonomy« (ebd., 109). Eine solche Perspektive findet sich auch bei Bruce Jennings, der ebenfalls dafür plädiert, »über den Autonomiediskurs hinaus« zu gehen und ein »alternatives Vokabular der Beziehungen, Verantwortungen, Pflichten und des Gemeinwohls« zu entwickeln (2000, 55). Bioethik ist für ihn ein »Kind des Liberalismus«, das in dieser Form den »moralischen und sozialen Herausforderungen [...], die durch Gesundheit (sic!), Medizin und Biotechnologie entstehen«, kaum gerecht wird (ebd., 53). Orientieren diese kommunitaristisch inspirierten Interventionen auf eine Einschränkung beziehungsweise Regulation von Autonomie, so plädieren andere Autorinnen für eine Reformulierung des Konzepts.

Dazu gehören Sigridur Thorgeirsdottir und Kathrin Braun. Thorgeirsdottir, die an Onora O'Neill anknüpft, betont, dass Kants Konzept der Autonomie komplexer ist als die Autonomievorstellung der *rational-choice*-Theorie. »The Kantian origin of the idea of autonomy«, schreibt sie, »implies a reasoned form of autonomy and not only a free choice; i.e. individuals are autonomous about their decisions to the extent that they are knowledgeable about and conscious of the implications of their decision or stance on a particular subject matter« (2004, 70). Dies bedeutet, dass sie die sozialen, politischen und ökonomischen Bedingungen und Konsequenzen ihrer Entscheidung mitreflektieren. Statt für eine Ausrichtung an Verpflichtungen plädiert Thorgeirsdottir daher für einen »erweiterten bioethischen Ansatz«, der diese Dimensionen aufnimmt.

»A bioethical approach that merely restricts itself to the implementation of principles that are meant to safeguard individual rights may in the end not be able to protect individuals. [...] It has to incorporate debates on bioethical principles into larger questions of justice and power, and thus become more ›political‹ in the noble sense of the term« (ebd., 76).

Eine solche Rekonzeptualisierung, die Selbstbestimmung in einem gesellschaftlichen und politischen Horizont begreift, schlägt auch Kathrin Braun vor. Autonomie kann ihr zufolge »nicht nur im negativen Recht des Individuums vor Schutz gegenüber technologisch gestützten Übergriffen« bestehen, sondern setzt Teilhabe an der »reflektierten Selbstbestimmung der Gesellschaft auch über Ausmaß, Richtung, Schnelligkeit und Grenzen der technologischen Entwicklung« voraus (2000, 76). Grundlegendes Element von Autonomie im Bereich der Biomedizin wäre daher eine »reale Demokratisierung der Wissenschafts- und Technologieentwicklung« (ebd.), das heißt die Erweiterung der Möglichkeiten zur Partizipation an jenen ökonomischen und politischen Prozessen, in denen Biowissenschaften und -technologien hervorgebracht, formiert und reguliert werden. Schließlich folgen wissenschaftliche und technologische Entwicklungen nicht nur »internen«, das heißt feldspezifischen Logiken, sondern werden durch gesellschaftlich hegemoniale Bedürfnisstrukturen und -politiken konstituiert. Von einem Zugewinn an Selbstbestimmung kann nämlich nur gesprochen werden, wo Handlungsfähigkeit nicht auf die Entscheidung zwischen vorgegebenen Optionen beschränkt ist, sondern wo die Bedingungen von Entscheidungen, also die Situationen, die bestimmte »Optionen« allererst hervorbringen, mit gestaltet werden können. Um in diesem Sinne Handlungsfähigkeit in den gesellschaftlichen Wissenschafts- und Technologieverhältnissen entwickeln zu können, muss aber die verkürzte Autonomieauffassung, die Selbstbestimmung auf die rationale Wahl zwischen gegebenen Optionen reduziert, aufgegeben werden. Dies setzt voraus, Subjektivität und Handlungsfähigkeit nicht durch die Brille eines rationalistischen Personbegriffs zu betrachten, sondern sowohl die körperlichen und emotionalen Dimensionen von Handlungsfähigkeit als auch die gesellschaftlichen Bezüge, in denen sie entsteht und formiert wird, ins Zentrum zu rücken.

1.4 Ethik, Politik und die Transformation der Bioethik

Der Diskurs der Bioethik ist durch eine Reihe von theoretischen Operationen bestimmt, die die Analyse und Diskussion von Geschlechterverhältnissen strukturell behindern. Dies betrifft zum einen die Kompetenzeinschränkung der angewandten Ethik, also die Tatsache, dass die gesellschaftlichen und politischen Entwicklungsdynamiken von Biowissenschaften und -technologien nicht Gegenstand der Reflexion sind. In der Konsequenz können Fragen danach, wie und welche Bedürfnisse die Technologieentwicklung dominieren, welche anderen möglichen Richtungen die Entwicklung von Wissenschaften und Technologien einschlagen könnte, nicht gestellt werden. Das bedeutet auch, dass Prozesse der Einschreibung von Geschlecht in Wissen und Technologien nicht reflektiert werden können. Doch sind es gerade auch soziale, das heißt geschlechterpolitisch relevante Faktoren, die bestimmte technische Optionen begünstigen und ihnen damit konkrete Gestalt verleihen. Bioethik, sofern sie sich einer Reflexion dieser Prozesse entzieht, bleibt somit auf die dominante Wissenschafts- und Technologieentwicklung fixiert. Zum anderen ist durch das Paradigma der angewandten Ethik, das eine Abkehr von philosophischer Moraltheorie einschließt, der Blick auf die eigene theoretische Praxis, darauf, wie der Diskurs in die Wissenschafts- und Technologieverhältnisse interveniert, verstellt. Dies hat unter anderem zur Folge, dass die Prozesse symbolischer Inwertsetzung, die mit Begriffen des Nutzens, des Werts und der Würde verbunden sind, innerhalb des bioethischen Diskurses nicht reflektiert werden. Vor allem können sie nicht in ihrem Zusammenhang mit den gesellschaftlichen Prozessen der Entstehung von Bioökonomien begriffen werden, in denen insbesondere, aber keineswegs allein Frauenkörper neuartigen technischen und ökonomischen Zugriffen ausgesetzt sind. Stattdessen, so hat sich gezeigt, folgt Bioethik einem juridischen Modell, in dem Problematiken grundsätzlich in das binäre Schema erlaubt/verboten überführt werden, und arbeitet vor allem rechtlichen Regulierungen zu. Gesellschaftliche Auseinandersetzungen, gerade wo es um Körperverhältnisse und Lebensweisen, um historisch neue ökonomische Strategien und gesellschaftliche Naturverhältnisse geht, geraten damit allerdings aus dem Blickfeld. In der Konsequenz funktioniert die Bindung von Bioethik an das Recht daher auch als Barriere gegen die Thematisierung jener Dimensionen des Sozialen, in denen sich Stabilisierung und Veränderung von Geschlechterverhältnissen maßgeblich vollziehen. Die subjekttheoretischen Elemente des Diskurses, insbesondere die reduzierte Autonomieauffassung, die im vorangegangenen Abschnitt diskutiert wurde, stützen dies. Sie orientieren nicht auf die Entwicklung umfassender Handlungsfähigkeit in komplexen Wissenschafts- und Technologieverhältnissen, die die Partizipation an den politischen, ökonomischen und kulturellen Prozessen der Entwicklung und des Gebrauchs von Technologien einschließt.

Gerade in diesen Negativ-Befunden erweist sich Bioethik prinzipiell als politische Ethik, geht es doch insgesamt nicht so sehr um Fragen individueller Moral, sondern ganz zentral um die gesellschaftliche und politische Regulation von neu entstehenden Handlungsmöglichkeiten. Explizit ist diese politische Ausrichtung bei Autoren, die Bioethik in den Kontext von Bevölkerungspolitiken stellen. Dies ist zum Beispiel bei Hans-Martin Sass der Fall, der die »Expertise des Ethikers in der Beratung und Vorbereitung ordnungspolitischer Entscheidungen« betont (1988, 47), sowie bei Norbert Hoerster (1991, 106) und John Harris (1985/1995, 215). Doch auch wo die politische Dimension der Bioethik nicht hervorgehoben wird, ist sie immer schon durch die spezifische Art der Institutionalisierung des Diskurses, der eben kein rein akademischer ist, gegeben. Schließlich ist der bioethische Diskurs eng mit der Existenz von Bioethik-Komitees und -Kommissionen verknüpft. Deren Arbeit besteht nicht nur darin, »die Diskussion von bioethisch problematisierten Themen in politisch relevanten und sonstigen Öffentlichkeiten anzuregen und argumentativ zu unterstützen« (Kettner 2000, 11f.), sondern auch darin, Entscheidungsalternativen vorzuformulieren. Einer der wenigen Autoren, die sich kritisch mit der spezifischen Verbindung von Ethik und Politik, die dadurch entsteht, befassen, ist Will Kymlicka. Mit Blick auf die Berichte von Regierungskommissionen stellt er fest, dass »es keine interessante Verbindung zwischen philosophischem Anspruch und moralischer Sensibilität gibt« (2000, 216). Im Gegenteil vermutet er sogar, dass diese Art der politischen Inanspruchnahme von Ethik »kontraproduktiv« ist, insofern sie dazu führt, die »alltagspraktische moralische Sensibilität« zu zerrütten (ebd., 223). Aus einer ähnlichen Perspektive haben andere Autoren und Autorinnen dafür plädiert, das Verhältnis von Ethik und Politik durch eine erweiterte Politikauffassung, die nicht auf staatliche Regulation beschränkt ist, zu reformulieren. Denn der politische Einsatz der Bioethik korreliert paradoxerweise mit einer »politischen Blindheit«, wie Christoph Rehmann-Sutter feststellt. Bioethik wirkt ihm zufolge gerade »dadurch politisch, dass sie die Struktur der Probleme unpolitisch definiert« (1991, 219). Symptomatisch ist, dass gesellschaftlich-politische Fragen, die sich einer staatlich-juridischen Regulation entziehen, grundsätzlich nicht thematisiert werden. Weil Bioethik somit von dem Paradox geprägt ist, eine politische Ethik zu sein, die das Politische verkürzt und in der Verkürzung entnennt, stellt sich für eine kritische Analyse die Aufgabe, das Verhältnis von Ethik, Politik und Gesellschaft näher zu bestimmen. Denn, wie auch Herlinde Pauer-Studer feststellt, »ohne die Ebene einer politischen Ethik«, die als solche formuliert und diskutiert werden muss, läuft Bioethik »durchaus Gefahr, in die Nähe politischer Naivität zu geraten« (1994, 157). Dies gilt insbesondere auch für feministische Bioethik, die »jene Mechanismen von Ausgrenzung, Instrumentalisierung und Unterdrückung zu berücksichtigen [hat], denen gerade [...] Frauen ausgesetzt sind« (ebd.). Im Folgenden wird daher die Frage diskutiert, wie sich das Projekt der feministischen Bioethik zu dieser Herausforderung verhält.

Feministische Bioethik – Positionen und Strategien

Auch wenn Frauenbewegungen und die feministische Theoriebildung sich seit den 1970er Jahren mit dem Thema Reproduktionstechnologien befasst haben, formierte sich das Projekt einer feministischen Bioethik erst in den 1990er Jahren, als erste Buchpublikationen erschienen und 1992 das *Network on Feminist Approaches to Bioethics* gegründet wurde, dessen erste Konferenz 1996 stattfand.[41] »Earlier, in the 1980s, a number of scattered studies on the topic were published, the debate focusing heavily on so-called feminine ethics«, das heißt vor allem die Care-Ethik Carol Gilligans (Diniz, Vèlez, Gonzalez 2001, 63).[42] Selbsteinschätzungen zufolge hat sich die feministische Bioethik in den vergangenen Jahrzehnten jedoch nicht nur aus dieser theoretischen Engführung herausgearbeitet, sondern sie hat insgesamt eine Erfolgsgeschichte zu verzeichnen. »It can no longer be said«, stellt etwa Susan Doods fest, »that feminist bioethics is on the periphery of bioethics« (2004, 1), denn offensichtlich werden feministische Positionen inzwischen durchaus auch in anderen Kontexten rezipiert. Ein Indiz hierfür ist etwa der Hinweis von Warren T. Reich, eine überarbeitete Fassung der *Encyclopedia of Bioethics* (EB) sollte der Kritik der feministischen Ethik stärker Rechnung tragen und die verschiedenen Entwicklungen innerhalb der feministischen Ethik stärker integrieren – Entwicklungen »to which the EB and other works in bioethics have paid insufficient attention« (2003, 181).[43] Parallel zu dieser Entwicklung ist es in den vergangenen Jahren aber auch zu einer Veränderung feministischer Kritikstrategien gekommen, denn, so Doods, feministi-

41 Eine der frühesten feministischen Publikationen ist das Buch *Frauenbefreiung und sexuelle Revolution* (1970/1975) von Shulamith Firestone, in dem sie Reproduktionstechnologien als Mittel zur Befreiung der Frauen begreifbar zu machen sucht. Zur Entwicklung der feministischen Bioethik vgl. Hilde Lindemann, »Feminist Bioethics: Where We've Been, Where We're Going«, in: Alcoff, Linda Martín; Kittay, Eva Feder (Hg.), *The Blackwell Guide to Feminist Philosophy*, Malden und Oxford 2007, 116–130.

42 Gilligan zufolge resultieren aus unterschiedlichen frühkindlichen Erfahrungen von Jungen und Mädchen unterschiedliche moralische Orientierungen, nämlich einerseits eine Orientierung am Prinzip der Gerechtigkeit, andererseits eine Orientierung am Prinzip der Fürsorge.

43 »Those trends and critiques would urge the following: that more attention will be given to religious feminist ethics, the work of black feminists, the insights of Hispanic American women, and European scholar's work on gendered meanings in philosophy« (Reich 2003, 181). Die feministische Ethik der 1980er und 1990er Jahre ist für Reich »the most stimulating intellectual component of bioethical discourse« (ebd., 180). Obwohl feministische Perspektiven durchaus auch in frühere Ausgaben der *Encyclopedia of Bioethics* Eingang gefunden haben, wovon zum Beispiel die Einträge »feminist ethics« oder »women« zeugen, mahnt er eine Erweiterung dieser Perspektive an.

sche Theorie und Politik zielt zunehmend weniger auf kritische Antworten denn auf konstruktive Beiträge zur Bioethik (vgl. 2004, 2). Dabei hat sich auch das Themenspektrum feministischer Interventionen enorm erweitert. Es ist nicht mehr auf Reproduktion, Sexualität und Mütterlichkeit beziehungsweise Frauen als Patientinnen beschränkt, sondern umfasst so gut wie alle bioethischen Fragen.

Die theoretische Kritik der feministischen Bioethik richtet sich allerdings immer wieder gegen den methodischen Individualismus der Mainstream-Bioethik, deren praktische Verstrickung in Macht- und Herrschaftsverhältnisse sowie, eng damit verbunden, die Ausblendung der Differenzen von Klasse, »Rasse« und Geschlecht. Susan Wolf hat vier Ursachen für diese Defizite benannt, nämlich eine theoretische Orientierung an abstrakten Regeln und Prinzipien, die dazu tendiert, Kontexte und individuelle Differenzen auszublenden, zweitens eine Übernahme des liberalen Individualismus und drittens die spezifische politische Institutionalisierung der Bioethik (vgl. 1996, 14). Denn zumeist arbeitet Bioethik, so Wolf, unterstützend für Regierungen, Krankenhäuser und medizinische Ausbildungsstätten, selten aber für die Menschen außerhalb der Institutionen, denen es an Macht fehlt. Viertens stellt Wolf fest, dass Bioethik wichtige akademische Entwicklungen wie die der Gender Studies, der Critical Race Theory und des Poststrukturalismus nicht oder nur unzureichend zur Kenntnis genommen hat. Diese Diagnose wird in zentralen Aspekten von vielen feministischen Bioethikerinnen geteilt. So hebt Susan Sherwin zusammenfassend hervor, dass traditionelle Moraltheorien die Machtverhältnisse, die viele medizinische Praxen durchziehen, tendenziell ausblenden.

»Focusing on the generic human being [...] they have generally imagined that what is arrogantly believed to be the norm for all persons (white, educated, healthy males) is representative for all people in the same circumstances. This has allowed bioethicists to ignore the implications of gender, race, class, age, disability, sexuality, ethnicity, and other forms of difference associated with power in their analyses« (2001, 13).

Aufgrund dieser Defizite haben Autorinnen wie Barbara Nicholas, Helen Bequaert Holmes, Rosemary Tong und Anne Donchin eine Transformation der Bioethik gefordert. Barbara Nicholas zufolge geht es darum, »to transform a conservative male discourse into a site of social change« (1999, 24), Holmes fordert, dass »the deep structure of bioethics needs to be changed« (1999, 46), und Tong formuliert pathetisch: »we need to confront oppression with all our senses, with our emotions as well as with our reason« (2001,

27). Dieses radikal erscheinende Projekt leistet jedoch über die Benennung der Defizite hinaus keine Analyse des bioethischen Diskurses. Wie Hilde Lindemann in ihrer Rekapitulation der Entwicklung feministischer Bioethik formuliert: »there has been almost no theory-building of any kind« (2007, 118). Das hat unter anderem zur Folge, dass innerhalb der feministischen Bioethik kaum kritische Auseinandersetzungen geführt werden. Vielmehr finden sich Positionen, die auf eine intersektionale Herrschaftskritik verweisen, unvermittelt neben eugenischen und bevölkerungspolitischen Positionen. So werden beispielsweise in dem Band *Globalizing Feminist Bioethics* (2001) in einem Beitrag, der unmittelbar auf den von Tong folgt, genetische Tests als Mittel globaler Bevölkerungskontrolle angepriesen. Den Autorinnen zufolge stellen diese ein geeignetes Mittel der Selektion dar, um das Ergebnis von Schwangerschaften vorauszusagen und »the makeup of future children« zu bestimmen (Anderson, Monson, Rorty 2001, 38). »This may reduce«, so das Argument, »the suffering associated with the birth of genetically anomalous progeny or limit the transmission of some genetically linked diseases« (ebd.). Auf problematische Weise unterbestimmt ist auch die Feststellung von Mary Mahowald, pränatale Geschlechtswahl sei »morally defensible, so long as neither its intent nor its impact entails gender inequality or sexism« (2001, 166). Selbst biologistische Begründungen von Geschlechterdifferenzen finden in dem Band Platz. So vertritt William M. Alexander die Position, dass »the common observation that women often fare better than men in social situations has been reconfined by recent genetic studies« (2001, 180). Er führt dies darauf zurück, dass

> »females (XX chromosomes) are less vulnerable to developmental disorders of language and social cognition than males (XY chromosomes). Clear evidence of a male advantage in family, political, and commercial hierarchies during the last millennium (sic!) might be explained first by larger body size and second by weak evidence of male advantage in abstract thinking« (ebd.).

Der Mangel an Kritik und Widerspruch innerhalb des Feldes der feministischen Bioethik muss dabei als Symptom begriffen werden. Er verweist darauf, dass das Projekt einer feministischen Bioethik theoretisch in mehreren Hinsichten unterbestimmt bleibt und daher von einer Offenheit geprägt ist, die jede Kontur verschwimmen lässt. So fehlt zum einen, jenseits der Bekenntnisse zur Intersektionalität von Differenzen, eine Debatte darüber, wie Geschlecht und Geschlechterverhältnisse Gesellschaft strukturieren und daher immer schon mit anderen Machtstrukturen verwoben sind. Zudem mangelt es, wie im bioethischen Diskurs insgesamt, an einer technikphilosophischen und gesellschaftstheoretisch informierten Analyse der Wissenschafts- und Technologieentwicklung. Schließlich fehlt es an einer moraltheoretischen Reflexion, die den Status von Bioethik als einer spezifischen theoretischen Praxis im gesellschaftlichen Gefüge zum Thema machen würde.[44] Ein Blick auf die positiven Bestimmungen von feministischer Bioethik, die sich bei Tong, Sherwin und Laura Purdy finden, macht dies deutlich. So diagnostiziert Tong in ihrem Buch *Feminist Approaches to Bioethics* (1997), das für die Konstituierung des Feldes von zentraler Bedeutung war, das Entstehen eines »neuen philosophischen Ansatzes« (1997, 4), der es feministischen Bioethikerinnen ermögliche, »to offer multiple rather than unitary solutions to the ethical and political problems that gender creates for women in particular« (ebd.). Dieser Ansatz verbindet ihr zufolge vier philosophische Entwicklungen, nämlich erstens Eklektizismus in der Politik, zweitens Relationalität, also Beziehungsorientierung in der Ethik, drittens, in epistemologischer Hinsicht, Positionalität, die Einsicht in die Situiertheit und Partialität von Wissen und Wahrheit, und schließlich viertens in der Ontologie »Autokoenomie«, wobei die Orientierung auf Gemeinschaft (*koinonia*) das individualistische Konzept der Autonomie überwinden soll (ebd., 94). Doch trotz dieses umfassenden Anspruchs verbleibt Tong im liberalen Paradigma, dessen *ultima ratio* die Erweiterung persönlicher Wahlfreiheit ist. Schließlich empfiehlt sie »procreative policies that will permit the widest variety as well as the greatest number of women to control their interconnected reproductive and genetic destinies« (ebd., 98). Ein Bekenntnis zum Pluralismus, das Harmonie stiftet, wo Analyse und Kritik erforderlich wären, bestimmt auch die Position Susan Sherwins, die darauf zielt, die Rolle von Moraltheorie in der Bioethik neu zu bestimmen (2001, 14). Dabei richtet sie sich vor allem gegen die Vorstellung, Theorien »fundierten« ethische Positionen, und schlägt stattdessen vor, Moraltheorien als »Linsen« zu betrachten, die verschiedene Perspektiven ermöglichen. Wie Brillen können sie somit gewechselt werden. Aus der Einsicht, dass die Wahl einer Theorie nicht nur die möglichen Antworten sondern schon die Problemformulierung beeinflusst,

44 Eine ähnliche Einschätzung der feministischen Bioethik formuliert Margrit Shildrick: »There has been a similar disinclination – as is the case with bioethics more generally – to rigorously critique some of the most fundamental theoretical underpinnings of conventional paradigms. [...] In short, what has been evident over the past couple of decades is more a matter of radical reform than one of taking the risk of a thoroughgoing deconstruction. The point is that even where in limited cases feminist ethics in its wider application is slowly coming to terms with, or even enthusiastically engaging with, the implications of recent continental theory, bioethics has remained relatively resistant.« (2005, 14)

zieht sie nicht den Schluss, dass Moraltheorien mit Blick auf ihre je spezifischen Strategien der Problematisierung analysiert und umgearbeitet werden müssten, sondern den, dass keine der bestehenden Theorien zurückgewiesen werden darf. »Doing bioethics«, heißt es, »well requires appeal to the insights provided by multiple theories. We should, therefore, resist depending on any single theoretical tool for addressing all of our problems« (ebd., 25).[45]

Vor diesem Hintergrund bleibt denn auch der feministische Utilitarismus, den Laura Purdy vertritt, weitgehend unangefochten. Purdy geht davon aus, dass nur ein utilitaristischer Ansatz in der Lage ist, die Interessen von Frauen und anderen benachteiligten Gruppen angemessen zu berücksichtigen, da er gewährleiste, dass die Interessen aller an einem Konflikt beteiligten Parteien gleichermaßen berücksichtigt werden. Ihre Position ist jedoch offensichtlich von bevölkerungspolitischen und normalistischen Setzungen geprägt, die selbst hinter liberale Freiheitsvorstellungen des klassischen Utilitarismus zurückfallen. So geht Purdy nicht nur davon aus, »that it is morally wrong to reproduce when we know there is a high risk of transmitting a serious disease or defect« (1996, 41), sie verneint auch explizit, dass Menschen die Freiheit haben sollten, sich »mindless of the consequences« (ebd.) fortzupflanzen. Purdy begründet dies mit dem Verweis auf allgemeine Ressourcenknappheit, doch scheint ihre Position vor allem auch aus einer persönlichen Abneigung gegenüber einem möglicherweise behinderten Kind zu resultieren. »The thought that I might bring to life a child with serious physical or mental problems when I could by doing something different, bring forth one without them«, bekennt Purdy, »is utterly incomprehensible to me« (ebd., 58). Hier fehlt jegliche reflektierende Distanz zu den Wünschen, Erwartungen und Zukunftsentwürfen, die mit der Geburt eines Kindes verbunden sind und die nicht nur von persönlichen Erfahrungen und Lebensbedingungen, sondern ebenso von gesellschaftlichen Machtverhältnissen bestimmt sind, die Köperbilder, Konzeptionen von Leistungs- und Handlungsfähigkeit, Familienformen und gesellschaftliche Arbeitsteilungen strukturieren. Gerade wo es um die Frage geht, inwieweit Frauen Verfahren, die auf die Durchsetzung von bestimmten Normalitätsstandards bei Neuge-

45 Damit nimmt Sherwin ihre frühere dezidiert herrschaftskritische Position ein Stück weit zurück. »Wir müssen Probleme im Zusammenhang mit der gesellschaftlichen und politischen Realität betrachten, aus der sie hervorgehen, und der Versuchung widerstehen, Handlungen und Praktiken isoliert zu bewerten« (1987/1993, 232), hieß es früher. Sie formulierte damit einen Anspruch, der sie nicht nur mit den »traditionellen Studien der biomedizinischen Ethik« (ebd.), sondern auch mit einem Großteil der feministischen Bioethik in Konflikt bringen müsste.

borenen zielen, nutzen wollen oder sollen, ist es jedoch von zentraler Bedeutung zu reflektieren, wie sich diese Dimensionen des Sozialen in den persönlichen Bedürfnisstrukturen geltend machen. Denn ohne zu begreifen, woraus sich Bedürfnisse speisen, die zum Beispiel der Forderung nach Legalisierung der Präimplantationsdiagnostik entgegenkommen, lassen sich nur schwer Alternativen zu einer fortschreitenden technischen Rationalisierung der Fortpflanzung formulieren. Sie bleiben, wie die Debatten im Zusammenhang mit dem deutschen Stammzellgesetz von 2002 gezeigt haben, auf der Ebene einer moralischen Beschwörung von Gefahren. Das unmittelbare Einverständnis aber mit den gegebenen Verhältnissen und Bedingungen ist ein Grundproblem der meisten bioethischen Debatten. Bei Purdy wird dies deutlich, wo sie die »Interessen von Frauen« ins Spiel bringt. Da Frauen ohnehin schon den Großteil der Sorgearbeit leisten, so ihre Argumentation, sei die Geburt eines behinderten Kindes unvernünftig. Denn »caring for a child with serious health problems can add immeasurable to a mother's burden« (ebd., 83). Dies ist zweifellos richtig, lässt aber die Frage nach den Lebensbedingungen, die zu solchen Be- und Überlastungen führen, beziehungsweise nach Lebensweisen, die sie reduzieren würden, außer Acht.

Das Paradox, eine »unpolitische« politische Ethik zu sein, die zwar deutliche Vorgaben für die Regulation von Handlungsweisen und Praxisfeldern macht, diese aber nicht als Elemente von politisch-ethischen Entwürfen gesellschaftlichen Zusammenlebens diskutierbar macht, kennzeichnet nicht nur die Position Purdys, sondern mehr oder weniger das gesamte Feld der Bioethik. Ein Ansatz, dieses Paradox aufzulösen, besteht darin, die gesellschaftlich-politische Kompetenz von Ethik explizit zu machen und gleichzeitig in ihren Grenzen zu reflektieren, also an die Stelle von Ethik eine kritische Theorie der Ethik zu setzen. Dies ist bisher jedoch kaum geschehen, auch wenn die deutschsprachige feministische Bioethik vielfach gesellschaftskritisch argumentiert. Dies hat vor allem damit zu tun, dass die feministische Bioethik im deutschsprachigen Raum stark von sozialethisch argumentierenden Theologinnen bestimmt ist (Prätorius 1995, Pelkner 2001, Haker 2002; 2003; 2006).[46] So hat Ina Prätorius in Abgrenzung zur Bioethik eine

46 Die christliche Ethik blieb das zwanzigste Jahrhundert hindurch »gegenüber den Neutralisierungstendenzen der analytischen Ethik resistent und arbeitete weiterhin normativ: Seit dem Ende des neunzehnten Jahrhunderts machte insbesondere die katholisch-theologische Sozialethik die Bedingungen der Arbeiterschicht durch die Industrialisierung, die Armutsentwicklungen sowie die Unzulässigkeit kriegerischer Auseinandersetzungen zu einem Thema der Ethik und entwickelte eine ›angewandte Ethik‹, die relativ unmittelbar theologische Prinzipien in die Form ethischer Normen goss.« (Haker 2006, 255)

herrschaftskritische Ethik gefordert, die das »zerstörerische westliche Wissenschaftsparadigma« insgesamt in Frage stellt (1995, 153). Eva Pelkner, die an Prätorius anknüpft, geht es um den Entwurf einer »kritischen evangelischen Bioethik«. Sie formuliert den umfassenden politischen Anspruch einer »sozialethisch orientierten Bioethik«, die nicht zuletzt den Zusammenhang zwischen »Globalisierung [...] und der Entgrenzung des weiblichen Leibes zum freien Markt für gen- und reproduktionstechnisch optimierbares Körpermaterial zu problematisieren« hätte (2001, 270). Für Hille Haker wiederum schließt die sozialethische Perspektive »Fragen der Gerechtigkeit« ein und unterzieht »die Praxisfelder, auf die sich Bioethik bezieht, einer geschlechterorientierten Machtanalyse« (2003, 172). Damit kommen im Gegensatz zur hegemonialen Bioethik in der Tat gesellschaftliche und politische Dimensionen zur Sprache. So stellt Haker zum Beispiel mit Blick auf die Debatte um Präimplantationsdiagnostik fest, dass möglicherweise »gar nicht die behinderten Kinder und Erwachsenen das Problem sind, an dem Eltern und Betreuungspersonen leiden, sondern der gesellschaftliche Umgang mit ihnen, ihre Isolation und mangelnde Integration« (2004, 159). Die Sozialethik frage daher, »wer denn diejenigen sind, die diese Situation verbessern können sowohl individuell als auch sozial beziehungsweise strukturell« (ebd.). Allerdings ist auch die sozialethische Perspektive nicht mit einer moraltheoretischen Reflexion verbunden, die den Status von Ethik im Rahmen der gegenwärtigen Transformation von Fortpflanzungsverhältnissen in Frage stellen und den bioethischen Diskurs als Element dieser Transformationsprozesse begreifen würde. So teilt Haker nicht nur die Auffassung, Bioethik habe sich als Politikberatung zu bewähren.[47] Sie reproduziert auch die traditionelle Konstruktion einer vor allem von Frauen und Kindern bewohnten Sphäre des Privaten und die juridische Engführung von Ethik, indem sie das Problem der gesellschaftlichen Bedingungen von Fortpflanzungsentscheidungen auf die Stärkung von Kinder-, Frauen- und Familienrechten reduziert (ebd., 161). Das Programm einer »Geschlechterethik in den Wissenschaften« (2006, 269), das Fragen der Wissenschaftstheorie und -kritik mit Perspektiven transdisziplinärer Geschlechterforschung in das Projekt der Ethik einschreibt, geht allerdings darüber hinaus. Nicht zuletzt stellt Haker

47 In *Ethik der genetischen Frühdiagnostik* schreibt Haker: »Die sozialethische Theorie des guten Lebens wird im Rahmen des ihr Möglichen Präferenzordnungen für gesellschaftliche Optionen erstellen, zum Beispiel in Hinblick auf den Umgang mit Technik. Wie sie auf der Ebene der individuellen Strebensethik aber allein eine Beratungsfunktion hat, so fungiert sie auf der politisch-sozialen Ebene als Politikberatung beziehungsweise allgemeiner als Institutionenberatung.« (2002, 35)

in diesem Zusammenhang fest, dass »die Sprache der ›Rechte‹ womöglich gar nicht die angemessene Form ist, um über soziale Anerkennung beziehungsweise Missachtung zu sprechen« (ebd., 275). Insgesamt zeichnet sich die feministisch-theologische Sozialethik durch eine gewisse Ambivalenz aus, insofern sie zum einen innerhalb der Form »Ethik« verbleibt, immer wieder aber auch die Grenzen des ethischen Diskurses markiert. Sie kann sowohl als Öffnung in Hinblick auf eine kritische Theorie der Ethik gelesen werden als auch als Symptom ihres Mangels.

Transformation der Bioethik

Eine kritische Theorie der Ethik, die den politischen Status von Bioethik rekonstruiert, kann Ethik nicht als souveräne Instanz der Generierung von Moralcodes und der Konstitution von Moralsubjekten setzen, sondern muss sie als Terrain fassen, auf dem Konflikte artikuliert und ausgetragen werden. Sofern gesellschaftliche Konflikte und Problematiken in die Sprache der Ethik übersetzt werden, unterliegen sie dabei einer spezifischen Formgebung, die – wie die Analyse der Bioethik in verschiedenen Hinsichten gezeigt hat – auch spezifische Verengungen impliziert. Es ist daher notwendig, ethische Artikulationsformen daraufhin zu befragen, wie sie die gesellschaftliche Problemwahrnehmung und die Horizonte möglicher Lösungen strukturieren. Denn insbesondere die theoretischen Anordnungen und die diskursiven Operationen der Bioethik sind, wie sich gezeigt hat, so angelegt, dass sie Analyse, Reflexion und Kritik jener Transformationsprozesse, die mit den biotechnologischen und bioökonomischen Entwicklungen der Gegenwart verbunden sind, blockieren. Bereits in der Art und Weise, in der Probleme gestellt werden und in der Subjektivität und Handlungsfähigkeit artikuliert werden, erweist sich Bioethik also als politisch bedeutsam. Diese konstitutive Beziehung zum Politischen geht weit über die Konzeption von Ethik als Politikberatung hinaus und stellt zugleich den Ansatzpunkt für eine Transformation der Bioethik dar.

Dabei geht es keineswegs darum, das Terrain ethischer Auseinandersetzungen zu verlassen, sondern vielmehr darum, Interventionen so auszurichten, dass sie hegemoniale theoretische Anordnungen verändern. Insbesondere zielt diese Perspektive darauf, die juridische Engführung von Ethik zu überwinden. Denn die Homologie von Moral und Recht, die den bioethischen Diskurs prägt, verschließt sich gegen eine Analyse jener gesellschaftlichen Prozesse, die in diesen Formen der Konflikt- und Problembearbeitung nicht oder nur unzureichend fassbar sind. Nicht zuletzt formiert die juridische Artikulation der Ethik das Moralsubjekt und damit Handlungsfähigkeit auf eine spezifische Art und Weise. Adorno hat darin ein »autoritäres Moment« ausgemacht (1997, 129). Mit Blick auf die Moralphilosophie Kants stellt er fest, dass »das Gesetz als umfassende Bestimmung, die keine Ausnahme duldet, […] in sich selbst etwas Totalitäres« hat (ebd., 181). Insofern das Selbstverhältnis der Moralsubjekte nach dem Muster von Richter und Verurteiltem konstruiert wird, tut es nämlich »den Menschen auch dort Zwang an[tut], wo der Zwang ein Moment von Vernunft hat« (ebd.). Diese Kritik greift Judith Butler in ihren Überlegungen zur »ethischen Gewalt« auf.[48] Ihr zufolge setzt »das Urteilsvermögen selbst eine vorgängige Beziehung zwischen denen, die urteilen, und denen, über die geurteilt wird, voraus« (2007, 64). Dagegen besteht sie darauf, dass »sich nicht alle ethischen Beziehungen auf Urteilskraft reduzieren lassen« (ebd.). Im Kern geht es ihr um eine Rekonzeptualisierung des Moralsubjekts, das nicht mehr durch die juridische Konstruktion der Zurechnungsfähigkeit bestimmt ist. Butlers zentrale Operation besteht dabei in der »Aussetzung der Forderung nach Selbstidentität und insbesondere nach vollständiger Kohärenz« (ebd., 59). Ins Zentrum ethischer Problematisierung rücken so die Grenzen eines rationalen Selbstverhältnisses und die Grenzen einer individualistischen Konzeption von Handlungsfähigkeit. Im Gegensatz dazu begreift sie Ethik als ein »kritisch Werden« in Bezug auf die Bedingungen des eigenen Handelns und als an Gesellschaftskritik gebunden (ebd., 112). Auch wenn Butlers ethischer Entwurf letztlich in einem Existenzialismus des »Ausgesetztseins« und der Verletzlichkeit verharrt, der mit der Orientierung an Ich-Du-Beziehungen Sozialität ebenso wenig fassen kann wie der methodische Individualismus, den sie kritisiert, öffnet sie immerhin die Perspektive auf ein nicht-normativistisches Ethik-Verständnis. Für eine Rekonzeptualisierung der politischen Dimension von Ethik ist dies insofern von Bedeutung, als es weniger um Präskription und die diskursive Setzung von allgemein verbindlichen Normen beziehungsweise Verfahren geht als um die Exploration von individuellen und kollektiven Handlungsmöglichkeiten.

48 Als ethische Gewalt fasst Butler in Anschluss an Adorno die Subsumption des Besonderen unter das Allgemeine beziehungsweise die Indifferenz moralischer Regeln gegenüber den gesellschaftlichen Bedingungen ihrer »lebendigen Aneignung« (2007, 14). Prägnant hieß es in der ersten Auflage der *Kritik der ethischen Gewalt*: »Ethische Systeme oder Moralcodes, die von der Selbsttransparenz des Subjekts ausgehen oder die uns die Verantwortung für eine uneingeschränkte Selbsterkenntnis zuschreiben, [neigen/SL] dazu […], fehlbaren Geschöpfen eine Art ›ethischer Gewalt‹ anzutun.« (2003, 10)

Als Ensemble von Stellungnahmen und Entwürfen verstanden, die Teil gesellschaftlicher Reflexionsprozesse sind, wäre auch Bioethik also nicht darauf ausgerichtet, von einer souveränen Position aus »allgemein verbindliche Bewertungsgrundlagen auszuweisen« (Düwell 2000, 82). Vielmehr könnte sie Teil einer »Politik der Bedürfnisinterpretation« (Fraser) sein, wobei nicht nur die Frage, wie Bedürfnisse definiert werden beziehungsweise wie und mit welchen Mitteln sie befriedigt werden, von Bedeutung ist, sondern auch die materiellen und symbolischen Anordnungen, die die Partizipation an diesen gesellschaftlichen Prozessen ermöglichen oder behindern, zu problematisieren wären. Dazu gehört die Frage, wie bestimmte Bedürfnisartikulationen hegemonial werden und welche Probleme und Perspektiven dadurch verdeckt werden, dass spezifische Denk- und Sprechweisen das Terrain, auf dem um Positionen gerungen wird, vorstrukturieren. Eine so angelegte Ethik, die nicht auf die stellvertretende Formulierung von Werten und Normen, Ge- und Verboten orientiert, versteht sich eher als eine spezifische Form gesellschaftlicher Reflexion, das heißt im Zusammenhang mit anderen Formen der Analyse, der Kritik und der Intervention. Als philosophische Praxis ist sie in besonderer Weise auf das Medium des philosophischen Diskurses bezogen, dem sie im Modus bestimmter Negation Denkmittel entlehnen kann und in dem sie selbst sich kritisieren lässt. Ihr Sinn aber geht nicht in den Konflikten des philosophischen Feldes auf. Vielmehr begreift sich eine kritische Ethik als Katalysator gesellschaftlicher Auseinandersetzungen über Lebensweisen und Perspektiven gesellschaftlichen Zusammenlebens, über Verhältnisse, die Individuen zu sich und zum eigenen Körper sowie zu Anderen eingehen. Sie hat als solche nicht Grenzen des Sag- und Denkbaren festzulegen, sondern aufzuzeigen, wie es zu solchen Festlegungen kommt und wie sie zu überschreiten sind. Für eine feministische Transformation der Bioethik bedeutet dies zunächst, die spezifische Arbeit an der symbolischen Ordnung, die Bioethik leistet, zu rekonstruieren und die Art und Weise in Frage zu stellen, in der der hegemoniale Diskurs der Bioethik politisch artikuliert ist. Dies wurde in diesem Kapitel versucht. Thematisch lag der Fokus dabei auf der Transformation von Fortpflanzungsverhältnissen. Gleichwohl zielt die Rekonzeptualisierung des Verhältnisses von Ethik und Politik auch auf einen Umbau der anderen bioethischen Debatten um Krankheit und Gesundheit, Sterben und Tod. Schließlich finden diese Debatten in der gleichen diskursiven Anordnung statt wie diejenigen, die thematisch um den Komplex Fortpflanzung/Reproduktion zentriert sind. Zudem lässt sich eine umfassende feministische Analyse der Veränderung von Geschlechterverhältnissen im Kontext von Biowissenschaften, Biotechnologien und Bioökonomien erst dann formulieren, wenn die Veränderungen in den Praxisformen, in deren Zentrum pflegebedürftige, kranke und sterbende Individuen stehen, im Zusammenhang mit der Transformation von Fortpflanzungsverhältnissen betrachtet werden. Eine solche Analyse aber weist über den philosophischen Diskurs hinaus. Nicht nur die politische Grenzüberschreitung, die Bioethik vollzieht, sondern auch ihr interdisziplinärer Anspruch ist daher umzuarbeiten, das heißt in Hinblick auf interdisziplinäre Konstellationen zu überschreiten, in denen neben den Natur- und Technikwissenschaften auch Wissenschafts- und Technikforschung, Politische Ökonomie, Politikwissenschaft, Soziologie, Sozialanthropologie und Kulturwissenschaften einen Ort haben.

2. Technoaffinitäten: Sexualität, Geschlecht und Wissenschaftsmetaphern im Poststrukturalismus

Im Jahr 1996 erschien in der Zeitschrift *Social Text* ein Aufsatz des Physikers Alan Sokal, der, wie es heißt, »mit unsinnigen, aber bedauerlicherweise echten Zitaten prominenter französischer und amerikanischer Intellektueller gespickt war« (Sokal, Bricmont 1999, 9). Die Redaktion erkannte nicht, dass es sich um eine Parodie handelte und druckte den Text. Als der Autor nachträglich enthüllte, dass es sich um einen Scherz gehandelt hatte, war dies einer der Höhepunkte der sogenannten *Science Wars* der 1990er Jahre, in denen »postmoderne« Positionen vor allemn im Namen eines wissenschaftstheoretischen Realismus bekämpft wurden. Spätestens seit diesen Debatten und dem Kompendium *Impostures intellectuelles* (1997/1999), das Sokal zusammen mit Jean Bricmont verfasste, ist bekannt, dass viele poststrukturalistische Positionen eine theoretische Affinität zu den Wissenschaften und insbesondere den Technowissenschaften unterhalten. Selten ist die Beschaffenheit dieser Affinität jedoch untersucht worden. Denn weder die Vorwürfe von Sokal und Bricmont, »berühmte Intellektuelle wie Lacan, Kristeva, Irigaray, Baudrillard [hätten/SL] [...] wiederholt mit wissenschaftlichen Ideen und Begriffen Missbrauch getrieben [...], indem sie wissenschaftliche Konzepte ohne jede Rechtfertigung völlig aus dem Zusammenhang rissen« (ebd.), noch die Aufnahme poststrukturalistischer Einsichten durch die *Social Studies of Science and Technology* machen die Art und Weise dieses Konzepttransfers zum Gegenstand. Letztere haben vielmehr die Kritik binärer Oppositionen und essentialistischer Konstruktionen fruchtbar gemacht und zum Teil – am prominentesten in den Schriften von Donna Haraway – eine Verbindung von feministischer Theorie, Wissenschaftsforschung und Poststrukturalismus hergestellt. Sie haben sich dabei aber nur selten auf die dezidiert wissenschafts- und techniktheoretischen Einlassungen in poststrukturalistischen Philosophien bezogen. Dies hängt nicht zuletzt damit zusammen, dass Wissenschaften und Technologien dort keineswegs ein vorrangiger Gegenstand der Reflexion sind, sondern – wie bei Jacques Derrida – gleichsam nur an den »Rändern« der Philosophie vorkommen oder aber – wie bei Jean-François Lyotard – zwar in einzelnen Interventionen zentral sind, die jedoch wiederum nur einen Bruchteil der Theorieproduktion des Autors ausmachen. Keineswegs gibt es also so etwas wie eine poststrukturalistische Wissenschafts- und Technikphilosophie, wie denn auch überhaupt die Sammelbezeichnung »Poststrukturalismus« bei näherer Betrachtung problematisch ist, weil sie durchaus Disparates zu einer Einheit zusammenschließt.

Wenn in diesem Kapitel dennoch die Positionen von Jacques Derrida, Gilles Deleuze und Félix Guattari sowie von Jean-François Lyotard allesamt als poststrukturalistisch klassifiziert werden, so geschieht dies, weil sie trotz ihrer Heterogenität in einem gemeinsamen philosophischen Horizont situiert sind. Dieser ist durch das philosophische Feld Frankreichs geprägt, in dem nach der Konjunktur des Hegelianismus, des Marxismus und der Phänomenologie – die im Existenzialismus Sartres zusammentrafen – strukturalistische Ansätze, die sich auf die Linguistik Ferdinand de Saussures stützten, hegemonial geworden waren. Wie François Dosse schreibt, war in den fünfziger Jahren »ein unaufhaltsames Fortschreiten der Bezugnahme auf Strukturphänomene zu erkennen, das sich in den sechziger Jahren zu einer regelrechten strukturalistischen Mode [auswuchs], die den größten Teil des intellektuellen Feldes erfaßt[e]« (1998, 16). Ab 1967 – dem Erscheinungsjahr von Derridas *Grammatologie* – setzt dann »die Rückströmung ein, beginnen die Kritiken, die Distanznahmen vom in der Presse allseits beweihräucherten strukturalistischen Phänomen« (ebd.). Damit eröffnet sich ein Möglichkeitsraum für philosophische Positionen, die den Strukturbegriff auf unterschiedliche Art und Weise problematisieren. Doch es sind keineswegs nur die Kräfteverhältnisse im philosophischen Feld der 1960er bis 1980er Jahre, die den Positionen von Derrida, Deleuze und Guattari sowie Lyotard gemeinsame Konturen verleihen. Auch die wissenschaftlichen und politisch-ethischen Bezüge machen deutlich, dass ihre philosophischen Interventionen in denselben Verweisungszusammenhängen stehen. Ein Symptom dafür ist zum Beispiel die Lektüre der Bücher der Molekularbiologen Jacques Monod und François Jacob, die 1965 zusammen mit André Lwoff den Nobelpreis für Medizin erhielten und den Begriff des genetischen Programms formulierten. Spuren der Lektüre von Jacobs *Logik des Lebenden* (1970) und Monods *Zufall und Notwendigkeit* (1972) finden sich immer wieder in den Texten, wobei der Rekurs auf die Molekularbiologie und insbesondere die Genetik eine Abkehr vom Strukturalismus und dessen kybernetischen Affinitäten markiert.

Autoren wie Roman Jakobson, Jacques Lacan und Claude Lévi-Strauss hatten dagegen eine enge Beziehung zur Kybernetik unterhalten.[1] Dieses Wissensgebiet, das in den Worten seines Begründers Norbert Wiener das »Studium von Nachrichten und insbesondere von Regelungsnachrichten« (1952, 20)[2] umfasst, wurde auf den Macy-Konferenzen, die zwischen 1946 und 1953 stattfanden, konzeptionell ausgearbeitet und war von Beginn an interdisziplinär angelegt.[3] Neben Natur- und Technikwissenschaftlern wie Norbert Wiener, John von Neumann, Claude Shannon, Warren Weaver und anderen nahmen zum Beispiel auch die Anthropologin Margaret Mead und der Philosoph Gregory Bateson teil. Von konstitutiver Bedeutung war für die Kybernetik der nachrichtentechnische Informationsbegriff, den Claude Shannon und Warren Weaver in ihrer *Mathematischen Theorie der Kommunikation* (1949) unter Bezug auf die Wahrscheinlichkeitstheorie formuliert hatten. Das Novum bestand darin, dass sie »Information« ohne jeglichen Bezug auf Semantik als rein syntaktische und messbare Größe definierten. Und obwohl »Information« auf diese Weise zu einem rein technischen Begriff wurde, machte der in den folgenden Jahrzehnten eine enorme Karriere in den unterschiedlichsten Disziplinen. Wie Lily Kay schreibt, »unterhielt in den fünfziger Jahren nahezu jede Disziplin in den Sozialwissenschaften (Soziologie, Psychologie, Anthropologie, Linguistik, Politikwissenschaften und Ökonomie) und Biowissenschaften (Immunologie, Embryologie, Physiologie, Neurowissenschaft, Evolutionsbiologie, Ökologie und molekulare Genetik) einen jeweils unterschiedlich ernsthaften Flirt mit den verführerischen Ideen aus Kybernetik und Informationstheorie« (2005, 34). Dies trifft auch für den französischen Strukturalismus zu. »C'est par l'entremise du structu-

1 Dabei lassen sich freilich keine klaren Trennlinien ziehen. Auch Lévi-Strauss bezog sich ab Ende der 1960er Jahre zunehmend auf die Genetik und die Neurowissenschaften (vgl. Dosse 1998, 483ff., 496f., 542f.). Michel Serres rezipiert ebenfalls die Genetik in strukturalistischer Perspektive. »Ich weiß nicht«, schreibt er am Anfang von *Hermes III*, »ob Jacob Strukturalist ist und ich bedaure, daß der philosophische Journalismus eine so gute Münze derart schnell entwertet hat« (2002, 33). Denn, so stellt er mit Blick auf die *Logik des Lebenden* fest, das, was dort »allenthalben wiederholt wird, [ist] sehr wohl eine Struktur. Die Geschichte der Vererbung kann gelesen werden und ist geschrieben wie eine Variation über diese Struktur« (ebd.).

2 Wieners einflussreiches Buch *Cybernetics or Control and Communication in the Animal and the Machine* erschien 1948; die populäre Version *The Human Use of Human Beings: Cybernetics and Society* 1950 (dt. 1952).

3 Benannt wurden die Macy-Konferenzen nach der Josiah Macy Foundation, die sie ausrichtete. Zur Organisation, zu den Teilnehmern und zum Verlauf und Einfluss der Konferenzen vgl. Steve J. Heims, *Constructing a Social Science for Postwar America. The Cybernetics Group 1946–1953*, Cambridge/Mass. und London 1993.

ralisme«, stellt Céline Lafontaine fest, »qu'elle [la cybernétique] s'enracinera de manière durable dans la pensée européenne« (2004, 86). Katherine Hayles zufolge nahm Wiener sogar einige Aspekte der poststrukturalistischen Theorie »vorweg«, indem er den Körper als informationellen Rückkoppelungsprozess betrachtete und damit radikal entsubstanzialisierte (vgl. 1999, 91). Schließlich behauptete Wiener, der den Organismus »vom Standpunkt der Rechenmaschine« aus betrachtete, dass »die körperliche Identität eines Individuums […] nicht auf der Identität der Substanz [beruht], aus der es gemacht ist« (1952, 99). Doch auch wenn man weder die These der Vorwegnahme teilt noch den Strukturalismus für den einzigen Weg hält, auf dem sich die Kybernetik im akademischen und intellektuellen Feld in Europa etablierte,[4] steht fest, dass die Verbindung von Strukturalismus und Kybernetik fest und nachhaltig war.

Das Interesse an der Molekularbiologie und insbesondere an der Genetik, das sich besonders bei Derrida sowie bei Deleuze und Guattari findet, ist somit überdeterminiert durch die Konkurrenz zu strukturalistischen Positionen und ihren vorrangig kybernetischen Affinitäten. Zugleich verweist es auch auf einen gesellschaftlichen Kontext, in dem der Molekularbiologie und den Biotechnologien große Bedeutung beigemessen wurde. Bereits in den 1960er Jahren wurde die Molekularbiologie in Frankreich staatlich gefördert. »The translation of molecular biology as a contribution to French socio-economic development«, so Herbert Gottweis, »created a link between two discourses that was instrumental in shaping an alliance between scientists (mostly from the *Institut Pasteur*) and state officials from the *Délégation Générale* and in creating a flexible structure composed of a few personalities with control over considerable means« (1998, 58). In den Jahren von 1960 bis 1965 kam es zur ersten *action concertée*, die – nachdem Lwoff, Monod und Jacob den Nobelpreis erhalten hatten – in der Periode 1966–1970 fortgesetzt wurde. Ein Indiz für die kulturelle Bedeutung, die der Molekularbiologie im Frankreich der 1970er Jahre beigemessen wurde, ist zudem jene Fernsehsendung vom September 1967, in der Roman Jakobson, Claude Lévi-Strauss, François Jacob und Philippe L'Héritier über den linguistischen Status der DNA debattierten. Zwar konnte »über den linguistischen Status der DNA […] kein Konsens erzielt werden«, wie Lily Kay festhält, »doch die Debatte und ihre Veröffentlichung führten dazu, dass sich die Idee von der

4 Zu den verschiedenen Rezeptionslinien der Kybernetik vgl. Michael Hagner, Erich Hörl (Hg.), *Die Transformation des Humanen. Beiträge zur Kulturgeschichte der Kybernetik*, Frankfurt/Main 2008.

Welt als Kommunikationssystem verbreitete: An der Schnittstelle, die Natur und Kultur sich teilten, nämlich der Sprache, implodierten beide, und beide verwendeten Sprache gleichzeitig als Werkzeug und als Objekt, als *episteme* und als *techne*« (2005, 399). Molekularbiologie, Informations- und Nachrichtentheorie waren also nicht nur als wissenschaftliche Felder, sondern insbesondere auch in ihren sozial- und kulturtheoretischen Bedeutungen von Interesse. Die Bezugnahmen auf Biowissenschaften und -technologien in den Texten von Derrida, Deleuze und Guattari sowie Lyotard, haben somit – auch wenn sie nur einen Aspekt ihrer philosophischen Entwürfe darstellen –, an einer allgemeinen kulturellen Konjunktur teil.

Was den politischen Kontext angeht, in dem die in diesem Kapitel untersuchten Interventionen situiert sind, so sind der Aufbruch vom Mai 1968 beziehungsweise die gesellschaftlichen Transformationsprozesse, in denen in den 1960er bis 1980er Jahren überkommene Macht- und Autoritätsverhältnisse erodierten, von kaum zu unterschätzender Bedeutung. Denn 1968 markiert geradezu das Ende der strukturalistischen Epoche, da die Geschehnisse, so François Dosse, »so etwas wie einen Affekt (mobilisierten), der der theorizistischen Vergeistigung des Strukturalismus grundlegend zuwiderlief« (1997, 146). Die »poststrukturalistischen« Positionen, die dann in den 1970er und 1980er Jahren das philosophische Feld prägen, sind zwar der politischen Kritik an starren und monolithischen Formen der Macht, die damals formuliert wurde, auf die eine oder andere Art verbunden, zugleich aber auch mit den neoliberalen Transformationsprozessen, die am Ende der 1960er Jahre einsetzen. Dabei sind die Bezugnahmen auf die politisch-ökonomischen und soziokulturellen Umbrüche, die Staat und Ökonomie, Lebensweisen und Alltagskultur sowie ganz zentral die Geschlechterverhältnisse betreffen, unterschiedlich stark ausgeprägt. In Derridas Stellungnahmen zur sexuellen Differenz hallt die gesellschaftliche Problematisierung von Männlichkeits- und Weiblichkeitsformen nur schwach nach. Deleuze und Guattari machen dagegen nicht nur die Transformation von Sexualitätsregimen und Geschlechtsidentitäten, die durch die »sexuelle Revolution«, den Feminismus sowie Homosexuellenbewegungen auf die politische Tagesordnung gesetzt worden waren, zum Thema, sondern schreiben mit dem Gegensatz von »Staatsmaschine« und »Kriegsmaschine« ihren Texten eine revolutionäre Geste ein. Lyotard wiederum setzt sich explizit mit den sozialen Bewegungen und dabei auch mit der Frauenbewegung auseinander. Sie gilt ihm als Beispiel für jene Bewegungen, die durch »minoritäre Bejahungen« (1976/1977, 9) eine neue Art der Politik etablieren, die »vielförmig und vielfältig, oder, wenn einem das lieber ist, immer einzeln, einzigartig und singulär« ist (ebd., 10). Bei allen behandelten Autoren findet sich also – auf die eine oder andere Art – ein Plädoyer für die Verflüssigung und Pluralisierung von statischen Verhältnissen und Bedeutungen.

Vor diesem Hintergrund liegt es nahe zu fragen, welche Verbindungen es zwischen den geschlechtertheoretischen und -politischen Einsätzen der genannten Autoren und ihren Bezugnahmen auf Biowissenschaften, Kybernetik und Informationstheorie gibt. Methodisch gibt dabei die Metaphernanalyse, die sich in den vergangenen Jahrzehnten in der Wissenschaftsforschung und -theorie als äußerst fruchtbar erwiesen hat, wichtige Impulse. Denn schließlich geht es – entgegen den Vorwürfen, die die *Science Wars* entfacht hatten –, nicht darum, ob und inwiefern Derrida, Lyotard sowie Deleuze und Guattari wissenschaftliche Begriffe »falsch« verwenden. Das Interessante ist nicht der naturwissenschaftliche »Unsinn«, sondern vielmehr der kulturelle Sinn, der sich an Bio- und Technowissenschaften heftet. Es geht also nicht um die Unterscheidung zwischen einer »eigentlichen« und einer »uneigentlichen«, falschen Verwendung von Begriffen, sondern um Prozesse der Metaphorisierung, in denen durch die Herstellung semantischer Affinitäten spontane Evidenzen, diskursive Zusammenhänge, aber auch Ausblendungen produziert werden. Metaphorisierung wird somit im weiten Sinne eines Konzepttransfers verstanden, das heißt als Übertragung von Konzepten und Theoremen wissenschaftlicher Diskurse in den philosophischen Diskurs. Dabei unterliegen sie einer »philosophischen Formgebung« (Bourdieu). Denn indem Konzepte und Theoreme von einem Kontext in einen anderen transportiert werden, verändern sich ihre Bedeutungen. Zugleich entsteht eine semantische Affinität zwischen den heterogenen Kontexten. Metaphern sind insofern, wie James Bono es formuliert, ein »medium of exchange«. Ihre Funktion besteht darin, »stabile Bedeutungen aufzubrechen und ›fremde‹ Bedeutungen über die Grenzen, die Spezialdiskurse markieren, hinweg zu verstreuen« (1995, 123), wobei sie neue Verbindungslinien konstituieren, die unterschiedliche Gegenstände und Praxisbereiche zueinander in Beziehung setzen. Sie reartikulieren die symbolische Ordnung. Metaphern sind daher keine defizitären Abweichungen von einer »richtigen«, wörtlichen Bedeutung, die durch die Übertragung zustande kommt. Wie Sigrid Weigel unter Bezug auf Hans Blumenberg vorgeschlagen hat, ist es produktiver, sie als »Symptome« zu verstehen und einer symptomalen Lektüre zu unterziehen.[5]

5 Weigel spricht von einer »symptomatischen Lektüre«. Das Konzept einer symptomalen Lektüre, die die Aufmerksamkeit auf jenes Unsichtbare des Diskurses richtet, das sich in

Denn so gesehen »eröffnen die Metaphern einen Zugang zur Beleuchtung von blinden Flecken im Modell« (Weigel 2002, 231f.). Sie bilden »den Zugang zu den Stellen des Nichtwissens, das im Diskurs des Wissens eingeschlossen ist« (ebd., 233), das heißt einen Zugang zu »dem – immer und notwendig – Vorläufigen, Kontingenten und Ungeklärten« (ebd., 231f.). Auch in Bezug auf die Wissenschaftsmetaphern in den poststrukturalistischen Interventionen stellt sich somit die Frage, inwiefern sie als Symptome des Ungeklärten und Ungedachten zu verstehen sind.

Im Zentrum der Analyse stehen im Folgenden Texte von Jacques Derrida, von Gilles Deleuze und Félix Guattari sowie von Jean-François Lyotard. Auch andere Autoren könnten in diesem Zusammenhang bearbeitet werden, lassen sich doch auch bei ihnen informationelle und molekularbiologische Theoreme finden, die als kultur- und sozialtheoretische beziehungsweise philosophische Metaphern zum Einsatz kommen. Zu denken ist dabei vor allem an Jean Baudrillards Indienstnahme des »genetischen Codes« für seine These vom »Zeitalter der Simulation«, in dem ihm zufolge alles »unentscheidbar« wird (1976/1982, 20). Baudrillard zufolge handelt es sich bei der Simulation um »die charakteristische Wirkung der Herrschaft des Codes, die auf dem Prinzip der Neutralisierung und der Indifferenz beruht« und sich »in der Kultur, der Kunst, der Politik und sogar der Sexualität« vollzieht (ebd.). Auch in Texten von Michel Serres, Paul Virilio oder Julia Kristeva wären Spuren der Informationstheorie und der Biowissenschaften aufzusuchen, auch wenn sie dort zum Teil weniger stark ausgeprägt sind und die Texte einen weniger prominenten Status im philosophischen Feld haben als die der hier diskutierten Autoren. Foucault allerdings, der – vermittelt über seine Lektüre der Schriften Georges Canguilhems – ebenfalls eine starke theoretische Affinität zur Biologie hat und angesichts der Lektüre von Jacobs *Logik des Lebenden* davon überzeugt war, dass »vor unseren Augen […] die Grundlegung einer ebenso wichtigen und revolutionären Theorie, wie dies zu ihrer Zeit die Theorien von Newton oder Maxwell waren«, stattfinde (WV, 127), fällt schon deshalb aus dem Untersuchungsbereich heraus, weil seine Arbeiten vornehmlich historisch angelegt sind und er anachronistische Bezüge auf die Biowissenschaften des zwanzigsten Jahrhunderts vermeidet. Dennoch ist der von ihm geprägte Begriff der Biopolitik inzwischen nicht zuletzt durch Analysen der politischen und gesellschaftlichen Prozesse, die

Versehen, Auslassungen und unter anderem auch in Metaphern geltend macht, geht auf Louis Althusser zurück und kommt dem sehr nahe, auch wenn Weigel nicht auf Althusser eingeht.

mit den Biowissenschaften und -technologien der Gegenwart verbunden sind, prominent geworden. Aus diesem Grund gehe ich in den abschließenden Bemerkungen dieses Kapitels auf den Begriff der Biopolitik sowie seine strukturellen Grenzen in Hinblick auf eine Analyse von Geschlechterverhältnissen ein.

2.1 Schrift und Programm – Metaphysikkritik, Kybernetik und Genetik bei Jacques Derrida

Mit der *Grammatologie* hat Derrida eine der einflussreichsten Kritiken des Strukturalismus formuliert. Auf seine technowissenschaftlichen Affinitäten wurde allerdings nur selten Bezug genommen. Dies mag daran liegen, dass Derridas Projekt einer Metaphysikkritik, die um eine Kritik des strukturalistischen Zeichenbegriffs herum zentriert ist, philosophisch weit ausgreift, so dass die wenigen Stellen, an denen auf Kybernetik und Genetik Bezug genommen wird, zunächst marginal erscheinen. Die nähere Betrachtung zeigt jedoch, dass sie von durchaus strategischer Bedeutung sind und in einem systematischen Zusammenhang mit Derridas Dekonstruktion von Weiblichkeit und Natur stehen.

Im Folgenden geht es zunächst um den Status, den Bezugnahmen auf Kybernetik und Genetik in der philosophischen Anordnung der *Grammatologie* haben, sowie im Anschluss daran um eine Rekonstruktion der Einlassungen von Heidegger und Jakobson zur Kybernetik, die Derrida zum Teil aufnimmt und modifiziert. In einem dritten Schritt wird dann Derridas Dekonstruktion von »Natur« und »Weiblichkeit« anhand seiner Rousseau-Lektüre in der *Grammatologie* rekapituliert. Obwohl Derrida keine direkten Bezüge zwischen Kybernetik, Genetik und der Kritik essentialistischer Natur- und Weiblichkeitskonstruktionen herstellt, sind diese über die philosophische Erzählung von der Resurrektion der Schrift und insbesondere das Konzept der *différance* miteinander verknüpft. Denn Kybernetik und Genetik, die in Monods und Jacobs Konzept des »genetischen Programms« zusammentreffen,[6] sind für Derrida Anhaltspunkte für jene Prozesse der Ent-

6 Das Konzept des genetischen Programms wird von Jacques Monod und François Jacob in den 1960er Jahren geprägt, wobei sie den informationstechnologischen Begriff des Programms metaphorisieren. Dabei gibt es allerdings keine genaue Definition von »Programm«. François Jacob »bemerkt einfach, daß es ›ein von elektronischen Rechenmaschi-

substanzialisierung und Entessentialisierung, die er mit den Konzepten »Schrift« und »différance« artikuliert und die nicht zuletzt Natur- und Weiblichkeitskonstruktionen dynamisieren. Dabei zeigt sich, dass der Antiessentialismus Derridas sowohl mit der Erosion überkommener Geschlechterarrangements als auch mit einer Reartikulation von organischer Natur in der modernen Genetik korreliert. Insbesondere die skriptuale Metaphorik der Genetik, der zufolge sich »Buchstaben« der DNA zu einem »Text« beziehungsweise »Code« verketten, den es zu lesen beziehungsweise zu dechiffrieren gilt, verleiht Derridas philosophischer Erzählung Resonanz.[7] Umgekehrt stützt Derridas philosophische Konstruktion aber auch diese in der Molekularbiologie zentrale Metaphorik und ihre Ontologisierung. In einigen Texten Hans-Jörg Rheinbergers jedenfalls, in denen er die Derridaschen Termini auf die Molekularbiologie überträgt, ist ein ontologischer Wahrheitsanspruch nicht zu übersehen. Im Gegensatz zu dem von ihm selbst mitformulierten Projekt einer Historischen Epistemologie bleibt Rheinberger an diesen Stellen der dominanten Metaphorik, die den »Repräsentationsraum« (Rheinberger) der Molekularbiologie konstituiert, verhaftet, statt sie einer kritischen Rekonstruktion zu unterziehen. Abschließend werden daher die Grenzen der skriptualen Metaphorik in Hinblick auf die Artikulation von Körper- und Naturverhältnissen umrissen.

Kybernetik, Genetik und das philosophische Projekt der ›Grammatologie‹

Derrida setzt mit einer historischen Rahmenerzählung ein, das heißt der Diagnose eines Epochenumbruchs, der auf sein philosophisches Projekt zuläuft. Seine zentrale These ist, dass sich das Verhältnis von Wort und Schrift, in dem die Schrift »seit einigen Jahrtausenden« (1967/1983, 14) zu einem Derivat der gesprochenen Sprache degradiert wurde, im Umbruch befinde. Die logozentrische und zugleich »historisch-metaphysische Epoche« neige

nen übernommenes Modell ist‹. Es stellt eine Analogie zwischen dem genetischen Material eines Eis und dem Magnetband eines Computers her« (Fox-Keller 2001, 108).

7 Lily Kay hat darauf hingewiesen, dass die DNA keineswegs wie eine Sprache funktioniert: »Ihr fehlen phonemische Merkmale, Semantik, Satzzeichen und intersymbolische Einschränkungen. Anders als bei jeder beliebige Sprache ergeben Analysen von ›Buchstaben‹-Häufigkeiten bei Aminosäuren nur statistische Zufallsverteilungen. Auch besteht keine natürliche Sprache ausschließlich aus Wörtern mit nur drei Buchstaben. Und wäre die DNA schließlich nur eine rein formale Sprache, so dürfte sie bloß eine Syntax, jedoch keine Semantik besitzen. [...] Von linguistischem und kryptoanalytischem Standpunkt aus gesehen ist der genetische Code kein Code: er ist nur eine Tabelle mit Entsprechungen.« (2005, 16f.)

sich ihrem Ende zu, da »die Wissenschaft von der Schrift – die *Grammatologie* – dank entschiedener Anstrengungen weltweit die Zeichen zu ihrer Befreiung« setzt (ebd., 12). Derrida geht davon aus, dass mit der Befreiung der Schrift auch die Linguistik Ferdinand de Saussures, deren Unterscheidung von Signifikant und Signifikat für den Strukturalismus von zentraler Bedeutung war, obsolet wird. Denn auch Saussure geht, wie es heißt, von einem »äußerst beschränkten Verhältnis« von Wort und Schrift aus, sofern sein Zeichenbegriff auf das Sprechen und Hören ausgerichtet, also logo- und phonozentrisch ist. Als Indizien für die epochale Veränderung, die in der zunehmenden Bedeutung der Schrift beziehungsweise ihrer »Extension« über den Bereich der Sprache hinaus besteht, führt Derrida die Genetik, die Kybernetik und die Informationstechnologien an. Schließlich spreche »im Hinblick auf die elementaren Informationsprozesse der lebenden Zelle auch der Biologe heute von Schrift und Pro-gramm« (ebd., 21), und »die Entwicklung der Informationspraktiken« (ebd., 23) trage dazu bei, dass »das Ideal der phonetischen Schrift und die ganze ihr implizite Metaphysik (›die‹ Metaphysik) in Frage« gestellt wird (ebd., 22). Insgesamt werde durch diese Entwicklungen »die Möglichkeit dessen, was man ›message‹ nennt«, enorm vergrößert, so dass eine »Botschaft« nicht mehr nur »die geschriebene Übersetzung einer Sprache darstellt, die Übertragung eines Signifikates, das als gesprochenes vollständig erhalten bleiben könnte« (ebd., 23). Immer wieder verknüpft Derrida sein philosophisches Projekt mit den Entwicklungen in anderen Wissenschaften beziehungsweise behauptet er, dass sich auch in anderen Bereichen der von ihm diagnostizierte Umbruch manifestiert. Im Gespräch mit Henri Ronse zum Beispiel führt er aus, das Sichtbarwerden der Schrift sei »das Ergebnis einer umfassenden Veränderung [...], die sich zugleich in ganz bestimmten Bereichen nachweisen lässt (in der mathematischen und logischen Formalisierung, der Linguistik, der Ethnologie, der Psychoanalyse, der politischen Ökonomie, der Biologie, der Informations- und Programmiertechnologie usw.)« (1972/1986, 39). Dabei geht es Derrida keineswegs nur um die Feststellung von Gleichzeitigkeiten und Homologien, sondern vielmehr darum, einen philosophischen Dominanzanspruch über wissenschaftlich-technologische Entwicklungen anzumelden. Die Kybernetik Norbert Wieners artikuliert er nämlich als Metaphysikkritik, die mit der *Grammatologie* konvergiert beziehungsweise durch diese fundiert wird. »Der ganze, vom kybernetischen Programm eingenommene Bereich«, stellt Derrida fest, werde »ein Bereich der Schrift sein« (1967/1983, 21). Demzufolge muss auch eine kybernetische Kritik der »metaphysischen Begriffe – einschließlich jener der

Seele, des Lebens, des Wertes, der Wahl und des Gedächtnisses«, wie es heißt, »am Begriff der Schrift, der Spur, des Gramma oder des Graphems« festhalten (ebd.). In dieser Interpretation wird nicht nur die Kybernetik auf den Begriff der Schrift und damit auf die *Grammatologie* hin ausgerichtet. Vielmehr kommt der *Grammatologie* insgesamt die Aufgabe zu, basale Prozesse, die die Technowissenschaften ebenso wie die Sozial- und Humanwissenschaften fundieren, aufzudecken. Denn Derrida zufolge verweist das »Zusammentreffen von Kybernetik und ›Humanwissenschaften‹« auf eine »noch viel tiefer gehende Erschütterung« (1967/1983, 23) – nämlich die Erschütterung des Status der Schrift.

Diese quasi fundamentalontologische Operation, die unterhalb der manifesten wissenschaftlichen Entwicklungen, in der »Tiefe« Vorgänge von konstitutiver Bedeutung entdeckt, wiederholt Derrida an unterschiedlichen Stellen. So läuft ihm zufolge die gesamte Evolution auf die *Grammatologie* zu. Denn die »Möglichkeit des Gramma« strukturiert, wie es heißt, die Entwicklung »von der ›Genschrift‹ und den programmatischen ›Kurzsträngen‹, die das Verhalten der Amöbe und der Anneliden regeln, bis zur Überwindung der dem Logos und einem bestimmten *homo sapiens* zugeordneten alphabetischen Schrift« (ebd., 149). Im Kontext geht es um eine Kritik jener Begriffe, »die für gewöhnlich zur Unterscheidung des Menschen von anderen Lebewesen dienen« (ebd.) sowie um die Desartikulation des »intentionalen Bewußtseins«. Derrida bezieht sich dabei auf »neuere Arbeiten« zur Theorie der Schrift, die ebenfalls mit dem Begriff des Programms – der »zweifellos ganz im Sinn der Kybernetik zu verstehen« ist (ebd.) – operieren. Mit Bezug auf den technologischen Evolutionismus von André Leroi-Gourhan[8] spricht er zudem von einer »Exteriorisierung der Spur, die immer schon begonnen hat und ständig zunimmt, welche [...] die Möglichkeit der Speicherung von den elementaren Programmen der sogenannten ›instinktiven‹ Verhaltensweisen bis zur Herstellung von elektronischen Datenverarbeitungs- und Lesemaschinen erweitert« (149f.). In diesem evolutionären Prozess, in dem biologische und informationstechnologische Entwicklungen miteinander verschmelzen, verschwinden Bewusstsein und Subjekt. Denn

8 Leroi-Gourhan hat den Versuch unternommen, Technikentwicklung in darwinistischen Termini zu denken. »Ce que les Allemands ont constitué par la voie philosophique – par exemple une théorie du développement des inventions fondée sur les notions darwiniennes de variation et de sélection naturelle, comme l'a fait Alard Du Bois-Raymond (1860–1922) [...] ou encore [...] O. Spengler dans son livre *Der Mensch und die Technik* (1931) –, nous le voyons repris, et autant qu'on peut savoir sans dérivation directe, par Leroi-Gourhan dans son livre *Milieu et Techniques*.« (Canguilhem 1965, 123f.)

»diese Speicherung«, heißt es, »konstituiert und tilgt in einer einzigen Bewegung die so genannte bewußte Subjektivität, ihren Logos und ihre theologischen Attribute« (ebd., 150). Auf diese Art und Weise erkennt Derrida zum einen in zeitgenössischen biologischen und informationstheoretischen Konzepten sein philosophisches Projekt wieder. Zugleich aber erhebt er den Anspruch, durch die *Grammatologie* deren Fundamente zu beleuchten.

Damit wiederholt er ein Stück weit die fundamentalontologische Operation Heideggers, setzt jedoch an die Stelle des Heideggerschen Seinsbegriffs den Begriff der Schrift. Heidegger hatte ausgehend vom Vorwurf, seit Platon und Aristoteles sei »Sein« immer im Sinne von »Gegenwart« und »Anwesenheit«, also Präsenz, verstanden worden, versucht, die gesamte Geschichte der Metaphysik mit der »fundamentalen« Frage nach dem »Sinn von Sein« aus den Angeln zu heben. Derridas Kritik an der »Metaphysik der Präsenz« operiert ebenfalls mit der Konstruktion einer fundamentalen Wahrheit, deren Erkenntnis die gesamte abendländische Philosophie- und Wissenschaftsgeschichte in ein neues Licht rückt. Im Unterschied zu Heidegger aber dynamisiert er dieses Fundament. Denn auch wenn er an Heideggers Projekt anknüpft, verwirft er doch dessen Ursprungsdenken.[9] Mit dem Begriff der *différance*, der die Funktions- und Seinsweise der Schrift näher bestimmt, wendet Derrida sich explizit gegen Heideggers Unterscheidung von »seiend und sein, ontisch und ontologisch, ›ontisch-ontologisch‹« (ebd., 44). Diese für Heidegger grundlegende Differenz sei, so heißt es, »abgeleitet […] in Bezug auf das, was wir später die *différance*[10] nennen werden« (ebd.). Sofern mit dem Begriff der *différance* »die Produktion des Differierens im doppelten Sinne des Wortes (*différer* – aufschieben […] verschieden sein)« (ebd.) bezeichnet wird, kann die »ontisch-ontologische Differenz«, von der Heidegger sprach, nicht mehr als »absolut ursprünglich« angesehen werden. Die fundamentalontologische Begrifflichkeit Heideggers wird also ein weiteres Mal »fundiert«, wobei an die Stelle des ursprünglichen Seins die unabschließbare Prozesshaftigkeit der *différance* tritt. »Die *différance* schlechthin«, so Derrida,

9 Zur Analyse und Kritik von Heideggers ursprungsmythischem Denken vgl. Susanne Lettow, *Die Macht der Sorge. Zur philosophischen Artikulation von Geschlechterverhältnissen in »Sein und Zeit«*, Tübingen 2001. In dieser Arbeit zeige ich, inwiefern Heideggers Subjektkonstruktion durch eine ursprungsmythische Erzählung organisiert wird, in deren Zentrum die weibliche Ursprungsmacht der Sorge (*Cura*) steht.

10 In der deutschen Übersetzung der *Grammatologie* wird *différance* mit »*Differenz« wiedergegeben. Ich folge stattdessen der weithin gebräuchlichen Verwendung des französischen Originalbegriffs auch in den deutschen Zitaten.

»wäre zwar ›ursprünglicher‹ doch könnte man sie nicht mehr ›Ursprung‹ nennen« (ebd.).

Wege der Kybernetik: Heidegger und Jakobson

Die Kritik des Heideggerschen Ursprungsdenkens ist eng verknüpft mit Derridas Absage an dessen Technikkritik. Denn sofern Heidegger gegen die moderne Technik auf »ein ursprünglicheres Entbergen« und den »Zuspruch einer anfänglicheren Wahrheit« setzte (1954, 32), war diese Kritik immer schon ursprungsmythisch artikuliert. Derrida nun überbietet dieses Dispositiv grammatologisch. »Wir berufen uns hier nicht auf ein allgemeines Wesen der Technik«, heißt es (1967/1983, 19). Vielmehr gehe »eine bestimmte Art der Frage nach dem Sinn und dem Ursprung der Schrift einer bestimmten Art der Frage nach dem Sinn und dem Ursprung der Technik voran« (ebd.). Unmissverständlich formuliert er die Abkehr von Heideggers Technikkritik auch in *Mémoires. Für Paul de Man*: »Es gibt keine Dekonstruktion«, heißt es dort, »die nicht mit einer Infragestellung der Dissoziation von Denken und Technik, insbesondere, wenn sie eine, sei es auch versteckte, subtile, erhabene oder verleugnete Neigung zur Hierarchisierung zeigt, einsetzt« (1988, 144). Das bedeutet »ohne Zweifel«, so Derrida, dass man »den Satz von Heidegger: ›Die Wissenschaft denkt nicht‹ und alle seine Voraussetzungen nicht mehr unterschreiben« kann. Er fügt hinzu: »Ich für meinen Teil habe das noch nie getan« (ebd.). Obwohl Derrida also Heideggers fundamentalontologische Geste gegenüber Wissenschaft und Technik wiederholt, tut er dies in anderer Weise als Heidegger. Dessen Konstruktion eines Wesens der Technik erscheint Derrida nämlich als »Schutzmaßnahme« gegen eine »nichtoppositionelle *différance*« (ebd., 189).

Dieses Verhältnis von Nähe und Distanz zeigt sich zudem in Hinblick auf Heideggers Einlassungen zur Kybernetik. Auch Heidegger hatte sich nämlich Ende der 1950er und zu Beginn der 1960er Jahre mit Informationstechnologien und Kybernetik befasst. In *Der Satz vom Grund* (1957) hatte er »Information« als »Leitwort« der »Grundhaltung des heutigen Daseins« identifiziert (1957, 202). Dabei ging er offensichtlich von der zeitgenössischen Informationstheorie, der »Bestimmung der Sprache als Information« aus, die »allererst den zureichenden Grund für die Konstruktion der Denkmaschinen und für den Bau der Großrechenanlagen« darstellt (ebd., 203). Seine Kritik richtete sich vor allem gegen eine informationelle Artikulation von Menschen und Dingen. »Indem die Information in-formiert, das heißt benachrichtigt«, so Heidegger, »formiert sie zugleich, das heißt sie richtet ein und aus. Die Information ist als Benachrichtigung auch schon die Einrichtung, die den Menschen, alle Gegenstände und Bestände in eine Form stellt« (ebd.). Heideggers Technikbegriff, dem zufolge Technik »nicht bloß ein Mittel«, sondern vielmehr »eine Weise des Entbergens« ist (1954/1978, 16), ermöglichte ihm dabei, auch epistemische Dimensionen von Technik in den Blick zu nehmen.[11] Doch blieb bei ihm diese nicht-instrumentalistische Technikkonzeption in den Gegensatz von Denken und Technik eingebunden und war letztlich auf seine ursprungsmythische Konstruktion verwiesen. So setzte Heidegger der informationellen Formierung von Subjektivität im *Satz vom Grund* schließlich ein Subjekt entgegen, das »im Zuspruch des Seins« steht, also die Anrufung durch die Ursprungsmacht des Seins vernimmt (1957, 209). Dieser Gegensatz von informationellem und ursprünglichem Subjekt sperrt sich gegen die Anlage der *Grammatologie*. Doch in einem weiteren, einige Jahre später verfassten Vortrag Heideggers finden sich Überlegungen, die durchaus auf Derridas Projekt zu verweisen scheinen. In *Überlieferte Sprache und technische Sprache* (1962) setzte sich Heidegger mit der Kybernetik Norbert Wieners auseinander und kritisiert dessen »informationstheoretische Vorstellung der Sprache und des Menschen« (1962/1989, 26). Heidegger diagnostizierte dabei – wie schon im *Satz vom Grund* – eine »Umprägung der Sprache zur bloßen Information« (ebd., 22). »Der einzige Charakter der Sprache«, der dabei übrig bleibe, hieß es aber nun, sei »die abstrakte Form der Schrift, die auf die Formeln eines Logikkalküls umgeschrieben wird« (ebd., 24). Schon Heidegger stellte also eine Verbindung zwischen der Kybernetik beziehungsweise der Informationstheorie und einer zunehmenden kulturellen Bedeutung der Schrift her. Wo Heidegger darin aber nur »den schärfsten und bedrohlichsten Angriff auf das Eigentliche der Sprache« sah (ebd., 25), setzt Derrida neu ein, indem er »die abstrakte Form der Schrift« zum Zentrum einer neuen philosophischen Position macht. Die

11 Heidegger, der den Zusammenhang von *techné* und *epistéme* hervorhebt, etabliert damit eine Technikauffassung, die Technik nicht auf Gegenstände reduziert, sondern im Kontext von Wissensformen begreift. *Techné* bedeutet Heidegger zufolge »schon in der frühen griechischen Sprache dasselbe wie *epistéme* – das heißt einer Sache vorstehen, sie verstehen. *Techné* heißt: sich auskennen in etwas, und zwar im Herstellen von etwas« (1962/1989, 12). Es handelt sich, so Heidegger, nicht um einen »Begriff des Machens, sondern einen Begriff des Wissens« (ebd., 15). An diese nicht-instrumentalistische Dimension hat auch die kritische, poststrukturalistisch inspirierte Technikforschung angeknüpft. Vgl. Iain Hamilton Grant, »Postmodernism and Science and Technology«, in, Stuart Sim (Hg.), *The Routledge Companion to Postmodernism*, London und New York 2001, 65–77.

»Eindeutigkeit der Zeichen und Formeln«, die, wie Heidegger beklagte, Voraussetzung einer »sicheren und schnellen Mitteilung« (ebd., 24) durch Informationstechnologien ist, löst Derrida durch das Konzept der *différance* auf. Schließlich unterminiert diese, die jeglicher Zeichenproduktion zugrunde liegt, überhaupt jede Art von Eindeutigkeit.

Auch wenn Heideggers Vorträge zur Kybernetik und Informationstheorie Derrida bekannt gewesen sein dürften und möglicherweise seine eigene Position angeregt haben, ist für seine theoretische Affinität zu diesen technologischen und wissenschaftlichen Entwicklungen insbesondere die Auseinandersetzung mit der Linguistik Roman Jakobsons von zentraler Bedeutung gewesen. Jakobson, der in den 1920er und 1930er Jahren zusammen mit Nikolai Trubetzkoy die Phonologie begründet hatte, »wurde von der kybernetischen Welle mitgerissen. Er teilte die weitverbreitete Überzeugung, dass die Kommunikationstheorie eine neue Epoche des menschlichen Wissens, einschließlich der Sprachwissenschaft, einleitete« (Kay 2005, 387). Als Reaktion auf seine Lektüre von Wieners *Kybernetik* schrieb er diesem 1949, er sei »immer wieder überrascht über die extremen Parallelen zwischen modernen linguistischen Analysen und den faszinierenden Problemen, die Sie erörtern« (zit. n. ebd.). Begeistert rezipierte er zudem die *Mathematische Theorie der Kommunikation* von Claude Shannon und Warren Weaver, in der zum ersten Mal der Begriff des *bit* als Zusammensetzung der Wörter »binary digit« (Binärziffer) auftauchte. Gerade diese Orientierung an binären Oppositionen versetzte Jakobson in Begeisterung, war ihm zufolge doch auch der phonematische Code »von vornherein binär« (Dosse 1998, 98). Seine Beschreibung des Lautmaterials schließlich mündete »in ein Tableau, worin er sämtliche pertinenten Merkmale anhand von zwölf binären Oppositionen versammelt[e], die allen Oppositionen in allen Sprachen der Welt Rechnung tragen« sollen (ebd., 97). Von einer Parallele zwischen Phonologie und Kybernetik ausgehend, war für Jakobson zudem auch das »linguistische Modell in der Biologie« überzeugend, dem zufolge Vererbungsprozesse in den Termini von Information, Botschaft und Code gedacht werden. Wiederholt diskutierte er dieses Modell mit François Jacob. Doch während Jacob davor warnte, »à prendre le modèle pour une explication et les analogies pour des identités« (1974, 204), bestand Jakobson auf der Idee einer intrinsischen Verbindung zwischen beiden Systemen.[12] Es ist dieser Bedeutungstransfer

12 »C'est là une question dont nous avons eu plusieurs fois, Roman Jakobson et moi-même, l'occasion de discuter amicalement sans que l'un parvienne encore à convaincre l'autre. Dans ce débat, Roman Jakobson a toujours favorisé [...] l'idée qu'entre les deux systèmes

zwischen Kybernetik, Genetik und Humanwissenschaften, an dem Jakobson arbeitete, der in die *Grammatologie* Eingang findet, auch wenn diese sich zentral gegen die Linguistik Jakobsons, nämlichen ihren Phonozentrismus und die Orientierung an binären Oppositionen, richtet.

Kritik der Präsenz, der Natur, der Weiblichkeit

Im Zentrum von Derridas Metaphysikkritik steht Kritik an der Konstruktion feststehender Wesenheiten, mit deren Erkenntnis es eine Erste Philosophie zu tun hätte. Das Konzept der *différance*, mit dem er die Prozessualisierung von Wesens- und Substanzannahmen artikuliert, greift dabei auch auf Konstruktionen von Natur und Weiblichkeit aus. Deutlich ist dies in Derridas Lektüre von Rousseau, durch die er in der *Grammatologie* die Kritik der Präsenz exemplarisch erläutert.[13] »Präsenz« fungiert dabei als die allgemeinste Bestimmung eines Seinsbegriffs, der die Metaphysik und ihre traditionellen Dualismen strukturierte. Mit der Kritik einer »Metaphysik der Präsenz« richtet Derrida sich gleichermaßen gegen die »Präsenz des betrachteten Dinges als *eidos*, Präsenz als Substanz/Essenz/Existenz (*ousia*), Präsenz als Punkt (*stigme*) des Jetzt oder des Augenblicks (*nun*), Selbstpräsenz des Cogito, Bewußtsein, Subjektivität, gemeinsame Präsenz von und mit dem anderen, Intersubjektivität als intentionales Phänomen des Ego usw.« (1967/1983, 26). Auch der Dualismus von Natur und Kultur wird von dieser Kritik erfasst. Von zentraler Bedeutung ist diese Kritik für Derrida dabei vor allem deshalb, weil der strukturalistische Zeichenbegriff beziehungsweise die Differenz von Signifikant und Signifikat ihm zufolge durch den Gegensatz von Sinnlichem und Intelligiblem, also Materiellem und Geistigem, Natur und Kultur konstituiert wird. Diese Dualismen aber sind es, so Derrida, die »den Ausschluß der Schrift ermöglicht haben: Abbild und Repräsentation, sinnlich und intelligibel, Natur und Kultur, Natur und Technik usw.« (ebd., 125).

Rousseau ist für Derrida in diesem Zusammenhang von besonderem Interesse, weil er einerseits für das »Lob der Stimme« und die »Verachtung der Schrift« (ebd., 177) steht und sich somit als Verfechter einer Metaphysik der Präsenz entpuppt. Andererseits vollzieht sich schon bei Rousseau eine De-

une relation étroite est imposé par une sorte de filiation; de mon côté, je préférais […] l'idée que des fonctions analogues imposent des contraintes analogues.« (Jacob 1974, 199)

13 Die Rousseau-Kritik zielt gleichzeitig auf Claude Lévi-Strauss, dessen Texte sich durch eine »Treue gegenüber Rousseau« auszeichnen (Derrida 1967/1983, 177).

konstruktion des Natur/Kultur-Dualismus, obwohl er im Zentrum seiner Philosophie steht. Denn das »Verlangen, die Präsenz wiederherzustellen« und in den Naturzustand zurückzukehren, ist bei Rousseau, so Derrida, immer schon zum Scheitern verurteilt. Das »Lob der lebendigen Rede«, der Präsenz und der ursprünglichen Natur stellen Derrida zufolge daher »nur ein bestimmtes Motiv im Denken Rousseaus« dar (ebd., 244). Gleichzeitig wirkt dieses Denken, wie es heißt, »mit seinem Gegenteil zusammen und bildet sich mit ihm heraus: ein sich immer erneuerndes Mißtrauen gegenüber der erfüllt genannten Rede« (ebd.). Derrida findet bei Rousseau den Begriff des Supplements, den er aufgreift, um diese Ambivalenz zum Ausdruck zu bringen. Das Supplement bezeichnet demnach die »befremdliche Einheit« des Verlangens nach und der Versagung von Unmittelbarkeit. Es steht für eine auf Dauer gestellte Vergeblichkeit, die Derrida zufolge die Logik der *différance* ausmacht. Ohne die »Möglichkeit der *différance*«, heißt es, »würde das Verlangen nach der Präsenz als solcher nicht zum Leben erweckt werden«, gleichzeitig aber trägt »dieses Verlangen die Bestimmung seiner Unstillbarkeit schon in sich [...] Die *différance* bringt hervor, was sie versagt, sie ermöglicht gerade das, was sie unmöglich macht« (ebd., 247). Dabei nimmt Derrida Lacans Theorem des Begehrens auf, das durch einen unaufhebbaren Mangel strukturiert wird, der im Verhältnis des Säuglings zur Mutter begründet liegt. Denn Lacan zufolge gibt die Mutter einerseits »mehr als Nahrung, nämlich ihre Anwesenheit und Liebe, andererseits aber gibt sie weniger als dauerhafte Bedürfnisbefriedigung, nämlich Versagung des Befriedigungsobjekts und Abwesenheit« (Pagel 1999, 61). Grundsätzlich ist daher bei Lacan das Begehren an den Mangel gebunden. »Anders als das Bedürfnis, das sich am Objekt stillt und zu sich selbst zurückkehrt, umkreist das Begehren das Objekt, lädt es mit Bedeutung auf, speist das Verbotene mit Verheißungen und läßt den Mangel dort neu entstehen, wo er eben überwunden schien« (ebd., 67). Das vergebliche Verlangen nach Präsenz, das Derrida bei Rousseau identifiziert und ins Zentrum seiner eigenen Kritik der Präsenz stellt, ist somit immer auch Sehnsucht nach einer symbiotischen Verschmelzung mit der Mutter.

Für eine solche Konstruktion finden sich bei Rousseau in der Tat zahlreiche Anhaltspunkte. Denn Natur, die im achtzehnten Jahrhundert noch nicht verwissenschaftlicht, sondern politisch-ethisch codiert war, spielt bei Rousseau nicht nur für die gesamte Gesellschaftstheorie, sondern insbesondere auch für die Konstruktion von Männlichkeit und Weiblichkeit beziehungsweise Mütterlichkeit eine zentrale Rolle. So werden im *Emile* »die Fürsorge der Natur« und die »Fürsorge der Mutter« parallelisiert. Beide können »nicht ersetzt« werden, und die angestrebte Präsenz ist, wie Derrida schreibt, »immer natürlich, das heißt bei Rousseau mehr als bei jedem anderen, mütterlich« (ebd., 251). Dabei ist Rousseaus Naturbegriff, wie auch Friedrike Kuster feststellt, durchaus von einer gewissen Ambivalenz geprägt. Obwohl bei Rousseau Männlichkeit und Weiblichkeit durch Natur gegeben und verbürgt sind, wirkt »die Natur im Menschen nicht mehr so ungebrochen, als dass nicht eine durch Erziehung gestiftete gewohnheitliche Praxis sie befestigen müsste« (Kuster 2002, 161). Dies gilt für beide Geschlechter gleichermaßen, doch während Rousseaus

»Rückgriff auf die Natur [...] im Fall des Mannes Ziele der politischen Emanzipation [befördert]: nämlich Freiheit und wechselseitige Anerkennung im Konzept der Gleichheit, wird für die Frau dasjenige als ihre Natur festgeschrieben, was sie im Rahmen des bürgerlichen Staates als Rolle übernehmen soll, nämlich eine sich ihrer ausschließlichen Pflichten als Gattin und Mutter bewusste Frau zu sein« (ebd., 164).

Die »Rückkehr zur Natur« ist somit keine einfache Rückkehr zu etwas Vorgängigem, sondern generiert zugleich Neues. Sie bringt die bürgerliche Geschlechterkomplementarität hervor, die einerseits festgelegt ist, andererseits hergestellt werden muss. Derrida, der in der *Grammatologie* die Natur- und Weiblichkeitskonstruktion Rousseaus ins Zentrum seiner Kritik an der »Metaphysik der Präsenz« stellt, reartikuliert diese Konstruktion so, dass sie mit seinem Projekt kompatibel wird. Sein Anliegen ist es schließlich »zu beweisen«, dass es »immer nur Supplemente, substitutive Bedeutungen gegeben [hat], die ihrerseits nur aus einer Kette von differentiellen Verweisen hervorgehen konnten« (1967/1983, 274). Auch und gerade die Bedeutungen von »Mutter«, »Frau« und »Natur« werden somit aufgelöst in die permanenten Verschiebungsprozesse der *différance*. Das heißt, dass für Derrida »die absolute Gegenwart, die Natur, das was die Wörter ›wirkliche Mutter‹ bedeuten«, nicht nur »sich immer schon entzogen« haben, sie haben »niemals existiert« (ebd.). »Mutter« und »Natur« werden dabei zwar keineswegs bedeutungslos, werden jedoch den unabschließbaren Prozessen der Bedeutungsproduktion und -verschiebung ausgesetzt.

Dies korrespondiert mit Derridas Dekonstruktion von Weiblichkeit in *Die Stile Nietzsches* (1979). »Es gibt kein Wesen der Frau«, heißt es dort apodiktisch, »denn die Frau öffnet und entfernt (sich) von sich selbst. Sie verschlingt, verschleiert abgründig, endlos, bodenlos, jede Wesenhaftigkeit, jede Identität« (zit. n. Klinger 1994, 214). Wie Cornelia Klinger gezeigt hat, bedient Derrida dabei einen durchaus traditionellen philosophischen Weiblichkeitsdiskurs. Denn nachdem »die Frau« in der Philosophie immer wieder »als Modell von Wahrheit und Nicht-Wahrheit fungiert hat«, wird sie bei Derrida »zum Ideal von Dekonstruktion, das heißt sie bleibt wiederum leere Mitte der Philosophie« (ebd., 227). Wenn Derrida also die Frage nach der »Weiblichkeit, Weiblich*keit* des Weibes, weiblicher Sexualität« als »essentialistischen Fetisch« (zit. n. ebd.) ablehnt, bewegt er sich weiterhin im philosophischen Imaginären, dem er eine neue – dekonstruktivistische – Weiblichkeitskonstruktion hinzufügt. Dabei klingen, auch wenn er die Frage »nach den Wirklichkeiten der Frauen« gänzlich ausblendet (ebd., 231), in seiner Konstruktion durchaus jene gesellschaftlichen Entwicklungen an, die seit den 1960er Jahren zu einer Diversifizierung von Weiblichkeits- und Männlichkeitsformen und von geschlechtlichen Lebensweisen geführt haben. Dies gilt auch für andere Texte, in denen Derrida zur sexuellen Differenz Stellung nimmt. In *Chôra* (1987) etwa wendet er sich »gegen das Entweder/Oder der Zugehörigkeit und die dabei vorausgesetzten binären Schemata. Er versucht nicht, ein drittes Geschlecht zu bestimmen, sondern weist ›auf ein Geschlecht jenseits des Geschlechts/eine Gattung jenseits der Gattung‹ hin« (Babka 2006, 216). Anna Babka verortet Derrida deshalb in der Nähe von Judith Butler und Monique Wittig. »Geschlecht«, so fasst sie zusammen, »ereignet sich, ohne zu sein, jenseits der Ontologie, wird hervorgebracht als bodenloser Prozess des Ereignisses und ist immer schon dem bodenlosen Prozess der Unentschiedenheit und Unentscheidbarkeit unterworfen« (ebd., 217). Philosophische Resonanz erfahren hier jene gesellschaftlichen Veränderungen, die nicht zuletzt durch die Frauenbewegung seit den späten 1960er Jahren die Bedeutungen dessen, was es heißt, »als Frau« oder »als Mann« zu existieren, tiefgehend erschüttert und dazu geführt haben, dass Geschlechterarrangements, Formen von Subjektivität und familiäre Lebensweisen erheblich flexibilisiert und pluralisiert worden sind. Im Interview mit Elisabeth Roudinesco im Jahr 2001 bezieht Derrida die Dekonstruktion denn auch explizit auf soziale Transformationsprozesse. So stellt er fest, »dass die Dekonstruktion stets eine ›der Familie‹, ›Dekonstruktion der Familie‹ gewesen ist (nebst einigen kleineren ›revolutionären‹ Konsequenzen auf Seiten der Zivilgesellschaft und des Staates [...]). Es passiert mir gar, dass ich sage, die Dekonstruktion sei ›das, was geschieht‹« (Roudinesco, Derrida 2006, 67). Im Kontext geht es um die Veränderung von Familienstrukturen durch Reproduktionstechnologien. Derrida kommt dabei erneut auf Rousseau zu sprechen und stellt fest: »Die Stellung der Mutter ist niemals auf die Stellung der Erzeugerin reduzierbar. ›Maman‹, sagte Rousseau, und wie viele andere Beispiele von Müttern, die keine Mamas sind, und Mamas, die niemals Mütter sein werden […]« (ebd., 76). Reproduktionstechnologien und die neuartigen Verwandtschaftsstrukturen, die durch sie generiert werden, bestätigen demnach die differentielle Offenheit des Konzepts »Mutter«.

Doch nicht erst an dieser Stelle ist die Dekonstruktion von Weiblichkeit, Mütterlichkeit und Natur mit biowissenschaftlichen beziehungsweise -technologischen Prozessen verbunden. Schon die semantischen Affinitäten der *Grammatologie* zu Kybernetik und Genetik verweisen auf eine Dezentrierung von sexueller Differenz im Kontext des informationellen Paradigmas der Genetik. Das Gen, jenes wissenschaftliche Objekt, um das sich die »neue Biologie« im zwanzigsten Jahrhundert formierte, ist nämlich einer »Fülle von Merkmalen […], die bis dahin als Kennzeichen von Lebewesen gegolten hatten«, entledigt (Canguilhem 1979b, 148). Das heißt, man verzichtet, wie Canguilhem hervorhebt, »auf das Geschlecht für die Fortpflanzung, auf die Integrität der individuellen Zelle für die Erfüllung ihrer Funktionen des Enzymabbaus. Das Leben«, heißt es, »wird in fast der gleichen Weise analysiert wie Nichtlebendiges, unter der größtmöglichen Ablösung seiner traditionellen Attribute« (ebd., 148f.). In der informationellen Sprache von François Jacob ist, was früher als »Zeugung« konzipiert wurde und auf mannigfache Art mit geschlechtlichen Codierungen versehen war, zur »Reproduktion« eines genetischen Programms geworden. Sexualität erscheint nun jenseits von Männlichkeits- und Weiblichkeitskonstruktionen als eine »Zusammenstellung von zwei verschiedenen Programmen« (2002, 328). Sobald in der Evolution Sexualität entstehe, heißt es, ist »ein genetisches Programm […] nicht mehr die ausschließliche Eigenschaft einer bestimmten Linie. Es kommt der Kollektivität zu, der Gemeinschaft von Lebewesen, die mittels des Geschlechts kommunizieren« (ebd.).[14] Derridas Bezugnahmen auf die Genetik und insbesondere auch auf Jacob gehen auf diese Artikulation von Sexualität und Fortpflanzung zwar nicht ein. Die informationelle Desartikulation der sexuellen Differenz aber korreliert ebenso mit Derridas Dekonstruk-

14 Dennoch werden auch traditionelle Ideologien über geschlechtliche Hierarchien in der Fortpflanzung reartikuliert. So hält beispielsweise Max Delbrück, der 1969 zusammen mit Alfred D. Hershley und Salvador E. Luria den Nobelpreis für seine Entdeckungen in Bezug auf Replikationsmechanismen und die genetische Struktur von Viren erhielt, an Aristoteles' Zeugungstheorie fest: »Das Formprinzip (DNA) ist die Information, die im Sperma gespeichert ist. Das Ablesen verändert den Stoff, auf den sie einwirkt, nicht jedoch die gespeicherte Information, die genaugenommen nicht Teil des fertigen Produkts ist.« (zit. n. Kay 2005, 65)

tion von Natur und Weiblichkeit wie die sozialen Prozesse, in denen die Verbindung von »Weiblichkeit« und »Mütterlichkeit« problematisiert worden ist. Es sind diese soziokulturellen und epistemischen Veränderungen, an denen Derridas philosophisches Projekt der *Grammatologie* teilhat, auch wenn sie nicht benannt werden.

Derrida, die Molekularbiologie und die skriptuale Metaphorik

Der Begriff der Schrift, den Derrida zu einem philosophischen Zentralbegriff macht, findet im Informationsdiskurs und der skriptualen Metaphorik der Molekularbiologie Resonanz. Hans-Jörg Rheinberger, der die *Grammatologie* zusammen mit Hanns Zischler ins Deutsche übersetzt hat, spricht von einer »Nähe« zwischen der Molekularbiologie und »jene(m) interpretatorischen Unternehmen, das man als Dekonstruktion bezeichnet hat« (1997, 269). Doch statt diese Nähe zu analysieren, operiert Rheinberger mit den ins Philosophische transponierten molekularbiologisch-informationellen Konzepten und wendet sie auf die Biologie zurück. So stellt er fest, dass die Molekularbiologie einen »Repräsentationsraum« eröffnet hat, »der es erlaubt, mit dem Lebendigen im Sinne der Speicherung, Umschreibung und Übersetzung von genetischer Information umzugehen« (1997, 269). Molekularbiologie gilt daher als intrinsisch auf Gentechnologie ausgerichtet, sofern »das Wesen des Lesens – Schreiben ist. Im Bereich des Organischen«, heißt es, »wäre Lesen also immer schon Schreiben: ein materieller Prozess der Transkription« (ebd.). In dieser Perspektive ist Gentechnologie das praktische Vorgehen, das der konzeptionelle Horizont der Molekularbiologie ermöglicht. Der Organismus selbst wird dabei »in ein Labor verwandelt« (ebd., 276). »Worum es von nun an geht«, so Rheinberger, »ist nicht länger die extrazelluläre Repräsentation intrazellulärer Strukturen und Prozesse, sondern die intrazelluläre Repräsentation eines extrazellulären Projekts, mit einem Wort: die Um-Schreibung des Lebens« (ebd.). Diese Rekonstruktion von Molekularbiologie und Gentechnologie reproduziert deren skriptuale Metaphorik und löscht jegliche Möglichkeit einer kritischen Distanz. Damit gibt Rheinberger seinem wissenschaftstheoretischen Projekt, das seit *Experiment, Differenz, Schrift. Zur Geschichte epistemischer Dinge* (1992) in einer von Bachelard und Derrida inspirierten Epistemologie der Experimentalsysteme besteht, eine neuartige Wendung. Denn in dieser Schrift, wie auch in späteren Texten, etwa *Experimentalsysteme und epistemische Dinge. Eine Geschichte der Proteinsynthese im Reagenzglas* (2001/2006), hat Rheinberger das Konzept der Schrift und der Differenz für eine Analyse von Forschungsprozessen insgesamt fruchtbar gemacht. Er begreift dabei Experimentalsysteme als Anlagen »differentieller Reproduktion« (2001/2006, 9). Sie müssen, wie er schreibt, »so organisiert sein, dass die Erzeugung von Differenzen zur reproduktiven Triebkraft der ganzen Experimentalmaschinerie wird« (ebd.). Dabei zieht er Derridas Begriff der *différance* heran, um die Unabgeschlossenheit von Forschungsprozessen, »die besondere Arbeit des Geschiebes«, zu bezeichnen (ebd., 11). Wissenschaft gilt Rheinberger als »Spiel der Differenz« und gerät »in die Nähe dessen [...], was Derrida das Unternehmen der ›Dekonstruktion‹ genannt hat« (ebd., 91). Mit dieser Wissenschaftsauffassung wendet Rheinberger sich zentral gegen den vorherrschenden Rationalismus und Realismus in der Wissenschaftsphilosophie und kann zeigen, dass dieser der Dynamik von Forschungsprozessen, die nachträglich homogenisiert und rationalisiert werden, kaum gerecht wird.

Doch von diesem epistemologischen Projekt unterscheiden sich jene Texte, in denen Rheinberger zu einer Ontologie der Molekularbiologie beziehungsweise von dieser ausgehend zu einer allgemeinen Ontologie ansetzt. Hier zieht er Derridas Konzepte nicht zur Analyse spezifischer Formen der Wissens- und Bedeutungsproduktion, nämlich wissenschaftlicher Forschung, heran, sondern verwendet sie als Begriffe, die für eine ontologische Wahrheit einstehen. »Alles Sein, als Dasein (sic!),[15] ist geschriebenes Sein« (1999, 269), heißt es apodiktisch in dem Text *Alles, was überhaupt zu einer Inskription führen kann*. Auf eine allgemeine Ontologie ausgreifend, behauptet Rheinberger, es sei »die unvordenkliche Eigenschaft dieser generalisierten Schrift, der *Grammatologie* des Seins, daß sie in ihrer Materialität Re-Iteration und Rekurrenz, Differenz als Differenz, und damit Geschichte und Sinn überhaupt erst ermöglicht« (ebd.). Unsere »Seinsmaschine«, so ein Wortspiel, sei eine »Schreibmaschine« (ebd., 270). Ausgehend von diesen Setzungen, ergibt sich bei Rheinberger, der sich auf die einschlägigen Stellen in der *Grammatologie* bezieht, eine Ontologisierung der skriptualen Metaphorik der Biologie. Was bisher »mit dem unzutreffenden Ausdruck einer Evolution, einer ›Auswicklung‹« bezeichnet wurde, gilt ihm als ein »wohl drei Milliarden Jahre andauernder biologischer Inskriptionsprozeß« (ebd., 270). Auch Prozesse der sexuellen Fortpflanzung werden durch die Schriftmetaphorik reartikuliert. Fortpflanzung wird so zur »differentiellen Reproduktion der Wesen«, die mit der »Re-Iteration, der Fortpflanzung von Texten«, zusam-

15 Im Kontext geht es keineswegs um das Dasein im Heideggerschen Sinn, also die Grundstrukturen der Existenz, die Subjektivität ausmachen.

menfällt (ebd., 270f.).[16] Damit wird von den körperlichen Prozessen der Fortpflanzung so abstrahiert, dass allein das Element der Vervielfältigung im Zentrum der theoretischen Aufmerksamkeit verbleibt. Die spezifischen Interventionen in die Körper, die mit den Reproduktionstechnologien vollzogen werden, werden dadurch ununterscheidbar von anderen Fortpflanzungspraxen und verschwinden in der grammatologischen Artikulation. Dies hat zur Folge, dass die spezifischen Zugriffe auf Frauenkörper, die die Reproduktionstechnologien und die mit ihnen verbundenen wissenschaftlichen Praxen darstellen, genauso wenig benannt werden können wie die spezifischen Modifikationen, die gentechnologische Interventionen in Naturzusammenhänge hervorbringen.

Das Problem besteht darin, dass die philosophische Adaptation von Theoremen aus der Genetik und Kybernetik, die bei Rheinberger zu einer scheinbar unmittelbaren Übereinstimmung von philosophischen und biologischen Konzepten wird, eine Evidenz generiert, die hegemoniale Konstellationen in der Wissenschafts- und Technologieentwicklung verfestigt. Gerade in der Perspektive einer historischen Epistemologie aber, zu deren Protagonisten Rheinberger zählt, sollte es möglich sein, die historisch kontingenten Metaphorisierungen und Diskursverschränkungen, die philosophische Positionen und wissenschaftliche Strategien miteinander verbinden, kritisch zu rekonstruieren. Insofern Rheinberger die Schrift, die bei Derrida im Kontext einer Dynamisierung von Heideggers Ursprungsdenken auftaucht, zum Grundkonzept einer Interpretation der Molekularbiologie macht, verschärft sich das Problem, das sich bereits bei Derrida abzeichnet: Blockiert wird eine kritische Analyse der Zirkulation von informationellen Theoremen und Metaphern. Der Blick auf die Grenzen des mit der Schriftmetaphorik verbundenen Repräsentationsraumes, das heißt auf die strukturellen Ausblendungen, die er generiert, wird unmöglich gemacht. Das Ungedachte der Schriftmetaphorik aber, so lässt sich festhalten, liegt im Verhältnis zur Materie, »in« die anscheinend beliebig etwas »eingeschrieben« beziehungsweise die selbst »umgeschrieben« werden kann, ohne dass sich die Eigenlogik des Materials jemals geltend macht. Diese Metaphorik verweist, da sie Materialität als passiv artikuliert, nicht nur auf ein natur- und körpertheoretisches Defizit, sondern auch auf ein altes Herrschaftsphantasma. Denn »es lässt sich kaum bezweifeln«, wie Lily Kay betont hat, dass zur molekularbiologischen Re-

16 Vgl. auch Michel Serres, dem zufolge »die Geschichte der Genetik […] in dem langsamen Übergang von der Reproduktion der Tiere zur Reproduktion eines Textes« besteht (1992, 21).

artikulation der Metapher vom Buch der Natur, die in der jüdisch-christlichen Geschichte so weit verbreitet ist, der Anspruch gehört, »das genomische Buch des Lebens zu beherrschen, zunächst durch säkulare Auslegung und dann durch säkulare (Neu-)Schöpfung«, also Neu-Schreibung (2005, 64). Derrida, der der Schrift und damit korrespondierend auch dem informationstechnologisch-biologischen Begriff des Programms einen zentralen philosophischen Status verleiht, bewegt sich in der Nähe einer Ontologisierung der informationellen Metaphorik in der Biologie und der Unsichtbarmachung ihrer Grenzen, auch wenn er sie nicht selbst vollzieht.

2.2 Molekularbiologie als Poststrukturalismus – Die Interventionen von Gilles Deleuze und Félix Guattari

In den Texten Deleuzes von *Differenz und Wiederholung* (1968) über die Spinoza-Bücher (1968; 1981) bis hin zu den gemeinsam mit Félix Guattari verfassten Werken *Anti-Ödipus* (1972) und *Tausend Plateaus* (1980) sind biologische Theoreme stark präsent. Die philosophischen Begriffe, die Deleuze beziehungsweise Deleuze und Guattari bilden, werden immer wieder mit biologischen Bedeutungen aufgeladen, so dass Howard Caygill von einer »Biophilosophie« spricht. Caygill problematisiert vor allem Deleuzes Darwin-Rezeption in *Differenz und Wiederholung*. Ihm zufolge wird bei Deleuze nicht nur der zentrale Begriff der Differenz mit dem der Selektion verknüpft, sondern die Konstruktion ist insgesamt ohne die Darwinbezüge »undenkbar« (vgl. 1991, 50). Auch in den später gemeinsam mit Guattari verfassten Schriften werden immer wieder biologische Begriffe ins Philosophische transponiert, wobei allerdings nicht so sehr der Darwinismus, sondern vor allem die Molekularbiologie im Vordergrund steht. Insbesondere die Pluralisierung von Sexualitätsregimen und Geschlechtsidentitäten sowie jene Transformation von Männlichkeit, auf die Deleuze und Guattari mit den Begriffen des »Frau-Werdens« und des »Molekular-Werdens« zielen, werden mit molekularbiologischen Konzepten artikuliert. Dennoch fehlt eine explizite Auseinandersetzung mit dem epistemischen Status, der dem biologischen Wissen zugesprochen wird. Dies soll im Folgenden zunächst exemplarisch anhand von Deleuzes Hauptwerk *Differenz und Wiederholung* rekonstruiert werden. In den folgenden Abschnitten des Kapitels stehen dann die philosophischen Artikulationen von Molekularbiologie im *Anti-*

Ödipus und in *Tausend Plateaus* sowie Deleuzes und Guattaris Dualismen von Code und Decodierung, Baum und Rhizom, Molarem und Molekularem im Zentrum. Denn diese Dualismen zielen nicht nur auf eine neue Auffassung von Materie, sondern zugleich auch auf eine neue Form von Maskulinität. Abschließend wird die feministische Deleuze-Rezeption diskutiert, die die Problematik von Deleuzes methodischem Biologismus bisher nur unzureichend adressiert hat und auf einen feministischen Vitalismus setzt.

Differenz, Selektion – Fortpflanzung, Wiederholung

Differenz und Wiederholung ist von dem Anspruch geleitet, in der Perspektive eines »verallgemeinerten Antihegelianismus« (1968/1992, 11) die Begriffe »Negativität«, »Widerspruch« und »Identität« durch die Begriffe der Differenz und der Wiederholung zu ersetzen. Das bedeutet im philosophischen Feld Frankreichs der 1960er Jahre, an einer Desartikulation des Sartreschen Existenzialismus und des hegelianisierenden Marxismus zu arbeiten. Zugleich geht es Deleuze auch um eine Kritik des Strukturalismus, die auf eine Dynamisierung und Prozessualisierung von Strukturen und Differenzen zielt. Auf dem Spiel steht also eine doppelte Kritik, die sich zum einen gegen die strukturalistischeAusblendung von Prozessualität richtet, zum anderen gegen die Absorption von Prozessualität durch eine Dialektik, die Differenzen auf die Form von Widersprüchen festlegt und Entwicklungen auf eine finale Totalität. Dabei greift Deleuze zentrale Motive der Heideggerschen Philosophie auf. Wie Slavoj Žižek betont, versucht Deleuze vor allem das Verhältnis von »Sein« und »Zeit« neu zu bestimmen, in dem er die Vorstellung eines »reinen Werdens-ohne-Sein« formuliert (Žižek 2005, 22). Zentral ist für dieses Projekt die Reartikulation von Heideggers Interpretation von Nietzsches Theorem der »ewigen Wiederkunft des Gleichen«. Schon in *Sein und Zeit* hieß es, dass die Wiederholung »weder ein Wiederbringen des ›Vergangenen‹, noch ein Zurückbinden der ›Gegenwart‹ an das ›Überholte‹« ist (SuZ, 385f.). Sie ist, so Heidegger, vielmehr »Wiederholung des Möglichen« (ebd., 385). Daran anknüpfend betont auch Deleuze, dass Wiederholung keinesfalls die Monotonie des Immer-Gleichen bedeutet, sondern als Prozess zu begreifen ist, in dem Differenzen neu hervorgebracht werden. Im Unterschied zu Heidegger aber ist dieser Prozess bei ihm nicht auf die Erschließung eines »schicksalhaften Geschicks« (ebd.) ausgerichtet, das – als immer schon gewesenes – die Individuen zu einem mythischen Ursprung »zurückruft«. Die Zeitdimension des Vergangenen ist bei Deleuze kaum ausgearbeitet, vielmehr erscheint die Wiederholung als reine, dynamische Gegenwart.[17] »Wenn wir sagen«, so Deleuze,

> »daß die ewige Wiederkunft nicht die Wiederkehr des Selben, des Ähnlichen oder des Gleichen ist, so meinen wir damit, daß sie keinerlei Identität voraussetzt. Im Gegenteil, sie sagt sich von einer Welt ohne Identität, ohne Ähnlichkeit und ohne Gleichheit aus. Sie sagt sich von einer Welt aus, deren Untergrund selbst die Differenz ist, wo alles auf Disparitäten, Differenzen von Differenzen beruht, die bis ins Unendliche widerhallen (die Welt der Intensität)« (1968/1992, 305).

Dieser Versuch, über die Konzepte der Wiederholung und des Werdens, die bei Deleuze »streng korrelativ« sind (Žižek 2005, 25), die Heideggersche Fundamentalontologie zu transformieren, weist zwar strukturelle Ähnlichkeiten mit der philosophischen Intervention von Derrida auf. Dennoch sprechen Deleuze und Derrida, wie Žižek es formuliert, »nicht nur verschiedene, sondern völlig unvereinbare Sprachen« (ebd., 75). Während Derrida die fundamentalontologische Frage nach dem Sein »dekonstruiert«, indem er auf einen noch fundamentaleren Prozess verweist und sie somit als derivativ erscheinen lässt, nimmt Deleuze diese Frage positiv auf. Alain Badiou zufolge teilt Deleuze mit Heidegger die Auffassung, »dass die Philosophie auf der einzigen Frage nach dem Sein beruht« (2003, 37). Doch während Heidegger an Aristoteles' Grundsatz festhält, dem zufolge das Seiende »in mehrfacher Bedeutung ausgesagt wird«, kann Deleuze »diesem ›Mehrfachen‹ […] nicht zustimmen« (ebd.). Er geht, so Badiou, von der grundlegenden These des Seins als Einem aus, das heißt von einer »Univozität« des Seins. Wie vor allem Badious Lektüre zeigt, sind die Konzepte des Werdens, der Differenz und des Mannigfaltigen bei Deleuze durchaus widersprüchlich angelegt. Zum einen gelten sie als abkünftig aus dem einen Sein, zum andren gelten sie als letztursprünglich. Žižek spricht daher auch von einer »inneren Spannung des deleuzeschen Denkens«, die sich zwischen dem *Anti-Ödipus* auf der einen und *Logik des Sinns* auf der anderen Seite manifestiert, beziehungsweise »zwischen dem Deleuze, der die produktive Mannigfaltigkeit des Werdens gegen die verdinglichte Ordnung des Seins feierte, und dem Deleuze

17 In seiner Rezension zu *Differenz und Wiederholung* stellt Foucault denn auch fest: »Endlich ist es möglich, die Differenzen des Heute zu denken, das Heute als Differenz der Differenzen zu denken. Das Buch von Deleuze ist das wundersame Theater, in dem die ständig neuen Differenzen, die wir sind, die wir machen, zwischen denen wir herumirren, gespielt werden. […] Theater des Jetzt« (Foucault 1977, 12). Zur Zeitproblematik der poststrukturalistischen Heidegger-Rezeption vgl. Susanne Lettow, »Zukunft denken – Benjamin, die Postmoderne und Heidegger«, in: *Das Argument* 230/1999, 338–343.

der Sterilität des unkörperlichen Werdens des Sinn-Ereignisses« (Žižek 2005, 10). Doch auch wenn sich Deleuzes Texte vor seiner Zusammenarbeit mit Guattari – dem Žižek einen »›schlechte‹ Einfluß« (ebd., 36) zuschreibt – von den gemeinsam verfassten derart unterscheiden, sind die philosophischen Begriffe von Deleuze und Deleuze/Guattari gleichermaßen von einer semantischen Affinität zur Biologie geprägt.

In Hinblick auf den Status wissenschaftlicher Theoreme sind denn auch die Unterschiede zu Derrida wesentlich größer als die zwischen den Texten von Deleuze und von Deleuze und Guattari. Denn letztere erheben keinen philosophischen Überbietungs- und Fundierungsanspruch gegenüber der Kybernetik und Genetik, sondern amalgamieren philosophische und biologische Begriffe. Dies zeigt sich deutlich am Begriff der Differenz, den Deleuze in Darwins Theorie *Über die Entstehung der Arten* verankert. So geht es Darwin Deleuze zufolge »um die Frage, unter welchen Bedingungen freie, gleitende oder ungebundene kleine Differenzen zu abschätzbaren, gebundenen und festen Differenzen werden« (ebd., 313). Der »natürlichen Auslese« kommt in dieser Lesart die »entscheidende Rolle: die Differenz zu differenzieren«, zu (ebd.). Sofern die Selektion wirkt, heißt es, »geschieht es auf eine Weise, daß sie die Differenzen fixiert und divergieren läßt« (ebd.). Doch obwohl Darwin Deleuze zufolge »das Denken der individuellen Differenz begründet hat« (ebd.), stellt er fest, dass diese bei Darwin »noch keinen genau umrissenen Status« hat (ebd.). Schließlich blieb Darwins Fragestellung auf die Entwicklung von Arten beschränkt, während die Entwicklung von Individuen Gegenstand der Embryologie war. Die Vererbung, die beide Ebenen miteinander verbindet, war nämlich die »große Unbekannte« der Darwinschen Theorie (Canguilhem 1979b, 140). Deleuze zieht daher zusätzlich die Vererbungstheorie August Weismanns heran,[18] der »einen wesentlichen Beitrag zum Darwinismus [leistet], wenn er zeigt, wie die individuelle Differenz eine natürliche Ursache in der geschlechtlichen Fortpflanzung findet« (1968/1992, 313). Im Anschluss daran fasst Deleuze Fortpflanzung als »Prin-

18 August Weismann (1834–1914) war »für etwa 40 Jahre, von 1866 bis in das 20. Jahrhundert, neben Ernst Haeckel und Carl Wilhelm Naegli der führende Evolutionsbiologe und Vererbungstheoretiker in Deutschland« (Zirnstein 2001, 411). Ausgehend von der Erkenntnis, »daß die Erbinformationen überhaupt nicht von dem gesamten Körper eines Lebewesens ausgingen, sondern von der Erbsubstanz der Keimzellen«, formulierte er das Konzept des Keimplasmas. »Jedes Merkmal des Körpers sollte in diesem ›Keimplasma‹ durch eigene Erbträger, eigene Erbanlagen repräsentiert sein, die er als ›Determinanten‹ bezeichnete; diese sollten aus ›lebendigen Molekülen‹ (Biophoren) bestehen.« (Ebd., 424f.)

zip der fortwährenden Erzeugung verschiedenartiger ›individueller Unterschiede‹« (ebd.) und macht sie zum biologischen Modell der Wiederholung. Die weiblichen Gameten, die Eizellen, sind für Deleuze das Medium, in dem Differenz und Wiederholung paradigmatisch zusammenfallen. »Es ist richtig«, so Deleuze, »daß das Ei alle Teile des Organismus, zu dem es gehört, wird reproduzieren müssen« (ebd.), doch es »leistet eine Wiederherstellung der Teile nur dann, wenn es sich in einem davon unabhängigen Feld entwickelt« (ebd.). Wie bereits Karl von Baer wusste, der 1827 das Ei bei den Säugetieren entdeckte,[19] sind »die organisierten Körper weder präformiert noch entstehen sie [...] plötzlich in einem bestimmten Augenblick aus einer ›unförmigen Masse‹« (Jacob 2002, 137). Zwar wiederholen sich »alle Prozesse der Entwicklung, der Zellteilung und der Differenzierung, aufgrund derer aus der Eizelle immer dieselbe Struktur, dasselbe System hervorgeht, [...] ohne Fehl von einer Generation zur anderen« (ebd., 138), doch entsteht dabei jeweils ein anderes Individuum. Die Vererbungslehren, deren Anspruch es ist, die »tiefgreifende Einheit« und »wechselseitige Bedingtheit« von Variation und Reproduktion aufzuweisen, münden Deleuze zufolge notwendig in eine »Philosophie der Natur« (ebd., 322). Diese ist dabei auf sein philosophisches Begriffsspiel festgelegt, dem zufolge »die Wiederholung niemals Wiederholung des ›Selben‹ sondern stets des Differenten als solchem ist, und [...] die Differenz an sich selbst die Wiederholung zum Gegenstand hat« (ebd.). Dieses Zusammenspiel von Differenz und Wiederholung avanciert bei Deleuze gar zu einem kosmologischen Modell: »Die Welt ist ein Ei« (1968/1992, 316). Im Ergebnis erscheint »Differenz und Wiederholung« als eine Weltformel, die ihre Basis in der geschlechtlichen Fortpflanzung hat. Sie impliziert eine symbolische Überhöhung der weiblichen Gameten, die matriarchale Schöpfungsmythen anklingen lässt, und steht im Gegensatz zu jener patriarchalen Tradition philosophischer Zeugungstheorien, die im Anschluss an Aristoteles den männlichen Anteil an der Zeugung metaphysisch überhöhte. Wie sich im Laufe des Kapitels zeigen wird, korrespondiert dies mit der maskulinistischen Reklamation von Weiblichkeit, die in den späteren Texten von Deleuze und Guattari für ihre Reartikulation von Subjektivität von zentraler Bedeutung ist.

19 Karl Ernst von Baer (1792–1876) kann »als Begründer der klassischen Embryologie bezeichnet werden. [...] Außer der Entdeckung des Säugetiereis beschrieb Baer den ursprünglichen Keimstreifen des Kükens sowie die Herausbildung von Leber und Lungen.« (Muzrukova 2001, 305)

In *Differenz und Wiederholung* ist eine Rekonzeptualisierung von Subjektivität in der Dezentrierung des Cogito angelegt. Homolog zur biologischen Individuation gilt Deleuze auch die psychische Individuation als »beweglich, seltsam geschmeidig, flüchtig, [sie/SL] hat Fransen und Ränder, weil die Intensitäten, durch die sie hervorgetrieben wird, andere Intensitäten umhüllen, von anderen umhüllt werden und mit allen kommunizieren. Das Individuum ist keineswegs das Unteilbare, es teilt sich fortwährend, indem es sich in seiner Natur verändert« (ebd., 323). Damit ist Deleuze zufolge die »Form des Ich« grundlegend »erschüttert« (ebd.). Auf Nietzsche anspielend heißt es, das Ich beziehungsweise das Ego müsse »in Richtung auf die individuierenden Faktoren [...], die die fließende Welt des Dionysos bilden«, überschritten werden (ebd.). Zudem findet Deleuze bei Nietzsche, der neben Heidegger und Bergson der zentrale philosophische Bezugspunkt ist, den Vorgang einer Transposition biologischer Theoreme ins Philosophische vorgebildet. Schließlich hatte auch dieser physiologische beziehungsweise biologische Konzepte, allen voran den Lebensbegriff selbst, für seine Subjekt- und Moralkritik in Anspruch genommen. Dennoch geht Deleuze in seinen Nietzschebezügen nicht auf dessen Darwin-Rezeption ein. Keith Ansell Pearson zufolge ist diese nämlich mit Deleuzes Lesart inkompatibel. »In Nietzsche's understanding«, so Pearson, »natural selection may well be a machine of evolution, but it functions in accordance with a specific entropic principle, namely ›survival of the fittest‹. It can thus not be so easily regarded, as it is in Deleuze, as a positive power of differentiation« (1991, 184). Auch die eugenische Bedeutung, die der Begriff der Selektion im sozialdarwinistischen Diskurs und in der Nietzsche-Rezeption des NS[20] angenommen hat, wird von Deleuze übergangen. »Selektion« funktioniert bei ihm vielmehr als allgemeiner Begriff für Prozesse des Auswählens und Differenzierens. Entsprechend verknüpft Deleuze auch Spinozas Konzeption der Affekte mit dem Begriff der Selektion: »while existing we must select joyful passions« (zit. n. Caygill 1991, 160). In *Spinoza: Praktische Philosophie* ist diese Verbindung, wie Caygill betont, besonders ausgeprägt. »There [...] each ›thing‹ in nature ›selects what affects or is affected by the thing, what moves or is moved by it‹« (ebd.). Insgesamt gelten Deleuze Spinozas »Gemeinbegriffe [als/SL] biologische Begriffe« und Spinoza selbst als »Vorläufer« von Etienne

20 Vgl. Martha Zapata Galindo, *Triumph des Willens zur Macht. Zur Nietzsche-Rezeption im NS-Staat*, Hamburg 1995.

Geoffroy Saint-Hilaire (1993, 248), der neben Georges Cuvier einer der Begründer der vergleichenden Anatomie ist.[21]

Ähnliche Bezüge auf Darwin und Geoffroy Saint-Hilaire tauchen auch in den gemeinsam mit Guattari verfassten Texten immer wieder auf. So ist Darwin auch in *Tausend Plateaus* ein Stichwortgeber für das Konzept der Differenz beziehungsweise das der Mannigfaltigkeiten. Der Darwinismus weist, so Deleuze und Guattari, »in die Richtung einer Wissenschaft der Mannigfaltigkeiten [...] Es ist ein nomadisches Wissen, mit beweglichen Grenzen von Populationen oder mit Variationen von Mannigfaltigkeit mit differentiellen Koeffizienten oder Variationen von Beziehungen« (1980/1992, 71). Zudem findet sich sowohl im *Anti-Ödipus* als auch in *Tausend Plateaus* Deleuzes »philosophische Embryologie« (Pearson 1991, 193) wieder. Der organlose Körper, das heißt ein Körper, dessen Organe nicht durch eine fixe Struktur organisiert sind,[22] wird als »Ei« artikuliert. »Das Ei«, heißt es, »bezeichnet immer diese intensive Realität, die nicht undifferenziert ist, sondern in der sich Dinge und Organe einzig durch Gradienten, Migrationen und Nachbarschaftszonen unterscheiden« (1980/1992, 224; vgl. 1972/1977, 108). Wiederholt ist auch die Rede vom »kosmischen Ei«, das die »vollen Körper der Erde« bezeichnen soll (1972/1977, 196; vgl. 1980/1992, 224). Biologie, so scheint es, ist für Deleuze und Guattari das Referenzwissen schlechthin, das ihre Konzepte mit wissenschaftlichen Konnotationen ausstattet, das jedoch nie in seiner epistemischen Spezifik thematisiert wird. Schließlich rücken weder der Status, den Deleuze und Guattari dem biologischen Wissen verleihen, noch die politisch-ethische Problematik, die mit der Transposition biologischer Theoreme in den philosophischen Diskurs verbunden ist, in den Blick.

Auch wenn sich also die von Deleuze verfassten Texte in dieser Hinsicht nicht wesentlich von denen unterscheiden, die er gemeinsam mit Guattari verfasst hat, tauchen im *Anti-Ödipus* und in *Tausend Plateaus* neue diskursive

21 Im Gegensatz zu Cuvier geht Geoffroy Saint-Hilaire von einem »integrierenden Plan für den Aufbau aller Lebewesen« aus (Jacob 2002, 120). Ihm zufolge lassen sich »im Allgemeinen keine anatomischen Strukturen finden, die einer einzigen Art eigentümlich sind. Es gibt kein Element, das hier auftritt und andernorts nicht vorhanden ist. [...] Einzig können so umfangreiche Veränderungen auftreten, daß dadurch die Bestimmung von Analogien erschwert wird.« (Ebd., 119)

22 »Der organlose Körper kommt aus den Texten Artauds: ›Kein Mund Keine Zunge Keine Zähne Kein Kehlkopf Keine Speiseröhre Kein Magen Keinen Bauch Keinen Anus. Ich werde den Menschen, der ich bin, wiederherstellen.‹ [...] Der organlose Körper ist schlicht Materie vor aller funktionalen Organisation und das heißt mit einer Vielzahl von Entfaltungsmöglichkeiten begabt.« (Jäger 1997, 94)

Elemente auf, andere werden auf bestimmte Art vereindeutigt. Insbesondere wird eine dualistische Anordnung dominant, die im Kontrast zu Deleuzes »Metaphysik des Einen« (Badiou) steht. Žižek, der sich auf Badious Lesart stützt, hat daher vorgeschlagen, den Dualismus von Werden und Sein, der bei Deleuze und Guattari so prominent ist, »mit der Dualität von Sein und Ereignis zu konfrontieren und zu betonen, dass beide letztlich nicht miteinander vereinbar sind« (2005, 47).[23] Im Folgenden geht es jedoch weniger darum, den Modifikationen im Denken von Deleuze nachzugehen, als darum, die theoretischen Anleihen bei den Technowissenschaften und insbesondere der Molekularbiologie zu rekonstruieren, die ([redacted]) für den Entwurf eines neuen Maskulinismus in Anspruch genommen werden.

Genetik statt Kybernetik. Die Lacan-Kritik im ›Anti-Ödipus‹

Sowohl im *Anti-Ödipus* als auch in *Tausend Plateaus* formulieren Deleuze und Guattari eine Kritik des Strukturalismus, in deren Zentrum der Begriff des Codes steht. Dabei verfolgen sie im *Anti-Ödipus* das Projekt einer »materialistischen Psychiatrie«, die mit dem Familialismus der Psychoanalyse, das heißt der Orientierung an der Kleinfamilie bricht. Dieser Bruch wird durch die Verabschiedung des Theorems des Ödipus-Komplexes, das für die psychoanalytische Narration zentral ist, markiert. In der Folge steht nicht mehr das durch diesen Komplex konstituierte Subjekt im Zentrum, sondern »der Schizophrene«, der »alle Codes durcheinander bringt« (1972/1977, 22). Die Psycho-Analyse wird bei Deleuze und Guattari dementsprechend zur »Schizo-Analyse«. Mit der Rede vom Code nehmen sie vor allem auf Lacan Bezug, der die Kybernetik unter anderem deshalb schätzte, weil sie »die Differenz der radikalen symbolischen Ordnung und der imaginären Ordnung« zur Geltung bringe (1955/1991, 388). Als »Wissenschaft der Syntax« (ebd., 387), so Lacan, blende die Kybernetik zwar Fragen der Semantik aus, verweise jedoch auch darauf, dass »etwas […] sich nicht eliminieren (läßt) aus der symbolischen Funktion des menschlichen Diskurses, und das ist die Rolle, die in ihm das Imaginäre spielt« (ebd., 388).[24] Deleuze und Guattari wenden

23 »Das Ereignis«, so Žižek, »lässt sich nicht einfach mit dem virtuellen Feld des Werdens identifizieren, das die Ordnung des Seins erzeugt. Vielmehr wird das Ereignis in der *Logik des Sinns* ausdrücklich als ›steril‹ bestimmt, als etwas, das nur zur Pseudo-Kausalität imstande ist.« (2005, 48)

24 Insgesamt ersetzt Lacan die »biologischen Konzepte, die Freud zur Erklärung des Unbewußten in Anspruch nahm, […] durch die Theorie formaler Automatismen. Tatsächlich sieht Lacan in der Theorie der Boolschen Logik, der Mengenlehre und der Spieltheorie wie

sich gegen diese Verbindung von Strukturalismus, Kybernetik und Psychoanalyse und formulieren gegen Lacans »kybernetisch inspirierte Theorie unbewußter Automatismen« eine »Konzeption des Maschinen-Unbewußten« (Schmidgen 1997, 17). Zwar stand vor dem Erscheinen des *Anti-Ödipus* der Maschinenbegriff bei Deleuze, wie Henning Schmidgen gezeigt hat, in »einer merkwürdig engen Nachbarschaft zum Begriff der Struktur« (ebd., 46),[25] im *Anti-Ödipus* aber wird »Maschine« als Gegenbegriff zu »Struktur« gebraucht. »Das Unbewußte«, heißt es dort, »ist sowenig struktural wie imaginär, noch symbolisiert, imaginiert oder figuriert es. Es läuft, es ist maschinell« (1972/1977, 67). Diese Verwendung des Maschinenbegriffs geht vor allem auf Guattari zurück, der damit auch schon vor dem *Anti-Ödipus* diejenigen »Zeichen-Elemente [...], die der Signifikanten-Maschine entgehen, die ihr vorausliegen oder sie unterlaufen«, beschrieb (Schmidgen 1997, 162). Denn bereits in den 1960er Jahren hatte er sich

> »von Lacans Versuchen distanziert, die Theorie des Unbewußten mit einem kybernetisch orientierten Maschinenbegriff zu fundieren. Mit prinzipiellen Argumenten hat er sich gegen die Auffassung gewendet, man könne die vielfältige Ausdruckstätigkeit des Menschen unter Zugrundelegung eines allgemeinen Prinzips logischer Oppositionen formalisieren. In *D'un signe à l'autre* hat er auf die ›Zwischenzeichen‹ verwiesen, die aus der Sicht von Informationstheorie und Strukturalismus als bloße Leerstellen, Abstände und Punkte des ›Nicht-Sinns‹ erscheinen, die in Wirklichkeit aber Träger sind, auf denen elementare Oppositionen erst errichtet werden können« (ebd., 163).

Im *Anti-Ödipus* setzt sich diese Kritik an Lacans Orientierung am binären Code von Kybernetik und Informationstheorie fort. So kommt Lacan zwar »das Verdienst zu, diesen umfänglichen Bereich eines Codes des Unbewußten, der die signifikante[n] Kette[n] umschließt, aufgedeckt und derart die Analyse transformiert zu haben« (1972/1977, 49). Das Problem besteht Deleuze und Guattari zufolge jedoch darin, dass Lacan die Vieldeutigkeit des Unbewussten ausblendet. »Der Code«, heißt es, »ist weniger einer Sprache ähnlich als einem Jargon, einem offenen und polyvoken Gebilde« (ebd.). In ihrer Kritik geben Deleuze und Guattari den Begriff des Codes also nicht

---

der mathematischen Formalisierung überhaupt den Königsweg zur wissenschaftlichen Fundierung der Psychoanalyse« (Schmidgen 1997, 115). Céline Lafontaine zufolge »c'est l'importation du modèle structural en psychanalyse qui fait ressortir le plus nettement l'influence de la cybernétique sur la pensée française d'après guerre« (2004, 100).

25 »Deleuze setzt«, so Schmidgen, »›Struktur‹ und ›Maschine‹ eine zeitlang fast als gleichberechtigt« (1997, 44). So werden beispielsweise »Strukturen in *Logique du sens* auch einfach als ›Sinn-Produktionsmaschinen‹ bezeichnet« (ebd., 46).

auf, ergänzen ihn aber durch den der Decodierung. Damit verweisen sie gegen Lacans Konzept des Unbewussten, das »wie eine Sprache« strukturiert ist, auf Prozesse der Entstrukturierung und artikulieren Strukturen als Prozesse. Deleuze und Guattari verknüpfen »Decodierung« mit dem Begriff des genetischen Codes, der ihnen zufolge diese Bedeutung stützt. Sie gehen davon aus, dass »gerade die Ambiguität dessen, was die Biologen genetischen Code nennen« (ebd., 424), das Zusammenspiel von Codierung und Decodierung, von Strukturierung und Entstrukturierung verständlich macht. Denn, so heißt es mit Blick auf die Molekülketten der DNA, »wenn die entsprechende Kette wirklich Codes bildet, insoweit sie sich in exklusiven molaren Konfigurationen aufrollt, so zerstört sie sie, insoweit sie einer molekularen Ader folgend, die alle möglichen Figuren einschließt, abrollt. [...] Man könnte sagen, daß der genetische Code auf eine genetische Decodierung verweist« (ebd.). Statt der Kybernetik wie bei Lacan wird also nun die Genetik zum Referenzwissen, auf das sich die philosophischen Konzepte stützen. Die »allgemein einen Code charakterisierenden Züge« lassen sich denn auch Deleuze und Guattari zufolge »genau in dem wiederfinden [...], was heutzutage genetischer Code genannt wird« (ebd., 320). Von einem Bruch mit kybernetischen Denkfiguren kann hierbei allerdings keine Rede sein, zumal die Rede von genetischen Codes erst durch die Übertragung kybernetischer beziehungsweise informationstheoretischer Konzepte in die Biologie möglich wurde. Gleichwohl organisiert das Konzept des genetischen Codes eine Kritik der Kybernetik und eine Reartikulation der Psychoanalyse, die nun nicht mehr darauf zielen soll, »Codes des Wunsches aufzudecken oder zu dechiffrieren«, sondern vielmehr darauf, »absolut decodierte Ströme (Libido) passieren zu lassen und im Wunsch das auszumachen, was alle Codes durcheinander bringt und alle Erden zerstört« (ebd., 424f.).

Immer wieder amalgamieren Deleuze und Guattari ihre Konzepte mit Theoremen, die sie der Molekularbiologie entlehnen. So ist auch das Konzept der Wunschmaschinen, mit dem sie Lacans Konstruktion des Mangels kritisieren,[26] molekularbiologisch artikuliert. Denn Wunschmaschinen funktionieren Deleuze und Guattari zufolge »gemäß Ordnungen von Synthesen«, deren Besonderheit Jacques Monod aus der Perspektive der »Mole-

26 Gegen »die klassische Konzeption des Wunsches als Mangel« (1972/1977, 34), verweisen Deleuze und Guattari darauf, dass »dem Wunsch [...] nichts (fehlt), auch nicht der Gegenstand. [...] Der Wunsch und sein Gegenstand sind eins in der Maschine als Maschine« (ebd., 36). Sie verweisen auf die Ökonomie, denn »auch die Produktion (wird) keineswegs in Bezug auf einen vorher existierenden Mangel organisiert«, sondern dieser breitet sich allenfalls »entsprechend der Organisation einer vorgängigen Produktion« aus (ebd., 38).

kularbiologie oder ›mikroskopischen Kybernetik‹ […] in der beliebigen Natur der chemischen Zeichen, ihrer Gleichgültigkeit gegenüber dem Substrat, dem indirekten Charakter der Interaktionen ausgemacht« hat (ebd., 371). Ebenso wird in der Rede von der »schizophrenen Zelle« und den »Schizo-Molekülen« (ebd., 373) die Sprache der Psychologie mit der der Molekularbiologie amalgamiert. »Es gibt eine ganze Biologie der Schizophrenie, die Molekularbiologie ist selbst schizophren«, heißt es (ebd.). Obwohl Deleuze und Guattari auf diese Art und Weise psychische Vorgänge mit biologischen Termini belegen, setzen sie sich explizit vom Biologismus ab. Es gehe ihnen nicht darum, schreiben sie, »die Geschichte der Menschen zu biologisieren, noch die Natur zu anthropologisieren«, sondern »um den Aufweis der gemeinsamen Mitwirkung der gesellschaftlichen und organischen Maschine bei den Wunschmaschinen« (ebd., 372f.). Dieses Vorhaben allerdings, nämlich das Zusammenwirken von psychischen, organischen und gesellschaftlichen Prozessen zu analysieren, würde voraussetzen, dass Deleuze und Guattari ein begriffliches Instrumentarium entwickeln, das sowohl den Eigenlogiken dieser Prozesse als auch ihren spezifischen Zusammenhängen gerecht wird. Doch steht dem die Dominanz biologischer Konzepte, durch die die psychologischen artikuliert werden, entgegen. Die psychischen und gesellschaftlichen Phänomene, um die es geht, sind immer schon biologisiert, noch bevor die Art und Weise thematisiert wird, in der sie körperlich sind beziehungsweise die Biologie Aufschluss über sie geben könnte.

Weit davon entfernt, die molekularbiologische Metaphorik zum Gegenstand der Reflexion zu machen, wird sie bei Deleuze und Guattari zum semantischen Zentrum eines neuen Dualismus. Dabei werden »molare Strukturen […], die sich die Moleküle unterordnen«, und »molekulare Vielheiten, die sich die strukturierten Massenphänomene unterordnen«, einander entgegengesetzt (ebd., 362). Auf diese Weise wird der Gegensatz von einheitlichen, statischen Strukturen auf der einen, pluralen, dynamischen Strukturen auf der anderen Seite, von Deleuze und Guattari mit den Begriffen »Mol« und »Molekül« belegt.[27] Sowohl im *Anti-Ödipus* als auch in *Tausend Plateaus* verbindet dieser Dualismus unterschiedlichste Problematiken. Nicht zuletzt artikulieren Deleuze und Guattari damit eine Kritik traditioneller Geschlechterverhältnisse. Explizit richten sie sich sowohl gegen die

27 »Mol« bezeichnet die »Menge eines chemisch einheitlichen Stoffes, die seinem relativen Molekulargewicht in Gramm entspricht«; ein Molekül ist die »kleinste Einheit einer chemischen Verbindung, die noch die charakteristischen Eigenschaften dieser Verbindung aufweist« (*Duden. Das Fremdwörterbuch* 1982, 500).

»seltsame Vorstellung [...], daß letztlich nur ein Geschlecht, das männliche existiert, dem gegenüber die Frau als Mangel, das weibliche Geschlecht sich als Absenz« bestimmt (ebd., 379f.), als auch gegen »die Annahme, daß real zwei Geschlechter existieren« (ebd., 380). Stattdessen orientieren sie auf eine »mikroskopische Trans-Sexualität, die bewirkt, daß die Frau ebenso viele Männer umfaßt wie ein Mann, und der Mann ebenso viele Frauen, die alle in der Lage sind miteinander in Verhältnisse der Wunschproduktion einzutreten, die die statistische Ordnung der Geschlechter umstürzt. Sich zu lieben heißt nicht, es nur einmal, oder selbst zweimal, sondern es hunderttausend Mal zu treiben. So sind die Wunschmaschinen [...] nicht ein, nicht zwei, sondern n... Geschlechter. Die Schizo-Analyse ist die wechselnde Analyse dieser n... Geschlechter in einem Subjekt, jenseits der anthropomorphen Repräsentation, die die Gesellschaft ihm aufzwingt und die es sich selbst von seiner eigenen Sexualität erstellt. Die schizo-analytische Formel der Wunschproduktion wird zu allem Anfang sein: Jedem seine Geschlechter!« (ebd., 381). Damit schließen Deleuze und Guattari an die zeitgenössische Kritik polarer Geschlechterkonstruktionen sowie an die Pluralisierung von sexuellen Lebensweisen und Identitätsformen an. Doch sofern die Pluralisierung von Geschlechtsidentitäten bei Deleuze und Guattari in einen neuen Dualismus überführt und (molekular-)biologisch artikuliert wird, wird sie genauso »verewigt« wie zuvor Annahmen über die Naturhaftigkeit eines männlichen und eines weiblichen Wesens. Das bedeutet, dass Pluralisierungsprozesse einer gesellschaftstheoretischen und -kritischen Analyse entzogen werden, die nach deren historischen und sozialen Bedingungen sowie nach neuen Formen der Ungleichheit und Exklusion fragt. Dieses Problem zeigt sich auch in *Tausend Plateaus*, wo Deleuze und Guattari ihre Kritik der Lacanschen Psychoanalyse zu einer umfassenden Strukturalismuskritik erweitern und ihren Entwurf von Geschlechtsidentitäten und Sexualitätsformen einerseits mit den gesellschaftlichen Transformationsprozessen der 1970er und beginnenden 1980er Jahre verbinden, andererseits expliziter als im *Anti-Ödipus* mit einem neuen Entwurf von Maskulinität.

Viren, Mutationen und genetische Decodierung – Die Strukturalismuskritik in ›Tausend Plateaus‹

Richteten sich Deleuze und Guattari im *Anti-Ödipus* vor allem gegen die Psychoanalyse Lacans, so kritisieren sie in *Tausend Plateaus* insgesamt das binäre Denken, das »die Mannigfaltigkeit nie begriffen« hat (1980/1992, 14).

In dieser Kritik findet sich das antihegelianische Motiv aus *Differenz und Wiederholung* wieder. So geht es Deleuze und Guattari darum, »den abstrakten Gegensatz von Vielem und Einem zu vermeiden, um der Dialektik zu entgehen und somit dahin zu gelangen, das Mannigfaltige im Reinzustand denken zu können, um daraus nicht länger den Bruchteil einer verlorenen Einheit oder Totalität oder auch das organische Element einer künftigen Einheit oder Totalität machen zu müssen« (ebd., 51). Um das »Mannigfaltige im Reinzustand« zu bezeichnen, führen Deleuze und Guattari den Begriff des *Rhizoms* ein, dem – homolog zum Dualismus molekular/molar – der »Baum« gegenüber steht. Der Begriff des Rhizoms entstammt der Biologie, wo er die »unterirdisch oder dicht unter der Bodenoberfläche waagerecht oder senkrecht wachsende, Nährstoff speichernde [...] Sproßachse vieler Stauden bezeichnet« (*Meyers großes Taschenlexikon* 1983, 237f.). Deleuze und Guattari verbinden ihn mit dem des Plateaus, denn ein Rhizom besteht ihnen zufolge aus mehreren Plateaus. Den Begriff des Plateaus entlehnen sie dabei ebenfalls der Botanik, wo er, wie sie schreiben, »in klassischen Untersuchungen über Zwiebeln, Knollen und Rhizome verwendet« wird (1980/1992, 37). Zudem verweisen Deleuze und Guattari auf Gregory Bateson, der in der *Ökologie des Geistes* als Plateau »eine zusammenhängende, in sich selbst vibrierende Intensitätszone, die sich ohne jede Ausrichtung auf einen Höhepunkt oder ein äußeres Ziel ausbreitet«, bezeichnet (1983, 163).[28] Für ihre eigene Verwendungsweise ist es von zentraler Bedeutung, dass sich mit diesen Begriffen Netzstrukturen artikulieren lassen. Ein Rhizom kann nämlich Deleuze und Guattari zufolge »die unterschiedlichsten Formen annehmen, von der verästelten Ausbreitung in alle Richtungen an der Oberfläche bis zur Verdichtung in Zwiebeln und Knollen« (ebd., 16). Was hier zunächst der Sprache der Botanik entlehnt ist, deren Spezifik Deleuze und Guattari zufolge möglicherweise »gerade das Rhizomatische ist« (ebd.), verknüpfen sie daher mit den »aktuellen Problemen der Informatik und der elektronischen Geräte« (ebd. 29). Dabei machen sie sich die Polysemie des Ausdrucks »Baum« zunutze, denn dieser kann nicht nur botanisch verstanden werden, sondern auch mathematisch und informationstechnisch, und bezeichnet dann eine hierarchische Anordnung von Symbolen. Der Gegensatz von

28 Im Kontext geht es bei Bateson um eine ethnologische Untersuchung der balinesischen Gesellschaft. »Das allgemeine Fehlen von Höhepunkten« gilt ihm zum Beispiel als charakteristisch für deren Musik. »Sie hat nicht die wachsende Intensität und die Höhepunktstruktur, die für die moderne abendländische Musik charakteristisch ist, sondern eher einen formalen Verlauf« (1983, 163). Als Teilnehmer der Macy-Konferenzen war Bateson ein maßgeblicher Verfechter der Übertragung der Kybernetik auf die Humanwissenschaften.

Baum/Rhizom steht demnach für den von »zentrierten Systemen« und »Systemen ohne Zentrum [...], Netzwerken von endlichen Automaten, in denen die Kommunikation von einem Nachbarn zum anderen hergestellt wird, in denen alle Individuen untereinander austauschbar und nur durch einen momentanen Zustand definierbar sind, so daß die lokalen Vorgänge koordiniert werden und das Endergebnis unabhängig von einer zentralen Instanz synchronisiert wird« (ebd., 30). Diese Vorstellung dezentrierter Systeme beziehen Deleuze und Guattari von den Mathematikern Pierre Rosenstiehl und Jean Petitot und wenden sie zurück in die Biologie. So halten sie es für möglich,

»daß die Evolutionsschemata mehr und mehr dahin tendieren, das alte Modell des Baumes und der Abstammung aufzugeben. Unter bestimmten Bedingungen kann ein Virus sich mit Keimzellen verbinden und dann als Gen in den Zellen einer komplexen Spezies weitergegeben werden; mehr noch, es könnte auch fliehen, in die Zellen einer ganz anderen Spezies eindringen und ›genetische Informationen‹ mitbringen, die vom ersten Wirt stammen« (ebd., 20f.).

Immer wieder ziehen Deleuze und Guattari neben der Genetik auch die Virologie und Mutationstheorie heran, um Pluralität und Non-Linearität im Biologischen nachzuweisen. Sie verweisen beispielsweise auf Untersuchungen von Raoul E. Benveniste und George J. Todaro zur Rolle der Viren in der Evolution sowie auf François Jacobs Feststellung, dass »Übertragungen von genetischem Material und Verschmelzungen von Zellen unterschiedlicher Spezies zu ähnlichen Ergebnissen [führen/SL] wie die ›schändlichen Liebschaften, die dem Altertum und dem Mittelalter so sehr am Herzen lagen‹« (ebd., 21). Deleuze und Guattari interessiert an dieser Überschreitung von Speziesgrenzen durch Viren vor allem ein nicht-lineares Verständnis der Evolution, das sie für ihre philosophische Konstruktion in Anspruch nehmen. Auch die Herstellung transgener Organismen passt in dieses Schema und wird somit zum Beleg für ihre philosophische Position. Der Begriff der Decodierung, der ja schon im *Anti-Ödipus* im Zentrum der Strukturalismuskritik stand, ist ohne Verweis auf die Mutationstheorie kaum denkbar. Denn wie es François Jacob zufolge »keine Genetik ohne ›genetische Abweichung‹« gibt, so für Deleuze und Guattari keinen Code, der nicht mit einem »ihm inhärenten Decodierungsprozess« verbunden ist (ebd., 76). Erneut verankert dieser Vergleich die poststrukturalistische Prozessualisierung von Strukturzusammenhängen in der Biologie. Deleuze und Guattari knüpfen dabei an die informationelle Metaphorik an, die zum Beispiel Jacob bedient, um ihre philosophischen Konzepte in der Sprache der Biologie zu verankern. So stellen sie etwa fest, dass

»die moderne Mutationstheorie [...] klar nachgewiesen [hat], daß ein Code, der notwendigerweise auf eine Population zu beziehen ist, eine wesentliche Marge an Decodierung einschließt: nicht nur hat jeder Code Zusätze, die frei variieren können, sondern ein und dasselbe Segment kann zweimal kopiert werden, wobei das zweite wieder frei für die Variation wird. Außerdem gibt es – durch die Vermittlung von Viren oder auf anderen Wegen – auch eine Verschiebung der Codefragmente von Zellen der einen Spezies zu denen einer anderen, Mensch und Maus, Affe und Katze« (ebd., 77).

Mutationen und die Herstellung transgener Organismen werden somit zum Modell der Strukturalismuskritik. Dies ist in beiden Hinsichten, also sowohl mit Blick auf Biowissenschaften und -technologien als auch in Bezug auf die philosophische Sprache, problematisch. Denn zum einen werden biologische Konzepte und biotechnologische Optionen philosophisch überhöht und damit den spezifischen Kontexten, in denen sie hervorgebracht, problematisiert, weiterentwickelt und gegebenenfalls verworfen werden, entzogen. Zum anderen sind die philosophischen Konzepte von vornherein biologisch konnotiert.

Auch wenn sich Deleuze und Guattari mit dem Rekurs auf »genetische Abweichungen« und Mutationen gegen den genetischen Determinismus wenden, den Francis Crick zum »zentralen Dogma« der Molekularbiologie erhoben hatte, verbleiben sie in der modernen Logik des Biologismus, die im Biologischen soziale, politische und philosophische Wahrheiten sucht. Sie betonen zwar immer wieder die Offenheit und Flexibilität biologischer Prozesse etwa durch Rückgriff auf die Milieutheorie Jakob von Uexkülls, der zufolge, wie es heißt, Milieus »durch Auslese immer auf die gesamten Organismen ein[wirken], deren Formen von Codes abhängen, die von diesen Milieus indirekt sanktioniert werden« (ebd. 75). Doch wird dadurch der fundamentale Status, den biologisches Wissen für Deleuze und Guattaris philosophische Position, für ihre Reformulierung der Psychoanalyse und die Artikulation von Geschlechterverhältnissen hat, keineswegs angetastet, sondern befestigt. Der Rekurs auf Biologie, der dem Gegensatz von verfestigten Strukturen und dynamischen Mannigfaltigkeiten und damit den Begriffspaaren Code/Decodierung, molar/molekular, Baum/Rhizom ihre spezifische Bedeutung verleiht, schreibt sich somit in jene spezifisch moderne Wissensordnung ein, in der die Autorität der Natur vermittelt über den wissenschaftlichen Diskurs der Biologie angerufen wird. Die theoretische Blockade, die mit diesem philosophischen Begriffsspiel verbunden ist, zeigt sich nicht zuletzt an ihrer Sexualitäts- und Geschlechterkonstruktion. So ist der Gegensatz von Baum und Rhizom mit einem orientalistischen Versprechen befreiter Sexualität aufgeladen. Während »die Wirklichkeit und das gesamte Denken des Abendlandes« (ebd., 31f.) vom »Baum« beherrscht seien, zeige der Orient »ein ganz anderes Muster« (ebd., 32). »Gibt es nicht«, fragen sie, »im Orient, ganz besonders in Ozeanien, so etwas wie ein rhizomatisches Modell, das sich in jeder Hinsicht vom abendländischen Modell des Baumes unterscheidet?« (ebd.). Deleuze und Guattari gehen also von zwei gegensätzlichen Formen von Sexualität aus. In der einen ordnen

»samentragende Pflanzen, selbst wenn sie beide Geschlechter vereinigen, [...] die Sexualität dem Modell der Fortpflanzung unter; das Rhizom dagegen bedeutet eine Befreiung der Sexualität, nicht nur im Hinblick auf die Fortpflanzung, sondern auch im Hinblick auf die Genitalität. Bei uns ist der Baum in die Körper eingepflanzt, und er hat sogar die Geschlechter verhärtet und in Schichten aufgeteilt« (ebd.).

Nicht-reproduktive und nicht-genitale Sexualität wird hier erneut mit der Perspektive auf eine Pluralisierung von Geschlechtsidentitäten verknüpft.[29] Deleuze und Guattari sprechen von »großen binären Ensembles« (ebd., 291), die in sich plural verfasst sind, so dass es gilt, diese Pluralität freizusetzen. »Die beiden Geschlechter verweisen auf vielfache molekulare Kombinationen, die nicht nur den Mann in der Frau und die Frau im Mann ins Spiel bringen, sondern die Beziehung von jedem anderen zum Tier, zur Pflanze etc.: tausend kleine Geschlechter« (ebd., 291). In der Perspektive werden auch »die großen molaren Kräfte Familie, Beruf und Eheleben« im Prozess des »Molekular-Werdens« unterminiert (ebd. 318). Zudem wird auf diese Art und Weise auch der Klassenbegriff desartikuliert. Homolog zu den Begriffen von Männlichkeit und Weiblichkeit ersetzen Deleuze und Guattari ihn durch den der »Massen«. Diese heißt es, haben nämlich »nicht dieselbe Aufteilung, nicht dieselben Ziele und dieselbe Art zu kämpfen« (ebd., 291). Zweifellos intervenieren Deleuze und Guattari mit diesen Operationen sowohl in die politischen, sozialistischen und feministischen Diskurse der späten 1970er und frühen 1980er Jahre und rekurrieren zugleich

29 Zudem sind dem Gegensatz Orient/Okzident konkurrierende Staatskonzeptionen zugeordnet: So handelt der Staat im Orient Deleuze und Guattari zufolge »nicht nach einem Baumschema, das alt eingesessenen, angestammten und verwurzelten Klassen entspricht; es ist eine Bürokratie der Kanäle, wie zum Beispiel die berühmte hydraulische Kraft bei ›schwachem Eigentum‹, wo der Staat kanalisierende und kanalisierte Klassen hervorbringt« (ebd., 34).

auf grundlegende Veränderungen in den Klassen- und Geschlechterverhältnissen. Dennoch gelingt es ihnen nicht, die sozialen Transformationsprozesse, auf die sie sich beziehen, zum Gegenstand der Analyse zu machen.

Dualismenumwertung: Materie und Maskulinität

Obwohl Deleuze und Guattari mit einer Kritik an der binären Logik und damit an der Bildung von Dualismen einsetzen, besteht ihre theoretische Arbeit vor allem in der Hervorbringung neuer Dualismen. Die »grundlegende Dualität« ist, wie Slavoj Žižek hervorgehoben hat, die von Werden und Sein (2005, 47). Sie erscheint »in unterschiedlichen Fassungen (Nomadisches versus Staat, Molekulares versus Molares, Schizo versus Paranoiker usw.)« und ist letztlich überdeterminiert als »›Gutes versus Schlechtes‹« (ebd.). Deleuze beziehungsweise Deleuze und Guattari gehen auf dieses Paradox einer dualistischen Dualismuskritik ein, indem sie die neuen Dualismen als transitorische darstellen. »Wir ziehen einen Dualismus nur heran«, heißt es, »um den anderen zu verwerfen. Wir benutzen den Dualismus von Modellen nur, um zu einem Prozeß zu gelangen, in dem jedes Modell verworfen wird. Wir brauchen immer wieder geistige Korrektoren, die die Dualismen auflösen, die wir im Übrigen nicht festlegen wollten, durch die wir nur hindurchgehen« (1980/1992, 35). Eine theoretische Lösung des Problems ist das zwar kaum, doch hat auch die feministische Rezeption dies bisher nicht problematisiert, sondern sich einseitig an der Dualismuskritik von Deleuze beziehungsweise Deleuze und Guattari orientiert. So hebt Rosi Braidotti hervor, dass Deleuze die binäre Logik des logozentrischen Systems attackiere und eine Denkstruktur überwinde, die mit diachron sich entwickelnden Gegensätzen operiert. »The point is to move beyond dialectics« (Braidotti 2002, 70). In ähnlicher Weise geht Elizabeth Grosz davon aus, Deleuzes und Guattaris Konzeption des Körpers sei für Feministinnen von großer Bedeutung, da sie darauf zielt, Körper jenseits der binären Oppositionen Körper/Geist, Natur/Kultur, Subjekt/Objekt, Innen/Außen (vgl. Kaufmann 2000, 132) zu begreifen. Die dualistische Anordnung, die Deleuze und Guattari produzieren, derart auszublenden bedeutet jedoch zugleich, den Maskulinismus ihrer Position auszublenden. Denn den neuen Dualismen von Deleuze und Guattari ist – wie auch den älteren der abendländischen Philosophie – eine Differenz von Männlichkeit und Weiblichkeit und eine »abschüssige Struktur« eingeschrieben, in der »der eine Term […] als (zeitlich) erster, (räumlich) oberer, (qualitativ) besserer vor beziehungsweise über dem zweiten, unteren, schlechteren platziert« wird (Klinger 2005, 350). Deleuzes und Guattaris Intervention besteht nun in einer »Umwertung« der traditionellen Zuordnungen, so dass die Seite des »Guten« als »weiblich« erscheint, während traditionell den Begriffen, die dem Männlichen zugeordnet waren, der Vorrang zugesprochen wurde. Dies hat eine symbolische Aneignung von Weiblichkeit und eine gewisse Feminisierung des Subjekts zur Folge, das bei Deleuze und Guattari weiterhin männlich ist.

Deutlich zeichnet sich eine solche Umwertung traditioneller Dualismen in Deleuzes und Guattaris Rekonzeptualisierung von Materie ab, die beansprucht, mit dem Dualismus von *hylé* und *eidos*, Materie und Form zu brechen. Schon bei Aristoteles ist die Trennung von Form (*morphé* beziehungsweise *eidos*) und Materie (*hylé*) mit patriarchaler Herrschaft artikuliert, steht sie doch im Zentrum einer Zeugungstheorie, der zufolge das Weibliche die Materie, das Männliche die Form zur Fortpflanzung beisteuert (*Über die Zeugung*, 729a10). »Insofern aber die erste bewegte Ursache, in welcher der Begriff und die Form (*eidos*) liegt«, so Aristoteles, »ein Höheres und Göttlicheres ist als der Stoff (*hylé*), so ist es auch besser, daß das Höhere vom Niederen getrennt ist; deswegen ist überall da, wo es angeht, das Männliche von dem Weiblichen getrennt« (ebd., 732a3ff.). Indem Deleuze und Guattari mit der Aristotelischen Trennung von Materie und Form brechen, wenden sie sich gegen die Verknüpfung von Materie und Passivität, das heißt, sie ordnen die Attribute der Aktivität und der Passivität um. Sie knüpfen dabei an Gilbert Simondons Kritik des »hylemorphischen Modells« an und kritisieren, dass dieses »viele aktive und affektive Dinge außer Acht läßt« (1980/1992, 564), da es eine »festgelegte Form und eine als homogen betrachtete Materie voraussetzt« (ebd.).[30] Stattdessen, betonen sie, müsse man »der geformten und formbaren Materie eine sich bewegende energetische Materialität hinzufügen [...] Andererseits muß man den wesentlichen Eigenheiten, die in der Materie aus dem formalen Wesen entstehen, intensive variable Affekte hinzufügen« (ebd.). Dementsprechend gehe es nicht darum, »einer Materie eine Form aufzuzwingen«, vielmehr müsse der Prozess des Form-Gebens dem *Nomos* der Materie folgen und den qualitativen Unterschieden der Materie entsprechen. Aristoteles folgend erläutern Deleuze und

30 Simondon vertrat wie auch André Leroi-Gourhan einen technologischen Vitalismus, der Technikentwicklung in darwinistischen Termini fasst. Er versuchte »konkrete technische Objekte wie den Verbrennungsmotor und das Fernsehen in einer quasi-evolutionistischen, ›mechanologischen‹ Perspektive zu untersuchen«, wobei er »Abstammungslinien« technischer Objekte konstruierte (Schmidgen 1997, 160).

Guattari diese Materiekonzeption am Beispiel der Bearbeitung von Holz. Die Materie, so heben sie hervor, ist

»zum Beispiel ein mehr oder weniger poröses, mehr oder weniger elastisches und widerständiges Holz. Jedenfalls geht es darum, dem Holz nachzugeben und dem Holz zu folgen, indem man Bearbeitungsvorgänge mit einer Materialität verbindet [...]: man wendet sich weniger an eine Materie, die Gesetzen unterworfen ist, als an eine Materialität, die einen *Nomos* besitzt. Man wendet sich weniger an eine Form, die in der Lage ist, der Materie Eigenheiten aufzuzwingen, als an materielle Ausdrucksmerkmale, die Affekte bilden« (ebd.).

Mit dieser Reartikulation von Materie kommt es auch zu einer Reartikulation des Subjekts.

In Anschluss an Simondon, der »›zwischen Form und Materie einen Bereich von mittlerer und vermittelnder Größe‹« (ebd., 565) ansetzt, formulieren Deleuze und Guattari das – von Bergson inspirierte – Konzept eines »Materie-Stroms«. Materie wird hier zu einer »sich bewegenden, dahinströmenden und sich variierenden Materie als Trägerin von Singularitäten und Ausdrucksmerkmalen. Daraus ergeben sich offensichtliche Konsequenzen: dem Materie-Strom kann man nur folgen« (ebd.). Dieser Umgang mit Materie, der sich vom Aristotelischen Modell männlicher Aktivität und weiblicher Passivität unterscheidet, ist bei Deleuze und Guattari nichtsdestoweniger maskulin artikuliert. Insofern »dem Materie-Strom zu folgen bedeutet, umherzuziehen, umherzuwandern« (ebd., 565), ist er nämlich eng mit der männlichen Figur des Nomaden verknüpft. Dieser wiederum hat sein Vorbild im Handwerker. Denn Deleuze und Guattari zufolge ist »der erste und wichtigste Umherziehende [...] der Handwerker. Und der Handwerker ist weder Jäger, noch Ackerbauer oder Viehzüchter. Er ist auch kein Korbmacher oder Töpfer, die sich nur nebenher mit handwerklicher Tätigkeit beschäftigen. Er ist derjenige, der dem Materie-Strom als reiner Produktivität folgt, das heißt in seiner mineralischen und nicht in pflanzlicher oder tierischer Form« (ebd., 569). Der Handwerker erweist sich als die maskulinste der genannten Männlichkeitsformen, insofern seine Tätigkeit am weitesten von den weiblich konnotierten, mit Reproduktionsprozessen verbundenen Tätigkeiten entfernt ist. Er ist »kein Mann der Erde oder des Bodens, sondern ein Mann des Unterirdischen« (ebd.). Deleuze und Guattaris Bruch mit der Trennung von Form und Materie geht hier in einem neuen Maskulinismus auf, der die Seite des Weiblich-Materiellen nicht mehr als das Andere darstellt, sondern absorbiert. Das Subjekt »folgt« der Materie, statt sie zu unterwerfen.

Diese symbolische Aufwertung von Weiblichkeit ist nicht nur in Deleuzes und Guattaris Konzeption der Materie angelegt, sondern wird auch explizit durch ihr Konzept des »Frau-Werdens« gefordert, das paradigmatisch für alle Prozesse des »Minoritär-Werdens« ist.[31] Dabei geht es zunächst um eine Strategie der Herrschaftskritik. »Majorität« und »Minorität« fungieren bei Deleuze und Guattari als politische Begriffe, die, wie sie betonen, nicht Zahlen-, sondern Machtverhältnisse bezeichnen. So setzt die Majorität »einen Zustand der Macht oder der Beherrschung voraus« (ebd., 147), während die Minorität mit den »Kräften des Werdens, die aus einem anderen Bereich stammen als aus dem der Macht oder der Beherrschung«, verbunden ist (ebd., 148). Doch die herrschaftskritische Perspektive wenden Deleuze und Guattari zu einem neuen Entwurf von Männlichkeit. Schließlich ist »Frau-Werden« eine Aufforderung, die sich primär an Männer richtet. »Frau-Werden heißt nicht«, so Deleuze und Guattari, »diese Entität zu imitieren oder sich gar in sie zu verwandeln« (ebd., 375), auch wenn »bestimmte männliche Homosexuelle« oder »bestimmte Transvestiten« genau diese Strategien verfolgen. Aus der Perspektive einer Männlichkeit, die sich bisher über die Abgrenzung von allem Weiblichen definierte, geht es nun darum, »eine molekulare Frau in uns zu produzieren, die molekulare Frau zu erschaffen« (ebd.). Diese imaginäre Selbstverweiblichung des männlichen Subjekts haben Frauen in der Anordnung von Deleuze und Guattari zu unterstützen. So hat »die Frau als molare Entität ›Frau zu werden‹ (*devenir femme*), damit auch der Mann es wird« (ebd.). Hier wird nicht nur die Subjektivität von Frauen in den Dienst einer neuen Form von Männlichkeit gestellt, sondern die imaginäre Verweiblichung richtet sich zudem direkt gegen die Politik der Frauenbewegung. Gönnerhaft gestehen Deleuze und Guattari der feministischen Bewegung zwar ein gewisses Recht zu, wenn sie feststellen, dass es »sicher unerläßlich« sei, »daß Frauen eine molare Politik verfolgen, durch die sie ihren eigenen Organismus, ihre eigene Geschichte, ihre eigene Subjektivität zurückgewinnen: ›Wir als Frauen …‹ tritt dann als Subjekt der Aussage auf« (ebd.). Doch bereits das Adjektiv »molar« zeigt an, dass Feministinnen sich auf der »schlechten« Seite des Deleuze/Guattari'schen Dualismus befinden. Dies bekräftigen Deleuze und Guattari, indem sie sie zusätzlich als »trocken« und »kalt« stigmatisieren. »Das Lied des Lebens«, schreiben sie, werde »häufig von ausgesprochen trockenen Frauen angestimmt, die vom Ressentiment,

31 »Obwohl alle Arten des Werdens schon molekular sind, das Frau-Werden eingeschlossen, muß betont werden, daß alle Arten des Werdens mit dem Frau-Werden beginnen und sich durch das Frau-Werden vollziehen« (Deleuze, Guattari 1980/1992, 378).

vom Willen zur Macht und von kalter Mütterlichkeit angetrieben werden« (ebd., 375). In der Umkehrung zeichnet sich das Ideal einer permanent sexuell erregten, »feuchten«, gleichzeitig warmherzig-mütterlichen Frau ohne Ambitionen ab. Was Braidotti als Problem der Rezeption erscheint, nämlich dass Feminismus bestenfalls als Neuauflage innerhalb des molaren Repräsentationsschemas gilt (vgl. 2002, 86), findet sich also bereits bei Deleuze und Guattari.

Auch ihre Staatstheorie, die durch den Gegensatz von »Kriegsmaschine« und »Staatsmaschine« strukturiert ist, ist grundsätzlich maskulinistisch. Das zentrale politische Problem sehen Deleuze und Guattari darin, dass der Staatsapparat »die Kriegsmaschine (übernimmt), [...] sie gleichzeitig seinen ›politischen‹ Zielen unter(ordnet) [...] und ihr den Krieg als unmittelbaren Zweck (gibt)« (ebd., 581). Dagegen setzen sie auf eine »Aneignung der Kriegsmaschine« (ebd.). Sie zeigen sich von dieser fasziniert, da sie »außerhalb der Familien und des Staates« steht und maskuline Gewalt jenseits dieser Institutionen freisetzt. »Der Krieger«, heißt es, »hat ein ganz eigenes Werden, das Mannigfaltigkeit, Schnelligkeit, Allgegenwärtigkeit, Metamorphose und Verrat, die Kraft des Affektes beinhaltet« (ebd., 331). Jenseits des Staates feiern Deleuze und Guattari ein »Tier-Werden« und »Wild-Werden« als alternative Form von Männlichkeit. »Wolfmänner, Bärenmänner, wilde Männer, Tier-Männer überhaupt, und Geheimbünde bilden die Schlachtfelder« (ebd.). Das »nomadische Subjekt«, das Rosi Braidotti feministisch interpretiert hat,[32] ist bei ihnen eindeutig ein männlich-kriegerisches. Ihre Faszination für die »Völker der Steppe« rührt gerade daher, dass diese »weniger für ihr politisches, ökonomisches und gesellschaftliches Regime bekannt (sind) als für die kriegerischen Innovationen, die sie auf dem Gebiet der Angriffs- und Verteidigungswaffen, auf dem Gebiet der Organisation oder Strategie und auf dem Gebiet der technologischen Elemente (Sattel, Steigbügel, Hufeisen, Harnische [...]) eingeführt haben« (ebd., 558). Arbeiten und Tätigkeiten von Frauen und die damit verbundenen Erfindungen kommen nicht vor. Fraglos sind »die Nomaden« Männer, die das »Gefüge Mensch-Tier-Waffe, Mensch-Pferd-Bogen erfunden« haben (ebd.). Von dieser imaginären Vergangenheit spannen Deleuze und Guattari den Bogen bis zur Gegenwart. So

32 Das nomadische Subjekt, das Braidotti entwirft, »expresses the desire for an identity made of transitions, successive shifts, and coordinated changes, without and against an essential unity. [...] Nomadic consciousness is a form of political resistance to hegemonic and exclusionary views of subjectivity« (1994, 22f.). Die Gewalttätigkeit, die von diesem Subjekt bei Deleuze und Guattari ausgeht, interpretiert Braidotti ebenfalls feministisch als »violence of rebellious females« (ebd., 28).

sind die neuen Subjekte des »aktiven Widerstands und der technologischen Befreiung« für sie »der nomadische Krieger und der umherziehende Arbeiter. Eine düstere Karikatur«, heißt es, »geht ihnen bereits voraus, der Söldner oder Militärberater, der Technokrat, der reisende Analytiker, CIA und IBM« (ebd., 557). Soziale Bewegungen, nicht nur feministische, sind in diesem Szenario nicht vorgesehen.

Im Zentrum des philosophischen Entwurfs von Deleuze und Guattari steht also eine neue Konstruktion von Männlichkeit, die durchaus eine neue »Verdinglichung« von Frauen einschließt, wie es Rosi Braidotti in ihrer früheren Kritik an Deleuze und Guattari formuliert hat.[33] Wie in anderen philosophischen Männlichkeitskonstruktionen auch, wird das männliche Subjekt über die hierarchische Struktur eines Dualismus beziehungsweise über eine Kette von homologen Dualismen definiert. Die Tatsache, dass Deleuze und Guattari Konzepte der Biologie und insbesondere der Molekularbiologie in die philosophische Sprache übertragen, kann dabei als Versuch verstanden werden, die Autorität der Wissenschaften und der Natur für ihre Konstruktion in Anspruch zu nehmen. Dabei wird der Diskurs der Biologie zum Medium, in dem Konflikte und Subjektivierungsweisen der eigenen Gegenwart artikuliert werden. Insofern unterscheidet sich die Wiedererkennung jener Pluralisierungs- und Flexibilisierungsprozesse, die »tausend kleine Geschlechter« hervorbringen, in der Molekularbiologie nicht von anderen Versuchen, im biologischen Wissen Wahres über soziale Prozesse, Lebens- und Identitätsformen zu finden. Eine Alternative hierzu wäre erst gegeben, wenn die Zirkulation biologischer Metaphern im philosophischen Diskurs reflektiert und analysiert würde und wenn für die Dimension des Natürlichen eine eigenständige theoretische Sprache entwickelt würde, die die epistemischen Differenzen zwischen biologischem Wissen und dem der Sozial- und Humanwissenschaften, inklusive der Philosophie, ernst nimmt, statt immediatistisch an die Biologie anzuschließen.

Feministischer Vitalismus

In der feministischen Rezeption von Deleuze und Guattari ist dies bisher kaum diskutiert worden. Im Gegenteil plädiert Elizabeth Grosz im Anschluss

33 »Is there not a danger«, fragte sie in *Patterns of Dissonance*, »that behind the glittering facade of the polymorphous dispersion of the knowing subject, a new kind of phallo-logocentrism may be taking shape? The images of the ›feminine‹ as the sign for creativity, fluidity, revolutionary consciousness etc. etc. would then just be a set of inter-related metaphors that bring about yet another objectification of women« (1990, 120).

an Deleuze für eine »Rückkehr zu Darwin«. Denn, so heißt es, Darwins Werk »affords us an understanding of the productivity, the generative surprise, that the play of repetition and pure difference [...] effects the becoming of species« (1999, 34). Sie konstruiert ein evolutionstheoretisches Modell kultureller Entwicklung, dem zufolge »evolution, if it functions as an explanatory model at all, functions all the way up, from the lowliest species to the most elevated of cultural and intellectual activities« (ebd., 39). Was für das »Überleben der Arten« gilt, ist Grosz zufolge auch für das »Überleben politischer Strategien und Positionen« von Bedeutung (ebd., 40). In ihrer Darstellung erscheint Darwin als idealer Konzeptlieferant feministischer Theorie, mit dem das Verhältnis zwischen Natürlichem und Sozialem, Biologischem und Kulturellem neu gedacht werden kann (ebd., 41). Dabei vernachlässigt sie völlig, dass hierbei von Anfang an das Soziale beziehungsweise Kulturelle biologisiert und jeglicher Eigenlogik beraubt ist. Auch in *The Nick of Time. Politics, Evolution and the Untimely* (2004) geht Grosz davon aus, dass es eine der vordringlichsten Aufgaben feministischer Theorie sei, die Bedeutung des »Lebens« und des biologischen Körpers, die bislang »vergessen« wurde, anzuerkennen (2004, 2, 4). Biologie wird dabei nicht statisch, sondern dynamisch konzipiert, da Darwin von vornherein einem poststrukturalistischen Blick unterworfen ist. »In his writings«, so Grosz, »being is transformed into becoming, essence into existence, and the past and the present are rendered provisional in light of the force and the future« (ebd., 7).[34] Allerdings besteht das Problem nicht in erster Linie in der Unterwerfung des Darwinschen Textes unter eine poststrukturalistische Perspektive, sondern im Status, den die Evolutionsbiologie zugesprochen bekommt. Sie wird zu einer Art Erstem Wissen. Claire Colebrook hat daher zu Recht auf einen metaphysischen Zug bei Grosz verwiesen und kritisiert, dass ihr Monismus und Vitalismus durchaus mit der traditionellen Metaphysik übereinstimmt: »beyond distinct and determined beings there is the one life that is pure act and brings those beings into existence« (2008, 75).

Rosi Braidotti, die mit Grosz das Projekt einer »materialistischen« Überwindung des feministischen Konstruktivismus im Anschluss an Deleuze teilt, übergeht zwar ebenso wie Grosz den methodischen Biologismus von Deleuze, warnt aber dennoch vor einer »Rückkehr zu Darwin«. Denn »decontextualizing and disembedding the power-effects of these theories in con-

34 In dieser Perspektive wird Darwin zudem zum Kronzeugen für den Begriff des Ereignisses, den er in die Wissenschaft einführe »in recognizing the surprising, unpredictable, and mobile force of time« (Grosz 2004, 8).

temporary culture«, heißt es mit Bezug auf darwinistische und soziobiologische Theorien, »would be disastrous« (2002, 137). Schließlich sind nicht nur die hobbesianischen und malthusianischen Elemente in Darwins Schriften, vor allem die Projektion bürgerlicher Konkurrenzverhältnisse auf Tiere immer wieder kritisiert worden, sondern auch der Androzentrismus, der damit verbunden ist. »Welche Tiere auch immer betrachtet werden«, so Ruth Hubbard, »überall verfolgen nach wahllosem Geschlechtsverkehr strebende Männchen die Weibchen, die mit sinnlich verhangenem Blick nach den Stärksten und Schönsten Ausschau halten« (1989, 314). Auch wenn dies »durchweg Rollen aus einem viktorianischen Drehbuch« zu sein scheinen (ebd., 312), hat sich dieses Schema bis in soziobiologische Theorien der Gegenwart durchgehalten. Diesen zufolge besteht die männliche Strategie der Fortpflanzung darin, so viele Nachkommen wie möglich zu produzieren, die der Frauen dagegen ist auf weniger, aber dafür »qualitativ hochwertigen« Nachwuchs ausgerichtet, so dass sie in Hinblick auf ihre Kopulationspartner zurückhaltender und wählerischer sind. Braidotti, die sich auf diese feministischen Darwin-Lektüren bezieht und das Wiederaufleben eines soziobiologischen Determinismus problematisiert, zeigt sich gleichwohl wenig kritisch gegenüber dem methodischen Biologismus von Deleuze und Guattari. Weitgehend folgt sie ihnen darin, dass Molekularbiologie und Genetik eine dynamische und flexibel-plurale Körperkonzeption ermöglichen, und nimmt Deleuze gegen den Verdacht des biologischen Determinismus in Schutz. »By interpreting contemporary biology with reference to the ›enchanted materialism‹ of empirical philosophies of immanence«, heißt es, »Deleuze attempts to disengage biology from structural functionalism and neo-determinism of DNA-driven linearity and to veer it instead towards the zigzagging patterns of nomadic becoming« (ebd., 136). Doch auch wenn Deleuze und Guattari in der Tat nicht mit soziobiologischen Konstruktionen operieren, stellt der Biologismus, der aus der unmittelbaren Verbindung philosophischer und biologischer Begriffe resultiert, ein epistemologisches und politisch-ethisches Problem zugleich dar. Bei Braidotti manifestiert es sich im Entwurf eines »neomaterialistischen Vitalismus« (2008, 27), der »das Leben selbst« zur Grundlage politischer Orientierung machen möchte. Sie verspricht sich davon eine Überwindung des Anthropozentrismus im Namen »eines speziesübergreifenden Egalitarismus« (ebd., 35), der auch »das Elend der Pflanzen und Tiere« (ebd., 31) beseitigen soll. Zu Recht hat allerdings Marie-Luise Angerer darauf hingewiesen, dass gerade diese Überhöhung des »Lebens« anschlussfähig für jenen »umfassenden Renaturalisierungsprozess« ist, dem gegenwärtig »das Soziale und seine Akteure […] unterworfen werden« (2008, 8).

Auch wenn der Vitalismus als theoretischer Ansatz auf dem Terrain der Wissenschaften vom Leben, nämlich dort, wo es um eine reduktionistische Ausblendung der Differenz von Belebtem und Unbelebtem geht, durchaus als »kritischer Indikator« betrachtet werden kann, wie Astrid Deuber-Mankowsky und Christoph Holzhey in Anschluss an Georges Canguilhem hervorheben, bleibt jede politische Entgrenzung vitalistischer Theoreme problematisch. Dabei geht es nicht darum, dass lebensphilosophisch-vitalistische Positionen grundsätzlich mit einem antidemokratischen, herrschaftsorientierten und rassistisch-antisemitisch aufgeladenen Denken verbunden sind, wie dies größtenteils für die deutsche Lebensphilosophie in der Weimarer Republik gilt. Schon der philosophische Vitalismus Bergsons, aber eben auch die Positionen von Deleuze, Guattari und Braidotti weisen explizit in eine andere Richtung. Das politisch-epistemologische Problem jeder Lebensphilosophie besteht jedoch darin, dass kulturelle, soziale und politische Prozesse als abkünftig aus einem ursprünglichen Lebensprozess gelten und somit nicht oder allenfalls sekundär als Resultat von Praxiszusammenhängen begriffen werden können.

2.3 Informationelle Individuen – Lyotard und die »Hegemonie der Informatik«

Seit seinem Bericht über das *Postmoderne Wissen* (1979/1989) hat sich Lyotard immer wieder mit der Entwicklung der in den 1980er Jahren so genannten »neuen Technologien« auseinander gesetzt. Ausführlich rezipierte er Theorien der postindustriellen Gesellschaft, die seit den ausgehenden 1960er Jahren eine zunehmende Bedeutung von Wissenschaft und Technologie, insbesondere der Informations- und Kommunikationstechnologien für die Produktionsverhältnisse diagnostizierten. Diese Technologien stehen daher bei Lyotard im Vordergrund, wenngleich die Genetik, die »ihr theoretisches Paradigma der Kybernetik verdankt« (1979/1989, 21), für ihn ebenfalls zum postmodernen Wissen gehört. In den Aufsätzen der 1980er Jahre, die in den Sammelbänden *Immaterialien* (1984/1985) und *Das Inhumane* (1988/1989) erschienen sind, thematisiert Lyotard zudem Biomedizin, Reproduktionstechnologien und Neurowissenschaften. Dabei stellt er wiederholt eine Verbindung zwischen diesen technowissenschaftlichen Entwicklungen und der Erosion fordistischer Geschlechterarrangements beziehungsweise der Pluralisierung von Individualitätsformen, Beziehungsmustern und Lebensweisen her. Das theoretische Vokabular, in dem Lyotard seine Beobachtungen und Überlegungen formuliert, ist dabei ähnlich wie bei Derrida und bei Deleuze und Guattari von metaphorischen Bezügen auf Kybernetik und Informationstheorie geprägt. Deutlich zeigt sich das zunächst im *Postmodernen Wissen*, mit dessen Analyse dieses Kapitel beginnt. Im Anschluss geht es dann in zwei Abschnitten zu Lyotards Materie- und Körperkonzeption sowie zur Artikulation von Philosophie, die er als kritische Instanz gegenüber wissenschaftlich-technischen Entwicklungen versteht, um die Technikkritik von Lyotard. Denn in den Texten der 1980er Jahre nimmt eine Technikkritik Gestalt an, die den differenzierteren Beobachtungen des *Postmodernen Wissens* gegenüber disparat erscheint. Sie unterscheidet sich durch ihren Kulturpessimismus, in dessen Zentrum die Idealisierung hierarchischer Geschlechterdifferenz steht, zudem radikal von der Position Donna Haraways. Diese hat in ihrem *Cyborg-Manifest* (1985) eine Lyotard in manchen Hinsichten ähnliche Diagnose gestellt, sie aber mit der Möglichkeit einer Subversion der Technowissenschaften und einer »Post-Gender-Welt« verbunden. Wie sich im Laufe des Kapitels zeigt, stellen die Technoaffinitäten der Lyotardschen Begrifflichkeit, ein epistemologisches Hindernis für eine an Handlungsfähigkeit und Veränderung orientierte Analyse und Kritik der kulturellen und sozialen Bedeutungen von Wissenschaften und Technologien dar. Vor allem Lyotards Geschlechterkonstruktion erweist sich als »Symptom« der ungedachten Widersprüche und Ambivalenzen der Technowissenschaften.

Die Hegemonie der Informatik

Im *Postmodernen Wissen* entfaltet Lyotard die These, dass sich in den kapitalistischen Gesellschaften nicht nur der Status, sondern auch die Form des Wissens verändere, und diagnostiziert die Entstehung einer »Hegemonie der Informatik«. Jegliches Wissen, so die Annahme, werde zunehmend der Form von Informationen unterworfen. Es kann, so Lyotard, »die neuen Kanäle nur dann passieren und einsatzfähig gemacht werden, wenn die Erkenntnis in Informationsquantitäten übersetzt werden kann« (ebd., 23). Lyotard datiert den Beginn dieses Prozesses bis zum »linguistic turn« in den 1930er Jahren zurück. Seitdem, heißt es, haben die »sogenannten Pilotwissenschaften und -techniken die Sprache zum Gegenstand« (ebd., 20). Dazu gehören

»die Phonologie und die linguistischen Theorien, die Probleme der Kommunikation und die Kybernetik, die modernen Algebren und die Informatik, die Computer und ihre Sprachen, die Probleme der Sprachübersetzung und die Suche nach Vereinbarkeiten zwischen Sprachen – Automaten, die Probleme, der Speicherung und die Datenbanken, die Telematik und die Perfektionierung ›intelligenter‹ Terminals, die Paradoxologie« (ebd.).

Diese Rekonstruktion einer zunehmenden Dominanz informationellen Wissens gegenüber anderen Wissensformen hat bei Lyotard eine kritische Stoßrichtung. Denn schließlich problematisiert er, dass »all das, was vom überkommenen Wissen nicht in dieser Weise übersetzbar ist, vernachlässigt werden wird« (ebd.). Die Ausrichtung auf quantifizierbare Informationen und die »Übertragung der Nachrichten in einen digitalen Code« hat ihm zufolge tendenziell eine Ausblendung von Ambivalenz zur Folge (ebd., 23).

Trotz dieser Kritik stellt Lyotards Intervention selbst ein Symptom jener »Hegemonie der Informatik« dar, die sie diagnostiziert. Denn das Set von Begriffen, mit denen er die gesellschaftlichen Transformationsprozesse inklusive der Veränderung von Individualitätsformen artikuliert, wird durch eine Metaphorisierung der nachrichtentechnischen Begriffe »Sender«, »Empfänger« und »Referent« geprägt. So wird das Individuum Lyotard zufolge von Nachrichten »durchquert«, die »ihm die Stelle entweder des Senders oder des Empfängers oder des Referenten zuordnen« (ebd., 55). Dabei wird die Bedeutung von Generationen-, Geschlechter- und Klassendifferenzen nivelliert zugunsten der Vorstellung flexibler Positionierungen. Das Individuum ist, wie es heißt, »in einem Gefüge von Relationen gefangen, das noch nie so komplex und beweglich war. Jung oder alt, Mann oder Frau, reich oder arm, es ist immer auf ›Knoten‹ des Kommunikationskreislaufes gesetzt, seien sie auch noch so unbedeutend« (ebd., 55). Von solchen dynamischen Positionen aus, »die durch Nachrichten verschiedener Natur passiert werden« (ebd.), nehmen die Subjekte Lyotard zufolge an »Sprachspielen« teil, über deren Regeln sie jedoch nicht verfügen. Gesellschaftliche Kohäsion ist allenfalls ein flüchtiges Resultat dieser Spiele, das heißt es kommt – wie es in Anlehnung an Baudrillard heißt – zu einer »›Atomisierung‹ des Sozialen in lockere Netze des Sprachspiels« (ebd., 59). Lyotard diagnostiziert auf diese Weise die Entstehung neuer Formen von Subjektivität durch Individualisierungs- und Flexibilisierungsprozesse, die kollektive Zugehörigkeiten und soziale Strukturzusammenhänge tendenziell unsichtbar werden lassen. Dabei gelingt es ihm, zentrale Dimensionen der in den ausgehenden 1970er Jahren einsetzenden sozialen und kulturellen Transformationen in den Blick zu nehmen. Doch die semantische Affinität seiner theoretischen Sprache zur Informationstheorie und den Informationstechnologien blockiert eine Rekonstruktion dieser Veränderungsprozesse und der Rolle, die Wissenschaften und Technologien in ihnen spielen. Das Verhältnis zwischen der Entwicklung von Informationstechnologien und der Veränderung von Subjektivitätsformen zum Beispiel wird eher evoziert als rekonstruiert. Die metaphorische Aufnahme nachrichtentechnischer Konzepte ermöglicht es also zwar, Zusammenhänge herzustellen, nicht jedoch, sie zu analysieren.

Auch wenn Lyotard sich von der Informationstheorie und der Kybernetik distanziert, ist sein theoretisches Vokabular im *Postmodernen Wissen* durch deutliche Anleihen bei diesen Ansätzen gekennzeichnet. Seine Distanznahme ist denn auch keine grundsätzliche, sondern bezieht sich allein auf eine »triviale kybernetische Version« (ebd., 58) der Informationstheorie. Lyotards Vorwurf lautet, dass in dieser Version der »agonistische« Aspekt vernachlässigt werde, während man doch davon ausgehen müsse, dass »›Spielzüge‹ [...] unfehlbar ›Gegenzüge‹« hervorrufen (ebd.). Um soziale Beziehungen verstehen zu können, sei also »nicht nur eine Kommunikationstheorie nötig, sondern auch eine den Wettstreit in ihre Prämissen einschließende Theorie der Spiele« (ebd., 59). Damit knüpft Lyotard gleichzeitig an Wittgensteins Begriff des Sprachspiels und an die Spieltheorie John von Neumanns an. Wie Peter Galison schreibt, war die Welt der Spieltheorie und der Kybernetik, die beide im Kontext des Zweiten Weltkrieges entstanden, »formal, militärisch und philosophisch gesehen [...] eine Welt der Auseinandersetzung zwischen Opponenten: Alliierte gegen Achsenmächte, Monade gegen Monade, Nachricht gegen Nachricht, mechanisierter ›Mann‹ gegen servomechanischen Feind« (1997, 314).[35] Galison spricht gar von einer »Ontologie des Feindes«, die beiden Ansätzen zugrunde liege. Doch Lyotard ruft keineswegs militärische Operationen auf, wenn er Agonalität ins Zentrum rückt. Die Welt von

35 »Während der Anti-U-Boot-Krieg das zentrale Problem des *operations research* war, enthielt die Flugabwehrartillerie den Schlüssel zur Kybernetik. Vor das Problem gestellt, schnell manövrierfähige Bomber mit Bodenartillerie zu treffen, beschäftigte sich Wiener mit Rückkoppelungsmechanismen, Kommunikationstechnologie und nichtlinearen Prozessen« (Galison 1997, 285). Die erste Rechenmaschine, die Wiener, der ab 1940 für das amerikanische *National Defense Research Committee* arbeitete, entwickelte, war der »anti-aircraft (AA) predictor«. John von Neumann, Mitbegründer des *operations research*, arbeitete ab 1944 auch im *Manhatten-Projekt* zum Bau einer Atombombe mit.

»Spielzügen« und »Gegenzügen«, die er skizziert, ist vielmehr eine Welt verallgemeinerter Konkurrenzverhältnisse.

Damit verbleibt Lyotard durchaus auf dem Terrain der Spieltheorie. Zwar war diese zunächst militärisch ausgerichtet, insofern sie »zur Analyse dessen diente, was zwei feindliche Kräfte tun sollten, wenn eine jede davon ausgeht, daß die andere Seite auf möglichst rationale Weise handelte, jedoch beide über die spezifischen Absichten des Feindes sowie dessen Möglichkeiten zum Bluff im Unklaren waren« (ebd., 284). Doch schon in John von Neumanns und Oskar Morgensterns *Theory of Games and Economic Behaviour* (1944) wurde dieses Denken auf die Ökonomie übertragen. Grundlegend dafür war, dass die von der Spieltheorie vorausgesetzte Agonalität nicht auf einer Konstruktion des Feindes als »rassistisch stigmatisiertem Anderen« (ebd., 320) basierte, sondern von »vollkommen intelligenten, vollkommen rücksichtslosen Operatoren« ausging, die in einer »Welt von gegnerischen, aber grundlegend gleichartigen Kräften« agieren (ebd.). Die kybernetische Idee der Steuerung durch Rückkoppelungsprozesse ließ sich daher relativ leicht von einem militärischen in einen ökonomischen Kontext übertragen. Mit dieser Annahme, dass Individuen, »bevor sie handeln, Erwartungen über die Erwartungen anderer an(stellen), [...] also nicht unabhängig von anderen« agieren (Candeias 2004, 84), revidierten von Neumann und Morgenstern schließlich »die atomistische Sicht der Neoklassik durch Einbeziehung des Verhaltens anderer Marktteilnehmer in individuelle Entscheidungsprozesse« (ebd.). Friedrich August von Hayek und andere Theoretiker des Neoliberalismus lehnten zwar eine Übertragung von kybernetischen Regelungs- und Steuerungsmechanismen auf Marktprozesse kategorisch ab, beschrieben aber den Markt als »central processing unit« und gingen davon aus, dass »die Effizienz des Kapitalismus durch den Wettbewerbsmechanismus gewährleistet [werde/SL], der durch das Spiel der Preisdifferenziale unzählige *feedbackloops* und insgesamt einen dynamischen Anpassungsprozess am Laufen hält« (Tanner 2008, 399).[36] Hayek jedenfalls kam zu dem Schluss, dass die Marktordnung »nach dem Prinzip eines Spiels« funktioniert, »in dem Geschicklichkeit und Chancen kombiniert werden und bei dem das Endergebnis für jeden einzelnen [...] von völlig außerhalb seiner Kontrolle liegenden Umständen

36 Wie Jakob Tanner zeigt, war die Kybernetik in politischer Hinsicht »zweischneidig; sie konnte ebenso zur Legitimation des marktwirtschaftlichen Kapitalismus wie zur Begründung des planwirtschaftlichen Sozialismus dienen. Sie konnte einerseits die Metapher der ›unsichtbaren Hand‹ des Marktes unterstützen und ließ sich umgekehrt auf die ›sichtbare Hand‹ der Manager, auf die Organisationsleistung einer Planbehörde oder auf die Macht eines staatlichen ›Leviathans‹ beziehen.« (2008, 380)

abhängen kann« (zit. n. Candeias 2004, 85). Das Bestreben der Individuen, jeweils »einen maximalen Nutzen oder, im Fall eines Unternehmers, ein Maximum an Gewinn zu erzielen« (von Neumann, Morgenstern 1961, 1) ist dabei der Ausgangspunkt, und die einzige Instanz, die dem »Spiel« seine Struktur verleiht, ist die »unsichtbare Hand« des Marktes.

Indem Lyotard an die ökonomische Variante der Spieltheorie anknüpft und sie für seine Konzeption des Sozialen adaptiert, macht er sie zum zentralen Medium seiner Zeitdiagnose. Die Auseinandersetzung mit den gesellschaftlichen Prozessen im Übergang vom Fordismus zum Neoliberalismus wird somit in einer Sprache geführt, die Teil dieser Prozesse ist. Die Mimesis, die darin liegt, mag den strategischen Vorteil haben, zu verdeutlichen, dass die gesellschaftlichen Transformationsprozesse ein theoretisches Vokabular erforderlich machen, das es erlaubt, das spezifisch Neue dieser Entwicklungen zu begreifen. Immerhin sind die »Wiederentfaltung des liberalen, fortgeschrittenen Kapitalismus« (ebd., 112), die Transformation von (National-)Staatlichkeit, die beginnende Globalisierung und neoliberale Veränderungen des Alltagslebens Prozesse, die sich am Ende der 1970er Jahre gerade erst abzuzeichnen beginnen. Die Auflösung von Formen gesamtgesellschaftlicher Kompromiss- und Konsensbildung, die auf der korporatistischen Stilllegung von Klassenkonflikten beruhten und, eng damit verbunden, auf dem Hausfrau-Ernährer-Modell als Kern der fordistischen Geschlechterordnung, ist zu diesem Zeitpunkt keineswegs abgeschlossen, sondern steht erst am Beginn. Lyotard aber versucht das Neue der eigenen Gegenwart und ihrer Dynamik theoretisch zu fassen. In der Zukunft, prognostiziert er, werde es nur noch einen jeweils »lokalen« Konsens der »Mitspieler« über »die Regeln [...], die jedes Spiel und die darin gemachten ›Spielzüge‹ definieren«, geben (1979/1999, 191). Die Auflösung von relativ festen gesellschaftlichen Strukturen in eine Vielzahl von strategischen Operationen einzelner Akteure interpretiert Lyotard so, dass jede Form einer »Metasprache«, die die unterschiedlichen lokalen Sprachspiele miteinander verbinden könnte, obsolet werde. Am Rande seiner Überlegungen geht er dabei auch auf Umbrüche in den Geschlechterverhältnissen ein. So konstatiert er, dass sich in der sozialen Interaktion immer mehr die Form des »zeitweiligen Vertrages« etabliere (1979/1999, 191), der »die permanente Institution in beruflichen, affektiven, sexuellen, kulturellen, familiären und internationalen Bereichen wie in den politischen Angelegenheiten« ersetze (ebd.). Die Effekte dessen seien »größere Flexibilität«, »geringere Kosten« und eine »Vervielfachung der Motivationen« (ebd.), das heißt eine Rationalisierung der Arbeitsorganisation und eine Übertragung dieser Logik auf alle anderen Lebensbereiche. Dabei klingen bei Lyotard jene Prekarisierungsprozesse an, die Donna Haraway einige Jahre später mit Blick auf die Frauen im *Silicon Valley* beschreibt, deren Leben »um Arbeitsverhältnisse im Bereich der Elektronik organisiert« ist (1985/1995, 54). »Ihre persönliche Situation«, so Haraway, »zeichnet sich durch befristete heterosexuelle Zweierbeziehungen, immer wieder neu auszuhandelnde Formen der Kinderbetreuung, räumliche Distanz zu einem größeren Familienzusammenhang oder anderen traditionellen Formen des Zusammenlebens, hohe Wahrscheinlichkeit von Einsamkeit und ökonomisch äußerst prekäre Lebensumstände im Alter aus« (ebd.) – eine Situation, die sich ein Vierteljahrhundert später in vielerlei Hinsicht verallgemeinert hat.

Auch bei Haraway steht diese Diagnose im Kontext einer Rekonstruktion der wissenschaftlichen, technologischen, politischen und kulturellen Umbrüche, die mit der Kybernetik, den Informations- und Biotechnologien verbunden sind. Ähnlich wie Lyotard, aber ohne ihn zu erwähnen, diagnostiziert Haraway »die Übersetzung der gesamten Welt in ein Kodierungsproblem« (1985/1995, 52). Statt von einer »Hegemonie der Informatik« spricht sie von der »Informatik der Herrschaft« und zeigt damit an, dass sie die Fragen nicht von einer bestimmten Wissenschaft aus stellt, sondern von Herrschaftsverhältnissen ausgeht, die durch Wissenschaften und Technologien restrukturiert werden. Dabei geht es Haraway über eine Bestandsaufnahme der Gegenwart und Zukunftsprognosen hinaus darum, Ansatzpunkte – feministischer – Herrschaftskritik zu formulieren. »Information«, so heißt es, sei »genau dasjenige quantifizierbare Element [...], auf dessen Basis universelle Übersetzung und damit unbehinderte, instrumentelle Macht (auch bekannt als ›effektive Kommunikation‹) möglich wird« (ebd.). Sie stellt jedoch zugleich fest, dass »die größte Bedrohung [...] in der Störung der Kommunikation« besteht (ebd.). Im Zentrum der neuen Hegemonie lotet Haraway somit auch die Möglichkeit aus, sie zu destabilisieren und zu verändern. Das Konzept des Netzwerks, das auch Haraway aus der Sprache der Informationstechnologie entlehnt und in die der politischen Theorie überführt, wird dabei zwar auch, aber nicht nur affirmativ verwendet. Vielmehr macht sich Haraway – im Gegensatz zu Lyotard – gerade die Widersprüchlichkeit des »Netzwerks« zunutze, um es als Konzept der Kritik zu etablieren. Wie Astrid Deuber-Mankowsky schreibt, »passt sich das Bild des Netzwerks aufgrund seiner Durchlässigkeit in den Mythos der technischen, von unabgegrenzten Mischwesen bevölkerten Polis ein und erweist sich dadurch als eines jener doppeldeutigen Bilder, welche sich – ähnlich wie die

Metapher der Cyborg – als imaginäre Ressourcen für eine historische Transformation nutzen lassen« (2007, 284). »›Vernetzung‹ ist«, so formuliert es Haraway, »nicht nur eine multinationale Unternehmensstrategie, sondern auch eine feministische Politikform – das Weben von Netzen ist die Praxis oppositioneller Cyborgs« (zit. n. ebd.). Eine solche herrschaftskritische Perspektive, die mit einer Analyse gesellschaftlich-kultureller Transformationsprozesse Möglichkeiten der Intervention und der Veränderungen verbindet, gelingt Lyotard nicht, obwohl seine Diagnose keinesfalls auf vorbehaltloses Einverständnis zielt. Im Gegensatz zu Haraway thematisiert er den Vorgang der Metaphorisierung nachrichtentechnischer Konzepte nicht als Prozess der Entwendung und Subversion, sondern transponiert diese Konzepte scheinbar vorbehaltlos in die philosophische Sprache. Auf diese Weise aber werden die Technometaphern zu einem epistemologischen Hindernis für eine kritische Analyse der Zusammenhänge zwischen wissenschaftlich-technologischen, ökonomischen und kulturellen Veränderungen. Insbesondere dort, wo Lyotard zu einer Kritik der Bio- und Technowissenschaften ansetzt, bleibt – wie der nächste Abschnitt zeigt – nichts als der Rekurs auf eine Idealisierung von Zweigeschlechtlichkeit.

Materialität, Körperlichkeit und Geschlecht – Technikkritische Perspektiven

1984 war im Pariser Centre Georges Pompidou eine Ausstellung mit dem Titel *Les Immatériaux* zu sehen.[37] Im Zusammenhang mit der Konzeption dieser Ausstellung stellt Lyotard Überlegungen an, die in der Textsammlung *Immaterialität und Postmoderne* (1985) veröffentlicht sind. Dabei stellt er die These auf, dass es durch den Einsatz »neuer Technologien« nicht nur zu einem enormen Rationalisierungsschub komme, der eine neue Distribution von Erwerbsarbeit erforderlich mache, sondern auch zur Entstehung neuer Entitäten, die sich dem Gegensatz materiell/nichtmateriell entziehen. Dabei handelt es sich insbesondere um Entitäten, die »auf der Grundlage der Technowissenschaften Informatik und Elektronik erzeugt wurden« beziehungsweise »von deren Ansatz« abhängen (1985c, 80). Lyotard geht davon aus, dass es »keine Materie im ältesten Sinne des Wortes« mehr gebe, das heißt kein »Objekt, das sich einem Entwurf widersetzt, der es von seiner ersten

37 Die Ausstellung, die vom 23.3. bis zum 15.7.1984 stattfand, wurde von Lyotard zusammen mit einem achtköpfigen Team geplant. Zu Konzeption und Aufbau der Ausstellung vgl. Antonia Wunderlich, *Der Philosoph im Museum. Die Ausstellung ›Les Immatériaux‹ von Jean-François Lyotard*, Bielefeld 2008.

Zweckbestimmung abbringen will« (1985b, 66). Im Kern diagnostiziert er die Entstehung einer anti-substanzialistischen Auffassung von Materie, die sich dem Subjekt-Objekt-Paradigma entzieht, insofern Materie nicht mehr als »stabile ›Substanz‹« gedacht werden kann, sondern nur als »unstabile Menge von Interaktionen« (1985c, 81). Beide Pole des Subjekt-Objekt-Dualismus werden Lyotard zufolge zunehmend als instabil, dynamisch und plural, das heißt als durch eine »unstabile Menge von Interaktionen« konstituiert aufgefasst. Diese neue Materie-Konzeption bezeichnet Lyotard mit einem, wie er selbst schreibt, »gewagten Neologismus« als »immaterial«, was keineswegs mit »a-materiell« oder »ideell« zu verwechseln sei (1985a, 25). Zentral ist dabei auch hier die nachrichtentechnische Codierung von Lyotards Begrifflichkeit. So wird »Materialität« ausgehend von der indo-europäischen Wurzel *mât* reformuliert,[38] die auf die fünf Pole einer Nachricht verweist: woher, wohin, womit, worauf und worüber. Diese fünf Pole stehen für verschiedene Dimensionen von Materialität und strukturieren zugleich den Parcours der Ausstellung.

»Man hat also gesagt: woher kommt das? = Maternität der Nachricht; worauf ist sie geschrieben? = Material; womit? = Matrix, denn jeder Code ist eine Matrix, die Permutationen erlaubt; worüber? = Materie, Sujet der Nachricht, worüber sie spricht, im Sinne von ›Inhaltsverzeichnis‹; und schließlich wohin? Das heißt die Weise, auf die etwas empfangen wird, das Ohr zum Beispiel, das ein ›Gerät‹ zum Empfang einer Nachricht ist« (1985b, 73).

Deutlich ist dabei schon hier, dass die nachrichtentechnisch artikulierte Rekonzeptualisierung von Materie mit einer Aufwertung der geschlechtlichen Bedeutung des Begriffs einhergeht. Durch die Metapher von der »Maternität der Nachricht« wird der gesamte *mât*-Komplex weiblich konnotiert und – wie Lyotard im Begleitmaterial zur Ausstellung ausführt – gegen die patriarchale Ausrichtung der Moderne in Anschlag gebracht.[39] Dieser Fokus auf Geschlechtlichkeit und insbesondere Weiblichkeit verbindet sich bereits im

38 »Wir haben uns gesagt, ›mât‹ ist eine alte indo-europäische Wurzel. Das war rein fiktiv, denn heute wissen wir natürlich, daß es die Indo-Europäer nicht gegeben hat. Dann sagten wir uns, daß sie in mehreren Sprachen wieder auftaucht, sei es als Lehnwort, sei es als gemeinsame Wurzel, und daß diese Wurzel ›mit der Hand messen‹ bedeutet, letztlich auch ›bauen‹ oder ›modellieren‹« (1985, 73).

39 »Der moderne Mensch war dazu verführt, die Position des Autors einzunehmen, sich die ›Kreation‹ anzumaßen. Man sagt daher ›Vaterschaft‹ eines Werkes. Das Phantasma eines zölibatären Samens. Die Weiblichkeit wird von der Autorität abgesondert, deklassiert und auf die Seite der Leidenschaften und der Abhängigkeiten abgeschoben.« (Lyotard zit. n. Wunderlich 2008, 226)

Kontext von *Les Immatériaux* mit einer technikkritischen und kulturpessimistischen Perspektive.

Für Lyotard besteht die »Hauptfrage« der Ausstellung zunächst darin, ob die »›Immaterialien‹ die Beziehung des Menschen zum Material, wie es in der Tradition der Moderne festgelegt ist« (1985c, 79) – nämlich als aktive Beherrschung einer passiven Grundlage – verändern. Die positive Antwort auf die Frage schließt dabei ein, dass nicht nur das Verständnis des Materiellen, sondern auch dessen, was als »menschlich« gilt, transformiert wird. »Das ›Menschliche‹ als substantiviertes Adjektiv«, stellt Lyotard fest, »bezeichnet eine alte Domäne von Kenntnissen und Interventionen, in die sich heute, sie aufbrechend, die Technowissenschaften teilen«, um dort »Immaterialien« zu entdecken und auszubreiten (ebd., 80). Ohne den Terminus zu gebrauchen, deutet sich bei Lyotard so etwas wie eine posthumanistische *condition humaine* an, die zwar keinesfalls dermaßen technikeuphorisch in Szene gesetzt wird wie bei den Posthumanisten im engeren Sinne,[40] doch auch nicht schlichtweg abgelehnt wird. Im Ansatz der Ausstellung überwiegt zunächst das Interesse an der Neuartigkeit der Phänomene und den sich abzeichnenden Veränderungen. Es gehe darum, so Lyotard, »die Ungewissheit zu verschärfen« beziehungsweise um eine »Intensivierung der Frage« (ebd., 79). Den »neuen Technologien« wird vor allem die Funktion zu geschrieben, das »moderne Programm: sich zum Herren und Besitzer der Natur zu machen« zu vollenden und »gerade dadurch [...] zur Reflexion« zu zwingen (ebd., 83). Technikkritische Untertöne sind jedoch vor allem dort zu vernehmen, wo Technologien thematisiert werden, die wie die Reproduktionstechnologien, biomedizinische Verfahren der Lebensverlängerung oder Verfahren der Geschlechtsumwandlung auf die menschlichen Körper zielen. Dabei ist es insbesondere die Möglichkeit geschlechtsloser Existenz, die Lyotard beunruhigt. In *Zone 4* der Ausstellung befand sich beispielsweise ein *Wald aus zwölf asexuellen Gliederpuppen*. »Die große Zahl der völlig identischen Puppen erzeugte«, wie Antonia Wunderlich betont, »einen Ausdruck von Austauschbarkeit und Gleichförmigkeit, die Dunkelheit und das Metallgitter gaben der Szenerie etwas Unheimliches« (2008, 125). Das Thema einer Neubestimmung von Materialität und Humanität wird also schon im Kontext der Aus-

40 Zur posthumanistischen Technikeuphorie und ihrer Vision vom Ende des Körpers vgl. Barbara Becker, »Cyborgs, Robots und Transhumanisten. Anmerkungen über die Widerständigkeit eigener und fremder Materialität«, in: Dies.; Schneider, Irmela (Hg.), *Was vom Körper übrig bleibt*, Frankfurt/Main und New York 2000, 41–70.

stellung überlagert durch das Thema der vermeintlichen Abschaffung des menschlichen Körpers und der Geschlechterdifferenz.

Diese Tendenz verschärft sich in den späteren Aufsätzen. So vermutet Lyotard in dem einige Jahre später verfassten Aufsatz *Zeit heute* (1988), dass »der eigentliche Sinn der Forschung in Sachen Fruchtbarkeit, Schwangerschaft, Geburt, Krankheit, Tod, Sex, Sport und so weiter« darin bestehen könnte, das »Hindernis zu beseitigen, das der Körper für die Entwicklung der Kommunikationstechnologien« darstellt (1988/1989b, 113). Er geht davon aus, dass zwar ein Absehen vom Körper nicht möglich ist, dieser aber sehr wohl auch »in einem Simulakrum« irdischer Lebensbedingungen existieren kann (ebd.). Die »neuen Technologien«, heißt es, stünden im Begriff, »die Sperre aufzuheben, durch die das menschliche Leben an die Erde gebunden ist« (ebd.). Lyotard folgt dabei wissenschaftlichen Fiktionen, die bis zum Verlassen des Sonnensystems reichen, und »verteidigt« sodann die Körpergebundenheit des Denkens, die in diesen Erzählungen in Frage gestellt wird. In ähnlicher Weise kritisiert er in *Ob man ohne Körper denken kann* (1988) das von Hilary Putnam formulierte »Computermodell des Geistes«.[41] Dieses, so heißt es, blende den »komplexen, irdischen lebenden Organismus, der uns unter dem Namen ›menschlicher Körper‹ vertraut ist«, aus (1988/1989a, 33). Obwohl er sich vehement gegen die »Hypothese von der grundsätzlichen ›Abtrennbarkeit‹ der Intelligenz« (ebd., 37) wendet, übernimmt Lyotard Putnams technizistische Reartikulation des Dualismus von Körper und Geist durch den Gegensatz hardware/software. Der Körper ist demzufolge »die notwendige hardware für das Denken, die notwendige materielle Voraussetzung für seine Existenz« (ebd., 36). Lyotard besteht gegen die theoretische Ausblendung und, wie er diagnostiziert, die praktische »Beseitigung« des Körpers, auf dessen Relevanz und Materialität. Seine Kritik an informationstechnologischen Artikulationen von Subjektivität sowie an den Informations- und Biotechnologien selbst ist dabei geschlechtlich codiert. Denn als Residuum von Menschlichkeit und letzte Barriere gegen eine Transformation von Menschen in elektronische »Denk-Maschinen« führt Lyotard den »unaufhebbaren Gegensatz der Geschlechter« ein (ebd., 46). Schließlich komme »nicht allein das Kalkül, sondern selbst das analogische Denken mit dem, was ihm jener Unterschied aufgibt, nicht zu Rande« (ebd., 48). Lyotard re-artikuliert auf diese Weise die Ideologie einer komplementären Zweigeschlechtlichkeit. »Zweifellos«, heißt es, »gibt es Männliches in der Frau und Weibliches im Mann. Wie sonst sollte ein Geschlecht von der Existenz des

41 Vgl. hierzu ausführlich Kapitel 3.2.

anderen wissen und jenes Gefühl haben können, welches daher rührt, daß das andere fehlt?« (ebd., 44). Doch nicht nur die Konstruktion einer komplementären Geschlechterdifferenz und das heterosexuelle Begehren, das sich – getreu Lacan – als Mangelerfahrung geltend macht, gelten Lyotard als das spezifisch Menschliche gegenüber den Apparaten der Künstlichen Intelligenz. Lyotard hat eine bestimmte Form der Paarbeziehung vor Augen. So beklagt er, dass Liebesbeziehungen zunehmend die Form eines Vertrags annähmen, der die Bedingung einschließt, »daß keinem der ›Partner‹ aus ihrer Gemeinschaft Leiden erwachsen darf« (ebd.). Die Vertragsform unterminiert Lyotard zufolge ebenso das Vermögen, das Fehlen des anderen Geschlechts überhaupt zu erkennen, wie Technik und Wissenschaft »dem Denken langsam beibringen, jene Spannung auszublenden, die zu seinem Wesen gehört« (ebd., 45). Mit diesem Ansatz, das durch den Mangel konstituierte Begehren und die sexuelle Differenz zum zentralen Bezugspunkt von Wissenschafts- und Technikkritik zu machen, verfolgt Lyotard eine Kritikstrategie, die der von Haraway diametral entgegengesetzt ist. So ist für Haraway mit der Auflösung und Transformation überkommener Materie- und Körperkonzeptionen gerade die Möglichkeit gegeben, das Denken in hierarchischen Dualismen zu überwinden. Im Gegensatz zu einer Idealisierung binärer Geschlechterkonstruktionen besteht die Cyborg-Politik, die Haraway entwirft, »auf dem Rauschen und der Verschmutzung« (1985/1995, 65). Sie untergräbt »die Struktur des Begehrens, die imaginierte Macht, die Sprache und Gender hervorgebracht hat und [...] damit die Strukturen und die Reproduktionsweisen westlicher Identität, Natur und Kultur, Spiegel und Auge, Knecht und Herr, Körper und Geist« (ebd.). Dabei verwirft Haraway die Informations- und Biotechnologien keineswegs, sondern sucht nach Möglichkeiten, in die »Wissenschafts- und Technologieverhältnisse« zu intervenieren. Lyotards Versuch aber schlägt in eine pauschale Wissenschafts- und Technikkritik um. Die Zuflucht, die er beim romantischen Ideal komplementärer Geschlechterdifferenz sucht, kann als Symptom der fehlenden analytischen Distanz seiner theoretischen Sprache zu den Technowissenschaften gelten.

Philosophie als Anti-Technologie

Lyotards Geschlechterideologeme blockieren nicht nur die Möglichkeit einer differenzierten Technologie- und Wissenschaftskritik, sie bilden auch den Ansatz für eine Reartikulation philosophischer Kompetenz. So kann ihm zufolge erst durch »das Leiden an einem Mangel« und die Kraft des Begehrens »die Möglichkeit, das Gegebene zu transzendieren«, Wirklichkeit werden (1988/1989a, 46), das heißt die Möglichkeit von Philosophie überhaupt. »Der Geschlechtsunterschied«, so heißt es, ist »dem Denken, nicht nur dem analogischen Denken, entzogen« und gilt gerade aufgrund dieser Unverfügbarkeit als eine »Grundbedingung im Feld unserer Wahrnehmung und unseres Denkens« (ebd., 45f.). In doppelter Weise fungiert die komplementäre Geschlechterdifferenz bei Lyotard also als Garant des Menschlichen gegenüber dem Technologischen und als Motor philosophischen Denkens. Doch damit fällt er hinter seine eigene Analyse einer Transformation der Philosophie im *Postmodernen Wissen* zurück.

Mit dem Ende der »großen Erzählungen« und ihrer »Zerstreuung« in »sprachlich-narrative, aber auch denotative, präskriptive, deskriptive usw. Elemente« (1979/1999, 14f.), hieß es dort, könne auch die Philosophie nicht mehr die Form einer »rationalen Metaerzählung« (ebd., 102) annehmen. Denn mit der Veränderung von Form und Status des Wissens gerieten auch tradierte disziplinäre Grenzziehungen in Bewegung. »Disziplinen verschwinden, an den Grenzen der Wissenschaften zeigen sich Übergriffe, woraus neue Territorien entstehen« (ebd., 116). Philosophie verliere dabei auch deshalb ihre traditionelle Funktion, weil »die Vermittlung des Wissens [...] nicht mehr dazu bestimmt (erscheint), eine Elite zu bilden, die fähig ist, die Nation in die Emanzipation zu führen, sondern [...] das System mit Spielern (versorgt), die in der Lage sind, ihre Rolle auf den pragmatischen Posten, deren die Institutionen bedürfen, erwartungsgemäß wahrzunehmen« (ebd., 142). Die Verknüpfung von Wissensarten, das Herstellen von Zusammenhängen erfolgt im Rahmen des neuen Paradigmas nur mehr punktuell und horizontal, statt vertikal durch die Philosophie als »Königin der Wissenschaften«. »Im Humboldt'schen Modell der Universität«, so Lyotard, »hat jede Wissenschaft ihren Platz in einem System, das von der Spekulation gekrönt wird [...]. Die Zusammenarbeit kann nur auf der spekulativen Ebene im Kopf der Philosophen stattfinden. Die Idee der Interdisziplinarität hingegen ist der Epoche der Delegitimierung und ihrem eiligen Empirismus eigentümlich« (ebd., 153). Diese Rekonstruktion epistemischer Transformationen zeichnet sich dadurch aus, dass sie sowohl veränderte Strukturen gesellschaftlicher Konsens- und Hegemoniebildung fokussiert als auch den Umbau des Wissenschaftssystems und neue Allianzbildungen zwischen unterschiedlichen Disziplinen. Sie setzt das Problem auf die Tagesordnung, den Status philosophischer Reflexion in einer sich verändernden Wissensordnung grundlegend neu zu bestimmen. Dabei soll, wie Lyotard im Gespräch mit Jacques Derrida formuliert, die Philosophie nicht als Institution gerettet werden, »sondern als eine besondere Art und Weise, sich Problemen zu nähern« (1985a, 20). Sein Projekt, heißt es, bestehe nicht darin, »die Philosophie in ihrem Status als Metaphysik, den sie seit anderthalb Jahrhunderten in den höheren Lehranstalten eingenommen hat, wieder her(zu)stellen«, sondern ziele darauf, »abzumessen, wie weit ihre Diaspora, ihre Zerstreuung reicht, und sie gerade in den Bereichen wieder aufzufinden, aus denen man sie ausschließen will« (ebd.). Doch trotz dieser Einsicht in die Transformation und die Notwendigkeit einer Neubestimmung von Philosophie wird diese immer wieder in recht traditioneller Weise als Gegenmacht zur technischen Rationalität aufgerufen.

Im *Widerstreit* fungiert philosophisches Denken zudem als Widerspruchsinstanz gegen den »ökonomischen Diskurs« sowie gegen den »akademischen Diskurs (der Meisterdenkerschaft)« (1983/1989, 11). Während der ökonomische Diskurs Lyotard zufolge durch einen »notwendigen Verkettungsmodus von einem Satz zum anderen« funktioniert und dadurch »das Vorkommnis, das Ereignis, das Wunder, die Erwartung einer Gemeinschaft von Gefühlen« beseitigt, werde allein Philosophie dem »Ereignis« gerecht (ebd., 293). Der Begriff des Ereignisses, den Lyotard von Heidegger entlehnt, ist bei diesem mit dem Begriff der Gabe verknüpft und verweist auf ein unverfügbares Geschehen, dem sich das Individuum zu unterwerfen hat. »Der Mensch«, so Heidegger, »ist der Empfänger der Gabe« (1962/1976, 12), die vom Sein ausgeht. Das Sein aber ist »ein Geben, das nur seine Gabe gibt, sich selbst jedoch dabei zurückhält und entzieht«, es ist »das Geschickte« (ebd., 8). Die semantische Verknüpfung von »schicken« und »Geschick« konnotiert bei Heidegger immer auch »Schicksal« und somit eine autoritäre Verfügung. Bei Lyotard hingegen, der wie Heidegger »Ereignis« und »Empfang« miteinander verknüpft, wird der Begriff des Empfangs mit einer nachrichtentechnischen Bedeutung versehen. »Sendung, Empfänger, Sender, Mensch«, kommentiert Lyotard Heideggers Artikel *Zeit und Sein* (1962), seien »Instanzen oder Relationen in den von den Sätzen dargestellten Universen« (1983/1989, 134). Dies bedeutet, dass Lyotards philosophische Technologie- und Kapitalismuskritik, die durch das Konzept des Ereignisses organisiert ist, erneut in Begriffen formuliert wird, die semantische Affinitäten zur Nachrichtentechnik haben. Zwar fungiert das »Ereignis« beispielsweise in *Zeit heute* gleichzeitig als Gegenbegriff zur kapitalistischen Ökonomie und zum Konzept der Information, wenn es heißt, die »Vervollständigung der Informationen« bestehe »in der zunehmenden Neutralisierung von Ereignissen« (1988/1989b, 119), und vom Kapital gehe der Appell aus: »kontrolliere Ereignisse und beuge ihnen vor« (ebd., 126). Doch auch im Gegenappell »Ereignisse zu empfangen«, die singulär und heterogen sind (ebd., 133), werden Informationstheorie und Informationstechnologien metaphorisch aufgerufen.

Schließlich operiert Lyotard mit der Polyphonie des Begriffs des Empfangens so, dass sich eine nachrichtentechnische und eine geschlechterphilosophische Bedeutung überlagern. Vor allem in den Texten zur Ethik und Ästhetik wird deutlich, dass Passivität und »Empfangen« bei Lyotard – einer langen philosophischen Tradition folgend – weiblich artikuliert sind. Wie Saskia Wendel gezeigt hat, tritt in der Ethik Lyotards die »Empfänglichkeit für den Ruf der Verpflichtung« (1997, 57) an die Stelle einer »Meta-Regel«, von der alle weiteren Handlungsregeln zu deduzieren wären. Indem Lyotard die »Empfänglichkeit für das Ereignis [...] mit einer Haltung der Unterwerfung unter die Absolutheit der Verpflichtung des Gehorsams gegenüber der Unbedingtheit des ›Du sollst!‹« (ebd., 106) verbindet, wird »Herrschaftsdenken«, so Wendel, »unter dem Signet ›postmodern‹ eher restauriert denn gebrochen« (ebd., 198). Zudem ist »das Ideal der Empfänglichkeit und der Unterwerfung [...] gerade für Frauen ein äußerst fragwürdiges Leitbild« (ebd.), so dass »höchstens für Männer der Positionswechsel vom unterwerfenden Subjekt zur unterworfenen Empfänglichkeit« sinnvoll sein könnte (ebd.). Deutlich wird hierbei, dass es Lyotard vor allem um eine imaginäre Verweiblichung eines männlichen Subjekts geht, die durchaus mit seinen Einlassungen zur Frauenbewegung korrespondiert. In *Ein Einsatz in den Kämpfen der Frauen* (1976) formuliert er nämlich das Projekt, den Mann, der im »männlichen Imperialismus« als Herr auftritt, zu befreien und ihm zu einem intensiveren Lustempfinden zu verhelfen. »Befreien wir ihn«, so Lyotard, »von seinem Wörter- und Todespanzer, tauchen wir ihn in das große Patchwork der affektiven, intensivierenden Elemente« (1976/1977b, 64f.). Als »Theorie-Fiktion«, die diesen Prozess anleitet, schlägt Lyotard im Anschluss an Deleuze und Guattari das »Frau-Werden« vor (ebd., 64). Das maskuline Subjekt, das hier entworfen wird, zeichnet sich allerdings nicht nur durch Empfänglichkeit und die Steigerung von Lustempfinden aus. Es erweist sich – mit Blick auf Lyotards ästhetische Konzeption des Erhabenen und ebenfalls in großer Nähe zum Männlichkeitsentwurf von Deleuze und Guattari – auch als aktiv-gewalttätig. In der *Analytik des Erhabenen* (1991/1994) entwirft Lyotard schließlich ein Subjekt, das sich durch Vergewaltigung seiner selbst versichert. Lyotard ruft dort nicht nur Kants Geschlechterkonstruktion auf, die dem Gegensatz des Schönen und des Erhabenen zugrunde liegt, sondern »reinforces and exceeds the sexist traits« (Klinger 1997, 203). Das Erhabene wird dabei zum Resultat einer Vergewaltigung der »weiblichen« Einbildungskraft durch die »männliche« Vernunft. Während Kant jedoch die Überwältigung des Weiblichen als eine notwendige Pflicht im Namen des moralischen Gesetzes betrachtet, »Lyotard overtly rejoices in the rape of imagination« (ebd.). Seine Lektüre bringt eine maskulinistische Zuspitzung hervor: »Kant viewed imagination as overpowered but not as raped; Kant emphasizes duty where Lyotard celebrates pleasure and triumph« (ebd.). Cornelia Klinger hat diesen Vorgang so gedeutet, dass die Männlichkeit des Erhabenen und des modernen Subjekts am Ende des zwanzigsten Jahrhunderts ihren ontologischen und moralischen Bezugsrahmen verloren hat; was bleibt, ist die »maskulinistische Geste« des Bruchs mit einer gegebenen Ordnung. Gerade die gesellschaftlichen und technologischen Transformationsprozesse, die Lyotard am Beginn der Phase neoliberaler Hegemonie skizziert, scheinen eine neue Form von Maskulinität herauszufordern, die um so mehr in männlicher Aggression und Sehnsucht nach dem Weiblichen zugleich Zuflucht sucht, je weniger es ihr gelingt, gesellschaftliche Zusammenhänge analytisch zu durchdringen und Alternativen auszuloten.

2.4 Ausblick

Auch wenn Molekularbiologie, Informationstheorie und Kybernetik in den Texten von Derrida, Deleuze und Guattari sowie Lyotard durchaus präsent sind, findet eine Auseinandersetzung mit diesen Technowissenschaften selbst, ihren Entwicklungsdynamiken und gesellschaftlichen Bedeutungen kaum statt. Auch wo, wie bei Lyotard im *Postmodernen Wissen*, die gesellschaftlichen Transformationsprozesse, in denen sie zentrale Bedeutung erlangen, analysiert werden, geschieht dies in Begriffen, die diesen Wissensgebieten entlehnt sind. Die semantischen Affinitäten, die so zwischen den Technowissenschaften und dem jeweiligen philosophischen Projekt hergestellt werden, verhindern jedoch jene kritische Distanz, die für eine Analyse der gesellschaftlichen Wissenschafts- und Technologieverhältnisse, also auch der Bedeutung, die bestimmten Wissenschaften und Technologien in der symbolischen Ordnung zukommt, erforderlich wäre. Stattdessen stützen diese Affinitäten einen philosophischen Dominanzanspruch über wissenschaftliche und technologische Entwicklungen. Wissenschaften und Technologien werden unter die philosophischen Begriffsspiele subsumiert. Da diese sich trotz struktureller Ähnlichkeiten erheblich unterscheiden, nimmt die Übertragung und Zirkulation der bio- und technowissenschaftlichen Konzepte bei Derrida, Deleuze und Guattari sowie Lyotard unterschiedliche Form an. Dementsprechend sind auch die semantischen Verbindungen, die zwischen Bio- beziehungsweise Technowissenschaften, sozialen Transformationsprozessen und Geschlechterverhältnissen hergestellt werden, verschieden, auch wenn sie darin konvergieren, dass für sie die Auflösung und Transformation überkommener Individualitätsformen auf die eine oder andere Art zentral ist. Im Rückblick ergibt sich folgendes Bild:

Derrida entwickelt eine metahistorische Erzählung, durch die er sein philosophisches Projekt rechtfertigt, das vor allem in einer kritischen Wendung gegen Heideggers Ursprungsdenken besteht. Genetik und Kybernetik gelten ihm dabei als Indiz und Beleg für seinen Entwurf, insofern er in ihnen den Begriff der Schrift wiedererkennt. Diese wissenschaftlichen Formationen werden dadurch auf eine »tiefere«, nämlich philosophische Wahrheit festgelegt, die in der »Erschütterung« des Jahrtausende alten Status der Schrift liegt. Der Antiessentialismus, den Derrida mit Bezug auf Weiblichkeits- wie auch Naturkonzepte formuliert, wird auf diese Art zwar auch mit Denkformen der Kybernetik und Genetik, die menschliche Körper und Naturprozesse technizistisch artikulieren, verknüpft, doch die philosophische Kernerzählung bleibt die organisierende Struktur. Das heißt, nur vermittelt über diese wird der Zusammenhang von Natur- und Geschlechterkonstruktionen auf der einen, Bio- und Technowissenschaften auf der anderen Seite hergestellt. Davon unterscheiden sich die philosophischen Artikulationen der Molekularbiologie, die sich bei Deleuze beziehungsweise Deleuze und Guattari finden. Denn diese amalgamieren biologische und philosophische Begriffe, das heißt sie verbinden sie unmittelbar miteinander. Auch damit wird eine philosophische Dominanz gegenüber den wissenschaftlichen Konzepten etabliert, insofern die Anordnung der so produzierten biologisch-philosophischen Begriffe eindeutig durch das Projekt der Strukturalismuskritik und damit durch die Kräfteverhältnisse im philosophischen Feld bestimmt ist. Der Zugriff auf jene Konzepte und Theoreme der Biowissenschaften, die in die philosophische Sprache transportiert werden, ist daher äußerst selektiv. Nur so ist es möglich, dass Deleuze und Guattari ihr Begriffsspiel gleichzeitig mit Geschlechter- und Sexualitätskonstruktionen verbinden, die auf die Erosion fordistischer Lebensweisen und die beginnende Hegemonie des

Neoliberalismus ebenso verweisen wie auf Debatten und Politiken der sozialen Bewegungen der 1970er und 1980er Jahre. Die Männlichkeitskonstruktion, auf die ihr philosophisches und politisch-ethisches Projekt zuläuft, stützt sich auf das kulturelle Kapital der Molekularbiologie, die ein Wahrheitsversprechen sowie die Konnotationen des Neuen, Erfolgreichen und der nahezu beliebigen Gestalt- und Veränderbarkeit mitzuführen scheint. Als wissenschaftliche Disziplin, die in gesellschaftlichen Verhältnissen situiert ist, kommt Molekularbiologie hingegen nicht vor. Sie hat den Status eines semantischen Feldes, aus dem Konzepte entlehnt und in die philosophische Sprache transponiert werden können. Obwohl sich dieses Phänomen durchaus auch bei Lyotard findet, sind seine technikphilosophischen Interventionen stärker von einer Ambivalenz geprägt. Diese bezieht sich sowohl auf die von ihm thematisierten wissenschaftlichen und technologischen Entwicklungen als auch auf den Status, den er der Philosophie zuspricht. Denn zum einen geht er von einem wissenschafts- und disziplintheoretischen Philosophieverständnis aus, wenn er versucht, die strukturellen Veränderungen und die veränderte Bedeutung philosophischen Wissens in der »postmodernen« Wissensordnung, in der die nachrichtentechnische Informationstheorie einen zentralen Status hat, zu bestimmen. Zum anderen arbeitet er mit einem konventionellen Verständnis von Philosophie, sofern sie für ihn Denken schlechthin darstellt und unaufhebbar an eine hierarchische Geschlechterdifferenz gebunden ist. Diese Widersprüche in Lyotards Philosophieauffassung korrespondieren dabei mit seinem widersprüchlichen Verhältnis zu den wissenschaftlich-technologischen Entwicklungen, die er in den Blick nimmt. Denn die Adaptation der informationellen Sprache mitsamt ihren neoliberalen Konnotationen stellt einerseits ein nicht nur affirmatives, sondern geradezu mimetisches Verhältnis zu diesen Entwicklungen her. Andererseits flüchtet Lyotard in eine kulturpessimistische Technikkritik, wenn er Informations- und Biotechnologien für eine Destruktion des Denkens, der Geschlechterdifferenz und für eine vermeintliche Abschaffung des Körpers verantwortlich macht. Auch bei ihm zeichnen sich schließlich im Versuch, sich in den gesellschaftlichen wissenschaftlich-technologischen Transformationsprozessen der 1970er und 1980er Jahre zu orientieren, die Konturen eines neuen, durchaus aggressiven männlichen Subjekts ab.

Da die Bezugnahmen poststrukturalistischer Philosophien auf Biowissenschaften und -technologien in erster Linie immer wieder das jeweilige theoretische Projekt stützen, sind sie wenig geeignet für eine kritische Analyse der sozialen und kulturellen Prozesse, die sich an Wissenschaften und

Technologien anlagern – auch wenn die poststrukturalistische Kritik an essentialistischen Denkformen die Entwicklung einer kritischen Wissenschaftsforschung, wie sie die *Social Studies of Science and Technology* darstellen, befördert hat. Sofern in diesem Kontext Machtverhältnisse, die auf unterschiedlichen, oft subtilen Ebenen eine Rolle spielen, untersucht werden, sind jedoch – jedenfalls wo es um Biowissenschaften und -technologien geht – vor allem Foucaults Überlegungen zum Verhältnis von Wissen und Macht, insbesondere die Begriffe der Biomacht und der Biopolitik zu einem wichtigen Bezugspunkt geworden. Obwohl diese Begriffe sich auf die Veränderung von Machtformen und Subjektivierungsweisen an der Schwelle der Moderne beziehen und Technologien – im Sinne von Artefakten und technischen Verfahrensweisen – bei Foucault so gut wie keine Rolle spielen, lassen sich viele seiner Einsichten in Hinblick auf die Wissenschafts- und Technologieverhältnisse der Gegenwart fruchtbar machen. Denn die Foucaultsche Perspektive macht es möglich, Zusammenhänge zwischen Wissensordnungen, Machtverhältnissen und Subjektivierungsweisen – also jenen Formen, in denen Individuen in gesellschaftlichen Kompetenz-/Inkompetenzgefügen handlungsfähig werden und gleichzeitig diese Gefüge gewissermaßen »übernehmen« – zur Sprache zu bringen. Gerade weil damit begriffliche Trennungen der politischen Philosophie wie die von Öffentlichkeit und Privatheit überwunden werden, lassen sich im Anschluss an Foucault etwa Körperpraxen und -politiken sowohl in ihren auf die Individuen bezogenen als auch in ihren gesellschaftlichen Dimensionen thematisieren. Die Begriffe der Biopolitik und der Biomacht ermöglichen nicht zuletzt »Zugänge zu der Frage, wie Fortpflanzungsregime, Bevölkerungspolitik und Gesundheitspolitik die Grenze zwischen Privatheit und Öffentlichkeit konstituieren und regulieren, gerade indem sie diese übertreten« (Schultz 2002, 697). In ihrem analytischen Potential unterscheiden sich Foucaults Begriffe also deutlich von den bio- und technophilosophischen Artikulationen bei Derrida, Deleuze und Guattari sowie Lyotard. Dennoch sind auch sie durch eine eigentümliche, nicht explizierte Nähe zum biologischen Diskurs geprägt. Denn der Lebensbegriff, der für die Begriffe der Biopolitik und der Biomacht konstitutiv ist, wird bei Foucault immer wieder in einem biologischen Sinn verwendet. So steht »das Leben« beziehungsweise »das Biologische« Foucault zufolge »der Geschichte« gegenüber (SW1, 169). Doch die Rede vom »Eintritt des Lebens in die Geschichte« (ebd.), vom »Druck des Biologischen auf das Historische« (ebd.) oder davon, dass sich »zum ersten Mal in der Geschichte [...] das Biologische im Politischen« reflektiere (ebd., 170), lassen den Unterschied zwischen einer Analyse und einer affirmativen Transposition biologischer Konzepte in die philosophische Sprache verschwimmen. Zwar hat Foucault in der *Ordnung der Dinge* die Entstehung der Biologie am Ende des achtzehnten Jahrhunderts eingehend rekonstruiert, doch in allen Texten, in denen es um die spezifischen Formen der Macht geht, die er mit den Begriffen der Biopolitik und der Biomacht bezeichnet, ist diese epistemologische Historisierung des Lebensbegriffs gelöscht. Das »Leben«, das als Zentralbegriff einer spezifischen Wissensformation und damit als konstitutives Element der modernen Ordnung des Wissens analysiert wurde, wird in diesen Texten ganz im Gegensatz dazu als unmittelbare Gegebenheit behandelt. Mit Blick auf diesen immediatistischen Lebensbegriff hat daher auch Etienne Balibar gefragt, »was am ›Materialismus‹ und ›Historismus‹ von Foucault in die unmittelbare Nachbarschaft zum Vitalismus – um nicht vom Biologismus zu sprechen – führt« (1991, 62). Deutlich tritt das epistemologische Problem, das zugleich ein politisch-ethisches ist, etwa in Foucaults Formulierung zu Tage, die »Kontrolle der den biologischen Prozessen eigenen Zufälle« sei »eines der unmittelbaren Ziele« des NS-Regimes gewesen (VG, 300). Denn schließlich wären die politischen Artikulationen von Biologie in den NS-Diskursen zu untersuchen, statt sie hinzunehmen und zu reproduzieren. Zudem ist Foucault einer biologischen beziehungsweise biologisierenden Sprache auch dort verhaftet, wo er davon spricht, dass sich die Biomacht »an die Vielfalt der Menschen richtet, insofern diese [...] eine globale Masse bilden, die von dem Leben eigenen Gesamtprozessen geprägt sind wie Prozessen der Geburt, des Todes, der Produktion, Krankheit usw.« (ebd., 280). Diese Prozesse entspringen nämlich keineswegs »dem Leben« schlechthin, sondern sind überhaupt nur als gesellschaftlich-kulturell vermittelte real. Auch Foucaults Begriffe der Biopolitik und der Biomacht werden somit durch eine semantische Affinität zur Biologie, die zugleich die Grenze ihres analytischen Potentials darstellt, heimgesucht.

Giorgio Agamben, Michael Hardt, Antonio Negri und schließlich Roberto Esposito, die Foucaults Theorem der Biopolitik aufgreifen und in ihre jeweiligen philosophischen Narrationen einbauen, knüpfen ausgerechnet an die vitalistisch-lebensphilosophische Dimension bei Foucault an und verschärfen so das Problem eines politischen Vitalismus. Hardt und Negri nämlich verstehen »Leben« als »ontologische Substanz« also als metaphysisch Erstes, ohne dass diese Rückkehr zu einer substantialistischen Metaphysik ausgewiesen wäre. Das heißt, die theoretischen und politischen Konsequenzen einer Fundierung politischer Theorie durch Rekurs auf eine a-historische und a-gesellschaftliche Größe bleiben ungedacht. Differenzierter mag zunächst Agambens Spaltung des Lebensbegriffs in *zoé* und *bíos* erscheinen. Doch dieser Dualismus reproduziert den für die patriarchale Ordnung der Antike konstitutiven Gegensatz zwischen *oîkos* und *pólis*, das heißt zwischen dem Bereich des »vor-politischen« Lebens der Sklaven, Frauen und Kinder im *oîkos* und dem des »politischen« Lebens der freien Männer. Agamben überhöht diesen Gegensatz, indem er ihn zum Ausgangspunkt einer geschichtsmetaphysischen Erzählung macht, der zufolge es seit »vierundzwanzig Jahrhunderten«, nicht gelungen sei, »die Verbindung herzustellen, die den Bruch zwischen *zoé* und *bíos* [...] hätte überwinden sollen« (2002, 21).[42] Esposito schränkt dagegen den Begriff der Biopolitik zwar wieder historisch auf die Moderne ein, da erst hier individuelle Selbsterhaltung die Voraussetzung der zentralen politischen Kategorien wie Souveränität und Freiheit werde (vgl. 2008, 9). Seine Theorie der Immunisierung ist jedoch gleichfalls dualistisch angelegt, sofern sie die Differenz von Innen und Außen, Zugehörigem und Ausgeschlossenem ontologisiert. Grundsätzlich verdeckt seine binäre Logik die Komplexität gesellschaftlicher Verhältnisse, das heißt das widersprüchliche Ineinander und die Ungleichzeitigkeit heterogener Macht- und Herrschaftsverhältnisse. Zudem spielt das Konzept der Immunisierung mit der Polyphonie des Ausdrucks »Immunität«, der sowohl im juristischen als auch im biologisch-medizinischen Diskurs zirkuliert. Es scheint daher wenig geeignet für eine kritische Auseinandersetzung mit Prozessen der politisch-ethischen Codierung biologischen Wissens, die gerade in hegemonialen Geschlechterdiskursen seit immer wieder Konjunktur hat.

Eine andere Foucault-Rezeption, die vor allem an die Rekonstruktion der epistemischen Transformationen am Beginn des neunzehnten Jahrhunderts anknüpft, in denen Biologie und Politischer Ökonomie entstehen, zeichnet sich gegenwärtig in Analysen der Bioökonomie ab. Zwar ist auch in diesem Kontext das Problem des Vitalismus virulent – etwa bei Nikolas Rose, der die These vertritt, dass »life itself has been made amenable to [...] new economic relations, as vitality is decomposed into a series of distinct and discrete objects« (2007, 7). Rose scheint dabei davon auszugehen, dass das »Leben« oder die »Vitalität« wirklich existierende Dinge seien, wie Lars Thorup Larsen kritisiert (vgl. 2007, 18). Jedoch tritt das vitalistische Element in Analy-

42 Vgl. hierzu ausführlich Susanne Lettow, »Zone der Unbestimmtheit. Biopolitik und Geschlechterverhältnisse bei Foucault, Agamben und Hardt/Negri«, in: Dies.; Manz, Ulrike; Sarkowsky, Katja (Hg.), *Öffentlichkeiten und Geschlechterverhältnisse. Strategien, Erfahrungen, Subjekte*, Königstein/Ts. 2005, 225–242.

sen, die stärker auf eine Verbindung von Foucault und Marx orientieren, in den Hintergrund. Dies ist zum Beispiel der Fall bei Kaushik Sunder Rajan (2009), der die Entstehung von neuen Formen der globalen Zirkulation von Biomaterialien und -informationen in ihrer Differenz zu herkömmlichen Formen des Austauschs von Geld und Waren untersucht, aber auch bei Melinda Cooper, die die Transformation von Biopolitik im Neoliberalismus mit Blick auf die Entstehung einer Reproduktionsökonomie analysiert. Angesichts der spezifischen Formen der Kommerzialisierung – »that have accompanied the rise of stem cell sciences and the shifting economies of feminized, reproductive labour« –, plädiert sie für eine Rekonzeptualisierung der politischen Ökonomie der Reproduktion (Cooper 2008, 13). Wie diese Analysen enstehender Bioökonomien zeigen, erweisen sich Foucaults Konzepte als fruchtbar, obwohl oder vielleicht gerade weil Biowissenschaften und -technologien in der Foucaultschen Theoriebildung weder als Gegenstand noch als Metaphernfeld präsent sind. Vor allem aber zeichnen sie sich dadurch aus, dass ihre Widersprüche und ihr experimenteller Charakter offen zu Tage liegen und nicht in einer neo-metaphysischen Erzählung vereindeutigt werden. In dieser Hinsicht unterscheiden sie sich auch von den übrigen in diesem Kapitel untersuchten philosophischen Interventionen, die Elemente des bio- und technowissenschaftlichen Wissens in metaphorischer Form in die philosophische Sprache einführen. Als Interventionen, die dieses Wissen adaptieren und zugleich dominieren, handelt es sich bei diesen um spezifische Interventionen in gesellschaftliche Wissenschafts- und Technologieverhältnisse, die als Arbeit an der symbolischen Dimension der Biowissenschaften begriffen werden können. Schließlich setzen die Wissenschaftsmetaphern, die im philosophischen Diskurs zirkulieren, als Elemente der symbolischen Ordnung zuvor getrennte Gegenstände, Praxen und Bereiche diskursiv zueinander in Beziehung. Im Ungedachten aber bleiben die praktisch vermittelten sozialen Zusammenhängen zwischen wissenschaftlichen und technologischen Entwicklungen, politisch-ökonomischen Transformationsprozessen und Veränderungen in den Geschlechterverhältnissen seit den 1970er Jahren.

3. Neurosubjekte: Die Artikulation von Neurowissenschaften in der Philosophie des Geistes

Um die Wende zum einundzwanzigsten Jahrhundert ist es zu einem Anwachsen philosophischer Interventionen, die sich mit Neurowissenschaften befassen, gekommen. »Now philosophical issues involving neuroscience are mainstream philosophy«, stellte Ned Block 2003 in der Zeitschrift *Science* fest (2003, 1328). Dabei trägt vor allem die Philosophie des Geistes, die unter Bezug auf die Neurowissenschaften das Verhältnis von Geist und Gehirn zu klären versucht, zur philosophischen Konjunktur der Neurowissenschaften bei. In dieser diskursiven Formation, die sich innerhalb der analytischen Philosophie ausgehend von Gilbert Ryles Epoche machendem Buch *Der Begriff des Geistes* (1949) gebildet hat, wird seit den 1960er Jahren intensiv die Frage diskutiert, was Geist beziehungsweise Bewusstsein ist und wie es ohne metaphysische Vorannahmen zu erklären sei. Einem szientistischen Philosophieverständnis entsprechend sind dabei unterschiedliche natur- und technikwissenschaftliche Forschungsgebiete von der Kybernetik über die Künstliche-Intelligenz-Forschung (KI-Forschung) bis hin zu den Neurowissenschaften als Grundlagenwissen behandelt worden. Die Neurowissenschaften haben der analytischen Philosophie des Geistes daher zwar Impulse gegeben, aber keineswegs grundsätzlich neue Fragestellungen hervorgebracht. Vielmehr werden Positionen, die in diesem Feld seit Langem zirkulieren, seit den 1990er Jahren verstärkt im neurowissenschaftlichen Kontext reartikuliert – wobei es allerdings auch zu Verschiebungen innerhalb des Feldes kommt. Dazu gehört etwa die zunehmende Bedeutung der moralphilosophischen Debatte um das Verhältnis von neuronalen Dispositionen und freiem Willen, die zu einer politisch-ethischen Artikulation von Neurowissenschaften beiträgt. Im deutschsprachigen Raum ist diese Debatte maßgeblich durch die Hirnforscher Wolf Singer und Gerhard Roth angestoßen worden, die behaupten, Ergebnisse der Hirnforschung machten ein »neues Menschenbild« notwendig. Ihre Thesen richten sich dabei vor allem gegen Vorstellungen von einem autonomen, im moralischen wie rechtlichen Sinne zurechnungsfähigen Subjekt und sind mit Vorschlägen zur Reform des Strafwesens verbunden. Da »neuronale Prozesse [...] deterministisch« sind, heißt es bei Singer, müsse es im Strafvollzug darum gehen, »Attraktoren im Gehirn« so zu modifizieren, dass sie »zumindest die Wahrscheinlichkeit erneuter Verbrechen vermindern« (2003, 34). Praktisch würde das bedeuten, »Straftäter [...] weg[zu]sperren und bestimmten Erziehungsprogrammen [zu] unterwerfen, die durchaus auch Sanktionen einschließen würden« (ebd.). Diese Vorschläge sind nicht nur in der Medienöffentlichkeit immer wieder inszeniert und diskutiert worden, sondern haben auch in der Fachphilosophie ein starkes Echo hervorgerufen. Innerhalb der analytischen Philosophie des Geistes bewegt sich die Auseinandersetzung mit den Neurowissenschaften also auf unterschiedlichen Ebenen, das heißt zum einen auf einer ontologisch-erkenntnistheoretischen, zum anderen auf einer moralphilosophischen, wobei beide gewisse wissenschafts- und philosophietheoretische Prämissen teilen, die im Programm des Naturalismus gebündelt sind. Dementsprechend beginnt dieses Kapitel mit einer Rekonstruktion und Kritik des Naturalismus und wendet sich dann zuerst den bewusstseinsphilosophischen und anschließend den moralphilosophischen Debatten zu. Leitfrage ist dabei, auf welche Art und Weise Geschlecht und Geschlechterverhältnisse für die philosophischen Entwürfe bedeutsam sind beziehungsweise wie diese in die bestehenden Geschlechterverhältnisse intervenieren.

Diese Frage speist sich nicht zuletzt auch aus dem Wissen darum, dass seit dem Beginn der modernen Hirnforschung um 1800 neben den Fortpflanzungsorganen kaum ein anderer Körperteil so zentral für die Konstruktion von Geschlechterdifferenzen und -hierarchien war wie das Gehirn. Seit der Phrenologie Franz Joseph Galls, dessen *Anatomie und Physiologie des Nervensystems im allgemeinen und des Gehirns insbesondere* von 1810 Canguilhem als »die eigentliche Geburtsstunde der Wissenschaften vom Gehirn« bezeichnet (1989, 9), wurden vor allem Geschlechterungleichheiten und rassistische Hierarchien immer wieder hirnphysiologisch begründet. In Deutschland deuteten »Forscher wie Ludwig Büchner, Carl Gustav Carus, Emil Huschke, Anders Retzius, Carl Vogt, Rudolph Wagner und Hermann Welcker« die Ergebnisse der Hirnforschung philosophisch aus und deckten mit ihren Positionen »das gesamte Spektrum zwischen Materialismus, Dualismus und Naturphilosophie ab« (Hagner 2000, 263). Weitgehend einig waren sie sich darin, »daß das Gehirn rassische, Intelligenz- und Geschlechtsunterschiede bedinge und daß die craniologischen Messungen dies bestätigen würden« (ebd.). Seit dem frühen neunzehnten Jahrhundert war zudem auch die hirnphysiologische Bestimmung von Aggression und Kriminalität ein zentraler Gegenstand wissenschaftlichen und öffentlichen Interesses. Von Galls Lokalisierung eines »Raufsinns« und eines »Mordsinns« im Gehirn bis hin zu Cesare Lombrosos »geborenem Verbrecher« fungierte die Hirnforschung immer wieder als soziales Kontrollwissen, mit dem Grenzen zwischen dem Normalen und dem Anormalen gezogen und befestigt wurden. In einem umfassenden Sinn wurde im Laufe des neunzehnten Jahrhunderts das Gehirn »zugleich psychologisch und moralisch, kulturell und sozial, ökonomisch und politisch aufgeladen« (Hagner 1999, 8). Es wurde über die diversen methodischen und theoretischen Unterschiede hinweg als biologische Gegebenheit betrachtet, aus der Erkenntnisse in Bezug auf die soziale Realität und auf individuelle Kompetenzen und Dispositionen abzuleiten waren.

Für eine Analyse der politisch-ethischen und insbesondere der geschlechterpolitischen Dimensionen der neurophilosophischen Debatten der Gegenwart stellt sich vor diesem Hintergrund die Aufgabe, sowohl historische Unterschiede in den Artikulationen von Subjektivität, Geschlecht und Normalisierung herauszustellen als auch Zusammenhänge und Kontinuitäten in den Blick zu nehmen. Denn noch stets ist die Geschlechterdifferenz Gegenstand der Hirnforschung. »Lag der Fokus der Forschung in der zweiten Hälfte des neunzehnten und in der ersten Hälfte des zwanzigsten Jahrhunderts auf der Erklärung genereller Intelligenzunterschiede zwischen Frauen und Männern, so standen Mitte des zwanzigsten Jahrhunderts die einzelnen kognitiven Funktionen im Mittelpunkt des Interesses. In den letzten Jahren« aber, so die Diagnose von Sigrid Schmitz, »rücken geschlechterbezogene Intelligenzunterschiede erneut in den Vordergrund« (2006, 63).[1] Auch wenn diese Forschungen nur ein Teilgebiet der aktuellen Hirnforschung darstellen, finden ihre Ergebnisse in der Öffentlichkeit, vermittelt über eine Vielzahl populärwissenschaftlicher Publikationen, große Resonanz. So stellt etwa die Neuropsychiaterin Louann Brizendine begeistert fest, dass »im Gehirn von Männern und Frauen eine erstaunliche Vielzahl chemischer, genetischer, hormonaler und funktioneller Unterschiede« (2007, 16) nachgewiesen wer-

1 »Dabei geht es nicht nur um unterschiedliche Aktivierungsnetze im Gehirn, sondern wieder auch um Strukturunterschiede wie das Kortexvolumen, die Kortexdichte, den Anteil grauer Substanz (GM) und weißer Substanz (WM) sowie um den Faltungsgrad der Hirnrinde, die mit Leistungen in Intelligenztests korreliert werden. Unterstützt wird diese Neuauflage essentialistischer Intelligenzbestimmung und damit verbundener Geschlechterdifferenz auch durch die Methoden des *Brain Imaging*, da nun ›endlich‹ präzise Strukturen am lebenden Gehirn berechnet und ins Bild gesetzt werden können« (Schmitz 2006, 86).

den konnten. Es habe sich, so Brizendine, zum Beispiel gezeigt, »dass das Gehirn von Männern und Frauen mit unterschiedlicher Empfindlichkeit auf Stress und Konflikte reagiert« (ebd.). In den philosophischen Debatten zu den Neurowissenschaften finden sich solch dezidierte Aussagen über Geschlechterdifferenzen allerdings selten. Doch auch wenn Geschlecht – ebenso wie »Rasse« – ein diskursiver Gegenstand ist, der nur vereinzelt beziehungsweise am Rande Erwähnung findet,[2] stellt sich die Frage, inwiefern es dennoch auch im philosophischen Diskurs Strukturelemente gibt, an die sich solche Konstruktionen anlagern können. Um diese Frage beantworten zu können, ist es notwendig, die Frage nach Geschlechterkonstruktionen zur Frage nach Subjektivierungs- und Normalisierungsstrategien auszuweiten. Aus diesem Grund werden in diesem Kapitel Formen des Sich-zu-sich-Verhaltens, die in den neurophilosophischen Texten entworfen werden, zunächst auch unabhängig von der Frage der Geschlechterverhältnisse daraufhin untersucht, inwiefern sie gesellschaftlich artikuliert sind. Zentral richtet sich das Augenmerk dabei auf das in den Subjektkonzeptionen Marginalisierte und Ausgeschlossene, das sich nur allzu oft in Figuren der Anomalie manifestiert. Schließlich stellen solche Figuren eine Negativfolie dar, von der sich das »gute« Subjekt abhebt und über die es sich stabilisiert. Erst vor dem Hintergrund einer solchen Rekonstruktion der jeweiligen Auffassungen von Normalität, Subjektivität und Handlungsfähigkeit lässt sich dann diskutieren, welche Relevanz die philosophischen Subjektkonstruktionen in Bezug auf Geschlechterverhältnisse haben.

Da grundlegende theoretische und begriffliche Probleme in Hinblick auf die Artikulation von Geschlechterverhältnissen bereits auf der Ebene der ontologischen Debatten um das Verhältnis von Geist und Gehirn angesiedelt sind, das heißt keineswegs nur auf der moralphilosophischen, steht im Folgenden zunächst das Programm des Naturalismus in einer wissenschafts- und philosophietheoretischen Perspektive im Zentrum der Analyse. Wie

---

2 Das Konzept der Rasse ist in den Biowissenschaften keineswegs überwunden. Ebenso wie »Geschlecht« erweist es sich als erstaunlich robust. Dabei wird, wie Jenny Reardon ausführt, die zyklische Wiederkehr des Problems der »Rasse« in der Biologie (vgl. 2008, 373) vor allem durch eine szientistische Konzeption der Biologie gestützt. Denn diese hat zur Folge, dass Rassekonstruktionen nur unzureichend untersucht werden. »Social scientists and humanists do not feel obliged, for, after all, biology is supposed to fall outside their critical purview. Biologists do not attend to the construction of their concepts of race, for they hold their categories to arise from nature, not from the social and political realms of human construction. The result is that biological laboratories become sites where new techniques for distinguishing between human beings form without any attendant sociological or humanistic analysis.« (Ebd., 374)

Geert Keil und Herbert Schnädelbach betonen, handelt es sich beim Naturalismus weniger um einen »Ismus der Natur als einen Ismus der Naturwissenschaften« (2000, 12). Nicht Natur schlechthin wird als Autorität angerufen, sondern das wissenschaftliche Wissen über Natur. Doch auch wenn der Zugriff auf Natur wissenschaftlich vermittelt ist, ist damit nur allzu oft eine Naturalisierung und Biologisierung von Sozialem verbunden.[3] Insbesondere Geschlechterkonstruktionen, die wissenschaftlichem Wissen eingeschrieben sind, können nämlich im naturalistischen Paradigma ungefiltert in den philosophischen Diskurs eingehen. Im zweiten Abschnitt dieses Kapitels werden dann die Subjektkonstruktionen der naturalistischen Philosophie des Geistes anhand des Wandels der informationellen Metaphorik im Übergang vom Fordismus zum Neoliberalismus untersucht. Der Schwerpunkt liegt dabei auf monistischen Positionen, die von einer unauflöslichen Verbindung zwischen Geist und Gehirn ausgehen, wie etwa der eliminative Materialismus und die verschiedenen Spielarten der Identitätstheorie.[4] Ausgangspunkt der Lektüre ist, dass Konzeptionen von Geist und Bewusstsein und Theorien über den Zusammenhang von Physischem und Mentalem historisch situierte Entwürfe von Subjektivität sind, die Handlungsfähigkeit auf je spezifische Art und Weise artikulieren. Die informationelle Metaphorik, die in der Philosophie des Geistes durch die verschiedenen Positionen hindurch leitend ist, kann dabei als Symptom dieser Subjektkonstruktionen gelesen werden. Schließlich zeigt sich, dass die Metaphern nicht nur – dem naturalistischen Programm entsprechend – an wechselnden Bezugsdisziplinen ausgerichtet werden, sondern auch auf gesellschaftliche Transformationsprozesse verweisen. Im Wechsel von der Leitmetapher des Computers hin zu der der Parallelverarbeitung kommen nämlich durchaus gesellschaftliche Leitvorstellungen von Hierarchie und Macht zur Sprache. Da zudem der binäre Code normal/anormal in vielen der philosophischen Entwürfe eine zentrale Rolle spielt, rücken die Normalitätsvorstellungen, die durch die informationelle Metaphorik gestützt werden, in diesem Kapitel ins Zentrum der Aufmerksamkeit. Sie werden einerseits daraufhin befragt, inwiefern sie explizit auf geschlechtliche Subjektivierungen zielen. Andererseits geht es darum, auch

3 Wie aus dem Voranstehenden deutlich wird, verwende ich einen kritischen Begriff der Naturalisierung, der sich grundsätzlich vom positiven Begriff der Naturalisierung unterscheidet, wie er in der analytischen Philosophie im Zusammenhang mit dem Naturalismus verwendet wird.

4 »Dualism in any form«, so John Searle, »is today generally regarded as out of the question because it is assumed to be inconsistent with the scientific world view« (Searle 1992/1994, 278).

dort, wo nicht vom Geschlecht die Rede ist, Auftreffstrukturen für Geschlechterideologeme zu rekonstruieren. Dies gilt auch für die Debatte um Freiheit und Determinismus. Da es im Medium dieser Debatte immer wieder um die Neuausrichtung des Strafrechts und somit um Formen der Disziplinierung und Normalisierung geht, setzt die Analyse – quer zu den einzelnen Positionen – bei den Negativ-Figuren der Texte an, die die Grenzen und das Andere der normalisierten Form von Handlungsfähigkeit markieren. Darüber hinaus wird in diesem Kapitel das grundsätzliche Problem diskutiert, dass die ontologischen Debatten um Geist und Gehirn ebenso wie die politisch-ethischen Debatten um Freiheit und Determinismus in einer cartesianischen Anordnung ausgetragen werden, die zwar vordergründig abgelehnt, aber strukturell reproduziert wird. Körper und Geist, Natur und Kultur sind immer schon als dualistischer Gegensatz vorausgesetzt, um dann in unterschiedlichen Varianten aufeinander bezogen zu werden. Eine Transformation der Problemanordnung in Hinblick auf eine Konzeption von Handlungsfähigkeit und Subjektivität, die deren körperlich-naturale Dimensionen ernst nimmt und mit den naturalistischen Verengungen der Philosophie des Geistes bricht, ist allerdings kaum in Sicht. Auch Habermas, der zwar einen Schritt in eine solche Richtung unternimmt, verschiebt letztlich die dualistische Anordnung nur, wenn er die paradoxe Position eines »weichen Naturalismus« formuliert. Wichtige Impulse, die über die strukturellen Begrenzungen der Philosophie des Geistes und ihre Artikulation von neurowissenschaftlichem Wissen hinausweisen, gehen jedoch von den geschlechtertheoretischen Debatten um Körper und Materialität aus.

3.1 Naturalismus als Naturalisierung von Geschlecht

Für den Naturalismus als wissenschafts- und philosophietheoretisches Programm ist über alle internen Differenzen hinweg die methodologische Auszeichnung der Naturwissenschaften konstitutiv, da diese als einzig verlässliche Form des Wissens gelten. »Der Begriff der Naturwissenschaft« erscheint »in dieser Perspektive grundlegender als der der Natur selbst« (Keil 2005, 67). Grundsätzlich schließt der Naturalismus an den Physikalismus Rudolf Carnaps an, dem zufolge »jeder Satz der Psychologie in physikalischer Sprache formuliert werden kann« (Carnap 1932, 107), überwindet aber dessen Begrenzung auf die Physik. Carnap hatte der Physik einen privilegierten Zugang zur Realität zugesprochen, so dass sich infolgedessen alles Wissen am physikalischen Wissen und den Methoden der Physik zu orientieren hatte. Doch seit die Physik in der zweiten Hälfte des zwanzigsten Jahrhunderts ihren zentralen Status in der Ordnung des Wissens eingebüßt hat und nicht mehr konkurrenzlos als Leitwissenschaft gilt, ist diese Orientierung brüchig geworden.[5] Die philosophische Position des Physikalismus ist daher immer wieder als »Naturalismus« reformuliert worden. Das heißt, dass an die Stelle der Physik im Prinzip jede Naturwissenschaft beziehungsweise jeder Forschungsansatz treten kann. Geert Keil und Herbert Schnädelbach haben diese Perspektive daher prägnant »auf die Formel [...] ›Wherever science will lead, I will follow‹« gebracht (2000, 22). In Bezug auf die Frage, wie soziale Verhältnisse und insbesondere Geschlechterverhältnisse in naturalistischen Positionen artikuliert werden, bedeutet dies, dass die Analyse sich zwar auf diskursive Prozesse der Biologisierung von Geschlecht richten muss, zugleich aber auch, dass sie sich nicht auf die philosophischen Artikulationen biologischer Konzepte beschränken kann. Denn schließlich ist Biologie nur eine Disziplin im Reich der Naturwissenschaften und selbst ein Konglomerat von Subdisziplinen, Theorien und Forschungsansätzen. Die Analyse von Naturalisierungsstrategien wird somit zur Analyse von Szientifizierungsstrategien, insofern die »moralische Autorität der Natur« (Lorraine Daston) im Naturalismus in die »moralische Autorität der Wissenschaften« übergegangen ist. Aus diesem Grund ist zunächst eine Auseinandersetzung mit dem Szientismus, der unter dem Namen Naturalismus firmiert, geboten. Rekonstruiert werden müssen die grundlegenden Begrenzungen, die diese Konzeption in Hinblick auf die Thematisierung von Geschlechterkonstruktionen in der Philosophie und in den Wissenschaften hat. Da aber Geschlecht, wo es in naturalistischen Theorien Gegenstand ist, dennoch zumeist unter Bezug auf biologisches Wissen thematisiert wird, werden im zweiten Teil dieses Kapitels Beispiele einer biologischen Naturalisierung von Geschlecht und Geschlechterverhältnissen diskutiert. Abschließend geht es dann um die Frage, worin die spezifische »philosophische Formgebung« besteht, der das neurowissenschaftliche Wissen in der Philosophie des Geistes unterliegt.

5 Gleichwohl wird auch in der Wissenschaftsphilosophie der Biologie weiterhin von Physikalismus gesprochen. Marcel Weber etwa diskutiert das Problem, wie die »Grundannahme des Physikalismus, dass alles, was existiert, den physikalischen Gesetzen (und nur diesen) gehorcht« (2005, 84), damit in Einklang gebracht werden kann, dass Biologie es mit spezifischen Entitäten zu tun hat, die sich nicht auf Chemie oder Physik reduzieren lassen.

Epistemologie des Naturalismus

Der philosophische Naturalismus ist eine Form von Szientismus, insofern er durch die Annahme charakterisiert wird, »that the methods of natural science provide the only avenue to truth« (Thompson zit. n. Keil, Schnädelbach 2000, 12).[6] Die hier implizierte Auffassung von Wissenschaft als Wahrheitsdiskurs enthält sich nicht nur jeder epistemologischen Rekonstruktion der Bedingungen der Möglichkeit wissenschaftlichen Wissens, sie unterliegt dabei, wie Geert Keil und Herbert Schnädelbach herausstellen, auch einem »antiphilosophischen Selbstmißverständnis« (2000, 40). Denn »daß die Naturwissenschaft das Maß aller Dinge sei, ist nicht selbst eine naturwissenschaftliche Wahrheit, sondern eine philosophische Behauptung, die der szientistische Philosoph, ob er es bemerkt oder nicht, auf eigene Rechnung aufstellt. Meist bemerkt er es nicht, es handelt sich um einen blinden Fleck des Szientismus« (Keil 2001, 69). Der epistemologische Status des Naturalismus selbst bleibt somit unklar, weil gerade Aussagen zur philosophischen Bedeutung von Wissenschaft »innerhalb dessen, was nach den Standards des Szientismus als Wissenschaft zählt, [...] keinen Platz haben« (ebd., 70). Bereits Habermas hatte diese Kritik in *Erkenntnis und Interesse* gegen den Positivismus vorgebracht, indem er betonte, dass »das szientistische Selbstverständnis der Wissenschaften«, das der Positivismus artikuliert, »mit diesem nicht zusammen[fällt]. Indem aber der Positivismus den Glauben der Wissenschaften an sich selbst dogmatisiert, übernimmt er die prohibitive Funktion, die Forschung gegen eine erkenntnistheoretische Selbstreflexion abzuschirmen. Philosophisch an ihm ist nur das eine Moment, das zur Immunisierung der Wissenschaften gegen Philosophie nötig ist« (1968/1994, 88f.). Sowohl in Hinblick auf das Wissenschaftsverständnis als auch auf seine philosophietheoretischen Implikationen erweist sich der Naturalismus also als problematisch. Mit dem Positivismus des neunzehnten Jahrhunderts verbindet ihn die epistemische Überhöhung wissenschaftlichen Wissens, auch wenn er durch den »linguistic turn« und die Geburt der analytischen Philosophie im zwanzigsten Jahrhundert zu dessen naivem Empirismus vielerorts auf Distanz geht.[7] Das zentrale Defizit, das der Naturalismus mit dem

6 »Szientismus« bezeichnet, so Habermas in *Erkenntnis und Interesse*, »den Glauben der Wissenschaft an sich selbst, nämlich die Überzeugung, daß wir Wissenschaft nicht länger als eine Form möglicher Erkenntnis verstehen können, sondern Erkenntnis mit Wissenschaft identifizieren müssen« (1968/1994, 13).

7 So ist der Empirismus bei W.V.O. Quine pragmatistisch gewendet. »Als Empirist«, so Quine, »denke ich mir das begriffliche Schema der Wissenschaft nach wie vor als Werk-

älteren Positivismus teilt, besteht darin, dass weder die eigene theoretische Praxis, die ins Feld der Philosophie eingelassen ist, reflektiert werden kann noch die Spezifik der wissenschaftlichen theoretischen Praxen, die in unterschiedlichen disziplinären Feldern und zugleich in historisch-spezifischen gesellschaftlichen Verhältnissen situiert sind.

Eine Konsequenz des »antiphilosophischen Selbstmißverständnisses« naturalistischer Positionen ist dabei die Rückkehr der Metaphysik, eine Art Wiederkehr des Verdrängten. Denn in der Behauptung, »the world is as natural science says it is« (Quine zit. n. Keil, Schnädelbach 2000, 22), wird »Wissenschaft« zum Synonym für ein Erstes Wissen, das einen privilegierten Zugang zum Sein hat. Besonders deutlich kommt dies auch im Scientia-mensura-Satz von Wilfried Sellars zum Ausdruck: »In the dimension of describing and explaining the world, science is the measure of all things, of what is that it is, and of what is not that is not« (1963, 173).[8] Damit reformuliert Sellars den Homo-mensura-Satz des Protagoras, dem zufolge »der Mensch [...] das Maß aller Dinge (ist), der seienden, daß sie sind, der nicht seienden, daß sie nicht sind« (zit. n. Diogenes Laertius 1967, 186). Er ersetzt den Menschen durch »die Wissenschaft« und nimmt zugleich die für jede Metaphysik konstitutive Unterscheidung zwischen dem Sein und dem Nichtsein auf sowie den Anspruch, diese Differenz zu bewältigen. »Wissenschaft« tritt hier die Nachfolge der gesamten abendländischen Ontologie an. Dieser Sachverhalt, dass nämlich Metaphysik im Szientismus unerkannt wiederkehrt, scheint dabei auch im negativen Bezug auf Metaphysik durch. So etwa in Quines Rechtfertigung des Naturalismus durch den »Verzicht auf das Ziel einer der Naturwissenschaft vorgängigen Ersten Philosophie« (2000, 113). Wie Habermas in Bezug auf den Positivismus des neunzehnten Jahr-

zeug, schließlich und endlich zur Vorhersage künftiger Erfahrung aufgrund vergangener Erfahrung. Physikalische Objekte werden begrifflich in diese Situation importiert, als gelegen kommende Vermittler – nicht durch Definition aufgrund von Erfahrung, sondern einfach als nicht reduzierbare Setzungen, epistemologisch den Göttern Homers vergleichbar« (1979, 48). Die Unterscheidung zwischen physikalischen und religiösen Entitäten trifft Quine pragmatistisch, gilt ihm doch »der Mythos der physikalischen Objekte [...] [als/SL] epistemologisch den meisten anderen darin überlegen, daß er sich darin wirksamer als andere Mythen erwiesen hat, dem Fluß der Erfahrungen eine handliche Struktur aufzuprägen« (ebd., 49).

8 Sellars arbeitet, wie auch Quine, mit einem Empirismusverständnis, das nicht vom »Mythos des Gegebenen« ausgeht, sondern den Zugriff auf das Empirische immer schon begrifflich vermittelt denkt. Vgl. Wilfrid Sellars, *The Myth of the Given: Three Lectures on the Philosophy of Mind* (1956); veröffentlicht unter dem Titel »Empiricism and the Philosophy of Mind«, in: Ders., *Science, Perception, and Reality*, London 1963, 253–329.

hunderts formuliert, hält auch er sich damit »eigentümlich unkritisch an die von der Metaphysik vorgezeichnete Trennung der Welt in einen Bereich des eigentlich, unveränderlich und notwendig Seienden auf der einen, und den der veränderlichen und zufälligen Erscheinungen auf der anderen Seite. Nur erklärt er im Gegensatz zu einer Theorie, die vorgab, sich auf das Wesen der Dinge zu richten, sein Desinteresse an einem als Schein entlarvten Reich der Wesenheiten [...]; während das von der reinen Theorie vernachlässigte Feld der Erscheinungen nun den Objektbereich der Wissenschaft darstellt« (1968/1994, 101). Die »Bestandteile der metaphysischen Tradition« aber bleiben damit erhalten und »vertauschen [...] nur ihren Stellenwert« (ebd.).

In jüngerer Zeit hat John McDowell, der einen kantianisch relativierten ethischen Naturalismus vertritt,[9] ebenfalls auf die »seichte Metaphysik« hingewiesen, von der der »empiristische Realismus«[10] heimgesucht wird (2002, 50). Ihm zufolge ist es »ein irriger Gedanke, wenn man die Objektivität als vollständige Unabhängigkeit von der Subjektivität auffaßt. Uns entgeht das Wesentliche, wenn wir an dem Verlangen, das sich in diesem Gedanken äußert, festhalten und dabei der Lehre Kants, für uns sei das ›Ansich‹ ein Nichts, zwar zunicken, aber zugleich glauben, wir könnten uns an die entzauberte Welt der Natur als zweitbeste Instanz klammern« (ebd., 48). McDowells Wiedereinführung einer erkenntnistheoretischen Dimension im Anschluss an Kant trägt durchaus dazu bei, szientistische beziehungsweise empiristische Grundannahmen naturalistischer Positionen zu erschüttern. In diese Richtung weist zum Beispiel auch Dirk Koppelbergs Kritik des Empirismus. Koppelberg grenzt nämlich den Naturalismus vom Empirismus mit der Begründung ab, dass der Empirismus selbst »viele apriorische Elemente enthält. Sehr häufig argumentieren Empiristen gerade nicht empirisch, sondern ihre Argumente beruhen im Gegenteil auf einer ersten Philosophie, die zumindest eine Rationalitätstheorie, eine Sprachphilosophie und

9 McDowell geht es vor allem um eine Reformulierung des ethischen Naturalismus unter Bezugnahme auf Kant und Aristoteles. Gegen Versuche, moralische Erkenntnisse aus empirischem Wissen abzuleiten, bringt er die Vorstellung einer »zweiten Natur« in Anschlag: »Im ausgebildeten Zustand«, so McDowell, »ist die praktische Vernunft keine Instanz, die unserer Natur von außen Vorschriften macht, sondern dieser Zustand ist unsere zweite Natur« (2002, 65).

10 Unter Realismus, so Peter Janich und Dirk Hartmann, wird »in der allgemeinsten Form die Auffassung verstanden, daß der erkennende Mensch einer unabhängig von ihm existierenden und strukturierten und in diesen Strukturen zu erkennenden Wirklichkeit gegenübersteht. Als Theorien der Wahrheit und der Wissenschaftlichkeit werden von Realisten Spielarten von Adäquations-, Korrespondenz- und Abbildtheorien vertreten« (1996, 20).

eine psychologische Theorie des Menschen einschließt« (2001, 72). Koppelberg verwirft »jede prinzipielle Trennung zwischen der Erkenntnistheorie und den für sie relevanten Wissenschaften« (ebd., 84). Mit seiner »Kooperationsthese« plädiert er vielmehr für eine Verbindung von beiden und hebt hervor, dass Erkenntnistheorie »Begriffe und Normen (verwendet) und Prinzipen und Ziele (formuliert), die nicht vollständig in den Wissenschaften enthalten sind« (ebd.).

Doch auch wenn diese Reformulierungen des Naturalismus mit dessen szientistischen Implikationen ein Stück weit brechen, indem sie eine erkenntnistheoretische Reflexion wissenschaftlichen Wissens anmahnen, reicht eine kantianische Perspektive nicht, um auch die historischen und soziokulturellen Bedingungen der Möglichkeit von Erkenntnis und die Situiertheit der Erkenntnissubjekte zu begreifen. Was bei Foucault als »historisches Apriori« erscheint, nämlich die Gesamtheit der Institutionen, Diskurse und Machtverhältnisse, die konstitutiv für die Produktion von Wissen sind, bleibt weiterhin ausgeblendet.[11] Dies bedeutet, dass die Verflechtungen von Wissen und Macht, also auch von Wissenschaften und Geschlechterverhältnissen nicht aufgearbeitet werden können. Denn nur wo die Situiertheit und Kontextgebundenheit von Wissen reflektiert wird, ist es möglich, die politisch-ethischen Stellungnahmen, die wissenschaftliches Wissen strukturieren, zu benennen und gegebenenfalls zu kritisieren. In einer solchen Perspektive verstehen eine Reihe »neuerer wissenschaftsanalytischer Ansätze Wissenschaften als kulturelle Tätigkeit und als historische Praxis […], als heterogene Praktiken mit unterschiedlichen Technologien der Wissensproduktion und im Sinne von Cultural Studies besonders auch als Schauplatz widerstreitender kultureller Werte und Normen, Denk- und Handlungsweisen« (Singer 2005, 19). Sie knüpfen dabei – teils explizit, teils implizit – an jene grundlegende These an, die Ludwik Fleck bereits 1929 formulierte, nämlich dass »jede Erkenntnistheorie mit Sozialem und weiterhin mit Kulturhistorischem in Beziehung gebracht werden [muss/SL], insofern sie nicht in schweren Widerspruch mit der Geschichte der Erkenntnis und der täglichen Erfahrung […] geraten will« (zit. n. Rheinberger 2006, 28). Insbesondere das

11 Mit dem »historischen Apriori« nimmt Foucault »einen Ausdruck aus den späten Schriften des Phänomenologen Edmund Husserl auf, um […] [das/SL] vorgeordnete Netz einer Erfahrungsform der Dinge zu bezeichnen, auf die die Ordnung der wissenschaftlichen Aussagen sich zwar systematisch, aber doch blind bezieht« (Gehring 2004, 39). Obwohl Foucault in der *Ordnung der Dinge*, in der er den Begriff einführt, noch keine Analyse von Machtverhältnissen vornimmt, rechtfertigen es seine späteren Arbeiten, den Begriff des historischen Apriori in diese Richtung zu interpretieren.

feministische Paradigma des »situierten Wissens« nimmt diesen Gedanken auf und fokussiert die Machtverhältnisse, die Wissenschaften auf allen Ebenen – konzeptionellen und forschungspraktischen wie auch institutionellen und medialen – durchziehen (ebd., 29).[12] Dabei geht es nicht um eine Negation von Objektivität zugunsten eines Kulturrelativismus, sondern vielmehr um eine gesellschaftstheoretisch und machtanalytisch informierte Reartikulation des Objektivitätsbegriffs. So ist etwa bei Donna Haraway die Anerkennung der Partialität jeglicher Perspektive der Ausgangspunkt für eine solche Reartikulation. Im Gegensatz zu einem falschen Universalismus ist gerade das Wissen um Partialität, die sich in der Auseinandersetzung mit anderen partialen Perspektiven zu bewähren hat, »die Bedingung dafür [...], rationale Ansprüche auf Wissen vernehmbar anzumelden« (1996, 234; vgl. Singer 2005, 60). Objektivität bleibt somit der zentrale Bezugspunkt wissenschaftlicher Wissensproduktion, auch wenn das Ideal aperspektivischer Objektivität aufgegeben wird. Schließlich verändert sich durch die Einführung von gesellschaftlich situierten Erkenntnissubjekten im Plural, die divergierende und zum Teil konkurrierende Erkenntnisprojekte verfolgen, die Auffassung des Objekts. Davon ausgehend, dass die Subjekte der Erkenntnis in sozialen Verhältnissen, aber auch in der multidisziplinären Ordnung der Wissenschaften unterschiedlich positioniert sind, wird die Vorstellung eines präkonfigurierten, einheitlichen Objekts obsolet. Vielmehr rücken Prozesse der je spezifischen Konstitution von Erkenntnisobjekten ins Zentrum der Aufmerksamkeit. Dabei können derart nicht-objektivistische Auffassungen des Objekts an die Tradition der französischen Epistemologie anknüpfen, in der die Objekte als durch wissenschaftliche Praktiken, Technologien und Diskurse konstituiert gelten. Wissenschaftliche Objekte, heißt es pointiert bei Gaston Bachelard, »existieren nicht in der Natur, sie müssen hergestellt werden« (zit. n. Rheinberger 2006, 8f.).[13] Die modernen Naturwissenschaften haben es demzufolge nicht mit Natur oder Realität schlechthin zu tun, sondern müssen »sich ihre Phänomene im Labor technisch zurichten und daher Erscheinungen zur Darstellung bringen, die der unmittelbaren Alltagserfahrung in der Regel gar nicht zugänglich sind« (Rheinberger 2006,

12 Der Begriff des situierten Wissens wurde von Sandra Harding und Donna Haraway eingeführt. Vgl. Singer 2005, 29f.

13 Wenn Donna Haraway hingegen – ähnlich wie Bruno Latour – das Wissenschaftsobjekt als »Akteur und Agent« konzipiert (1996, 238), so scheint dem ein empiristischer Rest, nämlich die Vorstellung einer ursprünglichen Aktivität des Objekts, inhärent zu sein.

32).[14] Das bedeutet, dass »wissenschaftliche Objektivität«, so wiederum Bachelard, »nur möglich (ist), wenn man mit dem unmittelbaren Objekt gebrochen« (ebd., 44) und einen spezifischen Erkenntnisgegenstand formiert hat. Dabei gilt es zu bedenken, dass die Konstitution wissenschaftlicher Objekte zwar *im* wissenschaftlichen Feld, aber nicht allein *durch* dieses erfolgt. Vielmehr gehen, wie die Historische Epistemologie und die Wissenschaftsforschung im Umkreis der *Social Studies of Science and Technology* zeigen, die historisch wandelbaren gesellschaftlich-kulturellen Bedingungen und daher auch die institutionalisierten Machtverhältnisse, in denen Wissenschaft betrieben wird, mit in die Formierung wissenschaftlicher Objekte ein.

Eine solche epistemologische Position unterscheidet sich grundlegend von dem auch in der feministischen Theoriebildung prominenten Empirismus. So versteht sich beispielsweise Lorraine Code, die immerhin die »szientistischen Exzesse« und den »epistemischen Individualismus« (2003, 177) von Quine kritisiert, durchaus als Naturalistin.[15] Ihre Intervention reduziert sich jedoch darauf, dass sie eine Natur-Erzählung durch eine andere ersetzt, ausgehend von einem »ecological model of reciprocally sustaining and critically interrogating practices of engaged inquiry« (ebd., 190). Schließlich, so Code, sei gerade der methodische Individualismus Quines nicht naturalistisch gerechtfertigt, müsse man doch biologisch von unterschiedlich verkörperten Subjekten ausgehen, die sich in Bezug auf Geschlecht, Alter, Farbe und Behinderung/Nichtbehinderung unterscheiden (ebd., 185).[16] An dieser Stelle wird deutlich, inwiefern ausgerechnet der Empirismus in einen Kulturalismus übergeht, der Objektivitäts- und Wahrheitsansprüche in eine endlose Reihe von Narrationen über die Wahrheit der Natur auflöst. Denn wie

14 »Die einfachsten und grundlegendsten Dinge, mit denen es die Naturwissenschaften heute zu tun haben, werden bei Bachelard, in einer Art Umkehrung der cartesischen Ur-Evidenz klarer und distinkter Ideen, zu den am stärksten abgeleiteten, da sie auch am stärksten der phänomenotechnischen Reinigungsarbeit unterworfen sind« (Rheinberger 2006, 32).

15 Zur feministischen Rezeption von Quines Naturalismus vgl. die zumeist affirmativen Beiträge in dem von Lynn Hankinson Nelson und Jack Nelson herausgegebenen Band *Feminist Interpretations of W.V. Quine*, University Park, Pennsylvania 2003.

16 Code versucht in ihrem Konzept eines ökologischen Naturalismus den Naturalismus mit dem Paradigma des situierten Wissens so zu vermitteln, dass jeder Konflikt verschwindet. »In the approach I advocate«, schreibt sie, »›situated knowledges‹ critically examined and debates in everyday deliberations and institutionally located praxes, interpretative-hermeneutic practices responsibly engaged, and naturalistic epistemology deflected from its scientistic course, become cooperators in charting a way forward for successor epistemologies« (2007, 227).

Keil in Hinblick auf Richard Rorty formuliert, liegt der »Kardinalfehler« des Naturalismus, den eben auch feministisch-ökologische Positionen begehen können, in der »Irreflexivität, d.h. […] [der] Blindheit für den eigenen Status« (2001, 71). Dieser kann jedoch nur im Rahmen einer historischen und politischen Epistemologie, die die Genese und Struktur biologischen Wissens sowie den Status von Biologie in der symbolischen Ordnung der Moderne aufarbeitet, begriffen werden. Dabei ginge es darum, die Verbindungslinien zwischen Naturwissenschaft und Naturalisierung, Biologie und Biologismus zu unterbrechen, um wissenschaftliches Wissen über Naturzusammenhänge neu zu konfigurieren. Schließlich kann es nicht darum gehen, wie die Neuropsychologin Elizabeth Wilson mit Blick auf die konstruktivistisch ausgerichtete feministische Theorie kritisiert, Natur und Naturwissen, also auch das Wissen der Neurowissenschaften, zu verleugnen.[17] Statt »die Biologie aus dem Feld zu vertreiben«, so auch Sigrid Schmitz, müsste es in der Geschlechterforschung darum gehen, eine »interdisziplinäre Begrifflichkeit« auszubilden, um »über Körperlichkeit und Gehirn von verschiedenen Standpunkten aus sprechen zu können ohne […] Geschlechterdichotomien zu verfestigen« (2006, 87f.) und empiristischen Illusionen zu verfallen. Die konstitutive »Irreflexivität« des philosophischen Naturalismus steht dem jedoch entgegen. Denn statt Geschlechterideologeme, die in Wissenschaft Eingang finden, zu problematisieren – was eine Voraussetzung für die Rekonfiguration von wissenschaftlichem Naturwissen wäre –, kommt es zu einer ungefilterten Aufnahme.

Naturalismus als Biologismus

Zwar ist der Naturalismus nicht auf die Biologie als wissenschaftliches Referenzwissen festgelegt, doch seit sich die Debatten der analytischen Philosophie des Geistes verstärkt an den Neurowissenschaften orientieren, also seit Mitte der 1980er Jahre, ist biologisches und medizinisch-psychiatrisches Wissen von zentraler Bedeutung für die verschiedenen Argumentationen. Insbesondere in Bezug auf Artikulationen von Geschlecht und Geschlechterverhältnissen erweist sich dabei als problematisch, dass im Rahmen des na-

---

17 Wilson attestiert dem Feminismus einen »heftigen Antibiologismus«, der zu einer Ausblendung der körperlichen Natur geführt habe. Sie hält dagegen, »that feminism can be deeply and happily complicit with biological explanation; […] that feminist accounts of the body could be more affectionately involved with neurobiological data« (2003, 13). Zu den neo-biologistischen Dimensionen des deleuzianischen Feminismus von Elizabeth Grosz, an den Wilson anknüpft, vgl. Kapitel 3.2.

turalistischen Paradigmas keine Kritik der Geschlechterkonstruktionen in Biologie, Medizin und Psychiatrie möglich ist. Die Transposition solcher Konstruktionen beziehungsweise von Elementen metahistorischer Geschlechtererzählungen, wie sie die Soziobiologie darstellt, in den philosophischen Diskurs trägt im Gegenteil dazu bei, diese mit dem kulturellen Kapital der Philosophie auszustatten und ihre Bedeutung innerhalb der symbolischen Ordnung zu vergrößern. Zwei Beispiele hierfür, die im Folgenden ausführlich dargestellt werden, sind Patricia Churchlands Konstruktion des *brain sex* und Daniel Dennetts Adaptation von Richard Dawkins Konzept des egoistischen Gens und der entsprechenden soziobiologischen Rahmenerzählung. Doch gibt es darüber hinaus eine Vielzahl anderer Beispiele dafür, wie geschlechtertheoretische und -politische Elemente vor allem der Evolutionstheorie und ihrer soziobiologischen Version innerhalb der naturalistischen Philosophie des Geistes zirkulieren.

Patricia Churchland vertritt zusammen mit ihrem Ehemann und Kollegen Paul Churchland jene Position, die unter dem Namen »eliminativer Materialismus« firmiert und darauf zielt, das psychologische und mentalistische Vokabular zugunsten eines neurowissenschaftlichen zu »eliminieren«.[18] In ihrem 1986 erschienenen Buch *Neurophilosophy. Toward a Unified Science of the Mind-Brain* expliziert sie ihr Vorhaben, die »ewigen Wahrheiten« der Alltagspsychologie (*folk psychology*), insbesondere Begriffe wie »Gedächtnis«, »Lernen« und »Bewusstsein«, durch die neurobiologisch-psychologische Theorie, deren Gegenstand das einheitliche »Geist-Gehirn« (*mind-brain*) ist, zu ersetzen (1986/1993, 481). Sie arbeitet dabei mit dem Konzept der »innertheoretischen Reduktion«. Demzufolge wird eine Theorie auf eine andere reduziert,

> »if it (or a corrected analogue of it) is explained by another. This does not entail that the reduced theory will somehow cease to be, or that the phenomena it describes cease to be. On the contrary, if the reduction is smooth, its reduction gives it – and its phenomena – a firmer place in the larger scheme of biological theory« (ebd., 296).[19]

18 Der eliminative Materialismus wurde in den 1960er Jahren zunächst von Paul Feyerabend, Richard Rorty und Willard Van Orman Quine vertreten. Seit den 1980er Jahren wird er unter Bezug auf die Neurowissenschaften vor allem von Patricia und Paul Churchland formuliert.

19 Im engeren Sinn geht das Konzept der Theorienreduktion auf Ernst Nagel zurück. Dieser definierte in *The Structure of Science* (1961): »Eine Theorie T(1) läßt sich genau dann auf eine Theorie T(2) reduzieren, wenn alle Gesetze von T(1) – evtl. mit Hilfe geeigneter Brü-

Mit anderen Worten geht es hier um eine Reartikulation jeglichen Wissens in der Sprache der Biologie. Da diese aber keiner kritischen Reflexion unterzogen wird, das heißt die Heterogenität und Historizität der wissenschaftlichen Disziplin »Biologie« genauso ausgeblendet wird wie gesellschaftliche Machtverhältnisse, die sich im biologischen Wissen geltend machen, erhalten die jeweils im Feld dominanten Theorien unvermittelt Wahrheitsstatus. Besonders deutlich ist dies im Abschnitt *Sex and Neurochemicals*, in dem Churchland die sogenannte Organisationstheorie aufgreift, die Ende der 1950er Jahre formuliert und dann in den 1960er und 1970er Jahren breit rezipiert wurde. Dieser Theorie zufolge verusachen hormonale Effekte, die während der embryonalen Entwicklung im Gehirn auftreten, unterschiedliche Formen männlichen und weiblichen Verhaltens. Zwar war dies zunächst allein auf das Kopulationsverhalten von Tieren bezogen. Doch schon nach einigen Jahren wurde der Geltungsanspruch der Theorie auf menschliches Verhalten erweitert und schloss nun die unterschiedlichsten Verhaltensweisen von sexuellen Praxen bis zur Berufswahl ein.(vgl. van den Wijngaard 1991, 19).[20] Churchland zieht die Organisationstheorie heran, um einen Geschlechterdualismus auf der Ebene des Gehirns zu erklären.

Ihre Erklärung operiert nicht nur mit vorgefertigten Konzepten von Männlichkeit und Weiblichkeit, sie schließt auch eine spezifische Konstruktion des Normalen und des Anormalen ein und erweist sich so als geschlechterpolitische Normalisierungsstrategie. Die grundlegende Differenz, mit der Churchland arbeitet, ist die von genetischem Geschlecht und »Gehirngeschlecht«, wobei Normalität dadurch konstituiert wird, dass diese differenten Größen in Übereinstimmung sind beziehungsweise durch medizinische Interventionen gebracht werden. Im dritten und vierten Schwangerschaftsmonat, führt Churchland aus, »the hormones function to set the brain's development on a course that establishes its gender. The brain of the developing organism thus becomes male or female, and subsequent influx of hormone in the adult organism will not be able to reverse the changes wrought in the brain« (ebd., 89). Doch die biologische Bestimmung des Geschlechts ist damit nicht vollständig. Denn ein genetisches Männchen

ckengesetze – aus den Gesetzen von T(2) abgeleitet werden können.« (Beckermann 1999, 108)

20 Die Organisationstheorie definierte, so Marianne van den Wijngaard, »male behavior [...] in terms of ›mounting‹: an animal climbing onto another animal's back. When there are no androgens, female sexual behavior develops. Female behavior was defined as an arching on the back; the scientists called this ›lordosis‹ and regarded it as a measure of receptivity.« (1991, 22)

kann durch aus ein »weibliches« Gehirn und ein genetisches Weibchen ein »männliches« Gehirn haben. Das Resultat ist dann zum Beispiel, dass ein »genetisches Männchen« phänotypisch weiblich ist, und zwar sowohl in Hinblick auf die Genitalien als auch in Hinblick auf die sexuelle Orientierung (vgl. ebd.). Durch diese Verdoppelung der Konzepte von Männlichkeit und Weiblichkeit auf der Ebene biologischer Bestimmungen wird freilich erst die Möglichkeit jener Abweichung von der Norm konstituiert, die Churchland in Anlehnung an die Psychiater John Money und Anke Erhard als Pathologie der Intersexualität fasst. Die intersexuelle Verfehlung, die aus einer »Androgen-Insensitivität« resultiert (ebd., 89), gilt dabei gleichzeitig als körperliche und soziale. So gehen Money und Erhard davon aus, dass »human females subjected to androgen in utero as a result of a genetically determined defect in the functioning of the adrenal gland have genitalia masculinized in varying degrees, though their internal reproductive organs are female. These females show varying degrees of masculinized behaviour, as measured in terms of playmates preferred, initiation of rough-and-tumble fighting, and intense energy expenditure« (ebd., 95). Zur Wiederherstellung der Ordnung, die mit der dualistischen Entgegensetzung von Männlichkeit und Weiblichkeit vorausgesetzt ist, bleibt in dieser Logik nur der Eingriff in die körperliche Integrität.[21]

Churchland rekapituliert und affirmiert diesen Ansatz im Rahmen ihrer Konzeption des eliminativen Materialismus, ohne auf seine spezifische Positionierung innerhalb der Felder von Medizin, Psychiatrie und Biologie und die dort formulierten Kritiken und Alternativen einzugehen. Doch dass es sich bei der Theorie des *brain-sex* um eine spezifische theoretische Option innerhalb der Endokrinologie handelt, deren Konjunktur in den 1960er und 1970er Jahren nicht allein wissenschaftsimmanenten Gründen geschuldet sein dürfte, sondern vielmehr den spezifischen Normalitätsvorstellungen, die sie zum Ausdruck bringt, wird besonders deutlich, wenn man sich vor Augen hält, dass die »dualistische Theorie der hormonalen Effekte« (van den Wijngaard 1991, 43) nicht konkurrenzlos war. »It must be noted, however«, so van den Wijngaard, »that scientists in the 1960s could have been aware of experiments, such as those performed in the 1930s, but also in the 1960s, reporting that both androgens and estrogens have a masculinizing effect on

21 Zur Kritik medizinischer und psychiatrischer Umgangsweisen mit Intersexualität vgl. Ulrike Klöppel, »›Strenge Objektivität und extremste Subjektivität konkurrieren‹. Hermaphroditismusbehandlung in der Nachkriegszeit«, in: Leonie Baumann (Hg.), *1–0-1 Intersex. Das Zwei-Geschlechter-System als Menschenrechtsverletzung*, Berlin 2005, 168–185.

behavior. Moreover, since the 1930s it had been observed that androgens and estrogens occur in male as well female organisms« (ebd., 32).[22] Indem Churchland eine Analyse der Widersprüche und Alternativen innerhalb des wissenschaftlichen Feldes, auf das sie sich bezieht, genauso vermeidet wie die der gesellschaftlichen Situiertheit des dort produzierten Wissens, trägt sie zu einer Überhöhung des Alltagsverstandes bei, den sie durch den eliminativen Materialismus gerade überwinden wollte. Schließlich sind die Konstrukte der Männlichkeit und der Weiblichkeit, die sich aus Vorstellungen von geschlechteradäquatem beruflichem und sexuellem Verhalten speisen, keineswegs wissenschaftlich generierte Begriffe, sondern Elemente hegemonialer Formen von »folk psychology«.

Ein anderes Beispiel für die philosophische Artikulation biologistischer Geschlechterkonstruktionen findet sich bei Daniel Dennett, der sich an der Soziobiologie von Richard Dawkins orientiert. Im Unterschied zu Churchland verfolgt Dennett das theoretische Projekt, Bewusstseinsphänomene nicht zu »eliminieren«, sondern zu erklären, »wie diese Aktivitäten evolvieren« (1991/1994, 32). Das zentrale Anliegen seiner »heterophänomenologischen« Bewusstseinstheorie ist es zu zeigen, dass Bewusstseinsphänomene »physikalische Effekte von Gehirnaktivitäten« sind (ebd., 32).[23] Dabei verbindet Dennett instrumentalistische und biologische Erklärungselemente, die er auch als die »zwei Hälften« seiner Konzeption bezeichnet (ebd., 575). Seinem Theorem der »intentionalen Einstellung« (*intentional stance*) zufolge, das er bereits Anfang der 1970er Jahre formulierte, kann es gelegentlich »bequem, für Erklärungen ergiebig und für Voraussagen nützlich« sein, ein komplexes physikalisches System »so zu behandeln, als hätte es Meinungen und Wünsche und wäre rational« (1971/1981, 167). Die Frage nach der Existenz von Intentionalität ist hier instrumentalistisch gewendet, insofern nicht diskutiert wird, ob und inwiefern es Intentionalität gibt, sondern ob die Annahme nützlich ist. Hatte Dennett damit zunächst in der Debatte um den

22 »Before the advent of the organization hypothesis, scientists had considered gonadal hormones as exerting temporary effects on sexual behaviour in adult organisms. After the introduction of the organization theory, permanent effects of hormones on early brain development (expressed in behavioural characteristics) could become the object of research« (van den Wijngaard 1991, 22). Zur Geschichte des hormonellen Körpers vgl. auch Nelly Oudshoorn, *Beyond the Natural Body. An Archaeology of Sex Hormones*, London und New York 1994.

23 Von »Heterophänomenologie« spricht Dennett, da er Bewusstseinsphänomene nicht bewusstseinsphilosophisch von innen nach außen, sondern in der Tradition des Behaviorismus von außen nach innen, aus einer »Dritte-Person-Perspekive«, erklären will.

Funktionalismus (vgl. Kapitel 3.2) Position bezogen, so wird das Konzept der »intentionalen Einstellung« in *Consciousness explained* (1991) durch soziobiologische Erklärungen ergänzt.

Von Richard Dawkins übernimmt Dennett die Konstruktion des egoistischen Gens und die damit verbundene soziobiologische Geschlechterkonstruktion. Dawkins geht davon aus, dass »wir […] Überlebensmaschinen (sind) – Roboter, blind programmiert zur Erhaltung der selbstsüchtigen Moleküle, die Gene genannt werden« (1994, 18). Als vorherrschende Eigenschaft eines »erfolgreichen Gens« gilt ihm »skrupelloser Egoismus«, der für gewöhnlich »egoistisches Verhalten des Individuums hervorruft« (ebd., 25). Dieses ist grundlegend auf die Maximierung des eigenen »Fortpflanzungserfolgs« (*reproductive success*) ausgerichtet. Jedes Individuum, so die These, würde sich am liebsten »mit so vielen Angehörigen des anderen Geschlechts wie möglich […] paaren und die Aufzucht der Kinder dann stets dem Partner […] überlassen« (ebd., 231). Doch die biologischen Bedingungen dafür sind unterschiedlich. Denn ein männlicher Organismus, so Dawkins, kann »es sich leisten, jeden Tag viele Millionen« Spermien zu produzieren, so dass er »potentiell in der Lage ist, in einer kurzen Zeitspanne – mit verschiedenen Weibchen – eine sehr große Zahl von Kindern zu zeugen« (ebd., 234). Die weiblichen Gameten, die Eizellen, sind hingegen groß an Umfang und gering an Zahl, und »der Kinderzahl, die ein Weibchen haben kann, ist daher eine Grenze gesetzt« (ebd.). Frauen verfolgen demzufolge in der Konkurrenz um den größten »Fortpflanzungserfolg« eine den Männern geradezu entgegengesetzte Strategie. Statt auf eine Steigerung der Begattungsquantität setzen sie auf die Qualität ihrer Partner, denen sie dann treu anhängen. Das Ergebnis ist ein unendlicher »Krieg der Geschlechter«, den die Frauen immer schon verloren haben, so dass es zu einer omnihistorischen »Ausbeutung des weiblichen Geschlechts« (ebd.) kommt. Auch wenn Dennett auf diese Geschlechtererzählung nicht eingeht, wird sie in seiner Bewusstseinstheorie durchaus mit aufgerufen.

Im Zentrum seiner Rekonstruktion des Bewusstseins, die bei einfachen sich a-sexuell replizierenden Organismen beginnt und den Egoismus zum Grundprinzip der Evolution macht, steht die Figur des auf Effizienzsteigerung orientierten isolierten Individuums. »Sobald die Selbsterhaltung Bedeutung gewinnt«, heißt es, »entstehen bestimmte wichtige Grenzen. Denn wenn man sich selbst erhalten möchte, darf man keine Energie darauf verschwenden, die ganze Welt zu erhalten: Man zieht eine Linie. Man wird mit einem Wort, egoistisch. Diese ursprüngliche Form von Eigennutz […] ist einer der Marksteine von Leben überhaupt« (1991/1994, 231). Das Prinzip »Das Ich gegen die Welt« gilt Dennett als »das Herzstück aller biologischen Prozesse« (ebd.). Das Streben nach Effizienzsteigerung, das eng damit verbunden ist, stellt einen zentralen Motor der Entwicklung von Nervensystemen und Gehirnen dar. »Bessere Gehirne«, heißt es, »sind die, die mehr Information schneller extrahieren können und die die Information nutzen, um einen schädlichen Kontakt zu vermeiden oder nach Nahrung Ausschau zu halten (und, wenn es sich bereits um sexuell sich fortpflanzende Lebewesen handelt, nach Paarungsgelegenheiten zu suchen)« (ebd., 235). Durch die Installation von fest »verdrahteten« (*wired-up*) Nervensystemen, die die Fähigkeit zur Antizipation generieren, so Dennett weiter, wird diese Entwicklung noch einmal übertroffen. Das Maß der Effizienz ist dabei auch hier der sogenannte Fortpflanzungserfolg. Denn »jene begünstigten Lebewesen, die von Geburt an besser ausgestattet sind, tendieren dazu, auch mehr überlebende Nachkommen zu erzeugen, so daß sich die bessere Ausstattung in der Population verteilt« (ebd., 241). Eine weitere »wichtige Innovation« stellt für Dennett dann die Entstehung der Plastizität von Nervensystemen dar, die als Grundbedingung für die Entstehung von Bewusstsein gilt. Die Plastizität ermöglichte, so Dennett, die Entstehung von »Strategien der Selbst-Simulation oder Selbst-Manipulation [...], die zur ›Einschärfung‹ von Gewohnheiten und Dispositionen führten. Sie veränderten die interne Kommunikationsstruktur unseres Gehirns radikal; und diese Entdeckungen wurden Teil der Kultur (Meme), die dann allen zur Verfügung standen« (ebd., 276).[24] Obwohl Dennett durch den Bezug auf den Begriff der Hirnplastizität, mit dem in den Neurowissenschaften seit den 1980er Jahren die erfahrungsabhängige Modifizierbarkeit von Gehirnstrukturen bezeichnet wird, essentialistische Zuschreibung scheinbar vermeidet, erweist sich seine Bewusstseinskonzeption als durchaus kompatibel mit traditionellen Biologismen. Denn das Konzept der Plastizität des Gehirns ist trotz der Behauptung von Dynamik und Flexibilität mit statischen Konstruktionen ethnisch-kultureller, nationaler und sozialer Differenz verknüpft. Zwar sind solche Differenzen für Dennett nicht mit der Geburt festgelegt, doch indem das Gehirn sich »an die lokalen Bedingungen, die am bedeutsamsten sind«, anpasst, verwandelt es sich »schnell (in zwei oder drei Jahren) [...] in ein Suaheli-Gehirn, ein japanisches oder englisches Gehirn« (ebd., 263). Im Effekt, der von der Sozial- und Rassenanthropologie des neunzehnten Jahrhunderts gar nicht so

24 »Mem« ist ein Ausdruck, den Dawkins parallel zu »Gen« gebildet hat und der die kleinste Einheit der in Analogie zur Biologie gefassten »kulturellen Evolution« bezeichnen soll.

weit entfernt ist, unterscheidet sich dann »der chinesische Geist […] stark vom französischen, und gebildete Geister unterscheiden sich von ungebildeten« (ebd., 273). Dass geschlechtliche Identitäten auf eine ähnliche Weise zustande kommen, ist, wenn auch nicht ausgesprochen, doch naheliegend.

Insgesamt reproduziert Dennetts Theorie des Bewusstseins vermittelt über die Soziobiologie das darwinistische Geschlechterarrangement. Denn schon die Prämisse des Privat-Egoismus, die Dennett mit Darwin teilt, ist eng mit der bürgerlichen Geschlechterordnung verknüpft. In der Art und Weise, wie in der Evolutionstheorie Reproduktion betrachtet wird, findet nämlich, wie Elvira Scheich im Anschluss an Evelyn Fox-Keller hervorgehoben hat, die Trennung von Öffentlichkeit und Privatheit ihr Echo. »Nach außen hin wird das Konzept der konkurrierenden Individuen angewandt, und nur die internen Beziehungen [des Einzelorganismus/SL] werden als wechselnde Abhängigkeiten – meist in hierarchischer Form – thematisiert« (1995, 274f.). Der atomistische Individualismus führt dabei dazu, dass »von den ›Nachkommen eines Organismus‹« im Singular gesprochen wird, was »die komplizierte Kooperation beider Geschlechter bei der Fortpflanzung und der Vererbung« unterschlägt (ebd., 275). Auch bei Dennett ist dieser Anordnung entsprechend nur vom Einzelorganismus oder aber von Populationen, kaum aber von sexuellen Reproduktionsprozessen die Rede. Die von Dawkins übernommenen Vorstellungen des Egoismus und des Reproduktionserfolges, der mit bestimmten evolutionären Entwicklungen einhergeht und antagonistische Geschlechterverhältnisse festschreibt, modernisieren dabei zwar Darwins viktorianische Geschlechterideale, sofern die Rede vom »Krieg« zwischen den Geschlechtern an die Stelle eines hierarchischen, aber dennoch harmonisch vorgestellten Geschlechterarrangements tritt.[25] Doch wird die grundlegende Anordnung aufrechterhalten. So wird sowohl bei Darwin als auch bei Dennett die Figur des privat-egoistischen Individuums durch eine quasi-mythologische Konstruktion von Mütterlichkeit stabili-

25 Darwins Vorstellung von der Ordnung der Geschlechter findet sich besonders deutlich in den Ausführungen zur »geschlechtlichen Auslese«. »Sexual selection«, so Evelleen Richards, »was vital to Darwin's defence of natural selection against the established theory of special creation. Apart from its importance in explaining the persistence of seemingly disadvantageous or useless characteristics, it enhanced the action of natural selection by ensuring that the fittest males […] were reproduced. […] Thus, although so little space was given to sexual selection in *The Origin*, it was of considerable importance to Darwin's theory of evolution. […] In *The Origin* sexual selection is a process whereby males compete with other males by means of weapons or charms to reproduce themselves. The female role is merely one of submission to and transmission of these male characteristics. As a description of sex roles in reproduction, it is undeniably androcentric.« (1983, 65)

siert. »Die Natur«, die Dennett immer wieder als »Mutter Natur« anspricht, fungiert als leitende Instanz des gesamten Evolutionsgeschehens. »She tends and nurses with scrupulous concern for betterment« (1986, 236), stellt Gillian Beer in ihrer Analyse von Darwins Erzählstrategien fest und hebt hervor, dass sich der »Mensch« (man) bei Darwin durch diesen Kontrast als männlicher Mensch erweise.[26] In jedem Fall stellt die Natur jene übergeordnete Instanz dar, bei der das Subjekt des Egoismus Zuflucht findet.

Da, wie Peter Janich und Dirk Hartmann betonen, der Evolutionismus eine »praktisch allen Naturalismen zumindest nahe stehende, wenn nicht zugrunde liegende Auffassung« darstellt (1996, 23), die jedoch weder in epistemologischer Hinsicht noch in Hinblick auf politisch-ethische Konnotationen problematisiert wird, ist die Übernahme evolutionsbiologischer und insbesondere soziobiologischer Geschlechterkonstruktionen in der Philosophie des Geistes weit verbreitet. Auch in Thomas Metzingers Theorie der Subjektivität, die auf eine »Metatheorie der empirischen Psychologie, der Neuro- und Kognitionswissenschaften« (1993, 14) zuläuft, finden sich solche Elemente. So fragt Metzinger in *Subjekt und Selbstmodell. Die Perspektivität phänomenalen Bewußtseins vor dem Hintergrund einer naturalistischen Theorie mentaler Repräsentation* (1993), »welche Vorteile [...] die Entwicklung von Bewußtsein, Subjektivität und qualitativem Gehalt angesichts des erbarmungslosen Selektionsdrucks der biologischen Umwelt auf diesem Planeten gehabt haben« könnte (ebd., 59). Seine Antwort lautet, dass mentale Repräsentate es erlauben, »möglichst viel überlebensrelevante Information möglichst schnell und effektiv zu verarbeiten« (ebd., 65). Nützlichkeit und Effizienz sind also auch hier die zentralen Mechanismen eines Naturgeschehens, deren sozio-anthropomorpher Charakter an keiner Stelle in den Blick rückt. Auf der Ebene von Selbstmodellen, die Metzinger zufolge entstehen, sofern mentale Repräsentate sich »untereinander aktivieren« (ebd., 68) und »höherstufige mentale Strukturen« (ebd., 69) generieren, macht sich diese »Effizienz« wiederum im »Fortpflanzungserfolg« der Organismen geltend. »Ein Selbstmodell«, heißt es, »ist ein gutes mentales Modell des es konstruierenden Systems, wenn es eine hohe Funktionalität für dieses System besitzt. Für biologische Organismen besteht diese Funktionalität in Überlebenssicher-

26 Im Gegensatz zu Dennett allerdings reflektiert Darwin die von ihm benutzten Metaphern. »In later editions Darwin attempts to deconstruct the mythological personage Nature – sometimes equating her with natural selection, sometimes with the complexity of interpenetrating laws. [...] But the struggle he has comes in part from his relations to natural theology, and from the need to expand the material order rather than to leave a metaphysical void. He has to put something in the space left by God.« (Beer 1986, 236)

heit und hohem Fortpflanzungserfolg« (ebd., 170). Dies gilt auch für menschliche Subjektivität, die sich durch komplexe »Selbstmodellierung« auszeichnet. Während die geschlechtertheoretischen Implikationen auch bei Metzinger implizit bleiben, werden sie zum Beispiel von Bernd Goebel explizit hervorgehoben und rassistisch aufgeladen. Goebel hält die Soziobiologie für »gewiss sehr aufschlussreich«, vertiefe sie doch »unsere Kenntnis vom Menschen, wenn sie uns lehrt, dass wir genetisch dazu disponiert sind, Verwandte und Angehörige der eigenen Rasse zu bevorzugen, und besonders Mütter dazu, ihre Kinder zu lieben« (2005, 33). Doch auch wo nicht von Rassen die Rede ist und historisch-kulturell so wandelbare Erfahrungen wie »Liebe« in der Biologie gesucht und gefunden werden, ist in vielen Texten der Philosophie des Geistes die Bezugnahme auf die Evolutionsbiologie mit Anthropomorphismen verknüpft, die die Grenzen zur Soziobiologie verschwimmen lassen. Sie werden insbesondere über die ökonomische Metaphorik evoziert, die Biologie und politische Ökonomie ineinander übergehen lässt. Dabei werden diese Anthropomorphismen teilweise durchaus zu tragenden Elementen der Argumentation. Dies ist zum Beispiel bei John Searle der Fall, der gegen den Epiphänomenalismus, der Bewusstseinsprozesse als wirkungslose Begleiterscheinungen physischer Prozesse versteht, die Evolutionsbiologie ins Feld führt. »Die Prozesse der bewußten Rationalität«, so Searle, »sind ein so wichtiger Teil unseres Lebens, und vor allem ein biologisch so kostspieliger Teil unseres Lebens, daß es so anders als alles wäre, was wir von der Evolution wissen, wenn ein Phänotyp dieser Größenordnung überhaupt keine Rolle im Leben und für das Überleben des Organismus spielen würde« (2004, 50). Immerhin werde ein »enormer biologischer Preis für bewußte Entscheidungen gezahlt« (ebd.). Der epistemische Status der Metaphorik wird dabei an keiner Stelle zum Gegenstand der Diskussion. Doch solange, die evolutionsbiologischen Theoreme, die in der naturalistischen Philosophie des Geistes zirkulieren, anthropo- und soziomorph aufgeladen sind, stellen sie eine Auftreffstruktur für Geschlechterideologeme dar. An die impliziten Annahmen über menschliches Handeln und Gesellschaft lagern sich nur allzu leicht auch Annahmen über Geschlechterverhältnisse an.

Auch wenn der Naturalismus als wissenschafts- und philosophietheoretische Position nicht auf die Disziplin der Biologie festgelegt ist, spielt diese, wie die Beispiele zeigen, insbesondere dort, wo Geschlechterverhältnisse thematisch werden, eine zentrale Rolle. Gleichzeitig führt die Offenheit des Naturalismus für unterschiedliche Referenzwissenschaften und -forschungsansätze jedoch dazu, dass dieser flexibel auf Konjunkturen des wissenschaftlichen Feldes reagieren kann. Evidenzen über soziale Sachverhalte werden somit nicht allein in einer fixen Ordnung der Lebewesen gesucht. An die Stelle der Naturordnung der Biologie rücken nämlich vielfach technische Artefakte wie der Computer, die gleichfalls als a- und prä-gesellschaftlicher Bereich konzipiert werden, aus dem Wahrheiten über Subjektivität und Handlungsfähigkeit abzuleiten sind. Auch die biologischen Elemente, die in der Philosophie des Geistes verstärkt zirkulieren, seit sie sich zentral auf die Neurowissenschaften bezieht, werden aber zumeist von informationstechnologischen Konzepten überlagert. Darüber hinaus kamen die dominanten Positionen in der Philosophie des Geistes, wie der folgende Abschnitt zeigt, lange Zeit ohne Bezug auf Biologie aus und orientierten sich vor allem an der KI-Forschung. Insgesamt aber, so lässt sich festhalten, zeichnet sich die naturalistische Philosophie des Geistes dadurch aus, dass sie Natur- und Technikwissenschaften szientistisch artikuliert, das heißt entkontextualisiert und homogenisiert. Bei der Transposition von wissenschaftlichen Konzepten in den philosophischen Diskurs kommt es dabei zu einer Entgrenzung, die ihren Wahrheitsanspruch verfestigt. Denn in den wissenschaftlichen Feldern, in denen diese Konzepte formuliert werden, sind sie regional eingegrenzt und stehen in einem Zusammenhang konkurrierender Ansätze und unabgeschlossener Forschungsprozesse. Die philosophische Adaptation aber löscht diese Zusammenhänge und Prozesse und bringt eine philosophische Modifikation der wissenschaftlichen Konzepte hervor. Wenn es bei Pierre Bourdieu in Bezug auf politisch-ethische Stellungnahmen, die philosophische Entwürfe strukturieren, heißt, dass diese beim Übergang von einem mentalen Raum in einen anderen einer Sublimierung unterliegen, die »die zugrunde liegenden Determinanten tendenziell unkenntlich werden läßt« (1988, 58), so trifft dies – mutatis mutandis – auch auf die Transposition von wissenschaftlichen Erkenntnissen in den philosophischen Diskurs zu. »Sublimiert« werden die Forschungs- und Diskussionsprozesse in den Wissenschaften ebenso wie der soziale und kulturelle Kontext, in dem sie stattfinden. Paradoxerweise wird gerade durch diese Unkenntlichmachung das symbolische Kapital der Wissenschaften auf die philosophischen Entwürfe von Bewusstsein und Subjektivität übertragen. Wissenschaftliche Theoreme beziehungsweise überhaupt der Bezug auf natur- und technikwissenschaftliche Forschungsansätze werden so zu Elementen von Subjektkonstruktionen, die die Situiertheit dieser Konstruktionen in gesellschaftlichen Machtverhältnissen verdecken. Eine kritische Lektüre hat diese jedoch wieder ins Bild zu rücken.

3.2 Kontrolle und Flexibilität – Informationelle Metaphorik als Symptom von Subjektivierungsweisen

Eine Konsequenz der naturalistischen Philosophieauffassung ist, dass abhängig von den Konjunkturen wissenschaftlicher Felder unterschiedliche Disziplinen und Forschungsprogramme zu Bezugsgrößen aufrücken. »Forschungsprogramme kommen und gehen, wissenschaftliche Paradigmen erschöpfen sich – was bleibt, ist der Naturalismus, insofern er sich nicht auf eine Referenzwissenschaft verpflichtet« (Keil, Schnädelbach 2000, 23). In der Philosophie des Geistes sind daher seit den späten 1940er Jahren Theoreme aus unterschiedlichen Subdisziplinen und Forschungsansätzen adaptiert worden. Dabei war zunächst die Kybernetik von zentraler Bedeutung. Im Gegensatz zum Behaviorismus schloss das kybernetische Vokabular »mentalistische« Begriffe wie »Zweck«, »Ziel« und »Wille« nicht aus und war daher bewusstseinsphilosophisch anschlussfähig. Über die Erweiterung des Maschinenbegriffs durch das Konzept der Rückkoppelung erhielten diese Begriffe, auch wenn sie in erster Linie technisch artikuliert waren, sogar zentrale Bedeutung (Edwards 1996, 182). Zugleich unterhielt die Kybernetik eine starke Allianz mit der Neurobiologie. Warren McCulloch und Walter Pitts konzipierten Neuronen als informationsverarbeitende Systeme und gingen davon aus, dass ein neuronales Netz jede Zahl beziehungsweise »Proposition« errechnen kann, die auch von einer Turing-Maschine errechnet werden kann. Als seine zentrale Einsicht formulierte McCulloch, »›that brains do not secrete thought as the liver secretes bile but […] they compute thought the way electronic computers calculate numbers‹« (zit. n. Hayles 1995, 58). Diese Analogie von Gehirn und Computer wurde in den späten 1950er Jahren dann jedoch durch die von Computer und Geist ersetzt, die für die Forschung zu künstlicher Intelligenz und die entstehenden Kognitionswissenschaften zentral wurde.[27]

27 Die Dartmouth-Konferenz von 1956 wird im Allgemeinen als Initialzündung der KI-Forschung betrachtet. »The second MIT Symposium on Information Theory, from which Georg Miller dates the inception of cognitive psychology, occurred a few months later, and its protagonists included many of the same people.« (Edwards 1996, 252f.)

»The two metaphors shared concepts of coding and information. But where the cyberneticians' ideal systems were weakly structured, self-organizing, and engaged with the environment, AI systems were highly structured, manipulating pre-encoded and pre-organized knowledge rather than building it through sensory encounters. Instead of feedback, reflex, and neural networks, the AI theorists thought in terms of instructions, languages, goals, and logical operations. The physical machine became little more than an arbitrary vehicle for the interactions of pure information.« (Edwards 1996, 252)

Dieser Entwicklung folgend wurden Kognitivismus und KI in den 1960er und 1970er Jahren für die Philosophie des Geistes maßgeblich, wo sie sich vor allem in Gestalt des Funktionalismus geltend machten. Die Neurowissenschaften wurden hingegen erst gegen Ende der 1980er Jahre zum Referenzwissen, als die KI-Forschung und das kognitivistische Paradigma in die Krise gerieten. Unter dem Titel »Konnektionismus« kam es nämlich zu dieser Zeit in verschiedenen Forschungsgebieten zu einer Rückkehr zur Biologie, das heißt zu kybernetischen Modellen und zur Theorie der neuronalen Netze, wie sie bereits McCulloch und Pitts formuliert hatten.[28] »In den klassischen Kognitionswissenschaften (Kognitionspsychologie, Linguistik, Computerwissenschaften, Analytische Philosophie, Anthropologie)«, so fasst der Hirnforscher Gerhard Roth zusammen, »herrschte lange die Vorstellung vor, kognitive geistige Leistungen bestünden im regelgeleiteten Verarbeiten definierter Symbole, Begriffe und Wissensinhalte. Grundbeispiel hierfür ist das sprachlich repräsentierte logische Denken« (Roth 1997, XVf.). Doch wurde dieser Ansatz zunächst innerhalb der KI-Forschung, die so zum Teil in die Artificial-Life-Forschung überging, durch eine Hinwendung zu biologischen Modellen abgelöst, welche mit dem Top-down-Ansatz des Kognitivismus brachen. Eine zentrale Rolle spielte dabei die Entwicklung »künstlicher neuronaler Netze«. Diese, so Roth, »ähneln in ihrer Struktur den Gegebenheiten des Gehirns: sie bestehen aus einer großen Zahl von Verarbeitungselementen (›abstrakte Neurone‹), ebenso wie im Gehirn beruht ihre Leistung (Mustererkennung, Klassifikation, Bewegungssteuerung und so weiter) auf der spezifischen Verknüpfung der Elemente. Ihr Wissen und Können ist in der Struktur verteilt, es ist subsymbolisch. Die Netzwerke benötigen keine expliziten Regeln, sondern leiten diese schrittweise in einem Lernprozess ab, genauso wie dies im Gehirn der Fall ist« (ebd.). Das aus der Orientierung an der Hirnphysiologie gewonnene Konzept der neuronalen Netze wurde dann

28 Breidbach verortet dieses Konzept sogar »in einer über das endende neunzehnte Jahrhundert (Exner) zurückführenden Traditionslinie, die weit vor den Zeitraum der Entstehung der experimentellen Neurowissenschaften zurückweist« (Breidbach 2001, 39).

Anfang der 1990er Jahre auch in den Neurowissenschaften »wieder hoffähig, schien hier doch eine Theorie gefunden zu sein, die es erlaubte, die funktionelle Plastizität der Einzelzelle und die funktionelle Determiniertheit bestimmter Hirnregionen miteinander zu verbinden« (Breidbach 2001, 39). Die Grundthese, die Computerwissenschaft und Neurowissenschaften seither miteinander verbindet, besteht, so Ansgar Beckermann, darin, dass das »intelligente Verhalten von Maschinen und höheren Tieren [...] nicht auf computerähnlichen Symbolverarbeitungsprozessen [beruht], sondern auf den flexiblen Strukturen neuronaler Netze« (1999, 285). Deren Funktionsweise wird vor allem unter Bezug auf die Programmierstrategie des *parallel distributed processing* (PDP) konzipiert. Nach wie vor werden also menschliche Denkprozesse und informationelle Datenverarbeitung gleichgesetzt, doch nun unter dem Vorzeichen von Nonlinearität und Flexibilität.

Diese konzeptionellen Entwicklungen, die Computerwissenschaften, KI-Forschung, Robotik, Psychologie und Neurowissenschaften verbinden, sind in die Philosophie des Geistes eingegangen und kommen dort sehr prägnant in der Veränderung der informationellen Metaphorik zum Ausdruck. Waren zunächst die »Turing-Maschine« und der »Computer« Leitmetaphern, so ist seit Mitte der 1980er Jahre die Metapher des PDP zentral geworden. Dabei werden in der Übertragung computer- beziehungsweise neurowissenschaftlicher Konzepte und Theoreme nicht nur im Allgemeinen semantische Affinitäten zwischen dem wissenschaftlichen und dem philosophischen Diskurs hergestellt, sondern durch die Transposition in die Philosophie werden die informationellen Konzepte zu Leitmetaphern, die unterschiedliche Subjektkonstruktionen strukturieren. Allerdings wird ihre Metaphorizität selbst in den philosophischen Subjektkonzeptionen gelöscht, so dass die informationellen Metaphern – wie Lily Kay es mit Bezug auf die Rede vom genetischen Code formuliert hat – »ontologisch verstanden« werden. Es handelt sich also um Katachresen, deren metaphorische Dimension es allererst sichtbar zu machen gilt. Gemeinsam ist ihnen und den Subjektkonstruktionen, die auf diese Art und Weise durch unterschiedliche Formen der Datenverarbeitung artikuliert werden, die Zentralstellung einer spezifischen Form von Rationalität, nämlich der von logischen Operationen. Die informationellen Metaphern schließen an die rationalistische Tradition seit Descartes und Hobbes an, in der alle Bewusstseins- und Denkprozesse nach dem Modell des mathematischen Kalküls begriffen werden. Schon bei Hobbes hieß es nämlich, Denken sei »nichts anderes als sich eine Gesamtsumme durch Addition von Teilen (oder einen Rest durch Subtraktion einer Summe von einer anderen) vorstellen [...] Wo Addition und Subtraktion am Platze sind, da ist auch Vernunft am Platze« (zit. n. Dreyfus 1985, 18). Zu Beginn des zwanzigsten Jahrhunderts wurde die Gleichsetzung von Denken und Rechnen dann erneut in der Wissenschaftstheorie zentral.[29] Doch auch wenn sich die Bewusstseinskonzeptionen der Philosophie des Geistes auf diese Art und Weise in eine lange hegemoniale Tradition abendländischer Philosophie einschreiben, stellen sie spezifische Modifikationen des mathematischen Modells des Denkens dar. Diese Modifikationen lassen sich anhand der Veränderungen der informationellen Metaphorik seit den 1960er Jahren rekonstruieren. Dabei öffnet die Metaphernanalyse auch hier den Zugang zum politisch-ethischen Ungedachten der Konstruktionen. Es zeigt sich, dass die philosophischen Entwürfe von Bewusstsein und Subjektivität, um die in der Philosophie des Geistes gerungen wird, eben nicht nur wissenschaftlichen Entwicklungen folgen, sondern zugleich sozio-kulturell verankert sind. Sie schreiben sich in gesellschaftliche Transformationsprozesse ein, die sie jedoch nicht fassen können.

Dies wird im Folgenden zunächst anhand der Computermetaphorik, die vor allem im Funktionalismus zentral war, rekonstruiert. Anschließend geht es um die Subjektivierungs- und Normalisierungsstrategien, die sich an die Metapher der Parallelverarbeitung anlagern. Im Vergleich dieser Leitmetaphern wird dabei auch deutlich, dass die durch sie strukturierten Konzeptionen des Subjekts unterschiedliche Konsequenzen für die Thematisierung von Geschlecht und Geschlechterverhältnissen haben.

Computermetaphorik und das Top-down-Modell des Funktionalismus

Hilary Putnam hat in den 1960er Jahren in mehreren einflussreichen Aufsätzen, die für die Position des Funktionalismus innerhalb der Philosophie des Geistes grundlegend waren, das sogenannte Computermodell des Geistes

29 »Die Tradition des ratiocinari = computare beziehungsweise des cogitare = calculare wird in Anknüpfung an die ›Mathesis universalis‹ und in Kritik am Idealismus durch Bolzanos ›Wissenschaftslehre‹ (1837) weitergeführt, die dann direkt zu Boole, Frege, Russell, aber auch Husserl, später: Wittgenstein, Scholz und Carnap weiterleitet.« (Bormann, Kuhlen, Oeing-Hanhoff 1971ff., 97) Zu Beginn des zwanzigsten Jahrhunderts formulierten zudem Whitehead und Russell das Programm einer Formalisierung und Mathematisierung von Denkprozessen. So heißt es in der Einleitung der *Principia Mathematica*: »with the aid of symbolism, deductive reasoning can be extended to regions of thought not usually supposed amenable to mathematical treatment« (zit. n. ebd., 98).

formuliert.[30] Putnam stellt dort eine Analogie zwischen menschlichem Denken und einer Turing-Maschine her und erhebt den Anspruch, damit das traditionelle »Körper-Geist-Problem« zu lösen. »Every philosophic argument that has ever been employed in connection with the mind-body problem, from the oldest and most naïve [...] to the most sophisticated«, so Putnam in dem Aufsatz *Minds and Machines*, »has its exact counterpart in the case of the ›problem‹ of logical states and structural states in Turing machines« (1960/1975, 384). Seine Lösung besteht in einer Auflösung des Dualismus von Körper und Geist zugunsten der Geist-Seite. Denn durch die Analogie von logischen Zuständen einer Turing-Maschine und mentalen Zuständen eines menschelichen Wesens auf der einen Seite, der Analogie von strukturellen Zuständen einer Turing-Maschine und physischen Zuständen eines Menschen auf der anderen (vgl. ebd., 373), ergibt sich für ihn die Irrelevanz des Körperlichen. Schließlich ist es für das Funktionieren einer Turing-Maschine ohne Bedeutung, aus welchem Material sie besteht. Es handelt sich um »an abstract machine which may be physically realized in an almost infinite number of different ways« (ebd., 371).[31] Dabei nimmt Putnam zentrale Gedanken Alan Turings auf, der seine Maschine zunächst als »Papiermaschine« beschrieben und erst später als physikalische Maschine realisiert hatte. Als grundlegend für ihr Funktionieren galten Turing allein »einige wenige Grundoperationen: einlesen eines Zeichens, es überschreiben oder löschen, Bewegung nach rechts, Bewegung nach links« (Heintz 1993, 90). Turings weitreichende These war, dass diese Grundoperationen ausreichen, um jede symbolische Operation durchzuführen, egal wie komplex sie ist. Diesem Maschinenmodell liegt dabei, wie Bettina Heintz herausgestellt hat, eine »Analyse dessen, was Menschen tun, wenn sie einer Vorschrift folgen«, zugrunde (ebd., 90). Turing zerlegte nämlich den Vorgang des Rechnens in eine »schrittweise Transformation von Zeichen« (ebd.): »Die Rechnende beginnt bei dem ersten Symbol links, verändert es oder läßt es stehen, schaut

30 Weitere wichtige Vertreter des Funktionalismus sind Ned Block und Jerry Fodor. Doch wurde diese Theorie, wie Ansgar Beckermann schreibt, »in so vielfältiger Weise weiterentwickelt, daß es heute eine kaum noch überschaubare Zahl von Versionen des Funktionalismus gibt, die zum Teil nur noch von Spezialisten unterschieden werden können.« (Beckermann 1999, 141)

31 In dem Folgeaufsatz »The nature of mental states« (1967) ersetzt Putnam die Turing-Maschine durch einen Probabilistischen Automaten, erhält jedoch seine Grundthese aufrecht. »Der Begriff eines Probabilistischen Automaten ist«, so Putnam, »ähnlich definiert wie eine Turing-Maschine, außer daß die Übergänge zwischen ›Zuständen‹ verschiedene Wahrscheinlichkeiten haben können, statt determiniert zu sein« (1981, 127).

danach auf das nächste Symbol ein Feld weiter rechts, verändert es oder läßt es stehen usw., bis die Rechnung ausgeführt ist. Zum Schluß steht eine andere Zeichenfolge auf dem Papier, und diese Abfolge repräsentiert das Resultat.« (Ebd.) Auf diese Art beschrieb Turing »den menschlichen Rechenprozeß – oder allgemeiner: das menschliche Operieren mit Symbolen – als eine determinierte Sequenz von einzelnen, ganz elementaren Operationen: Wahrnehmen des Symbols; Überschreiben oder Löschen; Bewegung nach rechts; Bewegung nach links; Anhalten« (ebd.). Die Turing-Maschine erscheint somit als »nichts anderes als eine normierte Darstellung des Verhaltens eines menschlichen Rechners« (ebd., 93). Bereits die Idee der Maschine basiert also auf einer Analogie von Mensch und Maschine, die Putnam gewissermaßen umkehrt, wenn er die Maschine zum Grundmodell des menschlichen Denkens macht. Dabei wird, was bei Turing die formale Rekonstruktion einer spezifischen menschlichen Praxis, des Rechnens, ist, von Putnam philosophisch entgrenzt. Denn indem das regelgeleitete, algorithmische Operieren mit Symbolen zum Synonym für menschliche Bewusstseinsprozesse überhaupt wird, werden Subjektivität und Handlungsfähigkeit insgesamt auf eine spezifische Art und Weise artikuliert.

Diese Artikulation erfolgt über die verschiedenen Bedeutungsdimensionen, die in der Metapher des Computers verschränkt sind. Dazu zählt zunächst das hierarchische Top-down-Modell, auf das Bewusstseins- und Denkprozesse festgelegt werden. In klassischen Computern, die durch eine Von-Neumann-Architektur[32] strukturiert sind, werden die eingegebenen Befehle einem festen Programm entsprechend sequenziell abgearbeitet, bis es am Ende zum »output« kommt. Diese hierarchische Anordnung wird dabei im Funktionalismus durch die Analogie zur Turing-Maschine – die »das Grunddesign von Digitalcomputern vorweggenommen« hat (ebd., 10) – und darüber hinaus durch das Konzept der mentalen Repräsentation evoziert. Denn der gesamte Repräsentationalismus, der maßgeblich von Jerry Fodor geprägt wurde, operiert mit der Vorstellung von »mental processes as formal operations on symbols« und mit der Computermetapher (Fodor 1981, 23).[33]

32 Anfang der 1950er Jahre hatte sich von Neumanns Computerdesign durchgesetzt. »›Computer‹ hieß nun: digital (und nicht analog), binär (und nicht dezimal), elektronisch (und nicht elektromechanisch), sequenzielle Befehlsverarbeitung (und nicht parallele), intern zusammen mit den Daten gespeichertes Programm (und nicht externe Programmierung)« (Heintz 1993, 213).

33 Fodor greift bei seiner Bestimmung intentionaler Zustände, die er als »›mentale‹ Repräsentationen« fasst, »auf zwei Modelle zurück, nämlich auf das der Sprache und auf das des konventionellen Computers mit einer von-Neumann-Architektur. Mentale Repräsentati-

Vorausgesetzt wird dabei, »daß das gesamte relevante Wissen von der Welt, alles, was für ein intelligentes Verhalten wesentlich ist, prinzipiell als eine Menge kontextunabhängiger, festgelegter Elemente analysierbar sein muß« (Dreyfus 1985, 105), mit denen dann einem gegebenen Set an Algorithmen gemäß operiert wird. Dadurch werden nicht nur die Dimensionen von Ambivalenz und Ungewissheit, die für jedes menschliche Handeln konstitutiv sind, ausgeblendet. Wie Hubert Dreyfus bereits in seiner frühen Kritik der KI-Forschung betont hat, sind hier subjekttheoretische Annahmen impliziert, die weitere wesentliche Aspekte menschlicher Subjektivität vernachlässigen. Dies sind »die Rolle, die der Körper für die Organisation und Vereinheitlichung unserer Erfahrung spielt; die Rolle der Situation, die den Hintergrund abgibt, auf dem Verhalten zwar geordnet, aber dennoch nicht regelgeleitet ist; und schließlich die Rolle, die die menschlichen Bedürfnisse und Zwecke bei der Organisation dieser Situation spielen, so daß Gegenstände als relevant und zugänglich erkannt werden« (1985, 182). Auch Paul N. Edwards hat diese Defizite als konstitutiv für die »metaphorische Struktur« des Turing-Tests[34] herausgestellt.

»Under the regime of the test«, heißt es, »written natural language must be seen as an adequate representative of human communication. Turing did not require that the computer imitate a human voice or mimic facial expressions, gestures, theatrical displays, laughter, or any of the thousands of other ways humans communicate. What might be called the intelligence of the body – dance, reflex, perception, the manipulation of objects in space as people solve problems, and so on – drops from view as irrelevant. In the same way, what might be called social intelligence – the collective construction of human realities – does not appear in the picture.« (1996, 159)

Eine Konsequenz, die allerdings weder Dreyfus noch Edwards beleuchten, ist, dass mit der Ausblendung von Körperlichkeit und Sozialität auch Geschlecht und Geschlechterverhältnisse aus dem Blick rücken. In dieser Hinsicht führt der Funktionalismus die cartesianische Tradition weiter, in der auch der geschlechterpolitisch ambivalente Slogan »L'esprit n'a pas de sexe«

onen sind in seinen Augen also Bestandteile einer Sprache, konkreter einer ›Sprache des Geistes‹ (Language of Thought), gleichzeitig sind sie Gegenstand von internen Verarbeitungsprozessen, die im Prinzip so ablaufen, wie man das von einem konventionellen Computer kennt.« (Pauen 2001, 221)

34 Der Turing-Test besteht darin, dass ein menschlicher Fragesteller, der über einen Computer gleichzeitig mit einem Menschen und mit einem Computer kommuniziert, herausfinden soll, welcher der Gesprächspartner Mensch, welcher Maschine ist. Gelingt ihm das nicht, hat die Maschine »gewonnen«.

(Poullain de la Barre) formuliert wurde. Ambivalent ist dieser, weil die damit eröffnete Perspektive zwar einerseits egalitär ist, andererseits gerade der formale Egalitarismus, der Körper, Bedürfnisse und die je spezifische Positionierung in gesellschaftlichen Verhältnissen ausblendet, eine Barriere für die Thematisierung von hierarchischen Geschlechterverhältnissen darstellt. Die Entkörperlichung und Entnaturalisierung von Geschlecht, die für diese Art des Egalitarismus grundlegend ist, ist aber, wie Bettina Heintz zeigt, ebenfalls im Turingtest angelegt, der mit einem Spiel um die Imitation von Geschlecht beginnt. Der Aufgabenstellung des Tests zufolge soll ein menschlicher Fragesteller herausfinden, welcher von zwei Protagonisten, A und B, ein Mann, welcher eine Frau ist. »A's Aufgabe in diesem Spiel besteht darin, den Fragesteller zu einer falschen Identifizierung zu verleiten, während B ihm soweit als möglich helfen soll. A wird also so tun, als ob er eine Frau wäre, während B sich ganz natürlich, ›wahrheitsgemäß‹, wie Turing schreibt, verhalten wird.« (Heintz 1993, 264). Die zentrale Voraussetzung dafür, dass A überhaupt eine Chance zu gewinnen hat, liegt, wie Heintz ausführt, darin, dass »geschlechtsspezifisches Verhalten nicht biologisch determiniert ist. Diese Voraussetzung ist gewissermaßen die geschlechtertheoretische Variante der Grundannahme des Funktionalismus: Geschlechtsspezifisches Verhalten ist kein biologischer Zwang, sondern kann von physiologisch unterschiedlichen Körpern dargestellt werden. Andernfalls wüßte A vielleicht, wie B reagiert, wenn ihr dieses oder jenes geschieht, dieses Verhalten nachzuahmen, wäre für ihn jedoch so unmöglich wie wegzufliegen, wenn es Herbst wird« (ebd., 265f.). Wenn Körperlichkeit so wenig Bedeutung für unser Denken und Handeln hat, dass wir auch aus »Schweizer Käse« sein könnten, wie es bei Putnam heißt,[35] ist auch jede Form von körperlicher Geschlechtlichkeit irrelevant. Dementsprechend hat Douglas Hofstadter, einer der Protagonisten der KI-Forschung, im Gespräch mit Patricia Churchland die Bedeutung des menschlichen Körpers für Denkprozesse durch einen ironischen Verweis auf Geschlecht zurückgewiesen.

»If simply looking different and having different bodily parts were decisive in determining intentionality«, so Hofstadter in der Wiedergabe durch Churchland, »then one could envision much the same argument used persistently by male humans to conclude that females do not have states with original, nonderived, real intentionality. They have only ›femintentionality‹. Or, obviously, the roles could be reversed, and

35 »We could be made of Swiss cheese, and it wouldn't matter«, lautet eine der pointiertesten Zusammenfassungen, die Putnam von seiner funktionalistischen Position gibt (zit. n. Heintz 1993, 98).

women could claim that men do not have original nonderived, real intentionality. They have merely ›mascintentionality‹« (1986/1993, 345).

Die Ausblendung und Negation von Geschlecht gehört mithin ebenso zur Metaphorik des Computermodells des Geistes wie die hierarchische Ordnung des Operierens nach dem Schema von Befehl und Kontrolle.

Darüber hinaus strukturieren auch die gesellschaftlichen Verwendungsweisen des Computers sowie die kulturellen Zirkulationsprozesse der Metapher ihren Bedeutungshorizont mit. Die Computermetaphorik transportiert daher auch politisch-ethische Bedeutungen und artikuliert Subjektivität mit historisch-spezifischen gesellschaftlichen Prozessen. Als Modell und Metapher, so Edwards, »computer connect cognitive psychology and artificial intelligence to high-technology warfare and to the institutional structure of the modern state« (1996, xv). Er bezieht sich damit auf die Gebrauchsweisen und Diskurse um den Einsatz von Computern in den Jahrzehnten nach dem Zweiten Weltkrieg. Im Rahmen der militärischen Strategien des Kalten Krieges standen dabei die Überwachungs- und Kontrollfunktionen von Computern im Zentrum. Gleiches gilt für die fordistischen Management- und Verwaltungstheorien, wie sie unter anderem von Herbert Simon, dem Mitbegründer der KI-Forschung, entworfen wurden. »This extension of mathematical formalization into the realm of business and social problems«, so Paul Edwards, »brought with it a newfound sense of power, the hope of a technical control of social processes to equal that achieved in mechanical and electronic systems. In the systems discourses of the 1950s and 1960s, the formal techniques and tools of the ›systems science‹ went hand in hand with a language and ideology of technical control« (ebd. 114). Die Kontrollpositionen des Militärs, der Verwaltung und des Managements aber waren entsprechend der rigiden Geschlechterordnung des Fordismus, die durch eine relativ feste Trennung zwischen Öffentlichkeit und Privatheit strukturiert war, fast durchgehend männlich besetzt. Davon zeugen nicht zuletzt die Ausführungen Herbert Simons, der die Position des »Entscheiders« in hierarchisch strukturierten Organisationen entwirft und wie selbstverständlich männlich imaginiert. Die Führungskraft ist hier ein Mann, der – so der Vergleich – wie ein Athlet seinen Körper trainiert, Fähigkeiten erlernt, »die man braucht, um Informationen zu sammeln, zu planen und auszuwählen« (1966, 73). Die Computerprogramme, die er dazu benutzt, sind der Organisation, die er leitet, homolog: »Immer gliedert sich das Gesamtprogramm in Unterprogramme. […] Außerdem kontrollieren oder lenken in gewisser Weise die oberen Programme das Verhalten der Unterprogramme; man sieht also, daß zwischen diesen Programmen autoritäre Beziehungen bestehen, die denen, die wir aus menschlichen Organisationen kennen, nicht unähnlich sind.« (Ebd., 114) Auch hier steht also die hierarchische Anordnung des Computers, homolog zur Betriebsordnung, im Zentrum. Zwar wird dies keineswegs ausgeführt, doch ist das Computermodell des Geistes über diese Bezüge in die symbolische Ordnung des Fordismus und damit auch in dessen Geschlechterordnung eingelassen. Es korreliert dabei nicht nur aufgrund dieser politisch-ethischen Kontexte, in denen die Metapher des Computers ebenfalls zirkuliert, mit den gesellschaftlichen Strukturen des Fordismus. Schon Turings Grundidee – die »Zerlegung komplexer Prozesse in elementare Operationen, mechanisches Befolgen von Instruktionen« (Heintz 1993, 92) – ist in diese eingelassen, insofern sie das Prinzip der tayloristischen Arbeitsorganisation aufgreift. Denn Turing, so Bettina Heintz,

> »hat auf mentale Prozesse übertragen, was Taylor und Ford noch auf körperliche Bewegungen beschränkt hatten. Das Turingmodell [...] ist, pointiert formuliert, die Anwendung des tayloristischen Prinzips auf kognitive Prozesse. Komplexe mentale Prozesse werden in einfache Grundoperationen zerlegt, in mentale Handgriffe sozusagen, und dann gemäß der algorithmischen Vorschrift sequentiell aneinandergereiht: Das Fließband im Gehirn« (1993, 172).

Auch wenn diese Zusammenhänge in den Texten der Philosophie des Geistes in keiner Weise angesprochen werden – über die Metapher des Computers, die qua Metapher die Grenzen des philosophischen Spezialdiskurses sprengt und unterschiedliche Diskurse und Praxen miteinander verbindet, sind die funktionalistischen Positionen in diesem soziokulturellen Horizont verankert. Sie sind denn auch gleichzeitig mit dem Niedergang des Fordismus ab Mitte der 1980er Jahre in die Krise geraten. Putnam selbst hat seine Position schon ab Ende der 1970er Jahre revidiert. Dabei hat er, ähnlich wie auch Searle in seiner Kritik der KI,[36] die Reduktion von Denkprozessen auf syntaktische Operationen und die Ausblendung von Semantik und Pragmatik kritisiert. Sozialität und Körperlichkeit werden dabei wieder ins Bild eingefügt. »The first difficulty I encountered with my functionalist views«, so

36 In seinem viel beachteten Aufsatz »Geist, Gehirn, Programm« (1980) hat Searle durch das Gedankenexperiment des Chinesischen Zimmers die Analogie von Geist und Computer kritisiert. Er arbeitet mit der Fiktion eines des Chinesischen unkundigen Individuums, das durch die Befolgung von syntaktischen Regeln chinesische Zeichenreihen generiert, die als »sinnvolle« Antworten auf die ihm gestellten Fragen gelten. Auch wenn so das Spiel von Frage und Antwort funktioniert, lässt sich doch nicht behaupten, dass das Individuum den Sinn der Sätze, mit denen es operiert, verstehe. Searles Einsatz besteht darin aufzuzeigen, dass menschliches Denken nicht auf Symbolverarbeitung reduziert werden kann.

Putnam, »was that they were incompatible with the account of meaning that I myself put forward in *The Meaning of Meaning*. According to the arguments of that essay, the context of our beliefs and desires is not determined by individualistic properties of the speaker but depends on social facts about the linguistic community of which the speaker is a member and on facts about the physical environment of the speaker and of the linguistic community« (1994, 443). Auch bei Putnam geht dies mit der Hinwendung zur Neurobiologie einher. Dem naturalistischen Programm entsprechend bezieht er sich seit Ende der 1980er Jahre auf den neurobiologischen Konnektionismus.

»Even in the case of a single species, the ›functional organization‹ may not be exactly the same for all members. The number of neurons in your brain is not exactly the same as the number of neurons in anyone else's brain, and neurologists tell us that no two brains are literally ›wired‹ the same way. The ›wiring‹ depends on the maturational history and environmental stimulation of the individual brain« (ebd., 451).

Er bleibt damit dem Szientismus, den er in Gestalt von Quines naturalisierter Erkenntnistheorie scharf kritisiert hat, durchaus treu.

Plastizität, Flexibilität und Effizienz – Die Metapher der Parallelverarbeitung

Der Konnektionismus, für den die Konzepte der Hirnplastizität, der neuronalen Netze und das Modell der Parallelverarbeitung konstitutiv sind, gewann in der zweiten Hälfte der 1980er Jahre zunehmend an Einfluss, das heißt gleichzeitig mit jenen gesellschaftlichen Veränderungen, die Flexibilisierungsprozesse in unterschiedlichen Bereichen in Gang setzten. Nicht nur Arbeitsprozesse wurden verstärkt durch computergestützte Automation, die auf »flache Hierarchien« und die Selbstverantwortlichkeit der Arbeitenden setzte, reorganisiert, sondern auch staatliche Strukturen und das Alltagsleben wurden zunehmend von neoliberalen Transformationsprozessen durchdrungen. Insbesondere Lebensweisen und geschlechtliche Individualitätsformen sind seitdem – und im Vergleich zu den eher statischen Formen der vorangegangenen Jahrzehnte – enorm flexibilisiert und pluralisiert worden. Dabei sind zwar auch Handlungsspielräume der Einzelnen vergrößert worden, doch haben sich zugleich neue Formen der Normalisierung herausgebildet. Daran haben auch Subjektkonstruktionen der Philosophie des Geistes teil, wie die Zirkulation der Metapher der Parallelverarbeitung zeigt, die im Folgenden exemplarisch an Textbeispielen von Daniel Dennett, Thomas Metzinger und Paul Churchland untersucht wird.

Dennett, dem es – wie der vorige Abschnitt gezeigt hat – darum geht, das menschliche Bewusstsein als Effekt von »Gehirnaktivitäten« zu rekonstruieren (1991/1994, 32), erklärt Bewusstseinsprozesse nicht nur evolutionsbiologisch, sondern verbindet biologische Erklärungsmuster mit einer informationellen Metaphorik. Grundsätzlich erscheint ihm das Bewusstsein als »Benutzer-Illusion«. Menschen, so Dennett, glauben »daß sie mentale Bilder, Schmerzen, Wahrnehmungen, Erfahrungen und dergleichen haben« (ebd., 136). Doch wie Benutzer eines Computers davon sprechen, dass dieser »arbeitet«, »rechnet«, »sucht« etc., da sie nur an der Oberfläche des Bildschirms operieren, so resultiert auch die Annahme eines Bewusstseins aus der praktischen Ignoranz der zugrunde liegenden neuronalen Prozesse. Diesen Vergleich zwischen dem Gehirn, das Bewusstsein generiert, und einem Computer artikuliert Dennett über die Metapher der Parallelverarbeitung. So werden Dennett zufolge »alle Arten von Wahrnehmung [...] im Gehirn durch parallele, vielstufige Prozesse der Interpretation und Elaboration von Sinnesdaten vollzogen. Die ins Nervensystem gelangende Information wird ständig einer Revision unterzogen« (ebd., 150f.). Dabei gibt es zunächst keinen Ort, an dem diese Prozesse zusammenlaufen. »Einige dieser verteilten inhaltvollen Zustände verschwinden schnell, und ohne Spuren zu hinterlassen. Andere wiederum hinterlassen Spuren in nachfolgenden verbalen Berichten über Erfahrung und Gedächtnis, semantische ›Promptheit‹ und andere Variationen des Wahrnehmungsprozesses, emotionale Zustände, Verhaltensneigungen usw.« (ebd., 181). Von Bewusstsein spricht Dennett daher erst, sofern im Gehirn »die Idee der Benutzerillusion von einer virtuellen Maschine« generiert wird (ebd., 289), die diese vielfältigen Prozesse strukturiert und zentralisiert. Ein »bewußter menschlicher Geist«, so Dennett, »ist mehr oder weniger eine seriale virtuelle Maschine, die – ineffizient – an der parallelen Hardware montiert ist, die die Evolution uns geliefert hat« (ebd., 288). Dennett kombiniert damit das Computermodell des Geistes, das heißt das Modell zentralisierter Datenverarbeitung in einer Von-Neumann-Maschine, mit dem Modell der Parallelverarbeitung. Die parallele Architektur des Gehirns arbeitet ihm zufolge mit einer »Software«, die »eine Art internes politisches Wunder [vollbringt]: Sie kreiert einen virtuellen Kapitän der Besatzungsmitglieder, ohne jedoch irgendjemandem langfristig diktatorische Macht zu geben« (ebd., 300). So wird schließlich als Resultat der parallel laufenden Datenverarbeitungsprozesse das Konstrukt eines Ich, das heißt eines inneren Persönlichkeitszentrums hervorgebracht. Auch wenn Dennett Bewusstsein also weiterhin als Operationen einer »›Neumannesken‹ virtuellen Maschine« begreift (ebd., 277), grenzt er sich doch gleichzeitig in Bezug auf die basalen Prozesse, die es hervorbringen, vom Modell des klassischen Computers ab. Denn »in einer Neumann-Maschine«, schreibt er, wird »nur das Programm von einer Diskette auf das Hauptgedächtnis (geladen), und der Computer bekommt dadurch einen Augenblickssatz von neuen Gewohnheiten. Im Falle des Gehirns bedarf es des Trainings, welches insbesondere die sich wiederholende Selbst-Stimulation enthält« (1991/1994, 288). An die Stelle der Vorstellung eines festen Programms, nach dem neuronale und Bewusstseinsprozesse ablaufen, ist hier die Vorstellung der Plastizität getreten, »die Myriaden von Gewohnheiten im Mikrobereich und daher auch im Makrobereich übernehmen kann« (ebd.) Allerdings müssen solche Gewohnheiten stets durch neuronale Verbindungen, die immer wieder zu neuen Konfigurationen führen, hergestellt werden. Selbstaktivierung, Effizienzsteigerung, überhaupt permanentes Streben nach Verbesserung, das sportlich als »Training« bezeichnet wird, sind in dieser Konstruktion daher die gefragten Kompetenzen.

Der Gedanke, dass die Funktionsfähigkeit eines Gehirns nicht ein für alle Mal gegeben ist, sondern permanenter Optimierungsbemühungen bedarf, findet sich in ähnlicher Form auch bei Thomas Metzinger. Dieser erhebt ebenfalls den Anspruch, Subjektivität nicht zu »eliminieren«, sondern zu erklären. »In Standardsituationen«, so Metzinger, »sind mentale Zustände immer die Zustände eines phänomenalen Ich«, und es ist dieses »zentrierte Bewußtsein«, der »um einen Brennpunkt herum aufgebaute innere Erlebnisraum«, den er erklären will (1993, 23). Subjektivität ist auch für Metzinger ein Resultat »interner Informationsverarbeitung« (ebd., 51). Menschen gelten als Organismen, die sich von anderen »informationsverarbeitenden Systemen« dadurch unterscheiden, dass sie »in der Lage sind, komplexe innere Repräsentate ihrer selbst zu erzeugen« (ebd., 47). Wichtig ist für Metzingers Position die Unterscheidung von Repräsentation und Repräsentat. Denn es ist, so Metzinger »selbstverständlich [...] nicht der neuronale Prozeß selbst, der mental ist oder zum Inhalt von Bewußtsein werden kann: Es sind die spezifischen, durch diesen Prozeß erzeugten inneren Aktivierungszustände beziehungsweise Datenstrukturen« (ebd., 51). Dementsprechend sind für ihn »mentale Repräsentate [...] keine nicht-physischen Einzeldinge, sondern interne Zustände physikalischer Informationsverarbeitungssysteme« (ebd., 53). Sie zeichnen sich dadurch aus, dass sie durch »Introspektion« bewusst werden können (ebd., 55). Ein »interessanter Sonderfall mentaler Repräsentation« ist für Metzinger dann »der Fall, bei dem das den Prozeß der internen Repräsentation durchführende System sich selbst abbildet. Es erzeugt einen inneren Zustand – ein Selbstrepräsentat –, mit dessen Hilfe es sich selbst auf nicht-sprachliche Weise beschreibt, mit dem es sein Verhalten steuern und auf sich selbst als Ganzes Bezug nehmen kann« (ebd., 153). Auch hier werden Bewusstseinsprozesse und insbesondere die Konstitution von Selbstbewusstsein durch eine informationelle Metaphorik artikuliert, die vor allem den Aspekt der flexiblen Datenverarbeitung hervorhebt. So fasst Metzinger Selbstmodelle auch als »komplexe Datenstrukturen, die innerhalb größerer Datenstrukturen auftreten und diese verändern. Ihre Funktion besteht unter anderem darin, daß sie solche dynamischen, sich ständig verändernden Datenstrukturen zentrieren« (ebd., 168). Sowohl das Gehirn als auch die aus den neuronalen Prozessen entstehenden Selbstmodelle sind bei Metzinger also grundsätzlich technizistisch artikuliert. Gehirne sind ihm zufolge nichts anderes als »General Problem Solvers«, und das »wichtigste Unterscheidungsmerkmal zwischen einem menschlichen Gehirn und einem Flugsimulator« besteht, wie es heißt, darin, dass menschliche Gehirne »den Piloten gleich mit(simulieren)« (ebd. 243). Diese informationelle Artikulation von Subjektivität impliziert eine spezifische Konstruktion von Normalität. So gibt es »gute Selbstmodelle«, die zu einer »erfolgreichen Operation in sozialen Umwelten« beitragen (ebd., 189) und durch die Abgrenzung vom Pathologischen Kontur gewinnen. »Ein Blick auf die Anomalien der psychischen Realität«, heißt es, ist »immer sinnvoll« (ebd., 137). Wie schon bei Dennett, auf den Metzinger sich hier bezieht, ist die psychische Anomalie, die in diesem Zusammenhang besondere Aufmerksamkeit erfährt, die »multiple Persönlichkeit« (190ff.).[37]

Dass diese Diagnose einen prominenten Platz in philosophischen Theorien erhält, die Bewusstsein als Resultat vielfältiger, parallel laufender Prozesse begreifen, ist dabei keineswegs zufällig. Denn die Figur der multiplen Persönlichkeit stellt die Kehrseite der geforderten Flexibilität dar: Die ge- und

37 Metzinger bezieht sich auf Dennett, das heißt auf den von diesem zusammen mit dem Psychologen Nicholas Humphrey veröffentlichten Aufsatz »Speaking for Ourselves: An Assessment of Multiple Personality Disorder« (1989). Im Folgenden ist, wie in den behandelten Texten, von »Multipler Persönlichkeit« beziehungsweise »Persönlichkeitsstörung« die Rede. Gemäß dem *Diagnostischen und Statistischen Manual Psychischer Störungen* trägt diese Diagnose in der Gegenwart allerdings den Namen »Dissoziative Identitätsstörung«. Der Text von Dennett und Humphrey führt Multiplizität am Beispiel eines Computers mit unterschiedlichen Programmen ein (1989, 68).

übersteigerte Flexibilität schlägt in völlige Dissoziation um, die den Effizienzanforderungen an ein ›gutes Selbstmodell‹ nicht mehr gerecht wird. A-Normalität ist hier, kurz gesagt, unkontrollierte Flexibilität. So erscheint die »multiple Persönlichkeit« mit dem Namen »Mary«, deren Fall bei Dennett und Nicholas Humphrey sowie bei Metzinger ausführlich dargelegt wird, zunächst als ideales Subjekt, das je nach Situation unterschiedliche Programme aufrufen und sich dementsprechend »effizient« verhalten kann. »When Mary lost temper with her mother, Hatey could chip in to do the screaming. When Mary was kissed by a boy in the playground, Sally could kiss him back. Everyone could do what they were ›good at‹, and Mary's own life was made that much simpler« (Dennett, Humphrey 1989, 74). Doch diese Art von Flexibilität erweist sich als dysfunktional, da sie keiner zentralen Steuerung unterliegt. Denn, so stellen Dennett und Humphrey fest, »there surely has to be some kind of a supervisor in there: a supervisory brain program, a central controller, or whatever« (ebd., 77). Metzinger trifft die Unterscheidung zwischen normaler und a-normaler Flexibilität in ähnlicher Weise unter Bezug auf Owen Flanagan, der »multiplexe Selbste« von »multiplen Selbsten« abgrenzt.[38] »Wir alle«, heißt es in Metzingers Ausführungen zu *Ich-Störungen als pathologische Formen mentaler Selbstmodellierung* (1997), »haben ein multiplexes Selbst, weil wir in unterschiedlichen sozialen Kontexten unterschiedliche Teile des funktionalen Profils unseres Selbstmodells realisieren. Für den MPD-Patienten dagegen ist es nicht mehr möglich, eine epistemische Verbindung zwischen verschiedenen ›narrativen Gravitationszentren‹ und episodischen Segmenten seiner inneren Geschichte herzustellen« (1997, 186).

In dieser Unterscheidung zwischen multiplex und multipel, von kontrollierter und unkontrollierter Flexibilität zeichnet sich ab, was Catherine Malabou die »neuronale Ideologie« nennt. Dabei wird das Konzept der Hirnplastizität für neoliberale Subjektkonstruktionen in Anspruch genommen beziehungsweise wird Plastizität, wie Malabou betont, »immer wieder durch ihre falsche Freundin, die Flexibilität«, ersetzt (2006, 23).[39] »Das Fehlen von Zentralität und Hierarchie«, so Malabou, »die Abwesenheit eines klaren und lokalisierten Konflikts und die Notwendigkeit, mobil und anpassungsfähig

38 »Normal selves are multiplex. When a single individual experiences herself or expresses her being with different narrators who cannot grasp the connection between or among the narratives or narrative segments, the individual is a multiple« (Flanagan 1994, 136).

39 »Der Unterschied zwischen beiden Begriffen scheint unbedeutend zu sein. Dennoch, die Flexibilität ist die ideologische Gestalt der Plastizität. Sie ist zugleich ihre Maske, ihre Entstellung und ihre Enteignung« (Malabou 2006, 23).

zu sein, sind neue Faktoren der inneren Unruhe, neue psychosomatische Symptome und neue Ursachen von ernsten Neurasthenien« (ebd., 75f.). Die neue Anomalie ist ihr zufolge zugleich imaginär und real, wirkliches Leiden und ideologische Figur. Malabou identifiziert mehrere solcher »Kontrastfiguren der vernetzten Gesellschaft«, die wie die Multiple Persönlichkeit bei Dennett und Metzinger ein »Gegenmodell zur Flexibilität« darstellen (ebd., 79). Dies ist zum einen der »Depressive, [...] der diese Auffassung vom ›wechselnden Bahnen folgenden Individuum‹, dessen Existenz selber als ein Unternehmen oder eine Reihe von Projekten verstanden wird, nicht erträgt« (ebd., 76). Zum anderen ist es die Figur des Alzheimer-Kranken, der als »›Entkoppelter‹ präsentiert (wird): umherirrend, erinnerungslos, asozial und ohne Bezugspunkte« (ebd., 79f.). In all diesen Figuren erscheint die Anomalie als psychisch-mentales Leiden, für dessen Verständnis und Therapie sich die Neurowissenschaften anbieten. Insofern die »neuronale Ideologie« die informationelle Sprache der Neurowissenschaften mit neoliberalen Flexibilitätsvorstellungen amalgamiert, ist sie, wie Malabou im Anschluss an Luc Boltanski und Eve Chiapello hervorhebt, Teil des »neuen Geists des Kapitalismus«. Sie artikuliert jene hegemonialen Subjektanforderungen, in deren Zentrum »die Anpassungsfähigkeit [steht/SL], das heißt die Fähigkeit, seine eigene Person wie einen Text zu behandeln, den man in verschiedene Sprachen übersetzt«, um sich erfolgreich in unterschiedlichen Netzwerken zu bewegen (Boltanski, Chiapello 2003, 499).[40] Auch wenn diese Ideologie ›alle‹ anruft und Kollektivzugehörigkeiten von ›Rasse‹, Klasse und Geschlecht über den individualisierenden Imperativ der Selbstoptimierung geradezu negiert, ist nicht zu übersehen, dass in den skizzierten Subjektkonstruktionen die Verfehlung und das Misslingen zumeist weibliche Gestalt haben. Schließlich ist die »multiple Persönlichkeitsstörung« ein »zu über 90% bei Frauen diagnostiziertes Krankheitsbild«, das auf der Annahme basiert, »daß frühkindliche traumatische Erlebnisse, zumeist inzestuöse Übergriffe, zu Dissoziationen führen« (von Braun, Dietze 1999, 6). Als weibliches Krankheitsbild aber, das die Kehrseite hegemonialer Normalitätsanforderungen repräsentiert, steht die »multiple Persönlichkeit« in einer langen Tradition von »Parallelen zwischen den verschiedenen Konzepten des Gemeinschaftskörpers und bestimmten Weiblichkeitsbildern« (von Braun 1999, 65). »Zeigen sich«,

40 »Von diesem Leitbild aus betrachtet, ist die Dauerhaftigkeit, vor allem sich selbst gegenüber beziehungsweise die dauerhafte Bindung an ›Werte‹ angreifbar als unangemessener, ja pathologischer Starrsinn beziehungsweise, je nach Kontext, als Ineffizienz, Unhöflichkeit oder kommunikative Inkompetenz« (Boltanski, Chiapello 2003, 499f.).

so Christina von Braun, »die Einschlußmechanismen an den weiblichen Allegorien des Gemeinschaftskörpers beziehungsweise an vielen sozialen Rollen, die von den verschiedenen Epochen der Weiblichkeit zugewiesen werden, so offenbaren sich die Ausschlußmechanismen […] besonders deutlich an den sogenannten ›Frauenkrankheiten‹« (ebd.).[41] Die »Multiple Persönlichkeit«, die ursächlich mit sexuellem Missbrauch in der Kindheit verknüpft wird, steht dabei für einen Ausschluss als Opfer. Doch dieser Ausschluss, der mit der viktimisierenden Konstruktion weiblicher Anomalie operiert, ist nur eine Gestalt, die Normalisierung im Kontext der philosophischen Debatten um die Neurowissenschaften annimmt.

Eine andere Form der Normalisierung, die jedoch im selben theoretischen und metaphorischen Horizont wie die von Dennett und Metzinger entworfene steht, tritt bei Paul Churchland in den Vordergrund. Während Normalisierung bei Dennett und Metzinger auf eine spezifische Modifikation des Selbstverhältnisses, nämlich die Konstitution einer flexibiliätsorientierten inneren Kontrollinstanz, ausgerichtet ist, stehen bei Churchland bevölkerungspolitisch begründete Eingriffe in die körperliche Integrität auf dem Spiel. Wie Dennett und Metzinger bezieht auch er sich auf das in die Neurobiologie transponierte Konzept des *parallel distributed processing* und knüpft daran einen neoliberalen Subjektentwurf. Doch während Dennett, wie Churchland kritisiert, immer noch davon ausgeht, dass »unsere parallel organisierte neuronale Architektur einen ›virtuellen‹ Computer nach[bildet], der […] klassisch-seriell nach Regeln arbeitet« und so menschliches Bewusstsein »simuliert« (1997/1995, 311), gibt Churchland das Konzept eines zentrierten Bewusstseins gänzlich auf. Für ihn gibt es nur Gehirnprozesse, die nach dem Modell des PDP ablaufen, das heißt jener »Form der Verrechnung, bei der ein Muster in ein anderes umgeformt wird, indem man es gleichzeitig durch eine große Anzahl von Synapsen schickt« (ebd., 13). Die zentralen Eigenschaften, die dem Gehirn hier zukommen, sind »hohe Geschwindigkeit« und »Zuverlässigkeit« (ebd., 17). Auch die im Weiteren angeführten »kognitiven Fähigkeiten« lesen sich wie eine Skizze des idealen neoliberalen Subjekts. Es ist vor allem die Fähigkeit, in sich schnell verändernden Situationen auch ohne vollständige Kenntnisse, mit »nur bruchstückhafter Information«, effektiv zu handeln. Das bedeutet unter anderem »relevante

41 Das Krankheitsbild der »multiplen Persönlichkeitsstörung« hat viele Dimensionen und ist nicht nur ideologisches Konstrukt, sondern zugleich gelebte Erfahrung. Der »postfeministische« Horizont, in dem »enttäuschte Lebensansprüche und unvereinbar konfligierende neue Rollenmodelle« aufeinandertreffen, kann daher ebenfalls als »Nährboden für die […] psychiatrische Karriere des Konzepts Multiple Persönlichkeit« gelten (Dietze 1999, 214).

Informationen in neuen Situationen sofort ab(zu)rufen«, die »Aufmerksamkeit auf verschiedene Aspekte der Wahrnehmung zu richten« und »in einer problematischen Situation verschiedene Modelle gedanklich durchzuspielen« (ebd., 17) – mithin sich so schnell wie möglich zu reorientieren und optimale Lösungen zu finden.

Da Paul Churchland ebenso wie Patricia Churchland den Standpunkt des eliminativen Materialismus vertritt, das heißt das Konzept des Bewusstseins grundsätzlich ablehnt, bekommt bei ihm das Gehirn selbst Subjektstatus zugesprochen. Seine Argumentation ist daher durch einen Homunculus-Fehlschluss gekennzeichnet, der bereits vielfach mit Blick auf das Computermodell des Geistes kritisiert wurde.[42] Das Gehirn beziehungsweise die Neuronen fungieren bei Churchland als anthropomorphe Akteure. Dabei überlagern sich bei ihm technologische und ökonomische Metaphern. So ist das Gehirnsubjekt nicht nur dynamisch, flexibel und effizient, weil es wie ein parallel arbeitendes Computersystem operiert, sondern auch, weil es Schauplatz eines »permanenten Konkurrenzkampfes« ist (ebd., 300). »Während sich pränatal Neuronen bilden und differenzieren, während sie an ihre Bestimmungsorte wandern und ihre wachsenden Axone die Zielgebiete suchen und dort tausende von Synapsen ausbilden, wieder lösen und erneut bilden, stehen sie«, so Churchland, »untereinander in ständigem Wettstreit um Nährstoffe, Raum, synaptische Verbindungen und Information, also elektrische Erregung. Da die vorhandenen Ressourcen begrenzt sind, muß der Erfolg einer Neuronengruppe zu Lasten einer anderen gehen« (ebd.). Dieser »natürliche neuronale Wettstreit« (ebd.), der bereits im Uterus beginnt, hält Churchland zufolge das ganze Leben hindurch an. Obwohl Churchland die synaptischen Verknüpfungen für dynamisch und stets optimierbar hält, geht er gleichzeitig von einer individuellen Fixierung des Gehirns und damit der persönlichen Eigenschaften aus. So legt ihm zufolge »das Gesamtmuster der Verteilung und Stärken […] (der) Synapsen […] die charakteristischen Merkmale eines jeden Individuums« fest (ebd., 3). Churchland führt eine

42 Wie Geert Keil betont, sind für jede Maschinenmetaphorik, also auch für das Computermodell, »Genese, Konstruktion und Zweck der Maschine eine ständige (wenn auch oft unbemerkte) Gefahr« (1993, 305), denn schließlich werden diese Aspekte von der Metapher mit evoziert. »Es ist der Doppelcharakter von Mechanizität und Finalität, der die Maschinenmetapher für all diejenigen, die mit ihr naturalistische Ambitionen verbinden, zum trojanischen Pferd macht. Die homunculi mögen gut versteckt sein, aber sie können jederzeit herausklettern.« (Ebd.) Anthony Kenny hat diese Kritik schon früh in die Debatte eingebracht; vgl. »The Homunculus Fallacy«, in: Marjorie Gene, Ilya Prigogine (Hg.), *Interpretations of Life and Mind*, London 1971, 155–165.

Reihe von Negativ-Figuren vor, denen es offensichtlich an »der richtigen Einstellung der synaptischen Gewichte eines neuronalen Netzes« (ebd., 169) mangelt. Dies sind, direkt dem Alltagsverstand und seinen Geschlechterbildern entsprungen, »notorische Unruhestifter, gedankenlose Rüpel oder falsche Schlangen [...] ganz abgesehen von den ›Brutalos‹ und Sadisten« (ebd., 175). Churchland, der nicht nur das Individuum, sondern »die Erfolgskurve der Bevölkerung« insgesamt vor Augen hat (ebd., 212), schlägt vor, durch »ein tieferes Verständnis für die Arbeitsweise biologischer Neuronennetze [...] Fehlfunktionen auf allen Ebenen gezielter anzugehen« (ebd., 216). Eine solche Korrektur von »Fehlfunktionen« kann jedoch in dieser Logik nur durch Eingriffe ins Gehirn erfolgen. Gedacht ist an Neurochirurgie und Psychopharmaka. Schließlich »können wir«, so Churchlands Formulierung, »ein wirklich krankes Gehirn nicht heilen, indem wir nur mit ihm sprechen« (ebd.). Die Neurowissenschaften werden hier zu »Neurotechnologien«, die sich als Sozialtechnologien, das heißt als Kontrollwissen und -macht anbieten. Das Ordnungsversprechen lautet, dass es mit den bildgebenden Verfahren möglich werde, »individuelle Profile der Hirnfunktion von normalen Menschen bis zu gefährlichen Psychopathen« zu erstellen (ebd., 368). Medizin und Strafe liegen hier eng beieinander. Denn wenn ein Patient »darauf besteht, seine für die Gesellschaft gefährliche Krankheit nicht behandeln zu lassen, dann sollte man es ihm freistellen, diese Entscheidung unbehandelt hinter Gittern zu überdenken« (ebd., 370). Das Gehirn wird so zum Knotenpunkt einer »politischen Anatomie des Körpers« (Foucault), in der medizinische und juridische Disziplinierungstechniken ineinander greifen. Auch wenn hier wie bei Dennett und Metzinger das Ideal des dynamisch-flexiblen Subjekts leitend ist, so unterscheidet es sich von deren Entwürfen durch die Art und Weise, in der die Verfehlung artikuliert wird. Das »schlechte« Subjekt wird bei Churchland nicht durch eine weibliche Opferfigur, sondern in der Figur des »gefährlichen Psychopathen« dargestellt. Gemeinsam ist den Entwürfen von Dennett, Metzinger und Churchland allerdings, dass das »gute Subjekt« durch eine Reihe von Anomalien stabilisiert wird, die allesamt den Institutionen der Psychiatrie, der Medizin und der Justiz unterstellt sind.

In diesem Punkt unterscheiden sie sich deutlich von den poststrukturalistischen Artikulationen des flexiblen Subjekts, die im vorigen Kapitel diskutiert wurden. Denn diese zielen zuallererst auf eine Destabilisierung von gegebenen Normalitätsstandards und haben allein implizit an deren Reformulierung teil, insofern sie in einem historischen Kontext operieren, dessen weitere Entwicklung ihnen nicht zugänglich ist. Was in der Retrospektive als Konvergenz von philosophischen Konzepten dynamischer Pluralität mit neoliberalen Subjektanforderungen erscheint, ist nämlich auch Resultat von hegemonialen Aneignungs- und Kooptationsprozessen. In den Subjektkonstruktionen von Dennett, Metzinger und Churchland aber geht es mehr oder weniger explizit um die Stabilisierung von Grenzen zwischen Inkludierten und Exkludierten als Affirmation einer bereits hegemonial gewordenen Ordnung.

Zu den stärksten Kritikern der informationellen Metaphorik der Philosophie des Geistes gehört John Searle. Dieser hat nicht nur in seinem Denkexperiment des Chinesischen Zimmers die Mensch-Maschine-Analogien der KI-Forschung kritisiert, die in ihrer Fixierung auf syntaktische Regeln die Ebene der Semantik ausblenden. In seinem Aufsatz *Ist das Gehirn ein Digitalcomputer?* (1990/1993) hat Searle sich darüber hinaus insgesamt gegen die ontologischen Verkennungen der informationellen Metaphorik in den Neurowissenschaften und in der Philosophie des Geistes gewandt. Jede Beschreibung, so argumentiert er, ist Beschreibung von etwas als etwas und damit beobachtungsabhängig. »Die Charakterisierung eines Prozesses als computational«, so Searle, »ist die Charakterisierung eines physischen Systems von außen, und die Identifizierung des Prozesses als computational identifiziert kein intrinsisches physisches Merkmal, sondern ist wesentlich relativ zu einem Beobachter. […] In analoger Weise könnten wir in der Natur Gegenstände entdecken, die dieselbe Form wie Stühle haben und deshalb als Stühle benutzt werden könnten; aber wir könnten nicht Gegenstände in der Natur entdecken, die als Stühle funktionierten, es sei denn relativ zu irgendwelchen Akteuren, die sie als Stühle ansähen oder benutzten« (1990, 221). Diese Kritik zielt ebenso auf die Computermetapher wie auf die Metapher der Parallelverarbeitung. Denn zwar habe sich »in jüngerer Zeit«, so Searle zu Beginn der 1990er Jahre, »das Forschungsfeld etwas erweitert; möglicherweise sei das Gehirn kein herkömmlicher Von-Neumann-Digitalcomputer, sondern eher ein komplizierteres System von Parallelprozessoren. Doch nach wie vor«, schreibt er, »setzt man seine Zugehörigkeit zur *scientific community* aufs Spiel, wenn man den Computercharakter des Gehirns bestreitet« (ebd., 215). Damit hat Searle deutlich auf eines der zentralen Probleme der Subjekt- und Bewusstseinstheorien der Philosophie des Geistes hingewiesen. Seine Kritik geht jedoch nicht so weit, die politisch-ethischen Dimensionen, die den informationellen Konzepten durch die Transposition in den philosophischen Diskurs zukommen, zu analysieren. Vielmehr geht es ihm darum, die durch die Metaphern hergestellten Analogien als inadäquat aufzuweisen und, dem naturalistischen Programm entsprechend, eine Bezugsdisziplin durch eine andere zu ersetzen. Schließlich vertritt Searle einen rein »biologischen Naturalismus«, dem zufolge »geistige Ereignisse und Vorgänge [...] genauso zu unserer biologischen Naturgeschichte [gehören] wie Verdauung, Mitose, Meiose oder Enzymsekretion« (1992/1993, 15).

Doch gerade weil sie Auskunft über die gesellschaftliche Situiertheit der philosophischen Interventionen geben, sind die wissenschaftlichen und technologischen Metaphern, die in der Philosophie des Geistes zirkulieren, interessant. Im Fall des Von-Neumann-Computers und der Parallelverarbeitung verweisen sie auf die Veränderung von Normalitätsanforderungen im Übergang vom Fordismus zum Neoliberalismus. Auch die geschlechtlichen Dimensionen beziehungsweise die geschlechterpolitischen Implikationen der Subjektkonstruktionen sind in diese gesellschaftlichen Transformationsprozesse eingelassen. So ist mit der funktionalistischen Computermetaphorik nicht nur eine grundsätzliche Abstraktion vom Körper und eine Negation von Geschlechtlichkeit verbunden, sondern zugleich eine hierarchische Struktur, die durch eine männlich konnotierte Kontrollinstanz stabilisiert wird. Die Metapher des *parallel distributed processing* evoziert hingegen Vorstellungen von Flexibilisierung und Pluralisierung. Diese Vorstellungen, die sich vor allem an das Konzept der Hirnplastizität anlagern, sind dabei durchaus mit Vorstellungen statischer Kollektividentitäten kompatibel, wie etwa Dennetts Rede von einem »englischen«, einem »japanischen« und einem »Suaheli-Gehirn« zeigt. Das Konzept der Hirnplastizität ist daher nicht an sich unvereinbar mit essentialistischen Geschlechterkonstruktionen, sondern es evoziert eine Dialektik von Dynamik und Statik. Dadurch, dass das »Gehirn und Nervensystem als offenes und dynamisches System« aufgefasst werden, lösen sich keineswegs zwangsläufig die »angeblich essentiellen Geschlechterdichotomien« auf (Schmitz 2004, 129). Vielmehr können auch unter Bezug auf diesen Forschungsansatz in den Wissenschaften wie auch in der Philosophie Subjektkonzeptionen entwickelt werden, die durch Exklusions- und Normalisierungsmechanismen gekennzeichnet sind. Nur allzu oft bleiben die unter Bezug auf die Neurowissenschaften formulierten Subjektkonstruktionen der Philosophie des Geistes – wie im ersten Abschnitt dieses Kapitels gezeigt – in biologische Narrationen eingelassen, die hierarchische Geschlechterverhältnisse durch traditionelle Zuschreibungen befestigen. Mit der Betonung der »Unterschiede zwischen Menschen [...] sowie [der] zeitabhängige[n] Veränderung von Hirnmaterialität [...] [als/SL] Ausdruck individuellen Lernens und individueller Erfahrung« (ebd., 128) verbinden sich zudem Normalisierungsstrategien, die auf Veränderbarkeit, Dynamik und Flexibilität setzen. Im Zuge der Debatten um neurotechnologische, pharmazeutisch oder durch Prothesen induzierte, Formen des »enhancement« zeichnet sich dabei ein Ideal von »kapitalismuskompatiblen Körpern« ab (Degele, Schmitz 2009). Sofern die Logiken der Exklusion und der normalisierenden Inklusion immer auch aufnahmefähig für Geschlechterideologeme sind, erweisen sich solche Normalisierungsstrategien aus einer geschlechtertheoretischen Perspektive auch und zum Teil gerade dort als brisant, wo nicht explizit von Geschlechtern die Rede ist.

3.3 Handlungsfähigkeit und Normalisierung in der Debatte um Freiheit und Determinismus

Angestoßen durch die Thesen der Hirnforscher Wolf Singer und Gerhard Roth, ist es um die Jahrhundertwende im deutschsprachigen Raum zu einer Debatte um Freiheit und Determinismus gekommen, an der sich neben Neurowissenschaftlern, Rechtswissenschaftlern und Theologen insbesondere Philosophen beteiligt haben. Im Zentrum steht dabei die These, neurowissenschaftliche Experimente[43] hätten erwiesen, dass Willensfreiheit eine Illusion sei. »Die Annahme [...], wir seien voll verantwortlich für das, was wir tun, weil wir es ja auch hätten anders machen können«, heißt es etwa bei Singer, »ist aus neurobiologischer Perspektive nicht haltbar. Neuronale Prozesse sind deterministisch« (2003, 20). Diese Position ist explizit mit politisch-ethischen Stellungnahmen zugunsten eines »neuen Modells« des Strafvollzugs verbunden. Dieser sollte, so Singer, von der Gefährlichkeit der Täter ausgehen und darauf abzielen, »Attraktoren im Gehirn« so zu modifizieren, dass sie zumindest die Wahrscheinlichkeit erneuter Verbrechen vermindern (ebd., 34). Praktisch bedeutet das, »Straftäter [...] weg[zu]sperren und be-

43 Hier wird in der Regel auf die Experimente von Benjamin Libet Bezug genommen, die Ende der 1990er Jahre von Patrick Haggard und Martin Eimer wiederholt wurden. Libet hatte über die Messung des sogenannte Bereitschaftspotentials festgestellt, dass die neuronale Aktivität, die eine Handlung einleitet, der bewussten Entscheidung für diese Handlung zeitlich vorausgeht. Zur Kritik der Versuchsanordnung vgl. unter anderem Christian Geyer, »Vorwort«, in: Ders. (Hg.), *Hirnforschung und Willensfreiheit. Zur Deutung der neuesten Experimente,* Frankfurt/Main 2004, 9–19.

stimmten Erziehungsprogrammen [zu] unterwerfen, die durchaus auch Sanktionen einschließen würden« (ebd.). Mit diesem Modell wäre allerdings »die Strafrechtskultur des neunzehnten und zwanzigsten Jahrhunderts tief erschüttert« (Gehring 2006, 195). Denn die Ausrichtung der Strafe am Täter statt an der Tat macht diesen in seiner gesamten Persönlichkeit zum Objekt von Erziehungs- und Besserungsmaßnahmen. Sie operiert mit der Vorstellung der Gefährlichkeit bestimmter Personen oder Gruppen, vor denen das Gemeinwesen zu schützen sei, und entgrenzt Strafe in Hinblick auf eine umfassende, wenn nicht totalitäre Kontrolle. Schuld wird tendenziell zur »Lebensführungs«- oder »Charakterschuld«, deren Ursache im Gehirn verortet wird.[44] Strafrechtler wie Klaus Lüdersen haben die Vorschläge von Singer und Roth denn auch vehement zurückgewiesen, doch in der philosophischen Diskussion werden ihre Thesen ausführlich im Kontext von Theorien der Willensfreiheit diskutiert. Ihre politisch-ethische Brisanz wird dabei von den philosophischen Begriffsspielen verdeckt.

Zudem reproduzieren die Debatten um den freien Willen die dualistische Begriffsanordnung der ontologischen Debatten auf moralphilosophischer Ebene. Schließlich ist auch der Gegensatz von Freiheit und Determinismus eine Gestalt des Dualismus von Geist und Körper. Entsprechend hat sich hinsichtlich der Frage, ob und inwiefern Freiheit und Determinismus miteinander vereinbar sind, ein ebenso komplexes Feld von Positionen herausgebildet wie in Hinblick auf die Frage nach der Relation von Gehirn und Geist. Strukturiert wird dieses Feld durch den Gegensatz von kompatibilistischen und inkompatibilistischen Positionen. Letztere gehen davon aus, dass »in einer Welt, die von deterministischen Naturgesetzen beherrscht wird [...], Freiheit prinzipiell keinen Platz« hat (Pauen 2001, 279).

»Die konsequenteste Umsetzung der Intuitionen, die dieser Auffassung zugrunde liegen, dürfte wohl die Theorie der Akteurskausalität darstellen, die unter anderem durch Roderick Chisholm vertreten worden ist. Zentral ist dabei die bereits von Kant erhobene Forderung, das Subjekt müsse Ausgangspunkt von Kausalketten sein, ohne doch selbst von derartigen Verknüpfungen abzuhängen. Wer eine freie Handlung vollzieht, der tritt auf als autonome, erste Ursache einer neuen Kette von Ereignissen und nimmt damit eine Position ein, die Chisholm mit derjenigen Gottes vergleicht« (ebd., 281f.).[45]

---

44 Vgl. hierzu ausführlich Stefan Krauth, *Die Hirnforschung und der gefährliche Mensch. Über die Gefahren einer Neuauflage der biologischen Kriminologie*, Münster 2008.

45 Hier klingt vor allem die christliche Tradition an, in der der »freie Wille« (*liberum arbitrium*) zugleich als Indiz der Gottesebenbildlichkeit des Menschen und als Ursache der Sünde gilt. So bereits bei Augustinus, der bekennt: »Daß ich einen freien Willen hatte,

Kompatibilistische Positionen hingegen, die die Vereinbarkeit von Freiheit und Determinismus behaupten, sind unter anderem von George Edward Moore, der mit der »Mehrdeutigkeit des Wortes ›können‹« argumentiert (ebd, 275),[46] und von Harry Frankfurt entwickelt worden. Frankfurts Theorie der »Volitionen zweiter Ordnung«, die in der Debatte eine zentrale Rolle spielt, besagt, dass von Willensfreiheit im eigentlichen Sinn nur die Rede sein kann, sofern die Möglichkeit besteht, sich zu unmittelbaren Wünschen und Willensbestrebungen »erster Ordnung« reflexiv zu verhalten.

Grundlegend bleibt jedoch in jedem Fall die dem Physikalismus des Wiener Kreises entstammende Auffassung, der zufolge die Welt »kausal geschlossen« ist. Außer Acht gelassen wird dabei, dass Kausalität ein theoretisches Konzept ist, das komplexe Prozesse auf eine bestimmte Art und Weise intelligibel macht.[47] Erst vor dem Hintergrund der Annahme kausaler Geschlossenheit ergibt sich aber das Problem, dass Willensfreiheit als Fähigkeit zum spontanen Bruch mit kausalen Zusammenhängen erscheint. Der Einsatz der folgenden Analyse muss daher quer zu den einzelnen Positionen liegen und zielt auf die Problemanordnung, in der über die Bedeutung der Neurowis-

wußte ich so gewiß, wie daß ich lebte. […] und mehr und mehr leuchtete es mir ein, daß hier die Ursache meiner Sünde liegen mußte« (*Bekenntnisse*, 166). Kant hingegen denkt Willensfreiheit in Analogie, nicht aber unabhängig von Kausalität: »Da der Begriff der Kausalität den von Gesetzen bei sich führt, nach welchen durch etwas, was wir Ursache nennen, etwas anderes, nämlich die Folge gesetzt werden muß: so ist die Freiheit, ob sie zwar nicht eine Eigenschaft des Willens nach Naturgesetzen ist, darum doch nicht ganz gesetzlos, sondern muß vielmehr eine Kausalität nach unwandelbaren Gesetzen, aber von besonderer Art sein, denn sonst wäre ein freier Wille ein Unding« (*Grundlegung*, 103).

46 »Zweifellos gibt es ein Verständnis des Wortes, dem zufolge der Determinismus ausschließt, daß jemals etwas anderes hätte passieren können, als tatsächlich passiert ist. Doch gibt es noch eine andere Bedeutungsvariante des Wortes. Sie kommt zum Tragen, wenn wir unseren realen Handlungsspielraum gegenüber solchen Aktivitäten oder solchen Leistungen abgrenzen, die uns prinzipiell verschlossen sind. Dies geschieht etwa dann, wenn ich sage ›Ich hätte heute zwei Kilometer in zwanzig Minuten gehen können‹, obwohl ich de facto zu Hause geblieben bin. Im Gegensatz dazu wäre es falsch zu behaupten, ›Ich hätte heute vier Kilometer in fünf Minuten laufen können‹« (Pauen 2001, 275).

47 Wie Brigitte Falkenburg zeigt, hat das Konzept der Kausalität auch in den Wissenschaften keine einheitliche Bedeutung. »Die kausale Modellierung von Naturvorgängen nach physikalischen, chemischen und biologischen Gesetzmäßigkeiten ist uneinheitlich und lückenhaft […] Wer in der philosophischen Debatte um das Mind-Body-Problem«, so Falkenburg, »etwas von der These abhängig macht, der Bereich des Physischen oder Physikalischen sei kausal geschlossen, sollte dies bedenken. Von einer kausalen Geschlossenheit naturwissenschaftlicher Erklärungen jedenfalls kann derzeit keine Rede sein. Schlimmer noch: Was in dieser Aussage eigentlich der Terminus ›kausal‹ bedeuten soll, ist schon angesichts der heutigen physikalischen Theorien uneinheitlich und unklar« (2006, 53).

senschaften für philosophische Theorien des Handelns debattiert wird. In einem ersten Schritt werden die Normalisierungsstrategien des Diskurses untersucht, die sich am deutlichsten in den Negativ-Figuren manifestieren, die das ideale Subjekt der Willensfreiheit kontrastieren. Mit Blick auf die Geschlechterverhältnisse erweisen sich diese Figuren durchaus als brisant, auch wenn hier nicht Männlichkeits- und Weiblichkeitsformen festgeschrieben werden, sondern Handlungsfähigkeit auf einer abstrakteren Ebene normiert wird. Denn über die Differenz von Normalem und Anormalem beziehungsweise die von Gesundem und Krankem wird im Subjekt eine hierarchische Anordnung etabliert, die mit sozialen Strukturen der Exklusion korreliert. Diese Anordnung stellt eine Auftreffstruktur für Geschlechterideologeme dar, die im populärwissenschaftlichen Diskurs zirkulieren. Die Konstruktion von Subjekten der Abweichung, die als das Andere und das Negative fungieren, macht nämlich nicht nur grundsätzlich soziale Konflikte und Machtverhältnisse, die sich nicht zuletzt in unterschiedlichen Lebensweisen manifestieren, tendenziell unsichtbar. Sie erweist sich aufgrund der abstrakten Leere von Signifikanten wie »normal« und »gesund« als offen für die unterschiedlichsten Zuschreibungen. Darüber hinaus werfen die Debatten um Hirnforschung und Willensfreiheit die Frage auf, wie Handlungsfähigkeit jenseits der Dualismen von Körper und Geist, Freiheit und Determinismus begriffen werden könnte. Denn dass diese Dualismen eine Konzeption von Handlungsfähigkeit blockieren, die deren körperliche Dimensionen mitdenkt, wird unter anderem an den Positionen von Pauen, Beckermann und Searle deutlich. Habermas setzt sich dagegen zwar überhaupt mit der dualistischen Anordnung auseinander, verschiebt sie aber letztlich nur. Dies erweist sich insbesondere aus einer geschlechtertheoretischen Perspektive als unbefriedigend, die Körper- und Naturprozesse, das heißt die »Materialität« menschlichen Daseins, als immer schon praktisch angeeignete, modifizierte und dennoch vorgängige begreifen will.

Willensfreiheit, Vernunft und Anomalie

Jeder Subjektentwurf rückt bestimmte Kompetenzen in den Vordergrund, andere an den Rand oder vernachlässigt sie ganz. Gerade über das Marginalisierte und Ausgeblendete erhält das so konstituierte ideale Subjekt Konturen und wird von anderen Formen der Subjektivität und Handlungsfähigkeit, mithin auch von Praxen und Lebensweisen abgegrenzt. In der Debatte um Willensfreiheit und neuronale Determinierung werden die Grenzen zwischen dem Normalen und dem Anormalen durch den Einsatz von Figuren gezogen, die nicht primär durch Geschlechternormen, sondern vorrangig durch einen Gesundheitsimperativ negativ bestimmt sind. Solche Figuren sind zum einen Drogenabhängige, AlkoholikerInnen und zuweilen auch RaucherInnen, deren »Wünsche und Bedürfnisse [...] einen zwang- oder gar krankhaften Charakter annehmen« (Pauen 2004, 7). Zum anderen wird Anormalität immer wieder über Kriminalität artikuliert. Dies ist besonders deutlich bei Michael Pauen der Fall, der eine kompatibilistische Position vertritt. Es kommt demnach nicht darauf an, »ob eine Handlung determiniert ist, entscheidend ist vielmehr, wodurch sie bestimmt wird: ist sie durch den Handelnden selbst bestimmt, dann ist sie eben selbstbestimmt und damit frei; hängt sie dagegen von äußeren Einflüssen oder von Zufällen ab, dann ist sie nicht selbstbestimmt und daher auch nicht frei« (ebd., 17). Konstitutiv für seine Konzeption der Selbstbestimmung sind die Prinzipien der Autonomie und der Urheberschaft, wodurch freie Handlungen gegenüber Zwang und Zufall abgegrenzt werden. Zentral geht es Pauen um eine Verteidigung des Freiheits- und Schuldbegriffs als »notwendige Bedingung dafür, daß eine Person für eine Handlung bestraft werden kann« (ebd., 11). Damit wendet er sich explizit gegen den Determinismus von Singer und Roth und die damit verbundenen strafrechtspolitischen Vorschläge. Gleichwohl räumt er diesen auch einen gewissen Raum ein, indem er das Konzept der Soziopathie aufgreift, dem zufolge es eine »psychopathische Disposition« gibt, die »die Wahrscheinlichkeit drastisch erhöh[t], daß eine Person eine Straftat begehen wird« (ebd., 242). Vor allem »Personen mit einem niedrigen Serotoninspiegel« neigen, wie es heißt, »eher zu gewalttätigem Verhalten« (ebd.). Im Konzept der Soziopathie verschränken sich dabei medizinische, psychische und soziale Standards, die weitgehend dem Alltagsverstand entstammen. Antonio Damasio zufolge, der das Konzept mit seiner Forschungsgruppe entwickelt hat, sind »Soziopathen und Psychopathen uns allen aus den Nachrichten bekannt« (1994/1997, 243). Es handelt sich ihm zufolge um besonders verabscheuungswürdige Existenzen: »Sie stehlen, vergewaltigen, töten, lügen. Häufig sind sie sehr gerissen« (ebd.), vor allem »kaltblütig« und mit der Neigung zur Wiederholungstat ausgestattet (ebd., 244). Ursache dieser Verfehlungen sind in der Regel, wie es heißt, »abnorme Schaltungen und eine abnorme chemische Signalgebung« im Gehirn, die »frühzeitig in der Entwicklung« einsetzt (ebd.). Die Verfehlungen können aber auch aus einer »kranken Kultur« resultieren, die »auf ein normales erwachsenes Denk-

und Entscheidungssystem« einwirkt.[48] Die Differenzen Krankheit und Gesundheit sowie normal/anormal dienen hier als Klassifikationsschema, mit dem Individuen und ganze Gesellschaften beurteilt werden. Gesellschaftliche und politische Fragen sind damit auf das Terrain des medizinischen verschoben, das politisch-ethische Stellungnahmen als solche unkenntlich macht. Dies gilt auch für die Frage, wie weit Exklusionsmechanismen greifen dürfen, und insbesondere, ob und wann ein Individuum den Status eines Rechtssubjekts verliert. »Inwiefern man betroffene Personen für ihre Taten verantwortlich machen kann, welche Gegenmaßnahmen gerechtfertigt sind« (Pauen 2004, 243), ist demzufolge keine Frage des Rechtssystems und der demokratischen Kultur, die es legitimiert, sondern eine der Psychopathologie und der Hirnforschung.

Das Ideal des selbstbestimmten, gesunden Individuums hebt sich dagegen von sozialen Verfehlungen in Form von Mord, Ladendiebstahl, Drogenabhängigkeit, Rauchen und Alkoholismus positiv ab. Diese Verfehlungen werden bei Pauen dadurch auf einen Nenner gebracht, dass sie auf einen Mangel an Willensfreiheit zurückgeführt werden. »Einen Nikotin- oder Alkoholabhängigen«, heißt es, »würden wir kaum als frei bezeichnen, selbst wenn sich seinen Wünschen keine äußeren Hindernisse in den Weg stellen« (ebd., 7). Gleiches gilt für den Drogenabhängigen, den Ansgar Beckermann im Anschluss an Harry Frankfurt vorführt. »Denn der Drogensüchtige kann zwar tun, was er will, aber in seinem Willen, in seinen Entscheidungen ist er nicht frei« (2005a, 116). Ihm fehlt die Fähigkeit, seinen »Wunsch [...]. unter Kontrolle [zu] bringen« (ebd., 117). Er ist »nicht Herr seiner Wünsche« (Beckermann 2005b, 12). Worum es geht, ist also genau genommen nicht das Vorhandensein oder Nicht-Vorhandensein von Wünschen und Willensstrebungen überhaupt, sondern die mangelnde Rationalisierung und Kontrolle des eigenen Begehrens. So ist, wie es bei Pauen heißt, »der rationale Umgang mit Konflikten zwischen den eigenen Wünschen, Überzeugungen und Bedürfnissen« (ebd., 69) eine zentrale Voraussetzung für Selbstbestimmung,

48 Damasio führt hier den NS, den Stalinismus, die chinesische Kulturrevolution und das Pol-Pot-Regime an. Er befürchtet, »daß erhebliche Bereiche der westlichen Gesellschaft allmählich zu weiteren tragischen Beispielen werden« (1994/1997, 245). Für Michael Pauen hingegen ist die westliche Kultur der Inbegriff von Normalität. Schließlich, so Pauen, gibt es »eine Reihe von empirischen Belegen dafür, daß individuelle Autonomie im Westen eine wesentlich größere Rolle spielt als in östlichen Kulturen« (2004, 224). Zwar ist die »Ethik der Autonomie« Pauen zufolge auch in diesen Kulturen »nicht völlig abwesend« (ebd., 228), doch gilt der Osten/Orient von vornherein »dem Westen« gegenüber als defizitär.

wie er sie versteht. Freiheit und Selbstbestimmung bedeuten hier nämlich – in einer eigentümlichen Wendung – nichts anderes als das bruchlose Funktionieren sozialer und juridischer Normen im Individuum: »Wenn Sie [...] selbst der festen Überzeugung sind, daß Diebstahl verwerflich ist, und wenn Sie aufgrund dieser Überzeugung die Waren in ihrem Einkaufskorb an der Kasse bezahlen, dann«, so Pauens Beispiel, »handeln Sie damit aller Wahrscheinlichkeit nach selbstbestimmt und frei« (2004, 16). Nichts anderes als die gelungene Einübung von Ware-Geld-Beziehungen erscheint so quasi nebenher als Inbegriff von Freiheit.

Vor allem aber besteht ein gelungenes Selbstverhältnis in der Herausbildung einer »›heautokratischen‹ Struktur des Subjekts« (Foucault, SW2, 94), die bereits bei Descartes durch den der Vernunft unterstellten Willen hergestellt wird und auf eine »absolute und volle Herrschaft« über die Leidenschaften zielt (*Leidenschaften der Seele*, Art. 50). Der »freie Wille«, den Descartes der christlichen Tradition entlehnt,[49] wird dabei zur zentralen Instanz der Selbstdisziplinierung. So sei es schließlich selbst denjenigen, »die äußerst schwache Seelen besitzen«, möglich, »eine absolut volle Herrschaft über alle Leidenschaften [zu/SL] erlangen [...], wenn sie sich genügend mit Geschicklichkeit bemühen, sie zu dressieren und zu leiten« (ebd.). Auch Descartes denkt dabei schon an eine Manipulation von Hirnprozessen, die über das Einwirken auf die Zirbeldrüse – das entscheidende Scharnier zwischen Körper und Geist – funktioniert. Da man »mit ein wenig Geschick die Bewegungen im Hirn selbst bei der Vernunft entbehrenden Tieren« verändern könne, sei klar, »daß man es noch besser bei den Menschen kann« (ebd.). Doch diese Art der Selbstdressur gelingt nicht allen, und das Vernunftsubjekt, das mit Descartes die philosophische Bühne betritt, ist von Beginn an durch eine »Struktur der Ablehnung« (Foucault, WG, 12) konstituiert. Zunächst ist es der Wahnsinn, der äußerste Mangel an Rationalität, der abgelehnt wird. Im Sozialen, wo dieser Mangel sich in der unbeherrschten Nichtbefolgung moralischer und juristischer Gesetze geltend macht, rückt der Wahnsinn jedoch schon früh »in die Nachbarschaft der Straffälligkeit« (ebd., 123). Foucault zufolge ist es sogar »in einem bestimmten Sinne richtig zu sagen, daß auf dem Hintergrund einer juristischen Erfahrung mit der Alienation sich die ärztliche Wissenschaft der Geisteskrankheit errichtet hat«

49 Alexandre Koyré verweist in dieser Hinsicht auf eine Übereinstimmung zwischen Descartes und Bonaventura. Der freie Wille gelte auch bei jenem »nicht nur im Verhältnis zur Vollkommenheit der anderen Vermögen, sondern seinem immanenten Wesen nach [als/SL] die edelste und vollkommenste Eigenschaft des Menschen« (1971, 28). Vgl. Anm. 47.

(ebd.). Wie der Straftäter bricht der Wahnsinnige mit den sozialen Normen. Auch wenn sich die Institutionen, die für die Behandlung der Irren zuständig sind, von denen, die es mit den Straftätern zu tun haben, unterscheiden, so ist doch das rationale, vertragsfähige Subjekt das soziale Ideal, das sie gleichermaßen verfehlen. Vor diesem Hintergrund bildet sich denn auch die Nähe von Wahnsinn und Straffälligkeit, von psychischer und sozialer Anomalie heraus, die im Laufe des neunzehnten Jahrhunderts durch den medizinischen Diskurs befestigt wird.[50] So wird nicht nur das Konzept der Geisteskrankheit etabliert, sondern spätestens ab Mitte des Jahrhunderts lässt sich auch »die Delinquenz so analysieren wie ein Krankheitssymptom« (Foucault, ÜS, 325). »Krankheit« wird zu einem Ausdruck, der unterschiedliche Formen der Abweichung von der Norm zusammenfasst, im Körper lokalisiert und zum Gegenstand medizinischer Intervention macht. »Gesundheit«, also auch die Abstinenz von Alkohol, Nikotin und Drogen, fällt in der Umkehrung mit dem Ideal des selbstbeherrschten, vertragsfähigen und in diesem Sinne vernünftigen Subjekts zusammen.

In der gegenwärtigen Debatte um Hirnforschung und Willensfreiheit wird dieses rationalistische und rationalisierende Selbstverhältnis zwar zum Teil durch den Verweis auf die Bedeutung von Gefühlen modifiziert, allerdings nicht grundlegend verändert. So betont zum Beispiel Michael Pauen, dass »die Individualität von Personen unter anderem durch spezifische Unterschiede hinsichtlich ihrer Emotionen, Bedürfnisse und Wünsche begründet wird« (2004, 80) und daher Selbstbestimmung nicht allein als rationale Abwägung von Gründen gefasst werden kann. Er führt den Begriff der personalen Präferenzen ein und betont, »dass eine Person die Möglichkeit haben muss, sich wirksam gegen eine Präferenz zu entscheiden« (2004, 97). In ähnlicher Weise stellt auch Henrik Walter fest, dass Entscheidungen »nicht allein durch Reflektion oder rationale Abwägung [...], sondern durch den Abgleich und die Übereinstimmung mit den eigenen Gefühlen« authentisch werden (1999, 327). Doch bleibt auch dort, wo Emotionen und Affekte auf

---

50 In seiner Untersuchung zur »psychiatrischen Ordnung«, die nach der Französischen Revolution entsteht, hat Robert Castel diesen Zusammenhang beleuchtet. »Grell«, so heißt es, »sticht der Wahnsinnige vom Hintergrund der Vertragsgesellschaft ab, den die Französische Revolution schafft. Als Unvernünftiger ist er kein Rechtssubjekt; als Unverantwortlicher kann er keine Strafen auf sich ziehen; unfähig zu arbeiten oder zu ›dienen‹ tritt er nicht in den geregelten Kreislauf des Tausches ein, jene ›freie‹ Zirkulation von Waren und Menschen, deren Matrix das neue bürgerliche Rechtsverhältnis ist« (1983, 21f.). Der Straftäter hingegen bricht als Rechtssubjekt das Rechtsverhältnis und kann daher schuldiggesprochen werden.

diese Art miteinbezogen werden, die Orientierung an einer Art von Selbstregulation, die Wünsche, Bedürfnisse und Gefühle kontrolliert, leitend. Diesem Kontrollparadigma des Willens entsprechend unterscheidet zum Beispiel auch Patricia Churchland in ihren Einlassungen zur »Neuroethik«[51] in Übereinstimmung mit Redeweisen in der Neuropsychiatrie zwischen »Gehirnen-unter-Kontrolle« und solchen, die »nicht unter Kontrolle« sind. Erstere zeichnen sich ihr zufolge durch einen »freien Willen« aus, das heißt durch die Fähigkeit, nach *rational-choice*-Parametern zu agieren. Diese Fähigkeit ist dabei neurobiologisch bestimmt, nämlich durch »levels of serotonin, levels of dopamine, hormones, the wiring between the amygdale and ventromedial frontal structures, leptin concentrations in the blood« (Churchland zit. n. Marcus 2002, 25). Die Negativ-Figur, die Churchland als Beispiel für den Mangel an freiem Willen und Gehirnkontrolle anführt, ist die des pädophilen Sexualstraftäters. Churchland organisiert über diese männliche Figur Zustimmung zu manipulativen Eingriffen ins Gehirn, wie sie auch Paul Churchland vorgeschlagen hat. Ihr Beispiel ist das einer Pille, »that changes the brain in such a way that pedophiles no longer have that desire« (zit. n. Marcus 2002, 186). Die Struktur der »Selbstbeherrschung«, die diese Individuen nicht ausgebildet haben, soll hier also medikamentös generiert beziehungsweise ersetzt werden. Dabei fallen in der Figur des Sexualstraftäters, die mit der der Multiplen Persönlichkeit korrespondiert, Anomalie und Schuld, Wahnsinn und Kriminalität zusammen. Doch das ›schlechte Subjekt‹ wird hier zum Objekt medizinischer und juridischer Interventionen, anstatt – wie im Fall der Multiplen Persönlichkeit – ›nur‹ als weiblich konnotiertes Negativ zu fungieren, von dem sich die Selbstoptimierungsstrategien der ›guten‹ Subjekte abheben.[52] Auch wenn Churchlands Position in

51 Der Ausdruck »Neuroethik« wurde von der US-amerikanischen Dana-Foundation, die die Neurowissenschaften fördert, ins Spiel gebracht. Es handelte sich zunächst um einen Slogan: »It's catchy, it's memorably, and it was coined by the chairman of the Dana Foundation« (Greely zit. n. Marcus 2002, 310). Inzwischen hat sich Neuroethik als eine Spielart der angewandten Ethik etabliert. Dabei werden nicht zuletzt die Parallelen und Unterschiede zur Bioethik diskutiert. Vgl. Adina L. Roskies, »What's ›Neu‹ in Neuroethics?«, in: Bickle, John (Hg.), *The Oxford Handbook of Philosophy and Neuroscience*, Oxford 2009, 454–472.

52 Dennoch hat auch Dennett bereits 1984 in seinem Buch *›Ellenbogenfreiheit.‹ Die erstrebenswerten Formen des freien Willens* die Aufgabe formuliert, »eine Grenzlinie zwischen exkulpierender Pathologie [...] und verschiedenen Arten des Versagens zu ziehen, die den Handelnden noch wirklich schuldfähig erscheinen lassen« (1984/1994, 200). Die Betonung liegt bei ihm jedoch auf der Bedeutung, die die soziale Zuschreibung von Verantwortlichkeit und Schuld hat, auch wenn die Grenze zwischen dem Normalen und dem Pathologi-

der deutschsprachigen Debatte um Willensfreiheit bisher nicht aufgegriffen wurde, so ist die sachliche Nähe zu den strafpolitischen Vorschlägen von Singer und Roth doch deutlich.

Obwohl die Debatte um Freiheit und Determinismus also von Normalitätskonstruktionen und gesellschaftspolitischen Stellungnahmen durchzogen ist, ist dies in der philosophischen Diskussion bisher kaum thematisiert worden. Auch Matthias Kettner, der als einer der wenigen den »engen Fokus auf Verbrechen« für die »erste Merkwürdigkeit der derzeitigen Debatte« hält (2006, 213), kritisiert das Schema normal/anormal nicht, sondern plädiert dafür, die Trennlinie zu verschärfen. »Hirnforscher, die die Normalität des auktorial-aktorialen Selbstbewusstseins mit Erklärungsmustern überziehen, die auf abnorme Verbrecher zugeschnitten sind, verhalten sich« Kettner zufolge »absurd«, denn, so heißt es weiter, »Ökonomen schließen ja auch nicht aus der Betrachtung von Bankrotteuren auf die Natur des unternehmerischen Handelns« (ebd.). Kettner verbleibt somit ganz in der Anordnung, in der zwar Grenzen der Pathologisierung von Normverletzungen zur Diskussion stehen, nicht jedoch die Form der Pathologisierung selbst. Die Abwesenheit einer kritischen Analyse von Normalisierungsstrategien in der Debatte um Hirnforschung und Willensfreiheit aber bedeutet nicht zuletzt, dass die Anleihen der gegenwärtigen Auseinandersetzungen bei denen des neunzehnten Jahrhunderts der Kritik entzogen bleiben. Mit Blick auf die politisch-ethischen Diskurse, die sich im neunzehnten Jahrhundert an die Hirnforschung anlagerten, zeigen sich jedoch besonders deutlich die Abgründe, die es zu umgehen gälte. Schließlich ging es auch damals darum zu klassifizieren: »Wer besserbar sei, solle behandelt und nach bewiesener Besserung entlassen werden, die Unverbesserlichen müsse man wegsperren, bis sie sterben – so lautetet etwa das Programm des Strafrechtsreformers von Liszt, der ein ganz auf die Sozialprognose des Täters abgestelltes Umgehen mit dem Verbrechen fordert. Nicht die Tat ist von Interesse, sondern ob der Mensch, der sie verübt hat, normal ist oder ob seine Existenz die soziale Ordnung bedroht. Wissenschaftliche Diagnose einer inneren Bestimmung des auffällig gewordenen Individuums und endgültige ›Unschädlichmachung‹ (von Liszt 1882) gehörten also zusammen« (Gehring 2006, 198). Diese straf- und bevölkerungspolitischen Optionen, die Ende des neunzehnten Jahrhunderts formuliert wurden, standen dabei im Kontext einer langanhaltenden Debatte um

---

schen klar gezogen ist. »Wenn die Person«, so Dennett, »es geschafft hat, sich in ein Monster zu verwandeln, mag niemand übrig bleiben, der für verantwortlich gehalten werden kann, aber das ist der Extremfall« (ebd., 212).

Willensfreiheit und Determinismus, die bereits durch die Phrenologie Galls ausgelöst worden war. Ein Gegner Galls wie Jacques-Louis Moreau de la Sarthe etwa hatte der Organologie schon zu Beginn des Jahrhunderts vorgeworfen, »daß sie mit ihrem Determinismus die Moral untergrabe: ›Ehebrecherinnen, Betrüger, Diebe und sogar Mörder könnten sich unter Bezugnahme auf die Dominanz ihrer Hirnorgane [...] herausreden, indem sie die Natur selbst anklagen‹« (Hagner 2000, 113). Die »politisch-soziale Kompetenz« (ebd., 109), die die Hirnforschung beanspruchte, war somit von Anfang an umstritten. Allerdings wurde der auf das Individuum ausgerichtete Ansatz Galls parallel zur Entwicklung nationalstaatlicher und imperialistischer Bevölkerungspolitiken im Laufe des neunzehnten Jahrhunderts zunehmend auf Bevölkerungskollektive ausgerichtet, so dass vor allem die Hierarchien in den Geschlechterverhältnissen und zwischen »Rassen« ins Zentrum des Interesses rückten. Ein zentraler Widerspruch aber, nämlich: »hier die geschlechtliche und rassische Determination der Intelligenz und der Kulturfähigkeit, dort der Protest gegen die Auflösung klassischer Werte wie Freiheit und Unteilbarkeit des Selbst«, strukturierte, so Hagner, das ganze neunzehnte Jahrhundert hindurch die Debatten (ebd., 290). Er treibt selbst noch die Auseinandersetzungen der Gegenwart an, auch wenn mit der Transformation von Bevölkerungspolitiken im späten zwanzigsten Jahrhundert und am Beginn des einundzwanzigsten Jahrhunderts individualisiernde Normalisierungsstrategien in den Vordergrund getreten und Kollektivkategorien wie »Rasse« und »Geschlecht« aus dem philosophischen Diskurs weitgehend verdrängt worden sind.

Gehirn, Körper, Handlungsfähigkeit

Obwohl der Dualismus von Körper und Geist in der Philosophie des Geistes durchgehend abgelehnt wird, bewegen sich die Debatten um den Zusammenhang von Geist und Gehirn, Freiheit und Determinismus in einer dualistischen Anordnung, die eine Theorie des Körpers als Dimension von Handlungsfähigkeit und damit auch die Möglichkeit, Naturwissen auf nicht-naturalistische Weise zu integrieren, ausschließen. Ein Beispiel hierfür ist die Position Searles, der zwar den cartesianischen Dualismus sowie den daran anschließenden theoretischen Gegensatz von Dualismus und Monismus als Grundproblem der Philosophie des Geistes herausgestellt hat.[53] In

53 In seinem Aufsatz *What's Wrong With the Philosophy of Mind* formuliert Searle pointiert: »Once you see the incoherence of dualism, you can also see that monism and materialism

seinen Vorträgen zum Thema *Freiheit und Neurobiologie* zum Beispiel legt er allerdings dar, dass »Willensfreiheit, die sich im Bewußtsein manifestiert, neurobiologische Realität hat« (2004, 42). Bewusstsein wird dabei als »eine höherstufige Eigenschaft des Gehirns« beschrieben (ebd.), die sich dadurch auszeichne, dass sie »eine subjektive Ontologie der ersten Person hat« (ebd., 26). Aufgrund dieser spezifischen Eigenschaft sei Bewusstsein, so Searle, »nicht auf physische Mikrostrukturen reduzierbar« (ebd.). Deutlich ist, dass auch hier die Trennung von Bewusstsein und Gehirn, mithin Subjekt und Objekt, Geist und Körper grundlegend sind. Da die Spaltung zwischen Körperlichem und Mentalem somit vorausgesetzt wird, kommt Searle, auch wo er die Existenz von Willensfreiheit nachweisen will, nicht über das Konstatieren einer »Lücke« hinaus. Denn auch wenn man die Unterscheidung von Ursachen und Gründen, welche gerade nicht die »kausal hinreichenden Bedingungen« einer Handlung angeben (ebd., 13), trifft, bleibt zu erklären, in welchem Verhältnis die Logik der Kausalität und die Logik der Begründung stehen. Dies aber gelingt nicht. »In typischen Fällen des Überlegens gibt es«, so Searle, »eine Lücke oder eine Reihe von Lücken zwischen den Ursachen jedes Stadiums im Prozeß der Überlegung, der Entscheidung und der Handlung und späteren Stadien« (ebd., 16). Das Bild der Lücke kann dabei als Symptom für die Grenzen des dualistischen Paradigmas gelten, das gerade durch die manifeste Ablehnung, die es in der Philosophie des Geistes erfährt, aufrechterhalten wird. Das ist keineswegs ein Problem einzelner Argumentationen, sondern eines des gesamten diskursiven Zusammenhangs. So lassen sich weitere Beispiele für das Paradox einer Reproduktion cartesianischer Trennungen bei gleichzeitiger Verneinung finden. Ansgar Beckermann etwa wirft Singer und Roth vor, sie seien »cartesianische Epiphänomenalisten«, die glaubten, »dass es neben unserem Körper und unserem Gehirn ein besonderes geistiges Ich gibt«, wobei sie »eine Richtung der kausalen Beeinflussung« bestreiten (2005, 113f.). Dagegen führt Beckermann Aristoteles an, dem zufolge Menschen »Lebewesen mit besonderen geistigen Fähigkeiten sind – Lebewesen, die wahrnehmen und fühlen, die nachdenken und überlegen und die aufgrund ihrer Überlegungen entscheiden und handeln können« (ebd., 115). Daran anschließend spricht er von einer Identität von neuronalen und mentalen Prozessen, beziehungsweise davon, »dass es sich bei manchen neuronalen Prozessen um Prozesse des rationalen Überlegens oder des Abwägens von Gründen handelt« (ebd., 122). Als Antwort auf die Frage

are just as mistaken« (1992/1994, 295). Dennoch bleibt seine philosophische Sprache grundsätzlich durch das Gegensatzpaar physisch/mental strukturiert.

nach dem Verhältnis von Physischem und Mentalem setzt auch diese Position die dualistische Trennung allerdings voraus.

Nicht in den Blick rückt, dass das Problem möglicherweise nicht in der Art und Weise liegt, wie das Verhältnis von Physischem und Mentalem beschrieben wird, sondern vor allem aus einer reduzierten Auffassung des Physischen resultiert. Denn nur sofern dieses aus jenen Praxiszusammenhängen gelöst wird, in denen »Körper« und »Geist« immer schon sind, kann es als passive Materie erscheinen, die dem Bewusstsein entgegengesetzt ist. Aus einer praxeologischen Perspektive aber, die von der Tätigkeit der Individuen ausgeht, sind körperliche und geistige Dimensionen immer schon unauflöslich miteinander verbunden. Die Abstraktionen »Körper« und »Geist« erscheinen so als Resultat einer Ausblendung von Tätigkeit beziehungsweise Handlungsfähigkeit. In den philosophischen Debatten um die Neurowissenschaften kommt hinzu, dass Körperlichkeit auf das Gehirn reduziert wird. »While the brain becomes an organ blessed with a wondrous capacity – it becomes the cradle of cognition«, so die Neuropsychologin Elizabeth Wilson, »the extraneurological body is relinquished to the psychologically barren reflex arc and is rarely an object of neuropsychological discussion« (1998, 124). Dies bedeutet, dass der Zusammenhang von Gehirn und Körper beziehungsweise der gelebte Körper überhaupt grundsätzlich ausgeblendet werden. Wilson problematisiert dabei die Konzeption von Materialität, die die Debatten um den neurophysiologischen Reduktionismus auch in der Psychologie leitet. Das grundlegende Problem besteht ihr zufolge nicht allein darin, dass neurologische, biochemische und genetische Erklärungen die Komplexität psychologischer Phänomene reduzieren – »it is also that these discourses have constituted the biological as fixed, locatable, and originary« (ebd., 95). Dagegen plädiert sie für eine konnektionistische Auffassung des Gehirns, die dieses nicht als statisch, sondern als dynamisch und verkörpert begreift. Auch wenn Wilsons emphatischer Bezug auf den Konnektionismus, den sie, wie auch Gordon Globus und Kip Canfield, aus einer poststrukturalistischen Perspektive interpretiert, eine kritische Analyse der damit verbundenen Subjektivierungsweisen vernachlässigt,[54] kommt ihr das Ver-

54 »Via connectionism«, so Wilson, »the embodiment of the psyche is enacted not through present cortical traces, but through the deferral and difference of a material trace that is nowhere locatable« (1998, 162). Ihre – berechtigte – Kritik an Gordon Globus und Kip Canfield richtet sich gegen deren unmittelbare Parallelisierung von Konnektionismus und Dekonstruktivismus – »as if to show that connectionism is the empirical validation not of analytic theories of the mind but of deconstruction's critical pursuits« (ebd., 163). Vgl. Gordon Globus, *The Postmodern Brain*, Amsterdam und Philadelphia 1995, sowie Kip

dienst zu, die Leerstelle einer Theorie des Körpers, der Materialität und der Natur, die die psychologischen und philosophischen Debatten kennzeichnet, markiert zu haben.

In der deutschsprachigen Debatte um Freiheit und Determinismus unternimmt allein Habermas ansatzweise den Versuch, dieses Manko zu beheben. Mit den Aufsätzen *Freiheit und Determinismus* (2005a) und *›Ich selber bin ja ein Stück Natur‹ – Adorno über die Naturverflochtenheit der Vernunft. Überlegungen zum Verhältnis von Freiheit und Unverfügbarkeit* (2005b) hat er in diese Debatte interveniert. Dabei hebt Habermas hervor, dass »Handlungsfreiheit nicht nur durch Gründe ›bedingte‹, sondern auch »›naturbedingte Freiheit‹ ist« (2005a, 165). Denn als »Urheber« einer Handlung kann ein Aktor sich nur verstehen, »weil er sich mit dem eigenen Körper identifiziert hat und als ein Leib existiert, der zum Handeln befähigt und ermächtigt« (ebd.). Auch die »vom limbischen System gesteuerten vegetativen Prozesse – wie auch alle anderen aus der neurologischen Beobachterperspektive ›unbewusst‹ ablaufenden Prozesse des Gehirns –« erscheinen damit als »ermöglichende Bedingungen« (ebd.). Indem Habermas den Körper somit als Bedingung von Handlungsfähigkeit einführt, bricht er ein Stück weit mit der naturalistischen Perspektive, in der der Körper immer schon mit dem wissenschaftlichen Objekt der Neurowissenschaften gleichgesetzt wird. Dadurch zeichnet sich immerhin die Möglichkeit ab, Körper und Gehirn in einer praxeologischen Perspektive zu begreifen.

Anzuknüpfen wäre dabei etwa an Merleau-Pontys Konzept der bedingten Freiheit, dem zufolge die »Bedeutung von Natur und Geschichte, die ich bin […], nicht meinen Zugang zur Welt (beschränkt)«, sondern »vielmehr mein Mittel ist, mit ihr zu kommunizieren« (1966, 517). Die Individuen sind demzufolge immer schon in natürlichen und gesellschaftlichen Zusammenhängen tätig, die die Körper auf bestimmte Art und Weise formieren, aber keineswegs Handlungen determinieren. Der Körper ist in dieser Perspektive weder eine fixe Wesenheit noch mit einem wissenschaftlichen Objekt identisch, sondern primär ein Prozess und durch Tätigkeit vermittelt. »Mein Leib ist da, wo er etwas zu tun hat« (ebd., 291). Denkbar wird somit, dass der Körper als »Situation«, wie es Simone de Beauvoir ausgedrückt hat, in spezifischen historischen und sozialen Verhältnissen situiert ist und auf unterschiedliche Weise formiert wird, wozu nicht zuletzt Diskurse über den

---

Canfield, »The Microstructure of Logocentrism: Sign Models in Derrida and Smolensky«, in: *Postmodern Culture* 3/1993, zugleich: http://pmc.iath.virginia.edu/text-only/issue.593/canfield.593 (letzter Zugriff 7.2.2010).

Körper beziehungsweise über einzelne Körperorgane wie das Gehirn beitragen. Die Geschlechterforschung der vergangenen Jahrzehnte hat solche Formierungsprozesse vielfach rekonstruiert und dabei gezeigt, wie Körper geschlechtlich artikuliert werden. Statt von einem »biologischen Geschlecht« auszugehen, das durch ein »soziales Geschlecht« überformt wird, hat vor allem Judith Butler darauf bestanden, dass auch und gerade der biologische Körper in einem Prozesszusammenhang gedacht werden muss, in dem »regulierende Normen das ›biologische Geschlecht‹ materialisieren« (1995, 21). Damit hat sie nicht nur den Versuch unternommen, die »Materialität« von Körpern so zu fassen, dass Materie nicht als vorgängige, passive Gegebenheit vorausgesetzt wird. Sie hat zudem Ansatzpunkte für eine alternative, praxeologische Konzeption von Körperlichkeit formuliert, die mit dem binären Schema aktiv/passiv und der Assoziation von Materie und Weiblichkeit bricht.[55] Körperliche Materialität wäre demnach »in keinem Sinne statisch, räumlich oder gegeben«, sondern wird »in der verändernden Tätigkeit und als die verändernde Tätigkeit konstituiert« (ebd., 331). Im Anschluss daran können Körper und also auch das Gehirn als unaufhebbare Dimension von Tätigkeit begriffen werden, das heißt nicht als vorgängige »Bedingung« von Bewusstsein, sondern als mit diesem gleichursprünglich Tätigkeit konstituierend.

Im Gegensatz dazu arbeitet Habermas mit einer Körper-Konzeption, die dem Subjekt-Objekt-Dualismus verhaftet bleibt. Dies ist vor allem seiner Affinität zur philosophischen Anthropologie geschuldet.[56] So übernimmt Habermas von Helmuth Plessner die Unterscheidung von wissenschaftlich objektiviertem Körper auf der einen, subjektiv erfahrenem Leib auf der anderen Seite.[57] Die Rede ist von einem »organischen Substrat«, das »als Leib

55 Dies im Rückgang auf Aristoteles und Marx. Da die Unterscheidung von *hyle* (Materie) und *eidos* (Form), die mit der Hierarchie von Männlichem und Weiblichem artikuliert ist, gerade durch Aristoteles in die philosophische Sprache eingeführt wurde, würde »ganz offenkundig keine Feministin eine einfache Rückkehr zu den natürlichen Teleologien von Aristoteles befürworten« (Butler 1995, 56). Dennoch versucht Butler »eine heute mögliche aristotelische Terminologie« aufzuspüren. Bei Marx findet sie Anknüpfungspunkte in den *Thesen über Feuerbach* (vgl. ebd., 331).

56 Vgl. hierzu ausführlich Kapitel 4.1.

57 Da Habermas Adornos Ausführungen zu Körper und Natur, wo er positiv an sie anknüpft, immer schon in den Plessnerschen Dualismus von Körper und Leib übersetzt, rückt Adornos gesellschaftstheoretische und praxeologische Perspektive, die auf den Begriff der gesellschaftlichen Naturverhältnisse verweist, aus dem Blick. Sie fällt bei Habermas unter das Verdikt eines »romantischen Begriffs einer Schelling'schen, einer nicht vergegenständlichten Natura naturans« (2005b, 188).

erfahren« wird (2005a, 165). Eine Konsequenz dieser Trennung von Körper/ Organischem und Leib ist, dass die Konstruktion für szientistische Elemente offengehalten wird. Habermas bezeichnet daher seine Position auch als »›weichen‹ Naturalismus« (2005a, 171; vgl. 2005b, 215). Für das Wissen um den Körper bleibt wie schon bei Plessner die Biologie beziehungsweise die Evolutionstheorie zuständig. Statt die Wissensansprüche der Biologie kritisch zu rekonstruieren, geht es Habermas darum, »Kant mit Darwin [zu] versöhnen« (2005a, 175; vgl. 2005b, 188), beziehungsweise um eine »Konzeption der Vernunft, die neodarwinistische Erkenntnisse respektiert« (ebd., 215). Doch Respekt ist grundsätzlich etwas anderes als epistemologische Reflexion, die ausgehend von einem gesellschaftstheoretisch und machtanalytisch erweiterten Kantianismus auch die Geschlechterkonstruktionen der darwinistischen und neodarwinistischen Theorieentwürfe – insgesamt die historischen und gesellschaftlichen Bedingungen der Möglichkeit von Erkenntnis – zu problematisieren hätte. Da derartige wissenschaftstheoretische Überlegungen bei Habermas nicht vorkommen, verfestigt er die dem späten neunzehnten Jahrhundert entstammende Grenzziehung zwischen Natur- und Geisteswissenschaften, statt sie in Frage zu stellen. Dabei impliziert die »Versöhnung«, die Habermas zwischen Kant und Darwin als Stellvertretern der »zwei Kulturen« herbeiführt, letztlich eine Biologisierung Kants. Vernunft beziehungsweise Geist gilt nun als »organisch verwurzelt« (2005a, 171) – eine Formulierung, die Kant, der bezweifelte, dass Biologie überhaupt den Status einer Wissenschaft erlangen könne, kaum gerecht wird. Letztlich wird auch der Natur-Kultur-Dualismus, der bei Habermas kein ontologischer, sondern ein sprachlicher ist und aus dem Gegensatz von Beobachter- und Teilnehmerperspektive resultiert, evolutionstheoretisch begründet. Der epistemische Perspektivendualismus, heißt es, »darf nicht vom transzendentalen Himmel gefallen sein. Er muss aus einem evolutionären Lernprozess hervorgegangen sein und sich in der kognitiven Auseinandersetzung von Homo sapiens mit den Herausforderungen einer riskanten Umwelt schon bewährt haben« (ebd.). Gerahmt wird diese Position durch eine Naturerzählung, die Habermas im Anschluss an den Kognitions- und Verhaltensforscher Michael Tomasello entwirft. An die Stelle der Agonalität, die die Soziobiologie ins Zentrum gestellt hat, tritt dabei die intersubjektive Kommunikation. Denn die zentrale, »evolutionäre Errungenschaft [...], die Homo sapiens von seinen nächsten Verwandten trennt und zur kulturelle Entwicklung befähigt«, so Habermas unter Bezug auf Tomasello, ist die »sozialkognitive Fähigkeit, einen Artgenossen als intentional handelndes Wesen zu verstehen« (ebd.,

176). Auch diese Variante einer ins Philosophische transponierten Naturerzählung beziehungsweise einer in Natur projizierten Norm reproduziert jedoch die Probleme des Naturalismus. Die Perspektive auf eine kritische Analyse der Situiertheit wissenschaftlichen und philosophischen Wissens, die auch auf eine Überwindung der Grenzziehung zwischen den »zwei Kulturen« der Natur- und Ingenieurswissenschaften auf der einen, Sozial- und Geisteswissenschaften auf der anderen Seite zielte, ist hier verschlossen. Die für die Sozial- und Geisteswissenschaften problematische Konsequenz ist, dass sie in Hinblick auf Körper und Natur weitgehend auf das Schwanken zwischen einer naturalistischen Übernahme wissenschaftlichen Wissens und einer Kritik an der Naturalisierung von Sozialem festgelegt bleiben. Sie bilden demzufolge keine eigene Kompetenz in Bezug auf Naturwissen aus, die das in Natur- und Technikwissenschaften produzierte Wissen aufnehmen könnte, ohne es positivistisch zu artikulieren. Erst eine Theorie des Körpers, die diesen als Dimension von Handlungsfähigkeit und als in Geschlechterverhältnissen wie auch gesellschaftlichen Naturverhältnissen situiert begreifen würde, verbunden mit einer praxeologischen Wissenschaftskonzeption, könnte diese Anordnung zumindest aufbrechen. Das durch die Naturwissenschaften, also auch die Neurowissenschaften produzierte Wissen wäre in einer solchen Perspektive als spezifische Art von Körperwissen zu betrachten, das wie andere Formen des Wissens um Körper- und Naturzusammenhänge durchaus partial und historisch kontingent ist. Es kann daher zwar in einer inter- und transdisziplinären Perspektive möglicherweise durchaus für subjekt- und körpertheoretische Konzeptionen fruchtbar gemacht werden, jedoch nur, sofern es nicht den Status eines privilegierten, ersten Wissens verliehen bekommt.

4. Mensch, Natur, Geschlecht: Philosophische Anthropologie in Interventionen zur Biotechnologie

Entgegen der Einschätzung Michel Foucaults, »der Mensch« werde verschwinden »wie am Meeresufer ein Gesicht im Sand« (OD, 462), erweist sich diese Figur als erstaunlich robust. In den philosophischen Auseinandersetzungen mit den Biowissenschaften und -technologien ist es nämlich im deutschsprachigen Raum seit den ausgehenden 1990er Jahren zu einer Wiederbelebung der philosophischen Anthropologie gekommen, die in den ersten Jahrzehnten des zwanzigsten Jahrhunderts von Max Scheler, Helmuth Plessner und Arnold Gehlen als Subdisziplin begründet wurde, konzeptionell aber auf das frühe neunzehnte Jahrhundert zurückgeht. Dabei steht diese Renaissance im Kontext einer umfassenden Neuauflage anthropologischer Denkweisen, die weder thematisch auf die Biowissenschaften beschränkt noch allein in der Philosophie zu verzeichnen ist, wird doch auch in der Soziologie und der Politikwissenschaft wieder zunehmend von »dem« Menschen und »der« menschlichen Natur gesprochen.[1] Das enge Verhältnis zur Biologie, das für die philosophische Anthropologie seit ihrer Entstehung an der Wende zum neunzehnten Jahrhundert von konstitutiver Bedeutung war, ist dabei zwar nicht für alle Positionen gleichermaßen kennzeichnend, aber dennoch markant. Vielfach wird es unter Bezug auf Theoreme der Verhaltens- und der Soziobiologie reartikuliert. Dies ist beispielsweise bei Ernst Tugendhat der Fall, dem zufolge philosophische Anthropologie »heute an die Stelle der Metaphysik treten« soll (2007, 34). Tugendhat setzt nicht nur

1 Außerhalb des deutschsprachigen Raumes nehmen anthropologische Argumentationen allerdings kaum Bezug auf die philosophische Anthropologie im engeren Sinne, also auf Scheler, Gehlen und Plessner, wie zum Beispiel die Argumentationen von Martha Nussbaum oder Charles Taylor zeigen. Auch Bruno Latours »symmetrische Anthropologie«, die menschliche und nicht-menschliche Wesen gleichermaßen als Akteure in soziotechnischen Netzwerken begreift, stellt sich nicht in diese Tradition. Zur Kritik des anthropologischen Vokabulars bei Latour vgl. Susanne Lettow, »Les bio/technosciences dans la philosophie: Défis et perspectives pour les *gender studies* en philosophie«, in: *Diogène. Revue internationale des sciences humaines* 225/2009, 157–171.

als selbstverständlich voraus, dass die in einem nachmetaphysischen Zeitalter vakante Stelle einer Ersten Philosophie erneut zu besetzen ist. Er begründet seine Position zudem soziobiologisch, indem er das propositionale Sprechen und die Möglichkeit von Ja-/Nein-Stellungnahmen, die die Grundlage jeglichen moralischen Handelns sind, als »Überlebensvorteil« bezeichnet (2007, 24). Ein anderes Beispiel liefert Christian Illies, der diagnostiziert, dass wir in einem »biologischen Zeitalter« leben, in dem »der Mensch evolutionär erklärbar und biotechnisch rekonstruierbar« werde (2006, 13). Illies entwirft eine »Konvergenzanthropologie«, der zufolge »die natürlichen Anlagen des Moralwesens Mensch und die Forderungen der Vernunftmoral [...] in dieselbe Richtung weisen« (ebd., 14). Doch wo vom Menschen im Singular die Rede ist, noch dazu von seinen »natürlichen Anlagen«, sind Geschlechterideologeme nicht weit. Illies entlehnt sie der Verhaltensbiologie von Konrad Lorenz beziehungsweise der Anthropologie Gehlens, wenn er behauptet, dass »Menschengruppen oft um knappe Ressourcen wie Nahrung, Territorien und vermutlich Frauen« konkurrieren und Männer eine stärkere Aggressionsneigung hätten (ebd., 138).[2] Noch immer beziehungsweise erneut scheint es also richtig zu sein, von dem Diktum Cornelia Klingers auszugehen, dass der »erste Schritt in jeder feministischen Auseinandersetzung mit der traditionellen Philosophie [...] eine Kritik des Humanen als neutrale[n] und universale[n] Konzept[s]« ist (2005, 334). Dabei ist »der Mensch« nicht nur in geschlechtertheoretischer und -politischer Hinsicht ein fragwürdiges Theorem. Diese Figur erweist sich vielmehr aus jeder herrschaftskritischen Perspektive als problematisch, da sie Macht- und Herrschaftsverhältnisse systematisch desartikuliert. Schließlich sind gesellschaftliche Verhältnisse, wo die theoretische Sprache nur den Singular kennt, in ihrer Komplexität nicht denkbar. In der schlichten Rede von »dem Menschen« entnennt sich das sprechende Subjekt in seiner historischen und gesellschaftlichen Positionierung. Die Diversität von Subjektivitätsformen, die Menschen in unterschiedlichen Kulturen und Gesellschaften in Relation zu ihren je spezifischen Lebensbedingungen ausbilden, ist von vornherein ausgeblendet. Dieses strukturelle Problem kann auch durch noch so offene Bestimmungen des Menschen – durch seine »Unergründlichkeit« (Hans-Peter Krüger) oder seine »Unbestimmbarkeit« (Gerhard Gamm) oder als homo absconditus (Helmuth Plessner) – nicht gelöst werden, sondern ist im Begriffsspiel der philo-

2 Das »tiefste Wollen der Person«, so bereits Gehlen in seiner *Theorie der Willensfreiheit* (1933), gehe »auf den Erhalt der Person und ihrer wesentlichen Triebgegenstände: Besitz, Nahrung, Frau« (zit. n. Klinger 1989, 195).

sophischen Anthropologie, das um den Kollektivsingular »Mensch« zentriert ist, angelegt.

Trotz dieser grundlegenden Problematik unterscheiden sich die einzelnen anthropologischen Positionen, die in diesem Kapitel exemplarisch untersucht werden, sowohl hinsichtlich der Bedeutung, die sie der Biologie als spezifischem disziplinär verfassten Wissen beimessen, als auch in Bezug auf die Thematisierung von Geschlecht und Geschlechterverhältnissen. Die philosophischen Interventionen von Jürgen Habermas, Ludwig Siep, Peter Sloterdijk und Elisabeth List, die sich thematisch auf die biotechnologische Transformation von menschlicher und nicht-menschlicher Natur beziehen, resultieren aus verschiedenen theoretischen Optionen. Sie stehen nicht nur im Kontext unterschiedlicher philosophischer Projekte, sondern divergieren zum Teil auch grundlegend in ihren politisch-ethischen Stellungnahmen. Dennoch treten sie in der gegenwärtigen Konjunktur der philosophischen Anthropologie gewissermaßen aus verschiedenen Richtungen in einen gemeinsamen Horizont ein. Dieser ist durch jene diskursive Formation vorstrukturiert, die die theoretische Figur des Menschen in der zweiten Hälfte des achtzehnten Jahrhunderts hervorgebracht hat. Die gegenwärtigen Bezugnahmen auf philosophische Anthropologie aktualisieren und modifizieren diese Formation, reflektieren jedoch – wie sich im Verlauf dieses Kapitels zeigen wird – ihre strukturellen Probleme und Defizite nicht.[3] Ungedacht bleibt die Tatsache, dass der Mensch als theoretische Figur, um die die Humanwissenschaften kreisen, »eine völlig junge Kreatur (ist), die die Demiurgie des Wissens vor noch nicht einmal zweihundert Jahren geschaffen hat« (Foucault, OD, 373). Schließlich ist nicht jede Theorie über menschliche Kompetenzen, Praxen oder Lebensweisen und noch nicht einmal jede Philosophie, die Aussagen über Menschen, die menschliche Natur oder das menschliche Wesen macht, notwendigerweise anthropologisch. Noch im sechzehnten und siebzehnten Jahrhundert schloss, wie Foucault aufgezeigt hat, »der Begriff der menschlichen Natur und die Weise, auf die er funktionierte, aus […], daß es eine klassische Wissenschaft vom Menschen gab«

3 Auf die *historische Anthropologie* trifft dies allerdings nicht zu. Auch wenn sie sich in der Nachfolge der philosophischen Anthropologie sieht, geht sie doch gleichzeitig von einer grundlegenden Kritik an dieser aus: »Nicht länger ist es möglich«, so Christoph Wulf, »von *dem* Menschen zu sprechen. Diese Rede, die in der philosophischen Anthropologie Schelers, Plessners und Gehlens in der ersten Hälfte dieses Jahrhunderts den Diskurs in Deutschland bestimmte, führte zu einer unzulässigen Reduktion. Wenn von *dem* Menschen gesprochen wurde, dann wurde stillschweigend der singuläre, europäische, männliche Mensch zur Norm gemacht.« (1997, 13)

(ebd.). Erst ab Mitte des achtzehnten Jahrhunderts trat »der Mensch« auf, dem »kurz darauf [...] das Weib« folgte (Honegger 1991, 6).[4] Zu den epistemischen Bedingungen beider Figuren gehört die Entstehung der Biologie, das heißt die Entwicklung der älteren Naturgeschichte hin zu einer Wissenschaft vom Leben. Sie ermöglichte eine neue Form der Naturalisierung und nicht zuletzt Vorstellungen von einer biologisch begründeten Zweigeschlechtlichkeit. Zwar wurde »Natur« auch vor dem Ende des achtzehnten Jahrhunderts für die Legitimation gesellschaftlicher Hierarchien und insbesondere der Geschlechterverhältnisse herangezogen. Doch, wie Lorraine Daston betont, »early modern nature was benevolent, purposeful, and sovereign through enlightened assent, modern nature was indifferent, aimless, and sovereign through physical necessity« (1992, 222). Erst mit diesem modernen Begriff von Natur, der diese als »indifferent« und prä-sozial setzt, wurde Naturalisierung in Form von deterministischen Argumentationen möglich. Denn damit etwas »determinieren« kann, muss es vom Determinierten klar getrennt worden sein, wie eben die Natur vom Sozialen im späten neunzehnten Jahrhundert.

Allerdings betraf die »Verwissenschaftlichung der ›Differenz‹«, die sich bereits um 1800 abzuzeichnen begann, keineswegs nur die Geschlechter, sondern bezog sich ebenso auf jene, die als »Wilde«, »Primitive«, »Irre« und »Fremde« klassifiziert wurden (Honegger 1991, 113). Insgesamt avancierte die vergleichende Anatomie, in deren Umkreis sich auch die moderne Hirnforschung formierte, zwischen Ende des achtzehnten und Mitte des neunzehnten Jahrhunderts zur »Basis-Wissenschaft für physio-philosophische Anthropologie« (ebd., 8). Sie lieferte »die Methodologie, nach der am Ende in allen Organen, Organ-Lagerungen und psychisch-geistigen Vermögen geschlechtsspezifische Unterschiede gesucht und gefunden werden konnten« (ebd.). Sowohl »Rasse« als auch »Geschlecht« wurden auf diese Weise als biologisch-soziale Kategorien konstituiert. In Untersuchungen *Über die körperliche Verschiedenheit des Negers vom Europäer* (Samuel Thomas Sömmering) und *Über die körperliche Verschiedenheit des Mannes vom Weibe* (Jakob Fidelis Ackermann) wurden immer wieder Hierarchien zwischen einem Allgemeinen und einem (defizienten) Besonderen konstruiert. Die Folge war eine »Generalisierung des Mannes zum Menschen der Humanwissenschaften«

4 Dies klammern jene Positionen aus, die mit der Behauptung aufwarten, alle Gesellschaftstheorie sei anthropologisch, da sie »(fast) immer ein Bild vom Menschen« mitführe (Lindemann 2006, 42; vgl. Manzei 2005). Philosophie und Soziologie werden hier, sofern sie es überhaupt mit Menschen, Individuen, Subjekten zu tun haben, undifferenziert auf philosophische Anthropologie festgelegt.

(ebd., 6) und die Abdrängung des Wissens über andere Kulturen in die Ethnologie, desjenigen über Frauen in eine weibliche »Sonderanthropologie« und später die Gynäkologie. Dieser Prozess war, so Claudia Honegger, um die Mitte des neunzehnten Jahrhunderts abgeschlossen und »das Geschlecht [...] aus dem hehren Kosmos der sich ausdifferenzierenden Wissenschaften scheinbar ohne Rest verschwunden« (ebd.).

In den fast hundert Jahre später formulierten Anthropologien von Max Scheler, Helmuth Plessner und Arnold Gehlen, die die philosophische Anthropologie als philosophische Subdisziplin im engeren Sinne begründeten, steht denn auch allein der vermeintlich neutrale »Mensch« im Zentrum. Nur am Rande ist hier vom »Weib« und von »Rasse« die Rede – selbst in Gehlens Hauptwerk *Der Mensch* (1940), das als Fundierung der NS-Rassenbiologie angelegt ist.[5] Dennoch sind symptomatische Verweise auf Frauen und andere Kulturen, die den falschen Universalismus der Anthropologie zur Sprache bringen, auch bei diesen Autoren vorhanden. So rückt Scheler, der betont, dass »das Wort ›Mensch‹ [...] von ›männisch‹ kommt« (1913/1972, 195), Frauen und die Bevölkerungen Asiens in die Nähe von Pflanzen und stellt sie auf die »unterste Stufe des Psychischen« (1928/1976, 15). »Im Weibe, bei ausgeprägten Ackerbaustämmen [...], in dem ganzen (nichtjüdischen) Asien« scheint ihm »das pflanzliche Prinzip [...] im Menschen zu überwiegen« (ebd.). Plessner, der die »natürliche Künstlichkeit«, also die Notwendigkeit, »auf Umwegen über künstliche Dinge« zu leben (1928/1981, 384), statt instinktsicher wie andere Lebewesen in Natürlichkeit aufzugehen, als Charakteristikum des Menschen herausstellt, hält gleichzeitig Frauen auf Distanz dazu. Sie sind für ihn »nach dem Wort des Romantikers bei sich selbst bleibende Natur« (1924/2002, 76). Sie werden, wie Helmuth Lethen es formuliert hat, »aus der Arena der Künstlichkeit verbannt [...] [und] verbürgen [...] die erste Natur, weil sie im ›zweiten Vaterland‹ der symbolischen Ordnung ihre Identität nicht realisieren können« (2002, 50). Gehlen wiederum geht in seiner Theorie des »Mängelwesens« Mensch, das seinen »konstitutio-

5 Eine »allgemeine Anthropologie«, so Gehlen in der Erstauflage von 1940, »wäre logisch jeder speziellen Anthropologie vor allem der Rassenlehre vorgeordnet und würde daher ihrerseits die Probleme der letzteren nicht ausdrücklich behandeln, so wenig wie die allgemeine Anatomie die besonderen anatomischen Rassenmerkmale behandelt« (1940/1993, 488). Mit der Rede von einer »Anthropo-Biologie« (ebd., 10) nimmt Gehlen eine Begriffsschöpfung auf, die Eugen Fischer, Leiter des *Kaiser-Wilhelm-Instituts für Anthropologie, Menschliche Erblehre und Eugenik* für sich reklamierte (vgl. Bayertz, Kroll, Weingart 1992, 355). Zur Beteiligung des KWI für Anthropologie an den nazistischen Vernichtungspolitiken vgl. ebd., 407ff.

nellen Antriebsüberschuss« durch Zucht und Führung in Form bringen muss, grundsätzlich von einer männlichen Triebökonomie – gerichtet auf »Besitz, Nahrung, Frau« – aus (vgl. Klinger 1989, 195). Auf dieser Grundlage gilt es, wie er in *Der Mensch* ausführlich darlegt, »in sich selbst eine Herrschafts- und Führungsgesetzlichkeit der Bedürfnisse und Interessen groß[zu] zieh[en], sich in einem System orientierten Willens ›fest[zu]stell[en]‹« (1940/1993, 64). Ziel ist die Konstitution eines Leistungssubjekts, das seinen Antriebsüberschuss in »eine fast unerschöpfliche gerichtete Energie, die in Tätigkeit, in Arbeit umgesetzt wird«, transformiert (ebd., 428). Wie Gerwin Klinger bemerkt hat, ist hier »der kalkulierende Blick aus der Führungsetage von Industrie und Staat auf disponible menschliche Ressourcen« leitend (2000, 311).[6]

Auch wenn sich die Anthropologien von Scheler, Plessner und Gehlen in der Art und Weise, wie sie den Menschen konkret bestimmen und in gesellschaftliche und politische Herrschaftsstrukturen einfügen, unterscheiden,[7] verbindet sie ein systematischer Anti-Cartesianismus. Stets geht es um die Überwindung der Trennung von Körper und Geist im Namen des »ganzen Menschen«. Schon in der frühen Anthropologie war Descartes der »entscheidende Opponent«, von dem man sich absetzte, »um nicht nur den Körper, sondern auch den Geist und die Psyche der empirischen Erkenntnis zugänglich zu machen« (Honegger 1991, 109). Er ist dies auch noch in den Entwürfen von Scheler, Plessner und Gehlen. Dass zumindest Scheler mit seiner Definition der »Sonderstellung« des Menschen durch den Geist und Plessner, der beide Seiten des Dualismus in der Formel von der »natürlichen Künstlichkeit« des Menschen schlicht zusammenfügt, in ihren Überwindungsversuchen scheitern, tut dem keinen Abbruch. Es ist jedenfalls nicht das anticartesianische Projekt, dass die philosophische Anthropologie der ersten Hälfte des zwanzigsten Jahrhunderts von der des neunzehnten unterscheidet, sondern ein höherer, auf die akademische Disziplin Philosophie

6 Der Bezug auf den NS ist bei Gehlen an vielen Stellen deutlich, beispielsweise wenn er im Anschluss an Alfred Rosenberg die Idee und Notwendigkeit eines »Zuchtbildes«, das die Selbstführung organisiert, formuliert (1940/1993, 733, 739). Alfred Rosenberg war »Beauftragter des Führers für die Überwachung der gesamten geistigen und weltanschaulichen Erziehung der NSDAP« und ab 1941 »Reichsminister für die besetzten Ostgebiete«. Zu Gehlens Karriere und philosophischer Aktivität im NS vgl. Klinger (1989) und (2000).

7 Ausführlich hierzu Susanne Lettow, »›Der Mensch‹ der Philosophischen Anthropologie. Männlichkeit und kulturelle Hegemonie zwischen Weimarer Republik und NS«, in: Claudia Lenz (Hg.), *Männlichkeiten – Gemeinschaften – Nationen. Historische Studien zur Geschlechterordnung des Nationalen*, Opladen 2003, 23–43.

hin ausgerichteter Systematisierungsgrad sowie eine veränderte wissenschaftliche Basis. Nicht mehr die vergleichende Anatomie, sondern die Evolutionsbiologie stellt den zentralen Bezugspunkt dar. Dieser Wechsel geht mit dem Projekt philosophischer Anthropologie durchaus konform, denn die Offenheit für die jeweiligen Entwicklungen in der Biologie ist für dieses Projekt konstitutiv. Die theoretische Figur des Menschen ist nämlich, wie Foucault es formuliert, eine »empirisch-transzendentale Dublette« (OD, 384), das heißt sie ist gleichzeitig empirisch bestimmt und die Bedingung der Möglichkeit jeder empirischen Bestimmung. Diese »nicht eindeutige Position als Objekt für ein Wissen und als Subjekt, das erkennt« (ebd., 377), führt dazu, dass sich in dieser Figur Positivismus und Metaphysik kreuzen, wobei in beiden Hinsichten »die präkritische Naivität [...] ungeteilt herrscht« (ebd., 387). Das empirische Wissen, das jeweils adaptiert wird, unterliegt keiner kritischen Reflexion, sondern geht schlicht als Wahres in die philosophischen Subjektkonstruktionen ein. Auch das theoretische Projekt der philosophischen Anthropologie hat somit eine szientistische Dimension, die es mit Positivismus und Naturalismus verbindet.

In Hinblick auf die gegenwärtige Renaissance der philosophischen Anthropologie stellt sich somit die Frage, welche Form einerseits das strukturelle Problem der Homogenisierung von Differenz und der Universalisierung von Partikularem, andererseits das der szientistischen Grundierung annimmt. Die Interventionen von Jürgen Habermas, Ludwig Siep, Peter Sloterdijk und Elisabeth List werden daher zum einen mit der Frage nach den jeweiligen Subjektkonstruktionen und ihren geschlechtlichen Codierungen konfrontiert, zum anderen mit der Frage, welcher Status biologischem beziehungsweise dem biowissenschaftlichem Wissen zukommt. Denn wenn sich, wie Lorraine Daston (1992) betont, Naturalisierungsstrategien ändern, sofern sich die Vorstellungen von Natur ändern, fragt sich, was dies in der Gegenwart bedeutet. Zu untersuchen sind in den gegenwärtigen Aktualisierungen der philosophischen Anthropologie daher vor allem die spezifischen Strategien der Naturalisierung und ihre jeweiligen geschlechtertheoretischen Implikationen. Gefragt wird zudem nach ihren Konsequenzen für die philosophischen Artikulationen und politisch-ethischen Stellungnahmen zur Entwicklung der Biowissenschaften und -technologien. Auf dem Spiel steht dabei die Frage, wie ein theoretischer Zugang zu Körper- und Naturverhältnissen jenseits von Naturalisierung und Naturalisierungskritik gefunden werden kann.

4.1 Gattungsethik und Naturalisierung – Habermas' Kritik der Gentechnologie

Jürgen Habermas hat seit Ende der 1990er Jahre verschiedentlich zur Entwicklung der Biotechnologie Stellung genommen. Seine Interventionen beziehen sich auf das Klonen, das insbesondere nach der Geburt des Klonschafs Dolly 1997 ins Zentrum der öffentlichen Aufmerksamkeit rückte, auf Peter Sloterdijks These von der Gentechnologie als züchterischer Anthropotechnik[8] sowie auf die Präimplantationsdiagnostik und die Forschung an embryonalen Stammzellen. Seine Position, die eine gewisse Revision der Diskursethik einschließt, hat Habermas dabei in dem Band *Die Zukunft der menschlichen Natur. Auf dem Weg zu einer liberalen Eugenik?* (2001/2005) am differenziertesten dargelegt. Er vollzieht darin eine anthropologische Wende, die auch für seine Intervention in die Debatten um Hirnforschung und Willensfreiheit konstitutiv ist, die im vorigen Kapitel diskutiert wurde. Allerdings finden sich bei Habermas, wie im Folgenden deutlich wird, bereits in Veröffentlichungen der 1970er Jahre affirmative Bezugnahmen auf die philosophische Anthropologie, wodurch eine Offenheit seiner Konstruktion für szientistische Elemente entsteht. Auch wenn in diesem Kapitel Veröffentlichungen seit Ende der 1990er Jahre im Zentrum stehen, werden daher frühere Interventionen von Habermas zum Themenkomplex Wissenschaft und Technik mit in den Blick genommen.

Im Vorwort zu *Die Zukunft der menschlichen Natur* führt Habermas ein neues Konzept, nämlich das der Gattungsethik, ein und revidiert damit seine These einer Trennung von Moral und Ethik. Ging es zuvor darum, formale Regeln für Verständigungsprozesse auszuweisen, die die gleiche Teilnahme aller am Diskurs garantieren, so problematisiert Habermas angesichts der biotechnologischen Entwicklung die inhaltliche »Enthaltsamkeit« (2005, 9) einer solchen Moralphilosophie. Eine Begrenzung auf »weltanschaulich neutrale« Verfahren, die sich dadurch auszeichnen, dass sie von ethischen Stellungnahmen, also inhaltlich begründeten Auffassungen vom »guten Leben« abstrahieren, ist Habermas zufolge aufgrund der tiefgreifenden Veränderungen, die mit der Biotechnologie einhergehen, obsolet. Prinzipiell, heißt es nun, stünden Ethik und Moral in einem engen Zusammenhang. Denn

8 Vgl. »Ein Argument gegen das Klonen von Menschen. Drei Repliken«. In: Habermas, Jürgen: *Die postnationale Konstellation. Politische Essays.* Frankfurt/Main 1998, 243–256. Sowie zu Habermas' Stellungnahme zu Sloterdijks Vortrag vgl. Peter Moser: »Der Fall Sloterdijk. Ein Vortrag erregt die Gemüter«. In: *Information Philosophie* 4/1999, 20–29.

schließlich binden »moralische Einsichten [...] den Willen erst dann effektiv, wenn sie in ein ethisches Selbstverständnis eingebettet sind« (ebd., 15). Dabei zielt diese Einführung einer ethischen Dimension in die Moralphilosophie keineswegs auf eine Entuniversalisierung und Öffnung für das Partikulare, mit dem Ethik bei Habermas bislang assoziiert war. Vielmehr ist mit dem Konzept der Gattungsethik ein neuer Allgemeinheitsanspruch verbunden. Habermas zufolge gilt es nämlich mit Blick auf die Biotechnologien, »die philosophische Ursprungsfrage nach dem ›richtigen Leben‹ in anthropologischer Allgemeinheit zu erneuern« (ebd., 33). Nichts weniger als das »ethische Selbstverständnis der Menschheit als Ganzer« (ebd., 32), mithin der »Gattung«, steht dabei auf dem Spiel.

Durch diese anthropologische Wende verschiebt Habermas seine eigene ebenso wie konkurrierende Positionen zur Frage der Stammzellforschung und der Präimplantationsdiagnostik auf ein neues Terrain. Diskursstrategisch hat dies den Effekt, dass den divergierenden politisch-ethischen Stellungnahmen ein theoretisches Fundament unterlegt wird, über das vermeintlich nicht mehr gestritten werden kann. Diskussionen über die Frage »Wann beginnt der Mensch?« sollen, so heißt es, von »unfruchtbaren weltanschaulichen Polarisierungen entlastet und auf das Thema des angemessenen ethischen Selbstverständnisses der Gattung konzentriert werden« (ebd., 71). Durch den Rekurs auf Anthropologie wird also eine Position geschaffen, von der aus über alle anderen Positionen verfügt werden kann, da sie ihnen vorgeordnet ist. Der Preis dafür ist allerdings, dass mit dem »Selbstverständnis der Gattung« eine a-historische, vermeintlich prä-soziale und prä-kulturelle Ebene eingeführt wird, durch die Gewissheit in der Ungewissheit gewonnen werden soll. Es handelt sich, wie es heißt, um einen »Wegweiser«, an den es sich zu halten gilt, »wo uns zwingende moralische Gründe fehlen« (ebd., 121). Dabei sind die anthropologischen Gewissheiten, auf die Habermas setzt, durchaus auch biologisch artikuliert. So wird Moral auf die »Unvollkommenheit der organischen Ausstattung und der fortbestehenden Hinfälligkeit der leiblichen Existenz« zurückgeführt (ebd., 62f.), wobei deutlich Gehlens Theorem des Menschen als Mängelwesens anklingt. Gehlen wiederum hatte das Fötalisationstheorem (Neotenie) des Anatomen Louis Bolk aufgegriffen, dem zufolge der Mensch auch als Erwachsener Fötalzustände »bewahrt und konserviert«, so dass sich seine »Organbesonderheiten« durch Unspezialisiertheit auszeichnen (Gehlen 1940/1993, 95).[9] An diese szientis-

9 Von Bolk (1866–1930) entlehnt Gehlen das Konzept der Neotenie. Es steht ihm zufolge für »das Grundproblem der menschlichen Abstammungslehre, wenn sich nämlich nach-

tische Dimension, das heißt die Übernahme von Wissenselementen der Biologie beziehungsweise Embryologie, schließt Habermas positiv an. Dies ist insbesondere im *Postscriptum* von 2005 deutlich, in dem er auf kritische Einwände eingeht. Denn obwohl Habermas einen »naturalistischen Futurismus, der auf technische Selbstoptimierung setzt«, als Hauptgegner benennt, geht er davon aus, dass die »anthropologischen Auffassungen«, zu denen er auch seine eigene zählt, »auf der Grundlage eines ›schwachen Naturalismus‹ den Einsichten des Neodarwinismus (und allgemein dem Stand der Wissenschaften) verpflichtet« sind (2005, 152). Wahrheitsansprüche wissenschaftlichen Wissens werden in der Rede vom »Stand der Wissenschaften« homogenisiert und in dieser Form zum Orientierungsmaßstab philosophischen Denkens gemacht.

Zwar nimmt Habermas den allgemeinen Fundierungsanspruch der Gattungsethik im *Postscriptum* ein Stück weit zurück,[10] doch ist deutlich, dass er mit der Wende zur Anthropologie in geradezu umgekehrter Richtung jene Operation vollzieht, mit der er 1958 die philosophische Anthropologie kritisiert hatte. Die Ersetzung von Anthropologie durch Gesellschaftstheorie, schrieb Habermas damals, müsse sich »grundsätzlich ihren Begriff vom Menschen erläutern lassen durch den Begriff der Gesellschaft, in dem er entsteht und nicht zufällig entsteht – nur so entgeht sie der Versuchung, geschichtlich Gewordenes schlechthin als ›Natur‹ auszugeben und als Norm zu suggerieren« (1958, 34f.). Diese grundsätzliche Kritik an Naturalisierungen lässt sich aber, wo Philosophie biologischen Einsichten »verpflichtet« ist, kaum aufrechterhalten. Auch Habermas' Kritik der Gentechnologie, die die Autonomie von Personen gegenüber biotechnischen Eingriffen zu verteidigen sucht, suggeriert daher eine spezifische Norm als Natur.

---

weisen läßt, daß die wesentlich menschlichen Organe unspezialisierte, also embryonale oder archaische sind« (1940/1993, 96). Zur rassistischen Artikulation der Theorie Bolks, die Gehlen zustimmend referiert, vgl. ebd., 126f. Adolf Portmann (1897–1982) hat im Anschluss an Bolk den Begriff der physiologischen Frühgeburt, die für den Menschen kennzeichnend sei, formuliert. Habermas führt das Theorem des biologisch »unfertig« geborenen Menschen gleichermaßen auf Plessner, Gehlen und George Herbert Mead zurück (vgl. 2005, 64).

10 »Im Diskursuniversum der Gattungsethiken«, die nun im Plural erscheinen, müssen wir, so heißt es, »solange wir nicht auf trügerische metaphysische Sicherheiten zurückgreifen wollen, vernünftigerweise mit einem fortbestehenden Dissens rechnen« (Habermas 2005, 153). Was also theoretisch durch die Einführung von Gattungsethik, die den »weltanschaulichen« Dissens überwinden sollte, gewonnen sein soll, bleibt unklar.

Autonomie vs. programmierte Person

Habermas' Diagnose, die seine Kritik der Präimplantationsdiagnostik und seine Bedenken gegenüber der Forschung mit embryonalen Stammzellen begründet, lautet, dass durch die Auflösung der »Grenze zwischen der Natur, die wir ›sind‹, und der organischen Ausstattung, die wir uns selbst ›geben‹«, eine »neue, in die Tiefe des organischen Substrats hineinreichende Art des Selbstbezugs« entsteht (2005, 28). Dieses neue Selbstverhältnis, das gleichzeitig eine neue Art des Verhältnisses zu anderen konstituiert, stellt ihm zufolge »wesentliche Bedingungen unseres normativen Selbstverständnisses« in Frage (ebd., 29). Das grundlegende Problem besteht dabei in der »Verwischung der Grenze zwischen Personen und Sachen« (ebd., 30) beziehungsweise einer »Selbstinstrumentalisierung« des Menschen (ebd., 41). Der Topos der Grenze beziehungsweise der Grenzauflösung unterstellt allerdings in der Umkehrung klare Trennungen und binäre Gegensätze. Dies verweist auf die Grundstruktur von Habermas' Argumentation, die eine Reihe von Dualismen miteinander verbindet. Der Unterscheidung zwischen der »Natur, die wir ›sind‹«, und der, »die wir uns selbst ›geben‹«, entspricht der Dualismus von Gewordenem und Gemachtem. Dieser korreliert wiederum mit den Gegensätzen von Person und Sache, Leib und Körper und schließlich mit dem Gegensatz von autonomer und programmierter Person. Die Leitdifferenz, die diese Gegensatzpaare artikuliert, ist die von Subjekt und Objekt. Sie erweist sich bei näherer Betrachtung jedoch als ungeeignet, um die Veränderungen in den Körper- und Naturverhältnissen, die mit biotechnologischen Verfahren verbunden sind, zu fassen.

Vor allem anhand von Habermas' Kritik der positiven Eugenik, die er im Gegensatz zur negativen strikt ablehnt, zeigt sich die Grenze der dualistischen Problemartikulation.[11] Im Fall von merkmalsverändernden Eingriffen in das genetische Programm von Individuen, so lautet die Kritik, entstehe durch die Verdinglichung eines potentiellen Gegenüber eine prinzipiell asymmetrische Beziehung, die mit einem universalistischen Rechts- und Moralverständnis unvereinbar sei. Denn der »Programmplaner« verfüge »einseitig, ohne begründete Konsensunterstellung über genetische Anlagen

11 »So schwer es im Einzelfall sein mag, therapeutische, also Übel vermeidende, von verbessernden eugenischen Eingriffen zu unterscheiden, so einfach ist die regulative Idee, der die intendierten Abgrenzungen gehorchen. Solange der medizinische Eingriff vom klinischen Ziel der Heilung einer Krankheit oder der Vorsorge für ein gesundes Leben dirigiert wird, kann der Behandelnde das Einverständnis des – präventiv behandelten – Patienten unterstellen.« (Habermas 2005, 91)

eines anderen in der paternalistischen Absicht, für den Abhängigen lebensgeschichtlich relevante Weichen zu stellen« (ebd., 111).[12] Habermas operiert dabei mit einem Gegensatz von Autonomie und programmierter Person, der sich nach beiden Seiten hin als problematisch erweist. Denn zum einen unterstellt die Rede von der »Programmierung« einen genetischen Determinismus, der selbst innerhalb der Molekularbiologie in die Kritik geraten ist. Das »zentrale Dogma der Molekularbiologie«, das Francis Crick in den 1950er Jahren formulierte, basierte zwar auf deterministischen Vorstellungen, die durch die Annahme begründet waren, dass »der genetische Informationsfluss streng in eine Richtung geht und irreversibel ist«, also von der DNA zu den Proteinen und nicht umgekehrt verläuft (Rheinberger 2006, 239). Es ist jedoch längst nicht mehr forschungsleitend. Vielmehr hat sich die Einsicht durchgesetzt, dass »eine komplizierte Maschinerie von Enzymen und DNS-bindenden Proteinen dem Erbmaterial überhaupt erst zur Replikation verhilft, es rekombiniert und manipuliert« (ebd.). Das bedeutet, dass nicht mehr von Determinations-, sondern von komplexen Wechselverhältnissen ausgegangen wird. Schon seit Ende der 1990er Jahre wird daher auch verstärkt für eine Reorientierung der Molekularbiologie an größeren Einheiten wie der Zelle oder dem Organismus plädiert, die es erlauben, »Genome und Phänomene als zwei Seiten einer ganzheitlichen Verkörperung anzusehen« (ebd., 240).[13] Wenn Habermas also die Gefahren, die von der Biotechnologie ausgehen, mit dem Begriff des genetischen Programms in Verbindung bringt, orientiert er sich an einem Ansatz, der in der Molekularbiologie selbst als unterkomplex gilt. Die Rede von einem »genetischen Programm« und von »Programmierung«, mit der in der Genetik der 1960er und 1970er Jahre

---

12 Wie zum Beispiel Ludwig Siep festgestellt hat, trifft diese Kritik an einer gentechnologischen Gestaltung des menschlichen Erbguts weder Präimplantationsdiagnostik noch Stammzellforschung, da es bei diesen gar nicht um merkmalsverändernde Eingriffe geht (vgl. 2002, 16). Habermas wiederholt hier offenbar seine Kritik des Klonens in einem neuen Kontext. Schon in diesem Kontext hatte er festgestellt, keine Person dürfe »über eine andere Person so verfügen und deren Handlungsmöglichkeiten in der Weise kontrollieren, daß die abhängige Person eines wesentlichen Stücks ihrer Freiheit beraubt wird« (Habermas 1998, 244). Dies aber sei der Fall, »wenn einer über das genetische Programm eines anderen entscheidet« (ebd.).

13 Vgl. unter anderem Regine Kollek, »Von den Genen zur Funktion«, in: Ludger Honnefelder, Peter Propping (Hg.), *Was wissen wir, wenn wir das menschliche Genom kennen?*, Köln 2001, 113–114; Hans-Jörg Rheinberger, *Epistemologie des Konkreten. Studien zur Geschichte der modernen Biologie*, Frankfurt/Main 2006; Evelyn Fox-Keller, »Beyond the Gene but Beneath the Skin«, in: Eva Neumann-Held, Christoph Rehmann-Sutter (Hg.), *Genes in Development. Re-Reading the Molecular Paradigm*, Durham und London 2006, 290–312.

eine vollkommen rationale Durchdringung und Determinierbarkeit von genetischen Prozessen suggeriert wurde, erweist sich somit als anachronistisch.

Habermas' Orientierung am genetischen Determinismus ist denn auch vielfach kritisiert worden. So referiert er selbst, dass Thomas Nagel und Thomas McCarthy es »von vornherein für kontraintuitiv« hielten, »von merkmalsverändernden genetischen Eingriffen eine subjektiv erfahrene Fremdbestimmung zu erwarten, die auch noch die prinzipielle Gleichstellung im inter-generationellen Verhältnis untergräbt« (Habermas 2005, 134). Schließlich ist eine solche Annahme überhaupt nur möglich, sofern man eine biologische Determinierung von Subjektivität und eine dualistische Trennung von Natur und Kultur unterstellt. Denn erst unter der Bedingung, dass Natur als a-gesellschaftlich und dem Handeln vorgängige neutrale Größe gesetzt wird, kann es zur Vorstellung kommen, sie »bestimme« das Soziale und Subjektive. Eine solche Naturvorstellung aber ist keineswegs selbstverständlich, sondern ein Effekt jener aus dem neunzehnten Jahrhundert überkommenen Wissensordnung, in der Natur- und Geisteswissenschaften streng getrennt wurden. Sie strukturiert jedoch Habermas' Argumentation und muss als integraler Bestandteil seiner philosophischen Position angesehen werden. Das bedeutet nicht zuletzt, dass die deterministischen Voraussetzungen, von denen auch Habermas' Argumentation gegen das Klonen ausgeht, seinen »theoriepolitischen Zielen« keineswegs entgegenlaufen, wie Kathrin Braun vermutet (2000, 183). Denn Braun übersieht, dass die dualistische Anordnung es Habermas erlaubt, deterministisch zu argumentieren, ohne die Perspektiven von Autonomie, Moral und Demokratie preisgeben zu müssen. Das dualistische Denken ist, wie auch seine Interventionen in die Debatte um Hirnforschung und Willensfreiheit zeigen, die Form, in der der Determinismus aufgenommen und zugleich eingehegt wird.

Allerdings erweist sich der Subjekt-Objekt-Dualismus, mit dem Habermas operiert, nicht nur in Hinblick auf die »objektive«, sondern auch in Bezug auf die »subjektive« Seite als unzulänglich. Schließlich besteht der Preis jedes dualistischen Gegensatzes darin, dass beide Seiten so zugerichtet werden müssen, dass sie sich in einer hierarchischen Komplementarität ineinander fügen. In Bezug auf Habermas' Auffassung von Subjektivität bedeutet dies zunächst, dass alle körperlich-naturhaften Dimensionen ausgeblendet werden müssen. Zudem desartikuliert er mit seiner Konzeption von Autonomie, der zufolge »wir uns allein als Autoren des eigenen Lebens verstehen« (2005, 77), jede Form von Abhängigkeit und Bedingtheit, sei diese sozial oder körperlich-naturhaft. Diese Dimensionen von Subjektivität und Handlungsfähigkeit stehen bei ihm immer schon auf der Seite von Determinismus und Fremdverfügung. Wie bereits Seyla Benhabib herausgestellt hat, ignoriert Habermas die Tatsache, dass wir als »konkrete, körperhafte Wesen mit Bedürfnissen und Verletzlichkeiten, Gefühlen und Wünschen [...] unser Leben in einem ›Bezugsgewebe menschlicher Angelegenheiten‹« verbringen (1995, 207). »Moderne Moralphilosophie, insbesondere universalistische Gerechtigkeitstheorien«, so Benhabib mit Blick auf Habermas, »haben unsere Würde und unseren Wert als moralische Subjekte betont, dabei aber die Verletzlichkeit und die Abhängigkeit körperhafter Selbste vergessen oder unterdrückt« (ebd.). Dies gilt auch für Habermas' Überlegungen zu Präimplantationsdiagnostik und Eugenik, in denen er die Eltern-Kind-Beziehung thematisiert. Auch hier ist die Grundannahme, dass es sich um ein Verhältnis zwischen autonomen Subjekten handelt. Dies aber ist, wie auch Kathrin Braun betont, ein Verhältnis, »das für zahlreiche Formen von Sozialbeziehungen sowieso nicht gilt und auch nicht gelten kann« (2000, 185). Schließlich wird unterstellt, »daß keine der beteiligten Parteien auf die Fürsorge der anderen angewiesen ist« (ebd.). Diese Abstraktion von sozialen Beziehungsgefügen und gesellschaftlichen Verhältnissen ist allerdings kein Spezifikum von Habermas' Position. Vielmehr reartikuliert er damit eine Leitvorstellung der neuzeitlichen Philosophie, für die Hobbes ein eingängiges Bild fand, als er formulierte, er wolle »die Menschen (men)« betrachteten, »als ob sie eben jetzt aus der Erde gesprießt und gleich Pilzen plötzlich ohne irgendeine Beziehung zueinander gereift wären« (zit. n. Benhabib 1995, 171). »Diese Vision des Menschen – des Mannes – als Pilz«, so Benhabib prägnant, »ist *das* Bild für seine Autonomie« (1995, 171). Sie prägt – mit Modifikationen – rationalistische Positionen bis in die Gegenwart, wie sich nicht zuletzt an dem in der Bioethik dominanten Autonomieverständnis zeigt.[14] Habermas' Subjektkonzeption erweist sich in diesem Zusammenhang als durchaus partikular, das heißt einem spezifischen historischen Kontext und Erfahrungshorizont verpflichtet.

Das bedeutet nicht zuletzt, dass sein Entwurf auch in kultureller Hinsicht keineswegs so universal ist, wie es der anthropologische Allgemeinheitsanspruch suggeriert. Zwar geht Habermas davon aus, dass die großen Weltreligionen, metaphysischen Lehren und humanistischen Überlieferungen allesamt »auf die eine oder andere Weise ein anthropologisches Selbstverständnis, das zu einer autonomen Moral passt«, artikulieren (2005, 74). »Die

14 Vgl. Kapitel 1.3.

hochkulturellen, in der Achsenzeit entstandenen religiösen Welt- und Selbstdeutungen«, heißt es, konvergieren gleichsam in einem minimalen gattungsethischen Selbstverständnis, das eine solche Moral stützt« (ebd.). Doch auch wenn dies einigermaßen umfassend klingt, ist die Konstruktion von Ausschlüssen geprägt, »fehlen« doch einige Kulturen und Religionen in der Reihe jener, die hier inkludiert werden. Jan Assmann etwa hat angemerkt, dass in der Reihe der männlichen Gründerfiguren, die das Theorem der Achsenzeit einschließt, Echnaton und Mohammed fehlen (vgl. 1992, 290f.), aber auch die alt-amerikanischen und die afrikanischen Religionen und Kulturen fallen aus diesem Schema heraus. Darüber hinaus aber werden durch den definitorischen Zugriff auch die inkludierten kulturellen Praxen und Denksysteme allesamt auf die Habermassche Perspektive festgelegt und damit ihrer Spezifik entledigt. In der Rede von der Gattungsethik entnennt sich somit erneut das Subjekt dieser Rede in seiner spezifischen historischen, kulturellen und gesellschaftlichen Positionierung.

Unverfügte Natur – verfügtes Geschlecht

Grundlegend für Habermas' Kritik ist die These von der »Unverfügbarkeit der biologischen Grundlage personaler Identität« (2005, 51). Dabei setzt er voraus, dass mit biotechnologischen Verfahren, die über diese Grundlage »verfügen«, personale Identität hinfällig wird. Dabei problematisiert Habermas an keiner Stelle den Status, den er Körper und Natur zuweist, sondern setzt voraus, dass menschliche Subjektivität und Handlungsfähigkeit ein natürliches Fundament haben. Subjektivität und Natur sind immer schon in ein hierarchisches Verhältnis gebracht, in dem Natur zugleich untergeordnet und bestimmend ist. Deutlich kommt dies in Habermas' Formulierung von der »Unverfügbarkeit des naturwüchsigen Modus [...] [der] leiblichen Verkörperung« (ebd., 41) einer Person zum Ausdruck beziehungsweise in der Rede von der »Unverfügbarkeit der genetischen Grundlagen unserer leiblichen Existenz« (ebd., 44f.). Damit blendet er all jene Prozesse aus, in denen der eigene Körper angeeignet und modelliert wird. Denn diese Prozesse gehen keineswegs in »Verfügung«, also der intentionalen Gestaltung und Zurichtung auf, sondern sind Teil jeglicher Alltagspraxis. So sind sie zwar, wie nicht zuletzt die geschlechtliche Formierung von Körpern zeigt, in gesellschaftliche Praxisformen eingelassen, die individuelle Körperpraxen, Denkformen und Wahrnehmungsweisen strukturieren. Doch diese Vorgängigkeit des Sozialen ist keineswegs ein Verfügungsverhältnis, sondern eher durch ein komplexes Gefüge von Formen der Aneignung und Veränderung gekennzeichnet.

Wie vor allem die Geschlechterforschung und die Körpergeschichte gezeigt haben, ist die Annahme eines sozial und kulturell unspezifischen und historisch unveränderlichen Körpers nicht nur kontrafaktisch. Sie ist selbst ein Effekt der modernen Ordnung der Geschlechter und der mit ihr verbundenen Wissensordnung. Denn die Vorstellung eines biologischen Substrats, das der (geschlechtlichen) Identität zugrunde liegt, bildet sich erst im späten achtzehnten Jahrhundert. Damals wurde, wie Thomas Laqueur gezeigt hat, »das alte Modell, in dem Männer und Frauen entsprechend ihrem Ausmaß an metaphysischer Perfektion und ihrer vitalen Hitze entlang einer Achse angeordnet waren, deren Telos das Männliche war […] von einem neuen Modell eines radikalen Dimorphismus und der biologischen Verschiedenheit verdrängt« (1996, 18).[15] In der Folge avancierte Biologie zu einer Art erstem Wissen über soziale Prozesse und insbesondere über Prozesse der sexuellen und geschlechtlichen Identitätsbildung. Wenn Habermas also von einer »physischen Basis, ›die wir von Natur aus sind‹« (2005, 53), oder von einer »unverfügbaren Naturbasis« (ebd.) spricht, verbleibt er in dieser Anordnung. Doch diese Anordnung erweist sich nicht nur aus geschlechtertheoretischer Perspektive als problematisch. Sie kann darüber hinaus eine kritische Analyse der biotechnologischen Modifikationen menschlicher Körper schon deshalb nicht leisten, weil sie die Besonderheit dieser Modifikationen gegenüber anderen Praxisformen, die sich auf die Modellierung und Regulation von Körperprozessen richten, nicht fassen kann. Gerade auf diese aber kommt es an. Eine Kritik, die auf »Verfügung« über die körperliche Natur insgesamt zielt, verkennt, dass demzufolge beispielsweise schon das Gehen – von dem es, wie Marcel Mauss sagt, »beim Erwachsenen gar keine ›natürliche Art‹ gibt« (1989, 204) – eine spezifische »Verfügung« über unsere körperliche Natur darstellt. Sie setzt also zu allgemein an.

15 Cornelia Klinger hat im Anschluss an Celia Roberts Zweifel an der Tragweite des von Laqueur diagnostizierten Umbruchs angemeldet. Denn obwohl »im Verlauf des achtzehnten Jahrhunderts tatsächlich ein Umbruch in der Geschlechterordnung statt[findet], […] bedeutet [er] keinen grundsätzlichen Perspektiv- oder Gesinnungswandel, sondern lediglich eine Änderung in der Begründungs- und Argumentationsstrategie« (2005, 355). Schließlich »bleibt auch unter den neuen Voraussetzungen die alte Asymmetrie beziehungsweise Hierarchie zwischen den Geschlechtern erhalten, so wie umgekehrt bereits in der alten Geschlechtertheorie viele Elemente der Zweigeschlechtlichkeitsthese enthalten waren.« (Ebd.)

Dieses zugleich theoretische und politisch-ethische Problem resultiert daraus, dass Habermas mit einer Konzeption von Natur arbeitet, die diese nur als Gegensatz zu menschlicher Tätigkeit, nicht aber als zentrale Dimension von Handlungsfähigkeit und daher immer schon praktisch vermittelt begreift. Dies wird insbesondere dort deutlich, wo er über Fortpflanzung und Geburt spricht. So heißt es, die Person müsse, um sich mit ihrem Leib zu identifizieren, diesen als »naturwüchsig erfahren [...], als die Fortsetzung des organischen, sich selbst regenerierenden Lebens, aus dem heraus die Person geboren worden ist« (Habermas 2005, 101). Hier verschwindet im Begriff des Lebens nicht nur die gebärende Frau, »aus der heraus« zwar keine autonome Person, aber ein Säugling geboren wird, sondern mit ihr auch das gesamte Ensemble gesellschaftlicher Praxen, die Fortpflanzung und Geburt strukturieren. Die Biologisierung von Körperpraxen, von Fortpflanzungs- und Geschlechterverhältnissen, die hier vollzogen wird, blockiert eine Analyse der soziokulturellen Veränderungen, die mit der Entwicklung und dem Gebrauch biotechnologischer Verfahren verbunden sind oder sein können. Denn gerade an der Veränderung von Körperpraxen, die Fortpflanzungs- und Geschlechterverhältnisse konstituieren, hätte eine solche Analyse anzusetzen, anstatt das Interesse allein auf die möglichen menschlichen »Produkte« gentechnologischer Verfahren zu beschränken. Schließlich zielt, wie auch Kathrin Braun anmerkt, der größte Teil der Biotechnologien ohnehin nicht auf die Herstellung von Menschen (vgl. 2000, 181f.), sondern vielmehr auf die von Körperstoffen, die für oder als medizinische Produkte genutzt werden können, sowie auf die Transformation von pflanzlichen und tierischen Organismen. Diese Prozesse aber bleiben grundsätzlich außerhalb der anthropologischen Argumentation von Habermas. Denn ein theoretisches Instrumentarium, um die Entwicklung der Biotechnologien im Zusammenhang mit der Veränderung gesellschaftlicher Praxisformen, zu begreifen, entwickelt er nicht.

Voraussetzung dafür wäre eine Theorie der Wissenschaften und der Technik, die diese als spezifische Praxen begreift, die symbolisch und materiell gesellschaftliche Naturverhältnisse – also auch die Verhältnisse zur menschlichen körperlichen Natur – gestalten. Eine solche Perspektive aber ist in der dualistischen Anordnung von Habermas, die dem Szientismus ein Refugium einräumt, ausgeschlossen. Dies gilt nicht erst für seinen Entwurf einer Gattungsethik und seine Stellungnahmen zur Hirnforschung, sondern leitet auch frühere Interventionen zu Wissenschaft und Technologie. So erklärt Habermas schon in dem 1968 verfassten Text *Wissenschaft und Technik als*

Ideologie eine Politisierung von Wissenschaft und Technik, die sich auf die in diesen sedimentierten »geschichtlich-gesellschaftlichen Projekte« (1968/1974, 50) richtet, für unmöglich. Gegen Herbert Marcuse führt er die anthropologische Techniktheorie von Arnold Gehlen und den Begriff der Gattung ins Feld. Habermas widerspricht Marcuses Auffassung, dass Wissenschaften und Technologien auf spezifische Art und Weise durch die Macht- und Herrschaftsverhältnisse, in denen sie entwickelt und eingesetzt werden, geformt sind, mit der These, dass »Technik, wenn sie überhaupt auf einen Entwurf zurückgeht, offenbar nur auf ein ›Projekt‹ der Menschengattung insgesamt zurückgeführt werden kann und nicht auf ein historisch überholbares« (ebd., 55). In dieser anthropologischen Perspektive aber werden alle Alternativen, Kämpfe und Auseinandersetzungen, die es um die spezifische Art und Weise der Entwicklung und des Gebrauchs von Technologien gibt, ausgeblendet. Sie verschwinden in einer linearen Fortschrittserzählung, der zufolge »die Geschichte der Technik unter dem Gesichtspunkt der schrittweisen Objektivation zweckrationalen Handelns« rekonstruiert werden kann (ebd., 56). Eine »Alternative zur bestehenden Technik« kann Habermas, der sich so auf die dominante Wissenschafts- und Technikentwicklung festlegt, nur noch im vermeintlichen Gegensatz zum zweckrationalen Handeln überhaupt, in der »symbolisch vermittelten Interaktion« finden (ebd., 57). Seine Perspektive besteht dann darin, »unterschiedliche Rationalisierungsprozesse zu unterscheiden und die Kolonisierung des einen durch den anderen Prozeß zum Gegenstand der Kritik zu machen« (Görg 2003, 50). Diese »theoretische Weichenstellung« ist in der Tat, wie Christoph Görg es formuliert, »fatal« (ebd.). Denn »während Adorno und besonders Horkheimer in seiner Kritik der instrumentellen Vernunft noch mit einem Generalverdacht in Bezug auf Naturwissenschaft und Technik reagieren und sie in Gänze dem instrumentellen Handeln und der Naturbeherrschung zurechnen, antwortet Habermas mit einer Generalabsolution« (ebd.).

Angelegt ist dies in gewisser Weise bereits in Habermas' früher Anthropologiekritik, die sich vehement gegen eine Naturalisierung von Sozialem wendet, aber ihre Grenze dort hat, wo es um Wissenschaft und Technik geht. Der Einsicht, dass es »den« Menschen »nicht gibt« und dass Menschen »sowenig in ›der‹ Welt [leben], wie sie ›die‹ Sprache sprechen oder ›die‹ Kunst hervorbringen« (1958, 31), wäre schon damals hinzuzufügen gewesen, dass sie ebenso wenig »die« Wissenschaft und »die« Technik erfinden und betreiben. Doch diese Praxiszusammenhänge sind im Anthropologie-Artikel von 1958 ausgespart und werden in der Folge dem Szientismus überlassen. Dabei ist es letztlich die Abwesenheit einer Theorie der Natur und der Transformation von Natur durch menschliche Praxen, die die Öffnung der Habermasschen Argumentation für szientistische Elemente hervorbringt. Ohne eine solche Theorie aber bleibt die Naturalisierungskritik ambivalent und wird immer wieder von ihrem Gegenteil heimgesucht.

4.2 »Natur als Norm« – Anthropologie, Ethik und Normalisierung bei Ludwig Siep

Anders als bei Habermas läuft die anthropologische Argumentation Ludwig Sieps nicht auf eine halbierte Naturalisierungskritik zu, sondern explizit auf eine politisch-ethische Inanspruchnahme von »Natur«. Das Projekt von Siep, der sich seit Mitte der 1980er Jahre mit Fragen der Biotechnologie befasst und maßgeblich an der Institutionalisierung der Bioethik in Deutschland mitgewirkt hat, besteht in der Formulierung eines normativen Naturbegriffs, durch den Kriterien für die Beurteilung von konkreten biotechnologischen Entwicklungen gewonnen werden sollen. Ausgangspunkt ist dabei eine anthropologische Konzeption, denn »keine Ethik«, so Siep, »kommt ohne Anthropologie aus« (1996, 274). Im Unterschied zu Habermas ist Sieps Konstruktion der menschlichen Natur in die Konstruktion einer umfassenden Naturordnung, die er »Kosmos« nennt, eingelassen. Sie ist somit immer schon mit nicht-menschlicher Natur artikuliert. In dem Buch *Konkrete Ethik. Grundlagen der Natur- und Kulturethik* (2004), in dem Siep sein »grundsätzliches Verständnis von Ethik« darlegt, das zuvor »nur kleineren und teilweise speziellen Beiträgen zu entnehmen war« (2004, 7), wird dieser »holistische« Zugang expliziert. Es geht Siep, wie er schreibt, darum, »die Wende vom Kosmos zu den ›menschlichen Dingen‹«, durch die in der Neuzeit eine »wertende Philosophie der Natur« verlorengegangen sei, »ein Stück weit rückgängig [zu] machen« (ebd., 9f.). Dabei spielen anthropologische Denkfiguren eine zentrale Rolle, auch wenn sie hier nicht mehr dermaßen im Vordergrund stehen wie in früheren Aufsätzen.[16] Denn anders als bei Habermas ist der Rekurs auf Anthropologie bei Siep nicht ein diskursstrategischer Schachzug an den Grenzen der eigenen Konstruktion, sondern für

16 Ich beziehe mich im Folgenden neben der *Konkreten Ethik* hauptsächlich auf die Aufsätze »Ethik und Anthropologie« (1996) sowie »Natur als Norm? Zur Rekonstruktion eines normativen Naturbegriffs in der angewandten Ethik« (1998a).

seine Position konstitutiv. Biologische Theoreme, die Geschlechterverhältnisse artikulieren, haben daher bei Siep einen anderen Status.

Anthropologie, Primatologie und Geschlecht

Habermas' Abkehr vom Formalismus der Diskursethik und seine Neuorientierung hin zu einer »Fundierung der Moral in der Gattungsethik« hat Siep allerdings begrüßt (2002a, 112; vgl. unter anderem 2004, 40), scheint Habermas damit doch Sieps Kritik moderner Moralkonzeptionen, die sich am autonomen Subjekt der Vertragstheorie orientieren, zu bestätigen. Diese Kritik richtet sich explizit gegen die »›anthropologiefreien‹ Minimalethiken« von Habermas und Tugendhat, die sich auf »Aussagen über formale Anforderungen an Verhaltensregeln [...], die in der Kooperation gleichberechtigter Vernunftwesen eingehalten werden müssen«, beziehen und eine Reduktion von Moral auf »›rechtsförmige‹ Beziehungen« vornehmen (Siep 1996, 276f.). Schon lange vor Habermas hat Siep also jene Auffassung vertreten, mit der jener die Einführung einer Gattungsethik begründet, nämlich dass eine auf Verfahrensregeln basierende Form der Ethik angesichts der »Probleme der gegenwärtigen Gesellschaft« (ebd., 278) nicht ausreichend ist. Zu diesen Problemen gehören für Siep neben Fragen der sozialen Gerechtigkeit jene Entwicklungen der Biotechnologie, die den Umgang mit »nicht-personalem menschlichem Leben (Embryonen, Bewußtlose, Unmündige etc.) [...] und nicht-menschlichen Wesen (Tiere, Pflanzen, evtl. Landschaften etc.)« betreffen (ebd., 282). Sie können, so heißt es, nicht begriffen werden, solange man sich am »Verhältnis zwischen autonomen Individuen beziehungsweise Personen« orientiert (ebd.). Damit verweist Siep in der Tat auf ein strukturelles Problem all jener Konzeptionen, die sich an Autonomie orientieren. Doch seine theoretische Option besteht nicht darin, Selbstbestimmung und Handlungsfähigkeit so zu reartikulieren, dass die nicht-, un- und vorbewussten Dimensionen sowie die körperlichen, naturhaften und gesellschaftlichen Bedingungen und Zusammenhänge menschlicher Praxis einbezogen werden. Vielmehr beansprucht er, die autonomie-orientierte Moral durch den Entwurf eines »neuen anthropologischen Fundaments« (ebd., 279) beziehungsweise die Konstruktion eines »Ganzen als eines natürlichen und sozialen Kosmos« (Siep 2004, 37) zu überwinden. Autonomie muss, so Siep mit Blick auf Habermas, »ihre Stelle in einer Ethik der möglichen guten Welt (›Kosmos‹) erhalten« (ebd., 99). Doch auch wenn Siep so teilweise die Nähe zu Habermas sucht, bleibt das ideale Subjekt, das er konstruiert, dem Habermasschen diametral entgegengesetzt.

Dies zeigt sich nicht zuletzt an den geschlechterpolitischen Implikationen der anthropologischen Entwürfe von Siep und Habermas. So finden sich bei Habermas zwar Anschlussstellen für biologische Geschlechterkonstruktionen, doch führt er solche Konstruktionen nicht explizit ein. Überhaupt bleibt der Rekurs auf Biologie bei Habermas weitgehend abstrakt und wird durch seine dualistische Anordnung eingehegt. Siep hingegen arbeitet mit Elementen der Verhaltensbiologie, die unmittelbar als Bestimmungen des Subjekts gelten. So ist von »Konstanten der körperlichen und psychischen Verfassung des Menschen« die Rede, auch wenn Siep vor einer »vorschnellen Naturalisierung« und einer »normativen Überhöhung empirischer Thesen« warnt (Siep 1996, 285). »Anlagen zur Brutpflege und andere Formen des reziproken Altruismus, vor allem zwischen genetisch Verwandten«, heißt es, seien »als natürliche, kulturell nur partiell überformbare Dispositionen nicht zu leugnen« (ebd.).[17] Damit greift er auf das Standardrepertoire der Verhaltensbiologie und der Soziobiologie zurück, in dem das Konzept der Brutpflege mit hierarchischen Männlichkeits- und Weiblichkeitsvorstellungen verbunden ist, die auf der Annahme einer fixen, unveränderlichen Arbeitsteilung zwischen der für den Nachwuchs sorgenden Frau und dem gegen äußere Widrigkeiten und Feinde kämpfenden Mann basieren.[18] Das Theorem des reziproken Altruismus zwischen genetisch Verwandten wiederum legt, wo es auf menschliche, also gesellschaftliche Verhältnisse bezogen wird, Formen der Abwehr und Ausgrenzung gegenüber »Fremden« genauso nahe, wie es genetische im Gegensatz zu sozialen Formen von Verwandtschaft und Familie überhöht.

Insgesamt fasst Siep den Menschen in Anlehnung an Gehlens Konzept des Mängelwesens als »unfertig geborenes« Wesen, das »aufgrund seiner körperlichen Ausstattung (zum Beispiel freie Hand, entgegenstehender Dau-

17 Auch im Aufsatz *Ethik und Menschenbild* führt Siep »die Erkenntnis von anthropologischen Konstanten« als »Quelle der Ethik« ein. Dazu, so Siep, »gehören die verhaltensbiologischen und genetischen Erkenntnisse über kooperative oder aggressive Dispositionen ebenso wie die Einsichten der Psychologie über stabile und ausgeglichene psychische Verfassungen« (1999, 20).

18 Ludger Honnefelder, mit dem Siep in verschiedenen Forschungsprojekten zusammengearbeitet hat und mit dem er die »Frage nach der Rolle der Begriffe von Natur und Natürlichkeit im Kontext moderner Bioethik« teilt (Siep 1998, 191), bestimmt den Menschen ähnlich: Er gilt ihm als »durch stammesgeschichtlich ererbte Antriebe prädisponiert«, insbesondere durch die der »intraspezifischen Aggression, der Brutpflege und der gemeinsamen Flucht« (Honnefelder 1994b, 168).

men, Gehirnvolumen etc.)« lernen kann und muss (ebd., 287). Zentral ist dafür Trieb- und Affektkontrolle, ohne die ein Individuum Siep zufolge den »sozialen Rollen«, die es spielen muss, nicht gerecht wird. Dies ist umso wichtiger, als von der Rolle »auch der Rang abhängt« (ebd., 288). Um diese Konstruktion zu stützen, greift Siep auf Ergebnisse der Primatologie zurück. »Schon Schimpansen«, betont er, würden Formen einer Regulation von Emotionen ausbilden, und überhaupt sei »schon in Primatengruppen [...] Erfahrung neben körperlicher Stärke ein ›Kriterium‹ für höhere Rangstufen« (ebd., 288). Dabei erweist sich Sieps Konstruktion als das, was Donna Haraway der gesamten Disziplin der Primatologie attestiert hat, nämlich als »Politik mit anderen Mitteln«. Verhaltensbiologisches Wissen wird als Beleg für omnihistorische Funktionsweisen von Macht und Herrschaft herangezogen, ohne dass die Genese dieses Wissens thematisiert wird. Vor allem wird die Eigentümlichkeit einer kulturellen Praxis augeblendet, die darin besteht, Wahrheiten über gesellschaftliche Strukturen und Lebensweisen aus der Beobachtung »wilder Tiere« in fernen Kontinenten zu gewinnen. Diese Praxis aber muss, so Haraway, als »Teil der Geschichte des kolonialen Diskurses« begriffen werden, denn es ist keineswegs zufällig, dass die beobachteten Tiere »im allgemeinen nicht in Europa und Nordamerika« leben, sondern »in einer Art fernem Traumland« (1995, 137f). Siep aber nimmt das methodische Problem, dass die beobachteten Fakten, die die Primatologie zu mehr oder weniger kohärenten Erzählungen verdichtet, theoretisch aufgeladen und durch spezifische, geopolitisch, aber auch geschlechtsspezifisch geprägte Perspektiven geprägt sind, nicht wahr. Die »Konstanten«, die er anführt, haben vielmehr den Status von unhintergehbaren Gewissheiten. Im Effekt schließen sie den Raum des Denkbaren und gesellschaftlich Möglichen durch die schlichte Behauptung von Invarianz.

Auch wenn Siep die geschlechtertheoretischen und geschlechterpolitischen Implikationen seines anthropologischen Entwurfs nicht ausführt, ist somit deutlich, dass die Naturordnung, von der er ausgeht, wenig Spielraum für nicht-hierarchische Geschlechterverhältnisse lässt, das heißt überhaupt für Gesellschaftsformen, die horizontal und kooperativ statt vertikal strukturiert wären. Sieps Konzeption von Gesellschaft und von gesellschaftlicher Handlungsfähigkeit ist autoritär. Lernfähigkeit, die Siep als ein Charakteristikum des Menschen gilt, ist für ihn daher vor allem Anpassungsfähigkeit an eine vorgegebene Ordnung, auch wenn sie eine gewisse reflektierende Distanznahme zu und Modifikation von biologischen Konstanten zu erlauben scheint. So ist das Ziel menschlichen Lernens und Handelns Siep zufolge ein

»kultivierendes in die Welt Passen« (1996, 290). Dabei lasse sich dieses Passen nicht durch eine Moral, die auf den »zwanglosen Konsens über menschliche Präferenzen« setzt (ebd., 289), herstellen, sondern müsse sich an »ethisch-anthropologischen Maßstäben« (ebd., 295) orientieren. Der Autoritarismus, der diese Position prägt, kommt besonders deutlich in Sieps Ausführungen zur Erziehung von Kindern und Jugendlichen zum Ausdruck. »Erziehungsleitende Vorstellungen des dem Menschen Angemessenen und dem jeweiligen Individuum Möglichen«, heißt es nämlich, »können nicht auf die eines angenehmen Kooperationspartners beschränkt werden« (ebd., 295.), sondern die regulative Idee einer vernunftgeleiteten Kooperation unter Gleichen müsse durch ein hierarchisches Verhältnis von Erziehern und Erzogenen ersetzt werden. In der *Konkreten Ethik*, in der Siep mehrfach auf den Vorwurf des »Paternalismus« eingeht, heißt es moderater, dass es zwar nicht möglich sei, ohne »anthropologische – biologische, medizinische, psychologische und kulturanthropologische – Annahmen über menschliches Gedeihen auszukommen« (2004, 280). Gleichwohl aber müssten diese »ergänzt werden durch verschiedene Verfahren, die tatsächlichen Konsense über allgemeine Erfordernisse menschlichen Gedeihens zu erfassen und zu deuten« (ebd.) Das Plädoyer für die Erfassung und Deutung von Konsens ist freilich immer noch kein Plädoyer dafür, Möglichkeiten der Partizipation aller an der Entstehung von Konsensen zu befördern. Es setzt eine Instanz, die erfasst, deutet und über Normen verfügt, voraus.

Natur als Ordnungsmacht

Obwohl Sieps Begriff der Natur, wie der Rekurs auf Primatologie und Verhaltensbiologie zeigt, szientistische Dimensionen hat, ist er keineswegs naturalistisch. Vielmehr ist der Naturbegriff Sieps dem Naturalismus geradezu entgegengesetzt. Denn dieser operiert mit einem Verständnis von Natur, das sich allein über die Naturwissenschaften erschließt und sozialen Bedeutungen gegenüber als neutral gilt. Siep aber lehnt »die moderne Trennung einer wertfreien, objektiven Welt der Naturwissenschaften und einer – auf diese Welt ›projizierten‹ – subjektiven oder sogar privaten Wertung« (2004, 32) genauso ab wie den biologischen Determinismus, der diese Trennung voraussetzt (vgl. ebd., 12).[19] Die biologischen Theoreme, die er aufgreift, gewinnen bei ihm allererst im Rahmen einer Konzeption des Kosmos beziehungs-

19 Auch Honnefelder, dem es ähnlich wie Siep um einen »gehaltvollen Naturbegriff« geht, der »mit Blick auf die neuen biotechnologischen Veränderungsmöglichkeiten normative

weise der »guten Welt« Bedeutung. »Eine naturwissenschaftliche Kosmologie oder andere umfassende naturwissenschaftliche Theorien« stellen jedoch, wie es heißt, »keine Konzeption der guten Welt« dar (ebd., 64). Wenn Siep soziale Hierarchien und Geschlechterverhältnisse naturalisiert, so handelt es sich dabei also nicht um eine szientistische Übersetzung von gesellschaftlichen Prozessen in die Sprache der Biologie, sondern um eine Art der Naturalisierung, die starke Anleihen bei vormodernen Naturkonzeptionen macht. Was Siep interessiert, ist eine Ordnung der Natur, die zugleich eine politisch-ethische Ordnung ist, so dass eine »Übersetzung« wissenschaftlichen Naturwissens ins Soziale überflüssig ist. Doch auch wenn Siep sich an vor-modernen, jedenfalls anti-szientistischen Naturbegriffen orientiert, ist seine Position aufnahmefähig für szientistische Elemente. Das empirische Wissen der Naturwissenschaften wird keineswegs ausgeschlossen, sondern steht zu seinem kosmologischen Entwurf in einem Verhältnis der »Passung« (ebd., 187). Ethik, so heißt es, stütze sich »einerseits auf erfahrungswissenschaftliche Erkenntnisse und andererseits auf traditionelle kulturelle Muster«, wobei Letztere »zum Stand der modernen Wissenschaft« passen müssten (ebd., 195). Über dieses Konzept der Passung erhalten unter anderem »Einsichten der Soziobiologie« (ebd., 193) Eingang in Sieps Naturkonzeption.

Durch die Positionierung »des Menschen« im »Kosmos, d.h. einer Wohlordnung verschiedener Stufen und Arten des Seienden« (1998a, 195), fixiert Siep den Bereich möglicher Handlungs- und Lebensweisen, auch diese müssen ihm zufolge in die Naturordnung passen. Deutlich klingen dabei Schelers Ausführungen zur *Stellung des Menschen im Kosmos* an, da auch Siep den Kosmos immer wieder in die Nähe jüdisch-christlicher Schöpfungsvorstellungen rückt. Es handelt sich um eine in ihren Grundstrukturen immer schon verfügte »geordnete Welt«, in der »sich die Glieder beschränken zugunsten des je Eigenen des Anderen« (ebd., 196). Diese Ordnung ist nicht nur hierarchisch im Sinne einer »Stufung von Schichten und Arten« (ebd., 200), sondern auch durch Gewaltverhältnisse organisiert. Denn aus der gegenseitigen Einschränkung der einzelnen »Glieder« folgt keineswegs »die Forderung einer völligen Gleichwertigkeit von allem und jedem, was existieren und gedeihen kann« (ebd., 201). Vielmehr »›passen‹«, so Siep, »Wesen, die nur parasitär von der Zerstörung anderer leben […], in einen gerechten Kosmos nur in geringem Maß. Koexistenz des gedeihenden Mannigfaltigen schließt Bekämpfung, sogar Ausrottung von Krankheitserregern nicht aus«

Orientierung erlaubt« (2006, 327), profiliert diesen vor allem über die Abgrenzung zum Naturalismus.

(ebd.). Angesichts der Tatsache, dass Siep immer wieder hervorhebt, dass es sich hierbei um eine »Art sozialer Ordnung« handelt (ebd., 195), und der »Wertbegriff ›Kosmos‹ […] ethisch-politisch gemeint« ist (ebd., 196), klingt hier auch die Möglichkeit gewaltsamer Ausgrenzung an. Diese Gewaltkonnotationen finden sich im Entwurf der *Konkreten Ethik* zwar nicht mehr, doch hält Siep auch dort an der hierarchischen Struktur des Kosmos fest. Fast alle »Welt- und Paradiesvorstellungen«, konstatiert er, »verfügen auch über Hierarchievorstellungen, zu denen in der Regel eine Art von *scala naturae* oder eine Schichtung nach Komplexität und Leistungsfähigkeit gehört« (Siep 2004, 30). Auch wenn Siep, der immer wieder das Anliegen der Erhaltung von Biodiversität und Artenvielfalt hervorhebt, gelegentlich betont, dass »Konzeptionen sozialer Hierarchien, die auf einer bestimmten Vorstellung natürlicher Ordnung beruhen«, überholt seien (ebd., 34), weisen seine eigenen Äußerungen gerade in diese Richtung.

Mit den Normalitätsimperativen, die Siep mit der Konstruktion des Kosmos setzt und die vor allem die gesellschaftliche Ordnung und die Verhältnisse zur nichtmenschlichen Natur betreffen, korrespondieren zudem Anforderungen an die körperlichen und psychischen Selbstverhältnisse. Siep geht davon aus, dass dem Menschen eine Physis eigen sei, aus der Normalitätsstandards abgeleitet werden können, an denen sich menschliches Verhalten zu orientieren hat. Diese Standards gelten quasi universell, auch wenn Siep menschliche Natur »nicht mehr als unveränderlich, sondern […] als in Grenzen […] plastisch und kultivierbar« versteht (ebd., 110).[20] Gleichwohl geht er davon aus, dass »Natur als Norm«, also mit anderen Worten als Normalisierungsmacht fungiert. Sein Naturbegriff funktioniert über die Differenz des Normalen und des Anormalen und lässt nicht nur Natürliches und Normatives ineinander übergehen, sondern auch das Normative in das Normale. Der Begriff der »Physis« steht dabei zunächst für die »artgemäße Entwicklung der Lebewesen«, die möglichst »störungsfrei oder störungsarm« zu verlaufen habe (1998a, 199). Bestimmt wird diese Artgemäßheit unter Rückgriff auf den Alltagsverstand, der immer schon ein »Verständnis von Wachsen und Reifen, von Gedeihen und Verkümmern, von normalem Funktionieren und Störungen, Krankheiten, Leiden« habe, sowie durch den Verweis darauf, dass schließlich schon durch die Rede von der »artgemäßen Haltung

20 Die historische Veränderung kultureller Normen bezieht Siep durchaus ein – in Hinblick auf die Geschlechterverhältnisse allerdings mit Bedauern. So seien Werte wie »Häuslichkeit und besondere Formen der Mütterlichkeit«, die in einer »Epoche der differenzierten Geschlechterrollen ›kultiviert‹ wurden«, verlorengegangen (Siep 2004, 161).

von Tieren« eine normative Auffassung von Artgemäßheit etabliert sei (ebd., 199). Dabei lässt Siep allerdings aus, dass menschliche Lebensverhältnisse um einiges komplexer sind als tierische und der Vergleich mit der Tierhaltung äußerst autoritäre Formen der Verhaltensregulation aufruft. Über die Rede von der Artgemäßheit hinaus wird die Grenzziehung zwischen dem Normalen und dem Anormalen zudem durch eine Reihe von Negativ-Figuren fixiert, die bei Siep für die Abweichung vom Normalen stehen. Diese Figuren sind der »Leidende, Asket, Außenseiter, Bohemien, Provokateur« (ebd., 205). Im Kontext geht es um sozialstaatliche Distribution. Siep plädiert dafür, diese an einem Normalitätsprofil auszurichten, das verhindert, diese »Varianten« menschlichen Daseins zum »Maßstab gesellschaftlicher Verteilungsregeln zu machen« (ebd.). »Wer über die Art und den Umfang sozialer Leistungen eines Gemeinwesens nachdenkt«, heißt es, »muß von normalen psychischen Bedürfnissen der kognitiven, emotionalen und sozialen Entwicklung ausgehen« (ebd.). In jedem Fall sind es die Strukturen einer vorgegebenen Ordnung, die politische und ethische Entscheidungen präformieren. Siep zufolge bedarf es nämlich »bestimmter Ordnungsstrukturen, an denen sich Wahrnehmung, Erinnerung und stabiles Bewerten [...] gewissermaßen ›festhalten‹ kann« (2004, 275). Diese Strukturen gehen aus den »Eigentümlichkeiten der ›physis‹ verschiedener Stufen der Natur beziehungsweise der Arten des Lebendigen« hervor (ebd.)

Biotechnologiekritik

Für den Umgang mit Biotechnologien, die sowohl menschliche wie auch nicht-menschliche Körper modifizieren, ergeben sich aus Sieps Position bestimmte Einschränkungen. Auch »Züchtung und Biotechnologie« müssen in jenen »Rahmen passen«, den Siep mit den Begriffen Kosmos und Physis umreißt (1998, 203). Eine »beliebige Chimärenbildung und eine völlige ›Mechanisierung‹ des Lebendigen durch Serienproduktion optimal menschennützziger Lebewesen« wird ausgeschlossen (ebd.). Insbesondere könne den Marktmechanismen, so Siep, nicht die Verfügungsmacht über die zu entwickelnden und zu praktizierenden biotechnischen Verfahren überlassen werden (vgl. ebd.).[21] Sieps Konstruktion leistet also durchaus eine kritische

21 Auch Neuroenhancement betrachtet Siep aus dieser Perspektive kritisch. Vgl. Ludwig Siep, »Die Bedeutung der ›Natur des Menschen‹ für eine konkrete Ethik«, in: Giovanni Maio, Jens Clausen, Oliver Müller (Hg.), *Mensch ohne Maß? Reichweite und Grenzen anthropologischer Argumente in der biomedizinischen Ethik*, Freiburg; München 2008, 195–212.

Beurteilung von Biotechnologien, die weder pauschal begrüßt noch abgelehnt werden. Schließlich sind Menschen, wie es heißt, »Züchter und Techniker, sie verändern ihre natürliche Umwelt ständig und werden darauf angesichts der rapide steigenden Wirkungskraft der Bio- und Mikrotechniken (Nanotechnologie) nicht verzichten« (ebd., 296). Um diese Prozesse der Technikentwicklung und des Technikgebrauchs zu gestalten, bedarf es jedoch einer »Richtschnur«, das heißt der »Vorstellung einer möglichen guten, nach den Kriterien der Mannigfaltigkeit und Gerechtigkeit geordneten Welt« (ebd.). Siep verweist damit zwar zu Recht darauf, dass in der politischen Regulation der Biotechnologien nicht nur einzelne technische Optionen, sondern »Konzepte von wünschenswerten Formen von Natur« (1998b, 193) auf dem Spiel stehen. Doch die Kriterien, nach denen über Wünschbarkeit oder Nicht-Wünschbarkeit bestimmter technologischer Eingriffe entschieden werden soll, werden einer Natur entlehnt, in deren Definition sie zuvor hineingelegt wurden. Negiert werden damit die gesellschaftlichen und politischen Auseinandersetzungen, die aus dem Zusammentreffen unterschiedlicher und widersprüchlicher Interessen und Entwürfe eines »guten Lebens« resultieren. Die anthropologische Konstruktion, mit der Siep operiert, verdeckt diese Konflikte, die sich an den Biotechnologien entzünden, von den globalen Auseinandersetzungen um Biodiversität, in denen es sowohl um Eigentumsfragen als auch um ökologische Probleme geht, über die Konflikte um unterschiedliche Formen der Inwertsetzung menschlicher Körper beziehungsweise Körperstoffe bis hin zur Veränderung von Verwandtschaftsformen und Lebensweisen durch Technologien der Fortpflanzung. Sieps Diagnose, dass »die an sich wertvolle technische Kapazität des Menschen heute in einem Konflikt mit seinem ›Naturerbe‹, sowohl der äußeren Natur wie der des menschlichen Körpers«, stehe (ebd., 309), greift angesichts dieser vielfältigen, sich überlagernden, aber gleichwohl unterschiedlichen Konfliktlinien zu kurz. Keineswegs stehen sich »menschliche Interessen« auf der einen Seite und »Werte der Natürlichkeit, der Mannigfaltigkeit und des Gedeihens auf der anderen« gegenüber (ebd.), sondern vielmehr Kollektive und Individuen, die in den sozialen, politischen und ökonomischen Verhältnissen und daher auch in den Geschlechterverhältnissen unterschiedlich positioniert sind.

Gerade wenn es darum geht, »grundsätzliche Alternativen des menschlichen Umgangs mit Natur und Technik« (1998b, 1995) zu entwerfen und gesellschaftlich umzusetzen, kann keineswegs von einer Homogenität der Interessenlagen ausgegangen werden, sondern nur von einer Vielzahl von

Differenzen und Antagonismen, die es politisch zu artikulieren und zu vermitteln gilt. Sieps Begriffe aber sperren sich gegen diese politische Dimension. Denn seine Konstruktion des Kosmos und der Physis behauptet als statisch und vorgegeben, was als prozessural und gesellschaftlich zu denken wäre. An die Stelle einer Ordnung der Natur, aus der Verhaltensimperative für »den Menschen« abgeleitet werden, müsste jedoch eine Konzeption gesellschaftlicher Naturverhältnisse treten, die die Praxen und Praxisformen, in denen »Natur« in materieller wie in symbolischer Hinsicht angeeignet, gestaltet und transformiert wird, das heißt das »gesamte Geflecht der vermittelnden Beziehungen und Verhaltensformen zwischen Individuen, Gesellschaft und Natur sowie die sich darin herausbildenden Muster« (Becker, Jahn 2003, 101) zum Gegenstand macht. Auch in dieser Perspektive geht es gleichzeitig um die Verhältnisse zur »menschlichen Natur«, also den menschlichen Körpern, wie auch zur nicht-menschlichen Natur. Im Gegensatz zu Siep aber wird begreifbar, dass Naturverhältnisse, auch wo sie sich zu relativ stabilen und kohärenten Ordnungen verdichtet haben, immer das Resultat komplexer Handlungszusammenhänge sind. Sie entstehen »sowohl direkt durch das Zusammenwirken individueller Handlungen […] als auch vermittelt durch Institutionen und ausdifferenzierte Funktionssysteme« (ebd., 102). Das bedeutet nicht zuletzt, dass gesellschaftliche Naturverhältnisse immer auch durch Geschlechterverhältnisse strukturiert sind. Denn die Verhältnisse, die Individuen zum eigenen Körper ausbilden, etwa im Umgang mit Krankheit und Gesundheit, Behinderungen, Altern und Sterben, erst recht aber in Hinblick auf Sexualität und Fortpflanzung, sind zugleich Vergesellschaftungsprozesse, in denen sie vergeschlechtlicht werden und als geschlechtliche agieren. Eine zentrale Rolle spielen dabei auch die kulturellen Artikulationen von Körperverhältnissen und die politischen und sozialen Formen einer Regulation von Körperpraxen sowie schließlich die Regulation von Verhältnissen zur nichtmenschlichen Natur, die zum Beispiel über Formen der Arbeitsteilung eng mit Geschlechterverhältnissen verbunden sind.

Diese vielfältigen Dimensionen von Naturverhältnissen gilt es zu entfalten und zu reflektieren, wenn die Veränderungen von menschlicher und nicht-menschlicher Natur, die durch die verschiedenen biotechnologischen Verfahren möglich sind und werden, politisch-ethisch reguliert werden sollen. Eine Beantwortung der Frage nach »wünschenswerten Formen von Natur« kann dabei nur aus dem Zusammenspiel von demokratischen Prozessen, die ökonomische Strukturzusammenhänge mit einbeziehen, und gesellschaftlichen Auseinandersetzungen um Entwürfe individueller und kollektiver Lebensweisen resultieren. Sie kann jedoch nicht aus einer feststehenden Natur-Ordnung abgeleitet werden.

4.3 Anthropotechnik, Züchtung, Maskulinität – Peter Sloterdijks Onto-Anthropologie

Im Juli 1999 hielt Peter Sloterdijk auf Schloß Elmau einen Vortrag mit dem Titel *Regeln für den Menschenpark. Ein Antwortschreiben zu Heideggers Brief über den Humanismus*, der einen Skandal auslöste. Sloterdijk, der sich schon lange als Gegenspieler der Kritischen Theorie und der Diskursethik inszenierte, avancierte in kürzester Zeit zum – neben Habermas – prominentesten Philosophen Deutschlands.[22] Sein öffentlicher Bekanntheitsgrad steht allerdings in starkem Kontrast zu seinem Status im akademischen Feld der Philosophie. Denn, wie Sjoerd van Tuinen schreibt, »um Sloterdijks Werk philosophisch ernst nehmen zu können, ist eine großzügige Auffassung von Philosophie erforderlich« (2006, 9). Sloterdijk bricht systematisch mit den Regeln des akademischen Feldes, sowohl durch seinen »sprachartistischen Stil« (Moser 1999, 20) als auch durch seine Arbeit an der Popularisierung von Philosophie, etwa als Talkmaster in der Fernsehshow *Das philosophische Quartett*. Er setzt dabei immer wieder auf Übertreibung und Provokation und bekannte anlässlich der Debatte um seinen Elmauer Vortrag: »Ich begrüße den Skandal als eine Produktionsform, in der sich die bürgerliche Öffentlichkeit an das erinnert, wofür sie da ist« (zit. n. Moser 1999, 29). Doch auch wenn Sloterdijks Interventionen an den Grenzen der Disziplin angesiedelt sind, gehören sie dieser auf ihre spezifische Weise an. Denn zum einen korrespondieren zentrale Theoreme Sloterdijks mit anderen philosophischen Positionen, zum anderen markieren und stabilisieren seine Interventionen gerade durch ihre Grenzverletzungen die Disziplin. Sloterdijks Begriff der Anthropotechnik und seine Artikulation mit Herrschaft und Menschenzüchtungsprojekten, die den »Fall Sloterdijk« auslösten,[23] sind denn auch zum Teil von Repräsentanten des Faches aufgegriffen worden, die sich gleich-

22 Zum Verlauf des Skandals, der hauptsächlich im Feuilleton der *Zeit* ausgetragen wurde, vgl. Peter Moser; »Der Fall Sloterdijk. Ein Vortrag erregt die Gemüter«, in: *Information Philosophie* 4/1999, 20–29.

23 Der Anlass, der überhaupt zu einer öffentlichen Berichterstattung führte, nämlich Sloterdijks Relativierung des NS durch die Rede von »den so sehr verdüsterten Jahren nach

wohl Sloterdijk gegenüber in Distinktion üben. So tituliert ihn Volker Gerhardt als »Unterhaltungskünstler der Wissensgesellschaft« (2001, 7), nimmt aber selbst – ohne auf Sloterdijk zu verweisen – den Begriff der Anthropotechnik auf.

Darüber hinaus verweisen Sloterdijks Einlassungen auch auf einen blinden Fleck anderer anthropologischer Argumentationen. Im Unterschied zu Habermas und Siep geht er nämlich davon aus, dass »›der Mensch‹ von Grund auf Produkt« ist und daher »nur verstanden werden kann, indem man seinen Produktionsverfahren und -verhältnissen analytisch nachgeht« (2001a, 152). Sloterdijk besteht darauf, den Begriff der Anthropotechnik gegenüber dem »Missverständnis«, es handele sich um »das Konzept einer zentral-egoistischen, planstrategischen Humanbiopolitik«, als »Theorem der historischen Anthropologie« zu rehabilitieren (ebd.). Damit wendet er sich gegen die Auffassung, es gebe eine unveränderliche Natur, und hebt stattdessen hervor, dass der Mensch sich schon immer selbst modifiziert habe. Er ist, wie Sloterdijk wiederholt betont, »ein Produkt – natürlich kein abgeschlossenes, sondern ein für weitere Ausarbeitung offenes« (ebd., 167). Mit Blick auf biotechnologische Transformationen der menschlichen Natur stellt er fest, dass »alle Technik ursprünglich [...] indirekte Gentechnik gewesen ist« (ebd., 197). Schon immer, so Sloterdijk, seien die *gene flows*[24] in jeweils spezifische lokale Formen gebracht worden. Sloterdijk führt somit eine radikal antiessentialistische Perspektive in die Debatte ein, die darauf orientiert, dass menschliche Körper keineswegs unveränderliche, statische Entitäten sind; zugleich aber wird Gentechnologie enthistorisiert und entproblematisiert. Sie wird in ihrer Spezifik und damit auch hinsichtlich ihres spezifischen Destruktionspotentials entnannt. Zudem ist Sloterdijks Antiessentialismus, auch wenn hier die Modifikationen menschlicher Körper ins Zentrum gerückt werden, in eine anthropologische Erzählung eingelassen, die erneut ein »Wesen« des Menschen konstruiert. So ist die »Produktion« der menschlichen Verfassung für Sloterdijk »Heraus-Führung und Freilegung eines zuvor eher eingehüllten und geborgenen, in diesem Sinn ›inexistenten‹ Wesens in eine ekstatische Exponiertheit« (ebd., 153). Sloterdijks Projekt einer Onto-Anthropologie zielt darauf, diesen Prozess zu rekonstruieren. Dabei arbeitet

---

1945« (2001b, 307), die die Jahre davor als »hell« erscheinen lässt, geriet im Verlauf der Debatte in den Hintergrund.

24 Der Begriff *gene flow* (Genfluss) entstammt der Populationsgenetik und bezeichnet den Transfer von Genen zwischen unterschiedlichen Populationen.

er nicht zuletzt an der Stilisierung einer spezifischen Männlichkeitskonstruktion zum Allgemein-Menschlichen.

Entwickelt hat Sloterdijk das Projekt einer »neuen Konfiguration zwischen der ›Ontologie‹ und der Anthropologie« (ebd.) vor allem in dem nach dem Vortrag über die *Regeln für den Menschenpark* (2001b) verfassten Text *Domestikation des Seins. Die Verdeutlichung der Lichtung* (2001a). Gleichwohl kündigt er dieses Vorhaben schon in den *Regeln* an. Er kritisiert dort, dass Heidegger »in seiner störrischen Reserve gegen alle Anthropologie und in seinem Eifer, den Ausgangspunkt beim Dasein und In-der-Welt-Sein des Menschen ontologisch rein zu bewahren« (2001b, 321), das »Abenteuer der Hominisation« (ebd., 320) vernachlässigt habe. Onto-Anthropologie bedeutet für Sloterdijk daher eine anthropologisch-biologische Reartikulation von Heideggers Fundamentalontologie. »Denn dass der Mensch das Wesen, das ›in der Welt‹ ist, werden konnte«, hat, wie es heißt, »gattungsgeschichtliche Wurzeln, die sich andeuten lassen durch die abgründigen Begriffe der Frühgeburtlichkeit, der Neotenie und der chronischen animalischen Unreife des Menschen« (ebd., 321). Hatte Heidegger sich in *Sein und Zeit* dezidiert gegen eine anthropologische Lesart der existenzialen Daseinsanalytik gewandt, so öffnet Sloterdijk diese für Evolutionsbiologie, Zoologie und Paläoanthropologie. Die Autoren, auf die er sich dabei bezieht, allen voran Louis Bolk und Adolf Portmann, waren bereits für die »Anthropobiologie« Gehlens maßgeblich. Wie bei diesem ist daher auch bei Sloterdijk das menschliche »Wesen« in der Hauptsache biologisch bestimmt. Gleichwohl kann er, was das widersprüchliche Ineinander von De- und Re-Essentialisierung betrifft, durchaus an Heidegger anknüpfen, hatte doch auch dieser in *Sein und Zeit* zwar einerseits die Vorstellung eines »Wesens« in die Frage nach der Existenz aufgelöst und damit prozessualisiert, gleichzeitig aber »wesenhafte Strukturen« (SuZ, 17), die das Individuum konstituieren, eingeführt.[25] Sloterdijk verlässt die Heideggersche Anordnung allerdings, sofern er dessen fundamentalontologische Perspektive mit einer der Evolutionsbiologie entlehnten Erzählung über die »Selbstdomestikation des Menschen« verbindet.

25 »Das ›Wesen‹ des Daseins«, so Heidegger, »liegt in seiner Existenz. Die an diesem Seienden herausstellbaren Charaktere sind daher nicht vorhandene ›Eigenschaften‹ eines so und so ›aussehenden‹ vorhandenen Seienden, sondern je ihm mögliche Weisen zu sein und nur das« (SuZ, 42).

Der Mensch als Werfer und Schläger. Sloterdijks anthropologische Erzählung

Protagonist des von Sloterdijk konstruierten »Domestikationsdramas« (2001a, 171) ist »der Mensch«, wobei Sloterdijk an jene androzentrische Tradition der Evolutionstheorie anknüpft, die den Menschen als Jäger und Krieger ins Zentrum einer großen historischen Erzählung stellt.[26] Bei Sloterdijk wird diese Figur zum Werfer und Schläger abgewandelt. Er greift dabei die sogenannte »Werfer-Hypothese« des Paläoanthropologen Eduard Kirschmann auf, der damit beansprucht, ein »neues Modell der Hominidenevolution« entwickelt zu haben, das nicht mehr in erster Linie vom Jagen, sondern vom Werfen als zentraler Leistung ausgeht. Das Konstrukt des Menschen-Mannes als Jäger und Krieger reformuliert Kirschmann daher als »Schimpansen-Werfer-Aasfresser-Krieger-Modell der Hominiden-Evolution«.[27] In der anthropologischen Erzählung, die Sloterdijk unter Bezug auf dieses Modell artikuliert, besteht dann eine Art »Urszene« in jener »Handlungssequenz, in deren Verlauf der Vormensch, vermutlich ein agiler ostafrikanischer Savannenaffe mit generalistischen Zügen, mehr Aasfresser als Jäger [...], einen Stein ergreift [...], um dann von dem Ding in seiner Pfote Gebrauch zu machen, der Phänomene in der Umwelt zum Nachgeben zwingt, entweder durch Würfe in die Ferne oder Schläge im Nahbereich« (2001a, 179). Durch dieses Gewalthandeln, das den Werfer und Schläger ebenso wie den Jäger und Krieger auszeichnet, öffnet sich Sloterdijk zufolge »in der Natur die ontologische Nische des Menschen« (ebd.). Es ist zugleich der Zeitpunkt, an dem ihm zufolge »das Prinzip der Technik« entsteht (ebd., 180).

Diese Männlichkeitskonstruktion stützt Sloterdijk durch eine Konstruktion von Mütterlichkeit. Denn wichtig ist in Sloterdijks Erzählung, dass sich die Aggression des Menschen nach außen richtet und eine »Verfeinerung« und »Verwöhnung« im Inneren der Gruppe ermöglicht. Dieses Innere ist der »Mutter-Kind-Raum«, der sich durch die Vorverlagerung der menschlichen Geburt zum »externen Uterus« (ebd., 190) erweitert. Sloterdijk adaptiert hier – via Gehlen – Adolf Portmanns Konzept des extrauterinen Frühjahrs, womit dieser die ersten Lebensmonate des Säuglings bezeichnet hat. Doch wäh-

26 Ruth Hubbard hat hervorgehoben, dass in der Evolutionstheorie Kompetenzen wie die der Sprache, die nicht in das androzentrische Schema passen, systematisch vernachlässigt wurden. »Niemand«, so Hubbard, »hat jemals behauptet, daß Frauen nicht sprechen können; wenn also Männer die Vorhut der Evolution bilden, dann müssen sich Menschen durch stereotyp männliche Verhaltensweisen des Wettbewerbs, des Werkzeuggebrauchs und des Jagens weiterentwickelt haben« (1989, 327).

27 Eduard Kirschmann, *Das Zeitalter der Werfer: eine neue Sicht des Menschen. Das Schimpansen-Werfer-Aasfresser-Krieger-Modell der menschlichen Evolution*, Hannover 1999.

rend Gehlen mit diesem Konzept seine Konstruktion des Menschen als Mängelwesens verband, orientiert Sloterdijk auf die Entwicklung von Überfluss und Luxus im geschützten mütterlichen Raum. Dieser Überfluss macht sich zum Beispiel im »Luxurieren der weiblichen Formen« geltend, für die dem sexistisch-rassistischen Blick unter anderem die »spektakulären Gesäßbildungen der Khoisanidenfrauen (›Hottentottenvenus‹)« (ebd., 188) als Indiz gelten. Um sich von Gehlen und dessen »autoritär stilisiertem Mängelwesentheorem« abzusetzen, führt Sloterdijk zudem den Soziobiologen Heiner Mühlmann ins Feld, der gezeigt habe, »dass es nicht so sehr Schwächen und Mängel sind, die dem menschlichen *modus vivendi* die Richtung vorschreiben, als vielmehr die Notwendigkeit, die stammesgeschichtlich ererbten Stress-Programme zu zivilisieren und ihre kriegerischen Derivate zu zügeln« (ebd., 190). Aggressivität bleibt jedoch die Ausgangsdisposition, die durch die »Verwöhnung« im Binnenraum stabilisiert wird.

Der weiblich-mütterliche Binnenraum, den Sloterdijk entwirft, zeichnet sich dabei, wie er schreibt, durch »uterusmimetische Qualitäten« aus (ebd., 191). Die menschliche Welt und Gesellschaft beziehungsweise das »Haus des Seins«, so Sloterdijk in der Terminologie Heideggers, stellt ihm zufolge insgesamt eine »Wiederholung von Uterusleistungen im Öffentlichen« dar (ebd., 197). Diese maskulinistische Schoßphantasie, die die Konstruktion des nach außen gewalttätigen, im Inneren »verwöhnten« Menschen trägt, ist dabei ein zentrales Element von Sloterdijks Denken, das nicht nur für den Entwurf der Onto-Anthropologie leitend ist. Wie Martha Zapata gezeigt hat, wird schon im *Versuch über die Hyperpolitik* (1993) die Gemeinschaft »als ein Innenraum konstruiert, der die Form einer Gebärmutter annimmt, die einen bergenden und umgreifenden Charakter besitzen soll« (2002, 549). Der Uterus wird zum Sinnbild für Mütterlichkeit und archaische Gemeinschaftlichkeit; er symbolisiert für Sloterdijk »eine am Feuer murmelnde Mutter«, die die »im nahen Busch verstreute Großfamilie in ihrem friedlichen Bann hält« (zit. n. Zapata 2002, 549). Grundlegend ist dieses Bild zudem auch für Sloterdijks Auffassung des Staates, den er ebenfalls als »großen Schoß« beziehungsweise als »politische Sozialuterus-Konfiguration« bezeichnet (zit. .n. ebd.). Wie schon die Mütterlichkeitsphantasmen der »Konservativen Revolution« in der Weimarer Republik, an denen auch Heideggers ursprungsmythische Erzählung teilhat, operiert Sloterdijk mit einem Gegensatz von »Mutter« und »Frau«. »Während die Mutter«, wie es bei Zapata heißt, »eine positive metaphorische Figur darstellt, der Sloterdijk in Bezug auf die Unterordnung der Menschen unter den Staat viel abgewinnen kann, verkörpert die Frau eine schreckliche und ungeheuerliche Gestalt« (2002, 549). Sie repräsentiert die den Eliten gegenüberstehenden, aufbegehrenden, aber schwachen »Massen« beziehungsweise – in der *Kritik der zynischen Vernunft* (1983) – die Kritische Theorie. Insbesondere Adorno wird von Sloterdijk auf diese Weise als »effeminiert« dargestellt (vgl. ebd., 548). Seine Philosophie sei, »von ›einem archaischen Nein zur Welt der Väter, der Gesetzgeber und Geschäftemacher‹ inspiriert« und mit einer »Utopie des Weiblichen« verbunden (Zapata 2002, 548). Insgesamt fungieren »Frau« und »Mutter« als komplementäre Konzepte, die zusammen die anthropologische Konstruktion Sloterdijks stabilisieren. Wenn Sloterdijk mit dem Konzept der Anthropotechnik wie auch mit dem der Züchtung die Möglichkeiten der Transformation der menschlichen Natur hervorhebt, sind diese Transformationsprozesse bei ihm also in eine große Erzählung vom Prozess der Menschwerdung eingelassen, die aggressive Männlichkeit und hierarchische Geschlechterverhältnisse festschreibt. Diese Erzählung legt den Rahmen fest, innerhalb dessen »anthropotechnisch« verfahren werden kann, der aber selbst keiner Veränderung zugänglich ist.

Anthropotechnik, Züchtung, Herrschaft

Mit der Rede von Anthropotechniken hat Sloterdijk einen Begriff geprägt, der die »Selbstformungsprozeduren« (2001a, 201) des Menschen, die »kulturwirksamen Formungstechniken« (ebd.) beziehungsweise die Kompensation und Elaboration der »Plastizität des Menschen« (ebd., 202) bezeichnet. Anthropotechniken, so Sloterdijk, »dürfen so heißen, weil sie die direkte Modellierung des Menschen durch zivilisatorische Prägungen intendieren; sie umfassen, was traditionell wie modern mit Ausdrücken wie Erziehung, Zähmung, Disziplinierung, Bildung wiedergegeben wird« (ebd.). Der Begriff ist somit nicht auf biotechnologische Eingriffe festgelegt. Vielmehr sind »Techniken« hier als ein Ensemble von Praxen zu verstehen, in denen menschliche Körper formiert werden, so wie auch Marcel Mauss von Körpertechniken spricht. Mauss geht davon aus, dass es »eine große Anzahl von Praktiken (gibt), die einmal Techniken des Körpers darstellen und gleichzeitig weitreichende biologische Wirkungen haben« (1989, 213), wozu er unter anderem Techniken des Ausruhens, der Bewegung und der Körperpflege zählt. Fasst man »Technik« nicht primär im Sinn von Artefakten auf, sondern als habitualisierte Handlungsschemata, so legt der Begriff eine praxeologische Perspektive nahe, die es erlauben könnte, auch biotechnische Verfahren als spezifische Körperpraxen zu fassen. Diese wären dann daraufhin zu befragen, welche Art von Selbstverhältnissen, aber auch Formen des gesellschaftlichen Zusammenlebens sie ermöglichen oder blockieren. Bei Sloterdijk erhält der Begriff der Anthropotechniken und damit auch die praxeologische Perspektive, die er eröffnet, jedoch einen besonderen autoritären Zuschnitt, sofern er mit dem Begriff der Züchtung artikuliert wird. Denn mit der Rede von Züchtung und Zähmung werden Praxen der Agrarproduktion, die Pflanzen und Tiere für menschliche Zwecke zurichten, auf die Verhältnisse zwischen Menschen projiziert. Im Anschluss an Nietzsche und dessen Züchtungsrhetorik wird der »Mensch als Züchter des Menschen« adressiert (2001b, 324). Das bedeutet, wie Sloterdijk an anderer Stelle schreibt, »dass Menschen Tiere sind, von denen die einen ihresgleichen züchten, während die anderen die Gezüchteten sind« (ebd., 328). Damit aber ist Herrschaft anthropologisch festgeschrieben und gilt für jede Art von Körperpolitik als konstitutiv. Spezifischer noch werden die mit der Gentechnologie verbundenen neuartigen Anthropotechniken in den Horizont eugenischer Menschenzüchtungsprogramme gerückt.

Dies ist umso brisanter, als Sloterdijk sich keineswegs als Befürworter einer schrankenlosen Technisierung menschlicher Körperpraxen positioniert. So hebt er durchaus »das Unbehagen in der Macht der Wahl« hervor, das daraus resultiert, »dass Menschen mehr und mehr auf die aktive oder subjektive Seite der Selektion geraten, ohne dass sie sich willentlich in die Rolle des Selektors gedrängt haben müssten« (ebd., 328). Die Frage, »ob eine künftige Anthropotechnologie bis zu einer expliziten Merkmalsplanung vordringt; ob die Menschheit gattungsweit eine Umstellung vom Geburtenfatalismus zur optionalen Geburt und zur pränatalen Selektion wird vollziehen können« (ebd., 330), ist nicht unbedingt ein Plädoyer für diese Entwicklungen, wie denn auch die Forderung nach einem »Codex der Anthropotechniken« (ebd., 329) explizit eine politische Regulation auf die Tagesordnung setzt. Das Problem liegt vielmehr darin, dass Sloterdijk keine demokratische und daher auch keine geschlechterdemokratische Politik der Biotechnologien beziehungsweise jener Praxisfelder, in denen diese zum Einsatz kommen, denken kann. »Was sich als Nachdenken über Politik präsentiert«, ist nämlich für ihn »in Wahrheit eine Grundlagenreflexion über Regeln für den Betrieb von Menschenparks« (ebd., 331), ein Blick von »Zooleitern« auf die von ihnen gehaltenen Tiere. Sloterdijk expliziert seine Vorstellung des Politischen durch Rekurs auf Platons Dialog *Politikos*, in dem er »die Präambeln einer politischen Anthropotechnik« findet (ebd., 332). Er interpretiert diesen Dialog in

Hinblick auf das »Phantom eines Expertenkönigtums, dessen Rechtsgrund die Einsicht ist, wie Menschen [...] am besten zu sortieren und zu verbinden wären« (ebd., 334). Der Staatsmann sei dafür zuständig, »die für das Gemeinwesen günstigsten Eigenschaften freiwillig lenkbarer Menschen auf die wirkungsvollste Weise ineinander zu flechten« (ebd.), aber auch »die ungeeigneten Naturen aus(zu)kämmen« (ebd.). Auch wenn Sloterdijk hier ebenfalls eine Distanz einzieht, indem er den platonischen Entwurf beziehungsweise seine auf eugenische Selektion anspielende Lektüre als »Programm einer humanistischen Gesellschaft« (ebd., 335) darstellt, besteht das Problem, dass in seinem Modell eine staatlich-autoritäre Bevölkerungspolitik die demokratische Regulation von Biotechnologien und die Auseinandersetzung um gesellschaftliche Zukunftsentwürfe ersetzt.

Dieses Problem kennzeichnet keineswegs nur die Position Sloterdijks, sondern ebenso die von Volker Gerhardt. Auch dieser bringt »die ausdrücklich auf sich selbst bezogene Arbeit des Menschen [...] unter den Begriff der Anthropotechnik« (2001, 121). Wie schon bei Sloterdijk dient der Begriff dazu, Gentechnologie in eine historische Kontinuität einzufügen, die ihre Neuartigkeit und Brisanz stark relativiert. Zwar sei, so Gerhardt, bei der Bewertung der »vorerst neuesten Anthropotechnik« herauszuarbeiten, »welche Unterschiede zwischen den alten Verfahren der Zucht und Züchtung (an anderen Lebewesen und an sich selbst) und dem Einsatz der Gentechnologie bestehen« (ebd., 122). Doch sei zu vermuten, dass dabei »auch die Gemeinsamkeiten deutlicher hervor treten« (ebd.). Gerhardt übernimmt von Sloterdijk nicht allein den Begriff der Anthropotechnik als Züchtung. Vielmehr weist auch seine Staatskonzeption, die sich ebenfalls an Nietzsche und Platon orientiert, große strukturelle Ähnlichkeiten mit der von Sloterdijk auf. Politik gilt Gerhardt als »die Kunst, eine Herde zu hüten. ›Hütung‹ aber bedeutet nicht allein, die Herde zu schützen und zu nähren; es gilt auch ihren Bestand zu mehren und für möglichst gesunde, kraftvolle Exemplare zu sorgen« (ebd., 135). Dies schließt die staatliche Verfügung über die Fortpflanzungspraxis von Frauen ein.[28] Platons Formulierung von der »Herdenzucht des Menschen« (*anthropon koinotrophikê*), die uns heute »befremdlich« vorkomme (ebd.), übersetzt Gerhardt ins Neoliberale. So denke Platon »nur daran, dass auch der Mensch möglichst ›gut‹, das heißt möglichst ›tüchtig‹

28 Obwohl Gerhardt sein Plädoyer für die Forschung an embryonalen Stammzellen durch die Parallelisierung mit der Abtreibung begründet, zeichnet sich seine Intervention durch einen starken Paternalismus gegenüber Frauen aus. So muss Gerhardt zufolge etwa der »Mutter«, wie er ungewollt schwangere Frauen nennt, »deutlich gemacht werden können, dass sie ihre Entscheidung nicht nach Gutdünken treffen kann« (Gerhardt 2001, 75).

(*aristos*) sein möchte. [...] Wenn aber vom Einzelnen das Beste gewünscht – und aus Sicht der Gesellschaft auch verlangt wird – muss die *polis* die Bedingungen schaffen, die jedem die Erreichung dieses Ziels ermöglicht« (ebd.). Im Kontext dieses Projekts, in dem Zwang und Selbstzwang zur Leistungsoptimierung ineinander übergehen, erscheint selbst Sloterdijks Konzept des Menschenparks als »Verharmlosung«, da es außer Acht lasse, dass die Politik »von ihrem Ursprung her eine Feindschaft« einkalkuliert (ebd., 141). Schließlich sei Politik immer auch »auf den Tod bezogen, der zu den impliziten Bedingungen des Lebens gehört« (ebd.). Was dies konkret bedeuten mag, bleibt offen. Deutlich aber ist, dass auch bei Gerhardt die gesellschaftlichen Konflikte und Auseinandersetzungen um die Biotechnologien, die deren ökonomische, politische und kulturelle Artikulationen betreffen, von vornherein nur im Rahmen autoritärer, männlich codierter Staatlichkeit denkbar sind.

Eine neue maskuline Elite aus dem Geist der Technik

Während der Menschenpark-Vortrag mit dem Plädoyer für eine Wiederaufnahme des Platonischen Staatsprojekts endet – das freilich nicht ohne »das Leitbild des Weisen« auskommt, welches sich in der Gegenwart nur noch in überlieferten Schriften finde (2001b, 336) –, hat Sloterdijk seine anthropologische Konstruktion in *Domestikation des Seins* mit einer technikphilosophischen Zeitdiagnose verknüpft. Dabei reartikuliert er Heideggers Technikkritik, die die Technik als »seinsgeschichtliches Geschick« für das »Weltschicksal« Heimatlosigkeit verantwortlich macht, indem er wie dieser techniktheoretische, metaphysikkritische und zeitdiagnostische Elemente amalgamiert. Sloterdijk kritisiert, dass Heidegger in seiner Technikauffassung dem dualistischen Schema von Subjekt und Objekt verhaftet blieb und daher Technik nur im Modus von Beherrschung habe verstehen können. Mit dem »Prinzip der Information« aber, das schon in der Kybernetik als drittes Prinzip jenseits von Geist und Materie definiert wurde, ist Sloterdijk zufolge eine »neue Situation« entstanden. Diese lasse »das Interesse an wirklichkeitsmächtigen traditionellen Theoriefiguren wie der Subjekt-Objekt-Beziehung« (2001a, 227) verblassen. Die neuen Technologien, die wie die Gentechnologie auf die Modifikation von »Informationen« zielen, entziehen sich, so Sloterdijk, dem »überlieferten Bild von Technik als Heteronomie und Versklavung von Materien und Personen« (ebd.). Sloterdijk sieht daher eine »nicht-herrische Form von Operativität [entstehen/SL] [...], für die wir den Namen Homöotechnik vorschlagen« (ebd.). Sie zeichnet sich dadurch aus, dass »die ›Materien‹ […] von ihrem Eigensinn her konzipiert und aufgrund ihrer maximalen Eignungen in Operationen einbezogen [werden] – sie hören damit auf, das zu sein, was traditionell als ›Rohstoff‹ bezeichnet zu werden pflegt« (ebd.). An diesen Technikbegriff heftet Sloterdijk die These von einer Transformation von Herrschaft, von einem Ende des »Zeitalters der Zweiwertigkeit und ihres Vergewaltigungshabitus im Umgang mit Seiendem überhaupt« (ebd., 229). Sloterdijk stellt eine »allotechnische Welt«, in der »herrische Subjekte über Rohstoffe gebieten«, einer »homöotechnischen Welt« gegenüber (ebd., 231) und geht davon aus, dass »avancierte Biotechniken und Nootechniken […] ein verfeinertes, kooperatives, mit sich selbst spielendes Subjekt heran(ziehen)« (ebd.). Dabei überhöht er nicht nur Technik zu einem historischen, gesellschaftliche Prozesse induzierenden Subjekt, sondern entwirft zugleich eine neue maskuline Elite. Denn in der »vernetzten, inter-intelligent verdichteten Welt haben Herren und Vergewaltiger« Sloterdijk zufolge »nur noch Erfolgschancen, die nicht über den Augenblick hinaus währen« (ebd.). Doch eine neue Elite kündigt sich bereits an: »Kooperateure, Förderer und Bereicherer« finden, wie es heißt, »zahlreichere, adäquatere, haltbarere Anschlüsse« (ebd.). Dabei handelt es sich, auch wenn Sloterdijk von Herrschaftsfreiheit spricht, allenfalls um eine Veränderung im Modus von Herrschaft, nicht aber um ihre Aufhebung. Schließlich sind es zuerst die »Unternehmer und Feldherren«, für die es darauf ankomme, »früher als andere intelligent zu werden«, das heißt die neuen homöostatischen Techniken anzuwenden, um »Erfolgswettbewerbe mit Konkurrenten und Feinden zum eigenen Vorteil zu entscheiden« (ebd., 229).

4.4 Subjektivität, Leib und Geschlecht – Elisabeth Lists »Verteidigung des Lebendigen«

Aus der Perspektive feministischer Philosophie hat sich Elisabeth List in *Grenzen der Verfügbarkeit. Die Technik, das Subjekt und das Lebendige* (2001) eingehend mit jenen Entwicklungen der Technowissenschaften befasst, die zugleich auf Modifikationen und Rekonzeptualisierungen des menschlichen

Körpers zielen.[29] Neben den Biowissenschaften nimmt sie dabei auch Informationstechnologien, Robotik und die Artificial-Life-Forschung in den Blick. Lists Diagnose lautet, dass es »im Zeichen der umfassenden Transformation aller Lebenszusammenhänge durch Technik und Technologien« zu einer »Gefährdung, vielleicht Verdrängung des Lebendigen« komme (2001, 11). Ihr philosophisches Projekt besteht daher darin, die Frage zu klären, »was denn das ist, das Lebendige, und was es überhaupt heißt, lebendig zu sein« (ebd.). Obwohl List mit dem »Leben« beziehungsweise dem »Lebendigen« jenen Begriff aufgreift, um den herum sich die Disziplin der Biologie im neunzehnten Jahrhundert formierte und der bis heute, wenn auch durch keine feststehende Definition vereinheitlicht, das Terrain dieser Wissenschaft umreißt, bestimmt sie »das Lebendige« nicht rein biologisch. Sie geht vielmehr davon aus, »dass es keineswegs klar ist, in welcher Sprache sich solche Fragen stellen lassen« (ebd.). Möglicherweise, so List, entziehe sich »das Lebendige als Phänomen [...] überhaupt einer theoretischen Fassung im herkömmlichen Sinn«, und auch »die jedem vertrauten Erfahrungen des Lebendigseins« seien vermutlich nicht »vollständig zur Sprache zu bringen« (ebd.). Das Lebendige hat somit bei List den Status eines Wissenschaft und Sprache vorgängigen, ontologisch gesetzten Ersten. Der regionalen Ontologie der wissenschaftlichen Disziplin der Biologie entlehnt, wird das Konzept bei List philosophisch überhöht und als Korrektiv für die abendländische, logo- und androzentrische Metaphysik eingeführt. Denn die biotechnologischen Eingriffe in den menschlichen Körper beziehungsweise das gegenwärtige »Technoimaginäre«, in dem Körper als vollkommen technisch gestaltbar und zuweilen sogar als ersetzbar gelten, stehen List zufolge in einer langen Tradition der »Leib-Vergessenheit«. Diese sei »ein Grundmerkmal der gesamten abendländischen Metaphysik, die seit Parmenides die Sphäre des Geistes, des Logos, von allem Spüren des Werdens und Vergehens, des Lebendigseins zu reinigen trachtete« (ebd., 120). Seit der Neuzeit, heißt es, sei die Leibvergessenheit zudem mit »einem obsessiven Wunsch, des Körpers als Ding habhaft zu werden, durch Messung und Experiment, also durch Wissenschaft«, verknüpft (ebd.). Im Anschluss an feministische Naturwissenschaftskritik gilt List das »androzentrische Syndrom der ›Naturbeherrschung‹«, das mit »Omnipotenzphantasien wissenschaftlicher Weltbeherrschung« operiert, als

29 Wesentliche Elemente ihrer Konzeption, die im Folgenden analysiert werden, nimmt List in der *Ethik des Lebendigen* (2009) erneut auf und entwickelt sie zu einem umfassenden, keineswegs allein auf eine Kritik der Biowissenschaften zielenden ethischen Ansatz weiter.

»Kehrseite« der Leibvergessenheit (ebd., 174).[30] Ihr Anliegen ist es daher, den Leib, der das »Lebendige« im und für das Subjekt darstellt, ins Zentrum der theoretischen und praktischen Aufmerksamkeit zu rücken.

List knüpft dabei an die philosophische Anthropologie Helmuth Plessners an, die es ihr erlaubt, ihre lebensphilosophische Konstruktion gleichzeitig biologisch und phänomenologisch zu verankern. Denn auch Plessners Entwurf einer »philosophischen Biologie und Anthropologie« setzt im Anschluss an Wilhelm Dilthey und Edmund Husserl hermeneutisch und phänomenologisch an. Schließlich geht es ihm nicht um eine spezialwissenschaftliche, empirische Bestimmung des Menschen, sondern um eine Rekonstruktion von »Schichten des ›Seins‹ [...], ohne die zwar auch die Wissenschaft keinen einzigen Begriff bilden kann, welche sie jedoch aus ihrer Terminologie mehr oder weniger streicht und in weiten Gebieten sogar vollkommen ausscheiden muß« (1928/1981, 67). Zwar wird das wissenschaftliche Wissen der Biologie auf diese Weise philosophisch überformt, bleibt jedoch basal für den Theorieentwurf. Dieser ist grundlegend dualistisch, auch wenn Plessner explizit ein anti-dualistisches Denken anstrebt. Der Mensch ist für ihn nämlich durch einen »Existenzkonflikt« bestimmt; er ist zugleich »naturgebunden und frei; gewachsen und gemacht, ursprünglich und künstlich« (ebd., 70f.). Der zentrale begriffliche Gegensatz bei Plessner ist der von Leib und Körper, das heißt von gelebter Erfahrung und wissenschaftlichem Objekt. Diesen »Doppelaspekt des Daseins« oder seine Janushaftigkeit begründet Plessner mit dem Theorem der exzentrischen Positionalität, das er unter anderem mit Bezug auf die Biologie Jakob von Uexkülls formuliert.[31] Wie auch List betont, leitet Plessner die exzentrische Positionalität aus einer »Theorie des Lebendigen« ab. Dieser zufolge zeichnet sich die menschliche Lebensform im Gegensatz zu der von Pflanzen und Tieren, die positional gebunden sind, dadurch aus, dass der Mensch »aus seiner lebendigen Mitte heraustreten und durch Symbol und Reflexion in Distanz ein Bild von sich selbst« entwerfen kann (2001, 113). Auch wenn in der menschlichen Natur

30 Die Verbindung von Metaphysik- und Patriarchatskritik formuliert List noch prägnanter in dem früheren Text *Naturverhältnisse – Geschlechterverhältnisse*. Die »Erfahrung des Getrenntseins von der Welt des Kreatürlichen, Lebendigen«, die in der Metaphysik überhöht wird, heißt es dort, sei »eine spezifisch männliche Erfahrung« (1993, 98).

31 Plessner studierte bei Hans Driesch Biologie. Wie dieser, der mit dem Begriff der Entelechie »die Ganzheit als Kategorie zur Erfassung organischer Erscheinungen zu legitimieren versucht« (1928/1981, 142), orientiert er sich an einem anti-mechanistischen Ganzheitskonzept. Im Begriff der Positionalität verarbeitet Plessner zudem Jakob von Uexkülls Begriffe der Umwelt und des Funktionskreises.

somit eine Anlage zur Transzendenz biologischer Gegebenheiten ausgemacht wird, ist der Mensch bei Plessner wie auch bei List primär biologisch bestimmt. Die szientistische Dimension, die im anthropologischen Rekurs auf Biologie enthalten ist, entgeht dabei Lists radikaler Kritik neuzeitlicher Wissenschaft. Denn List unterscheidet innerhalb der Biologie eine mechanistische und eine vitalistische Tradition, richtet ihre Wissenschaftskritik aber allein auf die mechanistischen Ansätze. Während sie die Biowissenschaften aus dieser Perspektive kritisiert, werden die ganzheitlichen, vitalistischen Ansätze der theoretischen Biologie der 1920er Jahre zur Grundlage ihrer Konzeption von Subjektivität, Leib und Geschlecht.

Der Status biologischen Wissens

Auch wenn List den Lebensbegriff metaphysisch ausweitet, so dass seine Bestimmung als »Frage der *philosophia perennis*« erscheint (ebd., 19), entwickelt sie ihn hauptsächlich in Auseinandersetzung mit der Biologie des zwanzigsten Jahrhunderts. Zwar kritisiert sie die Entwicklung der Biologie »zu einer Art kultureller Leitwissenschaft [...], die [...] beansprucht, den sokratischen Auftrag des *gnoti se auton* – ›Erkenne dich selbst!‹ – ein für allemal zu erfüllen« (ebd.), doch geht es ihr keineswegs um eine Problematisierung des besonderen Status, den biologisches Wissen in der Moderne als Naturwissen und zugleich als soziales Ordnungswissen erhalten hat. Statt mit einer kritischen Rekonstruktion der epistemischen Ansprüche und politisch-ethischen Codierungen biologischen Wissens, das immer wieder zum Garanten für Wahrheiten über Subjektivität, Handlungsfähigkeit und nicht zuletzt Geschlecht gemacht wurde, antwortet List auf die von ihr diagnostizierte Dominanz biologischer Deutungsmuster allein mit einer Kritik der mechanistischen, an der Physik orientierten Biologie. Nicht der Status, der biologischem Wissen verliehen wird, sondern eine bestimmte theoretische Ausrichtung innerhalb der Disziplin steht also im Zentrum der Kritik.

In Übereinstimmung mit der frühen Anthropologie, aber auch mit der philosophischen Anthropologie des zwanzigsten Jahrhunderts wendet List sich vor allem gegen den Cartesianismus.[32] »Im Hauptstrom der modernen Biowissenschaften, der sich in fast ungebrochener Tradition am cartesischen

32 In den Biowissenschaften, so List, erlebt »Descartes' Sicht des menschlichen Organismus und aller übrigen lebenden Organismen als ›res extensa‹ [...] auf molekularer Ebene ihre letzte Bestätigung und zugleich ihre Neuschreibung in der Sprache des Codes« (2007, 208).

Bild von der Körpermaschine und vom Leben als Mechanismus orientiert«, wird Leben, so List, »nur thematisch [...], insofern es sich schon dem experimentellen, und das heißt technischen Zugriff fügt« (ebd., 12). Ausgeblendet werden ihr zufolge die vielfältigen Dimensionen des Lebens, wie sie sich in der »leibhaft-lebendigen Existenz« (ebd., 14) erschließen. Zwar gesteht List der Molekularbiologie und insbesondere der Genetik durchaus Erfolge bei der Erforschung »molekularer Mechanismen wie auch (der) Bedingungen ihrer Reproduktion« zu, doch versäumen diese Forschungen ihr zufolge das Eigentliche, nämlich Auskunft über die »Entstehung und Organisation des Lebendigen« zu geben (ebd., 24). Mit dieser Orientierung am Ganzen des Organismus, das gegen die Zerstückelung durch das mechanistische Denken hochgehalten wird, nimmt List ein romantisches Artikulationsmuster auf, das auch in der Lebensphilosophie der 1920er und 1930er Jahre Konjunktur hatte. Stand schon in der Romantik »überall das Dynamische gegen das Statische, das Lebendige gegen das Tote, das Organische gegen das Mechanische, das Konkrete gegen das Abstrakte und die Intuition, Anschauung und Erfahrung gegen die Abstraktion und den ›bloßen Verstand‹« (Schnädelbach 1983, 177), so wurden diese Gegensätze in den zwanziger Jahren des zwanzigsten Jahrhunderts in nahezu allen Disziplinen reartikuliert, nicht zuletzt auch im politischen Essayismus der sogenannte Konservativen Revolution. »Biologen und Physiker erklärten ihre Absicht, den ganzen Organismus zu suchen, Pädagogen und Psychologen den ganzen Menschen. Auf dem Gebiet der Soziologie und Nationalökonomie war das Ziel die gesamte Gemeinschaft. In jeder Disziplin bekämpften die Gelehrten den Individualismus, den Naturalismus, das Mechanische und dgl.« (Ringer 1987, 346). Auch die Autoren und Theorien, auf die List sich positiv bezieht, bewegten sich in diesem Kontext. Es sind die »in den zwanziger Jahren [...] gründlich durchdachten und philosophisch fundierten Ansätze von Theorien des Organismus« (List 2001, 21), die mit den Namen Jakob von Uexküll, Helmuth Plessner, Viktor von Weizsäcker und Kurt Goldstein verbunden sind. Diese Ansätze werden bei List unter der Rubrik des anti-mechanistischen Denkens vereinheitlicht und mit anderen biologischen Theorien wie der Systemtheorie Ludwig von Bertalanffys und der Gaia-Theorie von James Lovelock in einen Zusammenhang gestellt. Der politisch-ethische Kontext, in dem Konstruktionen der Ganzheit und des Organismus in den 1920er Jahren Konjunktur hatten, spielt dabei für List keine Rolle. Die konservativen, nur zu oft auch totalitären und rassistischen Konnotationen, die das Pathos der Ganzheit und des Lebendigen im Diskursuniversum der Weimarer Republik hatte, werden vielmehr dadurch überblendet, dass List vorrangig an eine feministische Technikkritik anschließt, die als Gegenposition zur instrumentellen Rationalität kapitalistischer Technisierungsprozesse und zur Konzeption eines autonomen Subjekts, das sich als »Herr und Meister der Natur« (Descartes) versteht, strukturell ähnliche Topoi hervorgebracht hat. Dabei impliziert auch diese Spielart feministischer Technikkritik eine »Überhöhung des Lebendigen, Natürlichen, Konkreten«, die, wie Angelika Saupe betont, nur »allzu oft eine Wendung zurück zu Traditionen zivilisations- und entfremdungskritisch argumentierender Kulturkritik vollzieht« (2001, 226). Daraus ergeben sich Affinitäten zu den durchaus anti-feministischen Konstruktionen der Lebensphilosophie, die nicht zuletzt deshalb brisant sind, weil sie innerhalb der feministischen Theorie kaum Aufmerksamkeit erfahren haben.

Obwohl List eine Distanz zu biologistischen Geschlechterkonstruktionen aufrechterhält, ist Subjektivität bei ihr biologisch artikuliert. Von Jakob von Uexküll, dessen Umwelttheorie auch für Plessner von zentraler Bedeutung war, übernimmt sie die These, dass »durch die Verknüpfung sensorischer und motorischer Funktionen in der Interaktion mit der Umwelt die Anschauungsformen von Raum und Zeit als subjektive Leistungen entstehen« (2001, 31).[33] Subjektivität gilt in dieser Perspektive als ein Merkmal des Lebendigen schlechthin, also auch des pflanzlichen und tierischen Lebens, was umgekehrt bedeutet, dass menschliche Subjektivität biologisiert wird. Deutlich kommt dies in Lists Reformulierung von Kants Subjektbegriff, also der These von der synthetischen Einheit der transzendentalen Apperzeption zum Ausdruck. So muss List zufolge nicht nur »daß ›ich denke‹ [...] meine Vorstellungen begleiten können, sondern auch daß ich lebe« (ebd., 68). Damit wird das Cogito in Hinblick auf einen übergreifenden Lebensprozess dezentriert. Gerade Kant aber hatte sich gegen Bemühungen der zeitgenössischen Anthropologie, Philosophie und Biologie beziehungsweise Medizin zu amalgamieren, gewandt. In seiner Kritik an Thomas Samuel Sömmering

33 Bei von Uexküll ist es die Umwelt beziehungsweise der Funktionskreis, welcher Umwelt und Innenwelt umfasst, den jedes Tier entsprechend seiner spezifischen organischen Ausstattung konstituiert. »Jedes Tier ist ein Subjekt«, schreibt er, »das dank seiner ihm eigentümlichen Bauart aus den allgemeinen Wirkungen der Außenwelt bestimmte Reize auswählt, auf die es in bestimmter Weise antwortet. Diese Antworten bestehen wiederum in bestimmten Wirkungen auf die Außenwelt, und diese beeinflussen ihrerseits die Reize. Dadurch entsteht ein in sich geschlossener Kreislauf, den man den Funktionskreis des Tieres nennen kann [...]. Für jedes einzelne Tier aber bilden seine Funktionskreise eine Welt für sich, in der es völlig abgeschlossen sein Dasein führt.« (1920/1973, 150)

betonte er, dass Philosophie von a priori gewonnenen Erkenntnissen ausgehe, Anthropologie aber ihre Erkenntnisse empirisch gewinne und beide daher getrennte Wege gehen müssten.[34] List aber verdeckt die strukturelle Differenz ihres Subjektbegriffs zu Kants Position dadurch, dass sie die anti-mechanistischen Elemente in Kants naturphilosophischen Schriften verabsolutiert. Kant greift dort zwar das von Johann Friedrich Blumenbach formulierte Konzept des Bildungstriebs auf und schließt vermittelt über diesen an Albrecht von Haller an, der »die Physiologie von der Vorherrschaft der Mechanik« befreit hatte, »indem er auf experimentellem Wege die Existenz von Lebenseigenschaften nachwies, denen im Bereich der toten Körper nichts entsprach« (Canguilhem 1979a, 72). Doch auch wenn Kant wie Naturforschung und Naturphilosophie insgesamt am Ende des achtzehnten Jahrhunderts mit der Frage ringt, wie organische Natur jenseits mechanistischer Denkmuster gefasst werden kann, ist Lists Behauptung, er spreche »die Sprache der Biologie als Theorie lebender Systeme, wie sie im zwanzigsten Jahrhundert von Ludwig von Bertalanffy und Helmuth Plessner formuliert wird« (ebd., 56), anachronistisch. Sie überspringt vor allem die Zweifel von Kant – der einem mechanistischen Wissenschaftsideal verhaftet blieb –, ob Biologie überhaupt zu einer Wissenschaft werden könne.[35] Indem List auf diese Art und Weise Kant mit der philosophischen Anthropologie und der Lebensphilosophie des zwanzigsten Jahrhunderts kompatibel macht, entnennt sie zugleich ihre eigene theoretische Operation, die in der Verankerung biologischer Theoreme in einer Theorie von Subjektivität besteht. Wo aber alles immer schon organisch ist, ist aus der Sprache der Biologie kein Entkommen. So ergibt sich List zufolge »aus der organischen Grundlage aller Phänomene von Subjektivität für jede zukünftige Theorie des Subjekts, dass sie das Lebendigsein als konstitutive Voraussetzung des Subjektseins zur

34 Ein Nachwort zu Sömmerings Schrift *Über das Organ der Seele* zu schreiben, lehnt Kant daher ab. Die *Anthropologie in pragmatischer Hinsicht*, die kurze Zeit später erscheint, zeichnet sich nicht zuletzt gegenüber den zeitgenössischen Bemühungen um eine weibliche Sonderanthropologie dadurch aus, dass in ihr der »weibliche Charakter nicht bruchlos aus irgendwelchen körperlichen ›Organisationen‹« deduziert wird (Honegger 1991, 84). Die »pragmatische« Perspektive orientiert gerade auf das Handeln und Formen der Selbstkonstitution, nicht aber auf körperliche Gegebenheiten, die bei Kant Gegenstand der »physischen Anthropologie sind«.

35 Im zweiten Teil der *Kritik der Urteilskraft*, in dem Kant den Rekurs auf telelogische Erklärungen für den Bereich der »organisierten Wesen« rechtfertigt, da mechanische Erklärungen hier nicht ausreichten, hält er dennoch Vorstellung für »ungereimt«, es könne jemals einen »Newton« geben, »der auch nur die Erzeugung eines Grashalms nach Naturgesetzen [...] begreiflich machen werde« (KdU, 352).

Kenntnis wird nehmen müssen« (2001, 69). Dieses Projekt einer Theorie des Subjekts, die unter Rückgriff auf die theoretische Biologie der 1920er Jahre formuliert wird, läuft bei List auf eine Kritik der Biotechnologien zu. Denn diese ist als »Verteidigung des Lebendigen als unverfügbare[n] Grund[es] individueller Existenz« (ebd., 12) angelegt.

Subjektivität, Leib, Geschlecht

Auch wenn List Subjektivität auf ein »Lebendiges« hin dezentriert, das »dem *cogitare* vorausliegt« (ebd., 73), unterscheidet sich ihre Position in geschlechtertheoretischer Hinsicht erheblich von den bisher diskutierten anthropologischen Ansätzen. Im Gegensatz zu diesen macht List die Geschlechtszugehörigkeit der Individuen explizit zum Thema, ohne biologische Geschlechtertheoreme etwa der Primatologie oder der Verhaltensbiologie einzuführen. Denn List begreift das »prädiskursive Körperselbst«, das sie im Anschluss an von Uexküll, von Weizsäcker und Goldstein durch Spontaneität, Selbstbewegung und Responsivität definiert, als symbolisch-kulturell vermittelt. Es ist immer schon in einer symbolischen Ordnung situiert, auch wenn, wie List schreibt, »zwischen dem je gelebten Leib und den Bildern und Phantasmen der symbolischen Ordnung […] eine Lücke von Sinn klafft« (ebd., 76), sie also nie übereinstimmen. List knüpft damit nicht zuletzt an dekonstruktivistische Theorien des Geschlechts an, kritisiert jedoch, dass diese sich auf die »Analyse des Symbolischen« beschränken (ebd.). Sie hebt hervor, dass »die phänomenologische Insistenz auf Situiertheit, Prozessualität und Kontingenz […] erkenntnistheoretisch zu durchaus vergleichbaren Ergebnissen wie die poststrukturalistische Kritik an den rationalistischen Subjekttheorien« führt (ebd.). Dabei lässt sie jedoch die radikale Naturalisierungskritik, die insbesondere die Geschlechtertheorie Judith Butlers prägt, außer Acht. Diese richtet sich gerade gegen die von List vertretene Annahme eines dem Kulturellen vorgängigen biologischen Körpers, der durch die symbolische Ordnung nur überformt wird. Vor allem die begriffliche Trennung von Natur und Kultur, Biologischem und Sozialem, *sex* und *gender*, die die epistemische Bedingung dieser Annahme ist, wird dekonstruiert. Die Rede von einer biologischen Grundlage der Subjektivität, egal wie diese bestimmt ist, gilt in der dekonstruktivistischen Perspektive vielmehr als Element beziehungsweise als Effekt einer spezifischen symbolischen Ordnung. Bei List allerdings verhält es sich umgekehrt. Denn bei ihr ist die symbolische Ordnung Resultat evolutionärer Prozesse. Dem Menschen, so

List, sei »die Tendenz zur Symbolisierung eigen […], weil Sozialität und Symbolizität Teil der natürlichen Evolution sind und eine ›naturwüchsige‹, im Sinn einer rein organischen Verankerung der Erfahrungswelt nicht zulassen« (ebd., 75). Genauso wie der Mensch bei Plessner zwar auf »natürliche Künstlichkeit« festgelegt wird, damit aber gerade für eine Vielzahl von kulturellen und gesellschaftlichen Formen offen ist, sind auch bei List die Konstruktionen von Männlichkeit und Weiblichkeit, die die symbolische Ordnung strukturieren, keineswegs natürlich, auch wenn die Tatsache der symbolischen Ordnung insgesamt evolutionsbiologisch gefasst wird. Die »Regeln und Deutungsmuster«, die mit Männlichkeits- und Weiblichkeitsmustern verbunden sind, fungieren vielmehr als »Filter« (ebd., 88), die Verhalten und Erfahrung und damit auch die Geschlechterdifferenz regulieren.

Jenseits dieses »Filters« der symbolischen Ordnung gibt es List zufolge jedoch ein »›ungefiltertes‹, lebendiges, performatives Selbst« (ebd.) zu entdecken, das sich diesen Restriktionen entzieht und ein geradezu utopisches Potential hat. So diagnostiziert sie einerseits, dass »die kulturellen Konstruktionen des Geschlechterverhältnisses fast universell Konstruktionen eines Herrschaftsverhältnisses nach dem Hegelschen Modell der Herr-Knecht-Dialektik sind« (ebd., 100), hält dem jedoch »die Produktivität des Lebendigen […], das was bei Platon Eros heißt«, entgegen (ebd.). Denn wären die »erdrückenden historischen Evidenzen« für die stets hierarchischen Geschlechterkonstruktionen in der symbolischen Ordnung »alles, was über den Lebenszusammenhang der Geschlechter zu sagen ist, bliebe«, so List, »unerklärlich, wie es überhaupt zur Evolution und das heißt ja, zur Reproduktion der Gattung Homo Sapiens kommen konnte« (ebd.). Im Gegensatz zu maskulinistischen Anthropologien, in denen hierarchische Geschlechterverhältnisse durch den Verweis auf biologische Theoreme festgeschrieben werden, erscheint bei List das »prädiskursive«, lebendige Körperselbst als grundsätzlich herrschaftsfrei beziehungsweise widerständig. Es fungiert als eine unmittelbar erfahrene subversive Kraft. Doch obwohl auf diese Art und Weise Macht- und Herrschaftsverhältnisse thematisiert und kritisiert werden, können sie in Lists Anordnung nicht als umstrittene und umkämpfte begriffen werden. Indem die »Produktivität des Lebendigen« und das prädiskursive Körperselbst als Instanz von Kritik und Veränderung erscheint, werden die heterogenen, immer auch widersprüchlichen Praxen, in denen hegemoniale Geschlechterkonstruktionen und hierarchische Geschlechterverhältnisse angefochten werden, ausgeblendet beziehungsweise auf eine homogene Antriebskraft reduziert.

Das grundsätzliche theoretische Problem besteht darin, dass List die körperliche Natur als prädiskursiv, das heißt als präkulturell und prägesellschaftlich begreift. Dabei ergäbe sich gerade im Anschluss an die Phänomenologie Merleau-Pontys, auf den List immer wieder verweist, eine Möglichkeit, die Situierung menschlicher Individuen in Naturzusammenhängen zu begreifen, ohne bei der Naturalisierungskritik des Dekonstruktivismus stehenzubleiben. Denn Merleau-Ponty führt eine praxeologische Perspektive auf Körper und Natur ein, die ohne szientistischen Rückgriff auf Biologie auskommt. Der Körper ist demzufolge immer schon durch Praxis historisch und gesellschaftlich vermittelt. »Der Gebrauch, den der Mensch von seinem Leibe macht«, heißt es in der *Phänomenologie der Wahrnehmung*, »transzendiert den Körper als bloß biologisch Seiendes. Es ist nicht natürlicher oder weniger konventionell, im Zorn zu schreien und in der Liebe zu küssen, als einen Tisch ›Tisch‹ zu nennen. Gefühle und passionelles Verhalten sind nicht minder erst ›erfunden‹ als Worte« (1966, 224). In dieser Anordnung gibt es kein der Tätigkeit vorgängiges Leben schlechthin, sondern Praxis und Körper sind immer schon koexistent. Wichtig ist dabei, dass Merleau-Ponty Praxis als zugleich historisch, gesellschaftlich und natürlich vermittelt denkt, wobei Natur für ihn »immer eine durch die Geschichte hindurchscheinende Natur ist« (ebd., 376). Nicht-menschliche wie menschliche Natur wird in historisch unterschiedlichen Praxisformen angeeignet, transformiert und symbolisiert. Praxis ist demzufolge immer schon in einer »natürlichen und sozialen Situation« verankert (ebd., 517) und übersteigt individuelle Strategien und rationalistische Kalküle. Indem Merleau-Ponty »Körper«, »Natur«, »Praxis« und »Geschichte« als ein Set gleichursprünglicher Begriffe einführt, die wechselseitig aufeinander verweisen, sperrt sich seine Position gegen eine immediatistische, lebensphilosophische Lesart. Stattdessen eröffnet Merleau-Ponty die Perspektive auf historisch unterschiedliche Körper- und Naturverhältnisse beziehungsweise »Natur-Regime«. Als solche nämlich hat Arturo Escobar jeweils spezifische »Artikulationen von Biologie und Geschichte« bezeichnet (1999, 4). »Each articulation has its history and specificity and is related to modes of perceptions and experience, determined by social, political, economic, and knowledge relations, and characterized by modes of use of space, ecological conditions, and the like« (ebd.). Die Entwicklung und der Einsatz von Biotechnologien modifizieren bestehende Naturregime beziehungsweise tragen sie zur Entstehung eines neuen Naturregimes bei. Wie dieses sich etabliert, welche Institutionen, Akteure, Interessen, Wünsche und Phantasmen daran auf unterschiedliche Art und Weise teilhaben, bleibt dabei genauso zu analysieren wie die Frage, auf welche Art und in welchen Hinsichten dieses Naturregime zukünftig umkämpft sein wird. Das Anliegen einer »Verteidigung des Lebendigen« beziehungsweise der Verweis auf einen »subversiven Leib«, der sich als »eine Art Störgeräusch, das aus seinem Inneren kommt«, als »Renitenz, Ungefügigkeit« geltend macht (ebd. 198), hat allerdings die Tendenz, die Komplexität der Problematik zu verdecken. Wenn List davon spricht, es gelte eine »Haltung der Gelassenheit gegenüber Unsicherheiten und eine Haltung der Hingabe und Demut angesichts der Kontingenzen und Lasten von konkreten Erfahrungen der Beschränkung« sowie eine »Offenheit für das Überraschende, eine[n] spielerische[n] Umgang mit dem Unerwarteten« zu entwickeln (ebd., 14f.), so zeichnet sich darin zwar das Plädoyer für einen schonenden und sensiblen Umgang mit dem eigenen Körper, dem anderer und der nicht-menschlichen Natur ab. Doch die gesellschaftlichen und politischen Konflikte, die auf unterschiedlichen Ebenen aus einer biotechnologischen und bioökonomischen »Verfügung«, nicht zuletzt über Frauenkörper, resultieren, werden entnannt. Die »Grenzen der Verfügbarkeit« sind nämlich genauso wenig aus »biologischen Grundlagen personaler Identität« (Habermas), aus einer präexistenten Naturordnung (Siep) oder aus einem autoritär gesetzten »Codex der Anthropotechniken« (Sloterdijk) zu gewinnen wie aus einem unmittelbar widerständigen Leib.

4.5 Ausblick

Unübersehbar ist, dass sich die Interventionen von Habermas, Siep, Sloterdijk und List in der Art und Weise, in der sie die philosophische Anthropologie aktualisieren, unterscheiden. Da sie dem biologischen Wissen nicht denselben Status einräumen, unterscheiden sich die Strategien der Naturalisierung vor allem in ihren geschlechtertheoretischen Implikationen. So wird der szientistische Zugriff auf biologisches Wissen bei Habermas dadurch eingehegt, dass er aus den »biologischen Grundlagen« der leiblichen Existenz die Anlage zur Autonomie und zu einer an Rezeptivität orientierten Moral ableitet. Der Rekurs auf biologisches Wissen blockiert zwar an zentralen Stellen – etwa dort, wo es um Fortpflanzungsverhältnisse geht – die Analyse von Geschlechterverhältnissen, ist jedoch immer schon von der Konstruktion des autonomen Subjekts dominiert. Damit etabliert Habermas zugleich eine Schranke gegenüber biologistischen Ableitungen. Bei Siep dagegen wird diese Schranke aufgehoben, sofern er es sich explizit zur Aufgabe macht, einen Naturbegriff zu entwickeln, der zugleich Auskunft über gesellschaftlich gültige Normen und Normalitätsstandards gibt. Geschlechterkonstruktionen der Primatologie und Verhaltensforschung, etwa Annahmen über soziale Hierarchien, werden hier ungefiltert aufgenommen. Dennoch ist die Konzeption keineswegs szientistisch. Über die moderne »Verwissenschaftlichung der Differenz« (Honegger) hinaus-, beziehungsweise hinter sie zurückgehend, operiert Siep mit einem kosmologischen Naturbegriff, der dem modernen Wissenschaftsideal entgegengesetzt ist und Natur direkt als soziale Ordnungsmacht begreift. Für egalitäre Geschlechterarrangements, die bestehende Macht- und Herrschaftsverhältnisse überwinden, lässt Sieps autoritär verfügte Naturordnung wenig Raum, ist diese Ordnung doch von androzentrischen und herrschaftsfixierten Annahmen geprägt. Bei Sloterdijk tritt dann der Mensch als Personfikation männlicher Aggressivität auf. Auch Sloterdijk greift dabei – via Gehlen – auf Elemente der Evolutions- und Verhaltensbiologie, auf Embryologie und Paläontologie zurück und reklamiert für die daraus zusammengefügte Anthropologie ontologischen Status. Dabei überhöht er eine spezifische Ausrichtung von Maskulinität zum Allgemein-Menschlichen. Innerhalb des Rahmens von Sloterdijks onto-anthropologischer Erzählung aber gilt die »menschliche Natur« als flexibel und gestaltbar, so dass auch gentechnologische Eingriffe in menschliche Körper völlig unspezifisch erscheinen. Elisabeth List wiederum führt die Begriffe des Lebens und des Leibes ein, um damit »Grenzen der Verfügbarkeit« zu markieren. Obwohl sie den Lebensbegriff philosophisch so ausweitet, dass auch der unmittelbar erfahrene Leib als Lebendiges gefasst wird, ist »Leben« in erster Linie biologisch bestimmt. List problematisiert daher auch nicht die philosophische Adaptation biologischer Theoreme, sondern richtet sich allein gegen die mechanistischen Ansätze in der Biologie. Im Gegensatz zu Habermas, Siep und Sloterdijk aber formuliert sie zugleich eine anti-biologistische Theorie der Geschlechtsidentität, die Männlichkeit und Weiblichkeit als Elemente der symbolischen Ordnung begreift. Da die symbolische Ordnung und die unmittelbare Leiberfahrung nie ganz übereinstimmen, stellt das »prädiskursive Körperselbst« ihr zufolge immer auch eine überschüssige, subversive Kraft dar, die sich sowohl gegen Macht und Herrschaft in den Geschlechterverhältnissen als auch gegen biotechnologische Eingriffe wenden kann.

Auch wenn diese Reartikulationen philosophischer Anthropologie sich von ihren historischen Vorgängern sowie untereinander erheblich unterscheiden, sind ihnen strukturelle Probleme gemeinsam. Diese verdichten sich im Konzept der »menschlichen Natur«, das eine Abstraktion von der Praxis der immer schon gesellschaftlich situierten und vergeschlechtlichten Individuen darstellt. Denn die historischen Prozesse, in denen Menschen auf unterschiedliche Art und Weise Verhältnisse zu sich, zum eigenen Körper und zu Anderen, schließlich auch zur nicht-menschlichen Natur entwickeln, erstarren in diesem Konzept zu einer Invariante. Für die hier diskutierten philosophischen Interventionen zu Biowissenschaften und -technologien hat dies zur Folge, dass die politische Regulation der Wissenschafts- und Technologieentwicklung, auch wo sie ins Zentrum der Aufmerksamkeit rückt, nicht demokratisch und als Resultat gesellschaftlicher Auseinandersetzung gedacht werden kann. Die Verfügungsgewalt von Technologien, deren gesellschaftliche Zwecksetzungen nur allzu oft partikularen Interessen beziehungsweise der Unterstellung unter globale »Sachzwänge« entspringen, wird bei Habermas, Siep und List zwar zurückgewiesen, und selbst Sloterdijk, der Gentechnologie weitgehend entproblematisiert, plädiert für einen »Codex der Anthropotechniken«. Doch ist die politische Regulation, die hier gefordert wird, unterkomplex und zum Teil autoritär angelegt. Am deutlichsten ist dies sicherlich in Sloterdijks Rede vom »Expertenkönigtum« und seiner Aktualisierung von Platons Entwurf des Staatsmannes. Sieps Naturordnung, die die Dimension des Politischen entnennt, ist jedoch nicht weniger autoritär. Schließlich liegen die »ethisch-anthropologischen Maßstäbe«, an denen sich jegliches, also auch technologisches Handeln orientieren muss, immer schon fest. Offener, egalitärer und herrschaftskritischer erscheinen dagegen die Entwürfe von Habermas und List. Doch auch bei ihnen werden die Kriterien, nach denen biotechnologische Modifikationen menschlicher Natur begrenzt werden sollen, aus Natur beziehungsweise von »dem Lebendigen« abgeleitet. Keinem der Entwürfe gelingt es daher, positive Vorschläge für eine wünschbare Entwicklung von Wissenschaften und Technologien zu machen und die Logik der Begrenzung und »Verteidigung« zu überwinden. Dies liegt nicht zuletzt daran, dass sie die Spezifik der biotechnologischen Modifikationen der menschlichen und nicht-menschlichen Natur nur unzureichend fassen können. Dies allerdings wäre eine Voraussetzung dafür, den Horizont für Neues und Anderes zu öffnen.

Im Laufe des Kapitels wurde an verschiedenen Stellen angedeutet, wie Körperpraxen und gesellschaftliche Naturverhältnisse in ihrer Verknüpfung mit Geschlechterverhältnissen so gedacht werden können, dass sie eine derart zukunftsgerichtete Kritik erlauben. Dabei, wie auch an anderen Stellen der Arbeit, wurde einerseits die Körpertheorie Merleau-Pontys, andererseits das im Kontext des *Frankfurter Instituts für sozialökologische Forschung* entwickelte Konzept der gesellschaftlichen Naturverhältnisse herangezogen, da diese Ansätze eine praxeologische Perspektive eröffnen. Denn von »gesellschaftlichen Naturverhältnissen« zu sprechen lenkt den Blick auf den Plural dieser Verhältnisse und auf Praxiszusammenhänge. Gesellschaftliche Naturverhältnisse umfassen das gesamte Ensemble von Praxen und Verhältnissen »zwischen Individuen, Gesellschaft und Natur, sowie die sich darin herausbildenden Muster« (Becker, Jahn 2003, 101). Von zentraler Bedeutung ist dabei, dass es bei der Rede von »Gesellschaft«, »Natur« und »Individuum« nicht um »undifferenzierte Entitäten« geht, die als Ganzheiten aufeinander bezogen werden sondern um das Ineinander unterschiedlicher Verhältnisse (ebd., 100). Das Konzept der gesellschaftlichen Naturverhältnisse wendet sich gleichzeitig gegen Naturalismus und Soziozentrismus beziehungsweise Kulturalismus und orientiert auf die »hybriden Formen besonderer gesellschaftlicher Naturverhältnisse« wie zum Beispiel Fortbewegung, Wohnen, Ernährung, aber auch Arbeit, Sexualität und Fortpflanzung (ebd., 105). »Hybrid« sind diese Formen, insofern stofflich-energetische Gegebenheiten in ihnen immer schon gesellschaftlich formiert, reguliert und symbolisch artikuliert sind. Bei »gesellschaftlichen Naturverhältnissen«, so fassen Egon Becker und Thomas Jahn zusammen, »handelt es sich also um symbolisch vermittelte stofflich-energetische Regulationsmuster« (ebd., 101). Auch Geschlechterverhältnisse können in dieses Konzept auf den unterschiedlichen Ebenen, nämlich als symbolische, als individuelle Praxen und als gesellschaftliche Strukturzusammenhänge einbezogen werden. Sowohl Selbstverhältnisse als auch Verhältnisse zu anderen – von den unmittelbaren Nahbeziehungen bis zu globalen gesellschaftlichen Verhältnissen – werden dabei als Verbindung von Geschlechter- und Naturverhältnissen denkbar, nämlich als Komplexe gesellschaftlich strukturierter Praxen, in denen immer auch Körper und nicht-menschliche Natur im Einsatz sind.

Das Anliegen der philosophischen Anthropologie, Individuen als körperliche, in Naturzusammenhängen situierte und agierende zu begreifen, wäre in einer solchen Perspektive praxeologisch zu reartikulieren. Das bedeutet zuerst, mit dem Szientismus der philosophischen Anthropologie zu brechen, der zumindest eine Affinität zum Biologismus herstellt, wo er nicht direkt in ihn übergeht. An die Stelle eines szientistischen Zugriffs auf Biologie hätte eine Wissenschaftskonzeption zu treten, die die theoretischen und experimentellen Praxen der Naturwissenschaften in ihren epistemischen und gesellschaftlichen Zusammenhängen reflektiert. Dazu finden sich Ansätze bei Egon Becker und Thomas Jahn, die sich explizit vom Naturwissenschaftsverständnis der Kritischen Theorie absetzen, da dieses »die Konstitutionsbedingungen der modernen Naturwissenschaften weitgehend ausgeblendet« hat (ebd., 97). Kritische Theorie ist, wie sie kritisieren, »dem neukantianischen Weg gefolgt, der zu der methodischen Trennung von Natur- und Sozialwissenschaften sowie der Trennung von Entstehungs- und Begründungszusammenhang, von Genesis und Geltung führt; zugleich übernahm sie die These des logischen Positivismus, dass die Genesis für die Geltung einer naturwissenschaftlichen Theorie keine Relevanz habe – eine These, die sie für die Sozialwissenschaften vehement zurückwies« (ebd.). Die problematischen Konsequenzen dieser Konzeption der Naturwissenschaften sind noch in Habermas' Ringen um eine Kritik der Gentechnologie zu beobachten. Indem Becker und Jahn an dieser Stelle über die Kritische Theorie hinausgehen, bewegen sie sich auf das theoretische Projekt der historischen Epistemologie, vor allem aber auf die Wissenschaftsforschung der *Social Studies of Science and Technology* zu. Damit wird Wissenschaft als umkämpftes Terrain begreifbar. Insbesondere ermöglicht die Orientierung an »Differenzen innerhalb einzelner Wissenskulturen«, an unterschiedlichen Wissenschaftstypen und Wissenschaftspraktiken eine theoretische Aufmerksamkeit für »das kritische Potential der Naturwissenschaften«, die eben nicht homogen, sondern widersprüchlich verfasste Felder sind, in denen konkurrierende, hegemoniale und subaltern gehaltene Projekte ihren Ort haben. Gerade auch für eine feministische Auseinandersetzung mit Biotechnologien ist es von zentraler Bedeutung, dies im Blick zu haben.

5. Schluss

Die Ausgangsfrage dieses Buches, um die herum sich die einzelnen Analysen gruppieren, lautete: Welche theoretischen Strategien wurden in Bezug auf Biowissenschaften und -technologien im philosophischen Feld seit den 1960er Jahren entwickelt, und auf welche Weise artikulieren diese Geschlechterverhältnisse? Vorausgesetzt wurde dabei zum einen, dass Biowissenschaften und -technologien im gesellschaftlichen Gefüge der Geschlechterverhältnisse »situiert« sind, das heißt durch Machtverhältnisse, die sich in persönlichen Beziehungen ebenso wie in strukturellen und institutionalisierten Verhältnissen geltend machen, geprägt sind und diese zugleich auf spezifische Art modifizieren. Zum anderen wurde vorausgesetzt, dass auch philosophische Diskurse in dieser Weise gesellschaftlich relevant sind und daher, wo sie auf Biowissenschaften und -technologien Bezug nehmen, am kulturellen Prozess ihrer Hervorbringung und Weiterentwicklung teilhaben. Sie arbeiten sozusagen am »Kontext«, der dem »Text« der Wissenschaften und Technologien seine spezifische Bedeutung verleiht. Aus dieser Perspektive betrachtet, intervenieren die philosophischen Diskurse – ob direkt oder indirekt – in die bestehenden Geschlechterverhältnisse, indem sie geschlechterpolitische Aspekte von Wissenschaften und Technologien auf bestimmte Art und Weise zur Sprache bringen oder verschweigen. Nach der Artikulation von Geschlechterverhältnissen in den biophilosophischen Diskursen zu fragen bedeutet daher nicht nur zu untersuchen, wo und wie von vergeschlechtlichten Individuen und den sozialen Verhältnissen, in denen sie agieren, die Rede ist. Es bedeutet auch und vielfach vorrangig, danach zu fragen, durch welche diskursiven Operationen eine Thematisierung von Geschlechterverhältnissen erschwert, behindert oder gar blockiert wird.

Die vier untersuchten philosophischen Strategien, die sich als Bioethik, im Poststrukturalismus, in der Philosophie des Geistes sowie im Rahmen der gegenwärtigen Renaissance der philosophischen Anthropologie formiert haben, unterscheiden sich in dieser Hinsicht deutlich. So lässt sich mit Blick auf die Bioethik feststellen, dass die Artikulation von Geschlechterverhältnissen vor allem negativ ist, das heißt über weite Strecken in einer strukturellen Entnennung besteht. Gerade der Themenkomplex Fortpflanzung/Reproduktion, aber auch die meisten anderen Themen der Bioethik, die es mit der Sorge um den Körper, um sich und Andere zu tun haben, fordern Stellungnahmen zu den geschlechterpolitischen Implikationen geradezu heraus. Dennoch werden diese zumeist ausgeblendet. Dazu tragen ein impliziter Technikdeterminismus und eine szientistische Wissenschaftsauffassung ebenso bei wie die Juridifizierung von politisch-ethischen Problematiken, die Fragen von gesellschaftlichen Verhältnissen und Lebensweisen auf den binären Code erlaubt/verboten festlegt. Diese Operationen blockieren eine theoretische Auseinandersetzung mit gesellschaftlichen Praxisformen und Verhältnissen, da sie den Gegenstand der Debatten auf wissenschaftliche Objekte und Verfahren reduzieren. Der weitgehenden Geschlechterblindheit des bioethischen Diskurses stehen die Metaphorisierungen von Molekularbiologie, Genetik und Kybernetik gegenüber, die sich bei Derrida, aber auch bei Deleuze und Guattari sowie bei Lyotard finden. Indem sie eine semantische Nähe zwischen den Bio- und Technowissenschaften, einem philosophischen Antiessentialismus und dem Aufbrechen statischer Geschlechterarrangements und -identitäten herstellen, werden Geschlechterverhältnisse von diesen Autoren zwar benannt, bleiben aber dennoch der Analyse entzogen. Konnotationen und Analogien suggerieren nicht nur Zusammenhänge, die in einer gesellschaftstheoretisch orientierten Rekonstruktion weitaus widersprüchlicher und komplexer erscheinen würden, sie überspielen auch Macht und Herrschaft in den Geschlechterverhältnissen. Selbst Derridas Dekonstruktion von Weiblichkeit, die in der feministischen Theoriebildung fruchtbar gemacht wurde, kommt ohne eine Analyse von Machtverhältnissen aus. Deleuze und Guattari sowie Lyotard formulieren gar neue Entwürfe hegemonialer Männlichkeit. Der szientistische Naturalismus wiederum, der in den Debatten der Philosophie des Geistes so zentral ist, immunisiert nicht nur gegenüber einer Analyse von Geschlechterverhältnissen in Wissenschaften und Philosophie. Indem er dem wissenschaftlichen Wissen ein Wahrheitsprivileg verleiht, öffnet er vielmehr den philosophischen Diskurs systematisch für alle Geschlechterkonstruktionen, die in den Wissenschaften zirkulieren, und überhöht die Wahrheitsansprüche der jeweils hegemonialen Wissenschaftsentwicklungen. Die philosophischen Subjektkonstruktionen der Philosophie des Geistes mitsamt ihren geschlechtlichen Konnotationen und impliziten wie expliziten Normalitätskonstruktionen werden zudem dadurch stabilisiert, dass die theoretischen Praxen, die diese hervorbringen, systematisch entnannt werden. Der Rückgriff auf die philosophische Anthropologie – die vierte der in dieser Arbeit untersuchten philosophischen Strategien –, lässt Geschlecht im Kollektivsingular »Mensch« verschwinden, das heißt in einer Figur, die als »empirisch-transzendentale Dublette« (Foucault) biologisch bestimmt ist und dem biologischen Wissen zugleich eine bestimmte philosophische Form aufprägt. Die Orientierung an »der Gattung« und »der menschlichen Natur« soll zwar Kriterien liefern, um die Entwicklung der Biowissenschaften und -technologien zu regulieren. Doch die spezifischen und durchaus heterogenen Problematiken, die in Hinblick auf die Geschlechterverhältnisse entstehen oder entstehen können, bleiben im Ungedachten. Solange es keine Begrifflichkeit gibt, mit der die unterschiedlichen Positionierungen von Individuen und Kollektiven in sozialen, das heißt auch globalen Gefügen überhaupt benannt werden können, erweist sich »der Mensch« als Deckname für je spezifische Subjektkonstruktionen und vielfach noch immer als männlich.

In diesen überlappenden, aber dennoch unterschiedlichen Artikulationsweisen von Geschlecht und Geschlechterverhältnissen zeichnen sich drei strukturelle Defizite ab. Das erste kann als subjekt- und gesellschaftstheoretisches Defizit bezeichnet werden. Denn in den untersuchten Interventionen bleiben Handlungsfähigkeit und gesellschaftliche Verhältnisse auf unterschiedliche Art und Weise unterbestimmt. Im bioethischen Diskurs macht sich dies in der juridischen Engführung der Problematiken geltend, die auf den binären Code erlaubt/verboten ausgerichtet werden. Es kommt dabei zu einer Parallelisierung von Ethik und Recht, die weder der Komplexität des Handelns und der Entstehung neuer Formen von Subjektivität noch den gesellschaftlichen und politischen Dimensionen der verhandelten Fragen gerecht wird. Die Politisierung der philosophischen Kompetenz, die für den bioethischen Diskurs konstitutiv ist, sofern er auf die praktische, vor allem juristische Regulation des Umgangs mit Biowissenschaften und –technologien zielt, geht daher Hand in Hand mit einer diskursiven Entpolitisierung, also einer Ausblendung von Macht- und Herrschaftsverhältnissen. Im Falle des philosophischen Naturalismus, der Subjektivität nur als Output neuronaler Prozesse begreift, wird Handlungsfähigkeit entweder auf die Optimierung der eigenen Hirnprozesse reduziert oder als abstrakte »Willensfreiheit« deterministischen Vorstellungen entgegengesetzt. In beiden Fällen werden die keineswegs auf das Gehirn beschränkten körperlichen Dimensionen von Subjektivität ebenso ausgeblendet wie die sozialen und kulturellen Prozesse der Entwicklung, Formierung und Aufrechterhaltung von Handlungsfähigkeit. In der Folge erscheinen gesellschaftliche Verhältnisse und Strukturzusammenhänge als fixe Gegebenheiten, aus denen Verhaltensvorgaben für die Einzelnen abgeleitet werden. Gesellschaft tritt den Neurosubjekten als Normalisierungsinstanz entgegen, von der im Falle der Abweichung Sanktionen zu erwarten sind, die sich aber ihrer Gestaltungsmacht vollkommen entzieht. Die anthropologische Rede vom Menschen stellt hierzu keine Alternative dar. Denn auch wenn die inhaltlichen Bestimmungen der menschlichen Natur höchst unterschiedlich ausfallen, ist der Kollektivsingular »Mensch«, der eine Universalität unter Absehung von den Differenzierungen und Hierarchisierungen in den Verhältnissen der Menschen im Plural behauptet, sowohl in geschlechtertheoretischer wie auch in demokratietheoretischer Perspektive höchst problematisch. Konflikte, widerstreitende Interessen und unterschiedliche Erfahrungen werden hier homogenisiert und nivelliert.

Das zweite strukturelle Defizit der biophilosophischen Interventionen liegt auf der wissenschafts- und technikphilosophischen Ebene, nämlich im Fehlen einer praxeologischen Perspektive. Erst eine solche erlaubt es, die Gewordenheit, die strukturelle Heterogenität und die Unabgeschlossenheit all jener Prozesse zu begreifen, die die Hervorbringung und Anwendung von wissenschaftlichem Wissen und technologischen Artefakten kennzeichnen. Ausgehend von einzelnen Praxen und geronnenen Praxisformen kann dabei der Blick sowohl auf die Mikroebene einzelner Praktiken gerichtet werden – etwa auf Laborpraktiken oder Beratungspraktiken – als auch auf die gesellschaftliche Ebene, auf der es um das Zusammenwirken wissenschaftlicher, technologischer, politischer, ökonomischer und allltagskultureller Praxisformen geht. Das Fehlen einer praxeologischen Perspektive auf Wissenschaften und Technologien aber verhindert, wie in den voranstehenden Kapiteln an verschiedenen Stellen gezeigt, dass Machtverhältnisse, die Wissenschaften und Technologien durchziehen, in den Blick genommen werden können. Solange Wissenschaften als fixe Gegebenheit, die es schlicht anzuerkennen gilt, als Begriffsreservoir, aus dem selektiv geschöpft werden kann, oder als Wissenskomplex, den es durch philosophische Narrationen einzuholen gilt, behandelt werden, wird darüber hinaus die hierarchische »interne« Struktur wissenschaftlicher Felder, die aus einer Vielzahl unterschiedlicher, zuweilen konkurrierender Projekte bestehen, ausgeblendet. Die Wissenschaftskonzeptionen der untersuchten biophilosophischen Strategien, seien sie virulent oder auch explizit, werden daher der Situiertheit, Unabgeschlossenheit und »Unschärfe« von Forschungsprozessen nicht gerecht. Diese aber ist konstitutiv für die Entstehung und Entwicklung von Wissenschaft überhaupt. Denn nur »solange epistemische Objekte und ihre Begriffe unscharf sind [...] ragen [sie] in den Bereich dessen vor, was wir gerade noch nicht wissen, und werden dadurch zu Instrumenten der Forschung« (Rheinberger 2006, 225). So verstanden, nämlich als Ensemble von strukturell unabgeschlossenen Forschungsprozessen und -ergebnissen, ist Wissenschaft denkbar ungeeignet dafür, als Wahrheitsdiskurs und Legitimationsbasis philosophischer Diskurse zu fungieren. Idealisierte Wissenschaftsauffassungen, die dies ignorieren, verfangen sich immer wieder in Spielen der Überhöhung und der Unterordnung von Philosophie und Wissenschaften. Auf unterschiedliche Art und Weise schwanken die untersuchten Positionen zwischen einer Subordination philosophischer Kompetenz unter das wissenschaftliche Wissen und dem Anspruch, es zu dominieren.

Eng damit verbunden ist das dritte Defizit, das die hier untersuchten philosophischen Strategien kennzeichnet. Es besteht in der fehlenden Reflexion auf Prozesse philosophischer Formgebung und ist somit ein philosophietheoretisches Defizit. Wenn es in den Auseinandersetzungen mit wissenschaftlichen und technischen Entwicklungen um Grenzziehungen zwischen verschiedenen Wissensformen und damit um die Reklamation epistemischer Zuständigkeiten und Kompetenzen geht, steht auch die Frage, was philosophische Kompetenz in einer sich verändernden Wissensordnung sein könnte, auf der Tagesordnung. Dies aber würde bedeuten, die Form von Philosophie, die im neunzehnten Jahrhundert entstand und trotz ihrer seit jeher instabilen Grenzen zu anderen Formen des Wissens noch immer dominiert, in Frage zu stellen. Denn dieser »Typus der Philosophie« (Foucault 1989, 13) ist dadurch gekennzeichnet, dass er ein spezifisches Terrain philosophischer Fragen durch den Gegensatz zum nichtphilosophischen Wissen der Wissenschaften konstituiert und die Differenz von philosophisch/nichtphilosophisch zu einem zentralen Operator macht. Diese Art von Philosophie beansprucht, in Foucaults Worten, »gleichzeitig Autonomie und Souveränität im Verhältnis zu jedem empirischen Wissen« (ebd., 306). Doch dieser Anspruch ist zugleich ein Rückzug. Schließlich stellte die Ausdifferenzierung und Verselbständigung der Wissenschaften im neunzehnten Jahrhundert – zunächst der Natur- dann auch der Sozialwissenschaften – eine Ausdünnung jener Wissenskomplexe dar, die seit der Antike in unterschiedlichen Konfigurationen immer wieder als »Philosophie« bezeichnet worden sind. In diesen Komplexen hatte Wissen um politische und ökonomische Zusammenhänge ebenso seinen Ort wie das um Naturzusammenhänge, das um Selbstverhältnisse und schließlich Wissen um abstrakte Erkenntnis- und Erfahrungsformen jenseits konkreter Gegenstandsbezüge. In den Jahren um 1800 vollzog sich jedoch eine »Transformation der Philosophie« (Collins 1998), die sich aus ihrer untergeordneten, auf die höheren Fakultäten der Theologie, des Rechts und der Medizin vorbereitenden Funktion heraus zu einer autonomen Disziplin mit hohem kulturellen Kapital entwickelte. Die Zuständigkeitsverluste durch die Ausdifferenzierung der Wissenschaften waren gleichsam die Bedingung der Möglichkeit dafür. In einer paradoxen Bewegung erhielt Philosophie ihren besonderen, herausgehobenen Status in der symbolischen Ordnung der Moderne gerade dadurch, dass sie epistemische Kompetenzen einbüßte. Der »Aufstieg« der Philosophie stellte daher zugleich ihre Krise auf Dauer, so dass sich die Geschichte der Philosophie seit dem neunzehnten Jahrhundert als eine Reihe von Versuchen lesen lässt, Grenzbefestigungen gegenüber den Naturwissenschaften auf der einen und gegenüber den Sozialwissenschaften auf der anderen Seite zu etablieren. Besonders folgenreich war in diesem Zusammenhang Wilhelm Diltheys Trennung von Geistes- und Naturwissenschaften durch den Gegensatz von Verstehen und Erklären am Ende des neunzehnten Jahrhunderts. Die so gezogene Grenze ermöglichte eine Koexistenz von Philosophie und Wissenschaften auf der Basis einer radikalen Entmischung. Jede Art der Wissensproduktion hatte sich nun innerhalb der vorgegebenen disziplinären Grenzziehungen abzuspielen und Philosophie vom empirischen Wissen fern zu halten.

Erst in der zweiten Hälfte des zwanzigsten Jahrhunderts und verstärkt um die Wende zum einundzwanzigsten Jahrhundert ist es zu einer massiven Infragestellung dieses Dispositivs gekommen. So wurde in den vergangenen Jahrzehnten nicht nur vielfach Kritik am Modell der »zwei Kulturen« formuliert, es wurden auch Ansätze der Inter- und Transdisziplinarität, schließlich auch der »Postdisziplinarität«[1] praktisch erprobt und teilweise institutionalisiert. Trotz aller Differenzen und Disparitäten, die diese Prozesse kennzeichnen, können sie als Symptom einer weitreichenden Transformation der Wissensordnung gelten, in der die paradigmatische Trennung von Natur- und Geisteswissenschaften obsolet geworden ist. Auf dem Spiel steht folglich eine grundlegende Transformation jener Formen und Praxen der Wissensproduktion, die bisher unter dem Titel »Geisteswissenschaften« zu-

1 Gemeint ist damit die Orientierung an flexiblen, je spezifischen disziplinären Verbindungen. »These intersections are not going to be between science and the humanities in general but between specific lines of work in some scientific and some humanistic disciplines, for some period of time.« (Biagioli 2009, 826)

sammengefasst wurden – zu denen die Philosophie bekanntlich zählt.[2] Sollen Problemformulierungen auf der Höhe der Zeit sein, gilt auch für die Philosophie, dass sie sich für das Wissen anderer Disziplinen öffnen und tradierte Grenzziehungen überwinden muss. Dies bedeutet, sowohl ein Verhältnis zu den Natur- und Technikwissenschaften herzustellen, das sich aus der Dialektik von Über- und Unterordnung löst, als auch eine neues Verhältnis zu den Sozial- und Kulturwissenschaften. Wie Jürgen Mittelstrass schreibt, müssten die Geisteswissenschaften »eine transdisziplinäre Orientierung wiedergewinnen«, das heißt an der »Aufhebung fachlicher und disziplinärer Engführungen« arbeiten (2003, 20f.).[3] Gerade in Hinblick auf philosophische Interventionen, die die gesellschaftlichen Wissenschafts- und Technologieverhältnisse betreffen, ist es daher notwendig, die Grenzen nicht nur in Hinblick auf die Natur- und Technikwissenschaften zu öffnen, wie es die angewandte Ethik, die Philosophie des Geistes und zum Teil auch die philosophische Anthropologie beanspruchen – sondern auch in Hinblick auf Wissen um soziale, politische, ökonomische und kulturelle Prozesse, die wissenschaftliche und technologische Entwicklungen strukturieren und in denen Wissenschaften und Technologien gesellschaftlich bedeutsam werden. Auch wenn sie gegenwärtig in der Philosophie wesentlich weniger problematisiert werden als das Verhältnis zu den Natur- und Technikwissenschaften, sind disziplinäre Grenzziehungen in diese Richtung überaus wirksam. Vor allem die Wissenschaftsforschung und Wissenschaftsgeschichte, die Sozialanthropologie, die Soziologie und die Kulturwissenschaften haben in Bezug auf die Biowissenschaften und -technologien eine Vielzahl von Erkenntnissen und Einsichten hervorgebracht, auf die im philosophischen Diskurs bislang viel zu wenig Bezug genommen wurde.[4] Dieses Wissen für die philosophischen Debatten fruchtbar zu machen, wie es hier in Ansätzen versucht wurde, bedeutet nicht zuletzt, auch jene Spaltungen aufzubrechen, die innerhalb des philosophischen Feldes das Modell der

2 Auch eine Transformation des Selbstverständnisses der Naturwissenschaften ist gefragt. Allerdings leidet die Debatte über das Verhältnis zwischen Natur- und Geisteswissenschaften, wie Hans-Jörg Rheinberger hervorhebt, daran, »dass sich [...] die Naturwissenschaften noch immer auf einen naiven Begriff ihres Gegenstands stützen« (2006, 11).

3 Mittelstrass spricht hier von einem »Wieder«gewinnen, da er Transdisziplinarität als »zum Wesen der Geisteswissenschaften« gehörig betrachtet, die »ihrer ursprünglichen (idealistischen) Idee nach sogar als das eigentliche wissenschaftssystematische Paradigma einer transdisziplinären Ordnung gelten« können (2003, 21).

4 Vgl. zum Beispiel Astrid Deuber-Mankowsky, Christoph F. E Holzhey, Anja Michaelsen (Hg.), *Der Einsatz des Lebens. Lebenswissen – Medialisierung – Geschlecht*, Berlin 2009.

»zwei Kulturen« wiederholen, wie die zwischen Wissenschafts- und Sozialphilosophie. In dieser Perspektive wäre nicht nur Technikphilosophie, die sich als Bereich der Praktischen Philosophie etabliert hat, sondern auch Wissenschaftsphilosophie als Sozialphilosophie beziehungsweise in einem komplexen multi- und transdisziplinären humanwissenschaftlichen Zusammenhang zu betreiben.

Eine solche Öffnung des philosophischen Feldes und eine Transformation der internen Zwänge, die die Wissensproduktion in der Philosophie regulieren, erweist sich nicht zuletzt aus der Perspektive der Geschlechterforschung, die sich in einem kritischen Verhältnis zu den einzelnen akademischen Disziplinen herausgebildet hat, als dringend geboten. Denn ebenso wie für andere Disziplinen gilt auch für die Philosophie, dass Fragen, die aus und in den Geschlechterverhältnissen entstehen und darauf zielen, diese zu verändern, indem sie Macht- und Herrschaftsverhältnisse zur Sprache bringen und Möglichkeitshorizonte erweitern, nicht in dieser Disziplin allein aufgehoben sind und nicht sein können. Die Vielschichtigkeit von Geschlechterverhältnissen, die zugleich materiell und symbolisch sind, individuelle Praxen und Erfahrungen sowie gesellschaftliche Strukturzusammenhänge umfassen, erfordert, dass wissenschaftliche Analysen diese unterschiedlichen Dimensionen zumindest perspektivisch zusammenführen und also das Wissen anderer Disziplinen integrieren können. Da Geschlechterforschung seit ihren Anfängen in den 1970er Jahren weitgehend problemorientierte Forschung ist, was in Bezug auf die akademischen Disziplinen zentrifugal wirkt, sind in diesem Feld emphatische Bekenntnisse zur Inter- und Transdisziplinarität häufig. Doch auch die Konjunktur der Kritik an etablierten Disziplingrenzen gilt es kritisch in den Blick zu nehmen und nach neuen Ausschlüssen und Hierarchisierungen zu befragen. Schließlich kann es nicht darum gehen, »Inter- und Transdisziplinarität als genuin kritisch zu setzen«, denn dies, so Sabine Hark, »mystifiziert nicht nur die Disziplinen, es macht es auch unmöglich, [...] nach den Beziehungen zwischen Wissensproduktion, institutionellen Gegebenheiten sowie sozialen, politischen und ökonomischen Bedingtheiten« zu fragen (2005, 388). Soll die Überschreitung etablierter Grenzziehungen also wirklich produktiv sein, in dem Sinne, dass dadurch neue Horizonte eröffnet, Blockierungen und strukturelle Ausblendungen überwunden werden, muss eine inter- und transdisziplinäre Rekonfiguration von Philosophie mit einer Konzeption kritischer Wissenschaft einhergehen.

Eine transdisziplinäre Transformation von Philosophie setzt daher nicht zuletzt eine Neubestimmung des Verhältnisses von Philosophie und Gesellschaft auf die Tagesordnung. Denn sofern sich kritische Wissenschaft dadurch auszeichnet, dass sie die zu bearbeitenden Fragen nicht allein und nicht vorrangig aus den wissenschaftlichen Disziplinen, sondern aus gesellschaftlichen Problematiken gewinnt, müssen sich philosophische Analysen als Interventionen in die gesellschaftliche Wirklichkeit begreifen. Ausgehend von spezifischen Problemdiagnosen gilt es hegemoniale Anordnungen aufzubrechen, um Wissen und Perspektiven neu zu konfigurieren. Gegen die Ausblendungen und Entnennungen von Geschlechterverhältnissen ebenso wie gegen hierarchisierende, bestehende Machtdispositive festschreibende Artikulationen geht es darum, auf dem Weg bestimmter Negation neue Denkhorizonte zu erschließen. Einem solchen Verständnis von Philosophie als Kritik folgend, wurden in den voranstehenden Kapiteln hegemoniale Positionen und Artikulationsmuster der Gegenwartsphilosophie kritisiert. Negativistisch ist dieses Vorgehen, insofern nicht der Versuch unternommen wird, dem jeweils Kritisierten eine »bessere« und »wahrere« Position entgegenzustellen. Kein fertiger, positiver Entwurf in Hinblick auf den gesellschaftlichen Umgang mit Biowissenschaften und -technologien und auf zukünftige Formen der Geschlechterverhältnisse leitet die Analysen. Es handelt sich vielmehr um den Versuch, durch die Rekonstruktion der diskursiven Anordnungen, ihrer strukturellen Ausblendungen und herrschaftsförmigen Artikulationen, die Symptome ungelöster Problematiken als Einsatzpunkte eines transformativen Weiterdenkens zu markieren. Die auf Hegel zurückgehende Methode der bestimmten Negation ist in unterschiedlichen Varianten von Marx über Adorno und Horkheimer bis hin zu Judith Butler immer wieder als zentrale Operation kritischer Philosophie betrachtet worden. Im Gegensatz zu einer totalisierenden Ablehnung verschränken sich nämlich in einer bestimmten Negation negative und affirmative Dimensionen: »The no delineates and animates a new set of positions for the subject; it is inventive« (Butler 2009, 792) – oder, in den Worten von Klaus Heinrich: Die »Schwierigkeit nein zu sagen« besteht gerade darin, ein solches Nein, das ein »Ja im Nein« (1964, 17) enthält, zu formulieren.[5] Kritische Philosophie, die auf diese Art negativistisch ist, entzieht sich also keineswegs politisch-ethischen und philosophischen Stellungnahmen. Doch statt normative Setzungen vorzunehmen, die es dann in Begründungsverfahren einzuholen und zu legiti-

5 Es gilt, so Heinrich, zwischen verschiedenen Formen der Affirmation zu unterscheiden, nämlich »zwischen dem Ja im Nein, kraft dessen dieses der Drohung des Nichtseins widersteht, und dem anderen Ja, das ›kein Wunsch erreicht‹ und kein ›Nein befleckt‹ (Nietzsche)« und das aus dem Versuch resultiert, die »Anstrengung des Neinsagens« zu vermeiden (Heinrich 1964, 17).

mieren gilt, wenn sie nicht gänzlich autoritär erscheinen sollen, zielt sie darauf, diese Stellungnahmen aus der Auseinandersetzung mit gegenläufigen, unzureichenden und problematischen Positionen zu entwickeln und plausibel zumachen. Kritik hat dabei insofern eine antizipatorische, zukunftsgerichtete Dimension, als sie Bruchstellen markiert und gegebene Anordnungen auflöst. Sie bringt auf diese Weise zwar weder das »ganz Andere« noch unmittelbare Lösungen hervor, trägt aber dazu bei, Perspektiven und Möglichkeitshorizonte zu öffnen. Gerade in Bezug auf die Entwicklung der Biowissenschaften und -technologien sowie auf die sozialen Transformationsprozesse, in die sie eingelassen sind, scheint dies dringend geboten. Denn auf dem Spiel steht die Antizipation von Möglichkeiten wissenschaftlicher und technologischer Entwicklungen, die nicht mehr durch hegemoniale Bedürfnisstrukturen und -politiken und damit durch die bestehenden, noch stets hierarchischen Geschlechterverhältnisse dominiert werden. Statt um Verwerfung oder Affirmation geht es um die Sondierung von Aspekten der Macht, der Herrschaft und destruktiver gesellschaftlicher Naturverhältnisse einerseits und von Aspekten einer wünschenswerten Zukunft andererseits. Die Kritik der biophilosophischen Diskurse der Gegenwart versteht sich als Beitrag dazu.

Literatur

Ach, Johann S., »Embryonen, Marsmenschen und Löwen: Zur Ethik der Abtreibung«, in: Ders., Andreas Gaidt (Hg.), *Herausforderung der Bioethik*, Stuttgart-Bad Cannstatt 1993, 71–136

Ach, Johann S.; Gaidt, Andreas, »Bioethik als angewandte Ethik: Eine ganz kurze Einführung«, in: Dies. (Hg.), *Herausforderung der Bioethik*, Stuttgart-Bad Cannstatt 1993, 9–15

Ach, Johann S.; Runtenberg, Christa, *Bioethik: Disziplin und Diskurs. Zur Selbstaufklärung angewandter Ethik*, Frankfurt/Main und New York 2002

Adorno, Theodor W., *Probleme der Moralphilosophie*, Frankfurt/Main 1997

Agamben, Giorgio, *Homo sacer. Die souveräne Macht und das nackte Leben*, Frankfurt/Main 2002

Agar, Nicholas, »Liberal Eugenics«, in: Helga Kuhse, Peter Singer (Hg.), *Bioethics. An Anthology*, Oxford und Malden 1999, 171–182

Alcoff, Linda Martín; Kittay, Eva Feder, »Introduction: Defining Feminist Philosophy«, in: Dies. (Hg.), *The Blackwell Guide to Feminist Philosophy*, Malden und Oxford 2007, 1–16

Alexander, William T., »Fatal Daughter Syndrome«, in: Rosemary Tong, Gwen Anderson, Aida Santos (Hg.), *Globalizing Feminist Bioethics. Crosscultural Perspectives*, Boulder und Oxford 2001, 179–197

Anderson, Gwen W.; Monsen, Rita Black; Rorty, Mary Varney, »Feminism and Genetic Nursing: Globalizing Transdisciplinary Teams«, in: Rosemary Tong, Gwen Anderson, Aida Santos (Hg.), *Globalizing Feminist Bioethics. Crosscultural Perspectives*, Boulder und Oxford 2001, 37–50

Aristoteles, *Von der Zeugung und Entwicklung der Tiere*, Werke, Bd. 3, übersetzt von Hermann Aubert und Friedrich Wimmer (1860), Aalen 1978

Assmann, Jan, *Das kulturelle Gedächtnis. Schrift, Erinnerung und politische Identität in frühen Hochkulturen*, München 1992

Atighetchi, Dariusch, *Islamic Bioethics. Problems and Perspectives*, New York 2007

Augustinus, Aurelius, *Bekenntisse*, übersetzt v. W. Thimme, München 1988

Babka, Anna, »›Maskierte Aufspreizung‹. Derrida, das Hymen und das Lesen der Geschlechterdifferenz – eine Perspektivierung«, in: Peter Zeilinger, Dominik Portune (Hg.), *nach Derrida. Dekonstruktion in zeitgenössischen Diskursen*, Wien 2006, 200–217

Bachelard, Gaston, *Epistemologie. Ausgewählte Texte*, Frankfurt/Main 1974

Badiou, Alain, *Deleuze. ›Das Geschrei des Seins‹*, Zürich und Berlin 2003

Balibar, Etienne, »Foucault und Marx. Der Einsatz des Nominalismus«, in: François Ewald, Bernhard Waldenfels (Hg.), *Spiele der Wahrheit. Michel Foucaults Denken*, Frankfurt/Main 1991, 39–65

Baran, Pavel, »Werte«, in: Sandkühler Hans-Jörg (Hg.), *Europäische Enzyklopädie zu Philosophie und Wissenschaften*, Bd. 4, Hamburg 1990, 805–815

Barben, Daniel, *Politische Ökonomie der Biotechnologie. Innovation und gesellschaftlicher Wandel im internationalen Vergleich*, Frankfurt/Main und New York 2007

Bateson, Gregory, *Ökologie des Geistes*, Frankfurt/Main 1983

Baudrillard, Jean, *Der symbolische Tausch und der Tod* (1976), München 1982

Bayertz, Kurt; Kroll, Jürgen; Weingart, Peter, *Rasse, Blut und Gene. Geschichte der Eugenik und Rassenhygiene in Deutschland*, Frankfurt/Main 1992

Beauchamp, Tom L.; Childress, James F., *Principles of Biomedical Ethics* (1979), 4. Aufl., New York und Oxford 1994

Becker, Barbara, »Cyborgs, Robots und Transhumanisten. Anmerkungen über die Widerständigkeit eigener und fremder Materialität«, in: Dies., Irmela Schneider (Hg.), *Was vom Körper übrig bleibt*, Frankfurt/Main und New York 2000, 41–70

Becker, Egon; Jahn, Thomas, »Umrisse einer Kritischen Theorie gesellschaftlicher Naturverhältnisse«, in: Gernot Böhme, Alexandra Manzei (Hg.), *Kritische Theorie der Technik und der Natur*, München und Paderborn 2003, 91–112

Becker, Gerhold K., »The Moral Status of Persons: Introduction«, in: Ders. (Hg.), *The Moral Status of Persons. Perspectives on Bioethics*, Amsterdam und Atlanta 2000, 3–11

Beckermann, Ansgar, *Analytische Einführung in die Philosophie des Geistes*, Berlin und New York 1999

Beckermann, Ansgar, »Biologie und Freiheit. Zeigen die neueren Ergebnisse der Neurobiologie, dass wir keinen freien Willen haben?«, in: Heinrich, Schmidinger, Clemens Sedmak (Hg.), *Der Mensch – ein freies Wesen?*, Darmstadt 2005, 111–124 (=2005a)

Beckermann, Ansgar, »Neuronale Determiniertheit und Freiheit«, in: *Information Philosophie* 2/2005, 7–18 (=2005b)

Beer, Gillian, »›The Face of Nature‹: Anthropomorphic Elements in the Language of ›The Origin of Species‹«, in: Ludmilla Jordanova (Hg.), *Languages of Nature. Critical Essays on Science and Literature*, London 1986, 207–243

Benhabib, Seyla: in: Dies., *Selbst im Kontext. Kommunikative Ethik im Spannungsfeld von Feminismus, Kommunitarismus und Postmoderne*, Frankfurt/Main 1995, 161–191

Bhattacharyya, Swasti, *Magical Progeny, Modern Technology. A Hindu Bioethics of Assisted Reproductive Technology*, New York 2006

Biagioli, Mario, »Postdisciplinary Liaisons: Science, Studies and the Humanities«, in: *Critical Inquiry*, 35/2009, 816–833

Birnbacher, Dieter, »Selbstmord und Selbstmordverhütung aus ethischer Sicht«, in: Anton Leist (Hg.), *Um Leben und Tod. Moralische Probleme bei Abtreibung, künstlicher Befruchtung, Euthanasie und Selbstmord*, Frankfurt/Main 1990, 395–422

Birnbacher, Dieter, »Welche Ethik ist als Bioethik tauglich?«, in: Johann S. Ach, Andreas Gaidt (Hg.), *Herausforderung der Bioethik*, Stuttgart-Bad Cannstatt 1993, 45–67

Block, Ned, »Neurophilosophy or Philoneuroscience«, in: *Science* 310/2003, 1328–1329

Bock von Wülfingen, Bettina, »Liebe und Gesundheit in der Genetisierung der Zeugung – Diskursanalyse als Untersuchung der Transformation von Denkräumen«, in: Irene Dölling, Dorothea Dornhof, Karin Esders, Sabine Hark, Corinna Genschel (Hg.), *Transformationen von Wissen, Mensch und Geschlecht*, Königstein/Ts. 2007, 109–125

Boltanski, Luc; Chiapello, Eve, *Der neue Geist des Kapitalismus*, Konstanz 2003

Bono, James J., »Locating Narratives: Science, Metaphor, Communities, and Epistemic Styles«, in: Peter Weingart (Hg.), *Grenzüberschreitungen in der Wissenschaft. Crossing Boundaries in Science*, Baden-Baden 1995, 119–151

Bormann, C. v.; Kuhlen, R.; Oeing-Hanhoff, L., »Denken I«, in: Joachim Ritter, Karlfried Gründer (Hg.), *Historisches Wörterbuch der Philosophie*, Bd. 2, Basel 1971ff., 60–102

Bourdieu, Pierre, *Die politische Ontologie Martin Heideggers*, Frankfurt/Main 1988

Bourdieu, Pierre, *Sozialer Sinn. Kritik der theoretischen Vernunft*, Frankfurt/Main 1987

Bourdieu, Pierre, »Für eine Wissenschaft von den kulturellen Werken«, in: Ders., *Praktische Vernunft. Zur Theorie des Handelns*, Frankfurt/Main 1998, 56–95

Braidotti, Rosi, *Metamorphoses. Towards a Materialist Theory of Becoming*, Cambridge 2002

Braidotti, Rosi, *Nomadic Subjects. Embodiment and Sexual Difference in Contemporary Feminist Theory*, New York 1994

Braidotti, Rosi, »Patterns of Dissonance: Women and/in Philosophy«, in: Herta Nagl-Docekal (Hg.), *Feministische Philosophie,* Wien 1990, 108–123

Brand, Ulrich; Görg, Christoph, *Postfordistische Naturverhältnisse. Konflikte um genetische Ressourcen und die Internationalisierung des Staates*, Münster 2003

Braun, Christina von, »Der Frauenkörper als Norm und Anomalie des Gemeinschaftskörpers«, in: Dies., Gabriele Dietze (Hg.), *Multiple Persönlichkeit. Krankheit, Medium oder Metapher?*, Frankfurt/Main 1999, 60–85

Braun, Kathrin, *Biomedizin und Menschenwürde. Zum philosophischen Diskurs der Bioethik*, Frankfurt/Main und New York 2000

Braun, Kathrin; Diekmann, Anne, »Individuelle und generative Reproduktion in den politischen Philosophien von Hobbes, Locke und Kant«, in: Elke Biester, Barbara Holland-Cunz, Birgit Sauer (Hg.), *Demokratie oder Androkratie? Theorie und Praxis demokratischer Herrschaft in der feministischen Diskussion*, Frankfurt/Main und New York 1994, 157–187

Breidbach, Olaf, »Hirn und Bewußtsein – Überlegungen zu einer Geschichte der Neurowissenschaften«, in: Michael Pauen, Gerhard Roth (Hg.), *Neurowissenschaften und Philosophie. Eine Einführung,* München 2001, 11–58

Brenner, Andreas, *Bioethik und Biophänomen. Den Leib zur Sprache bringen*, Würzburg 2006

Brizendine, Louann, *Das weibliche Gehirn. Warum Frauen anders sind als Männer*, Hamburg 2007

Broome, John, *Weighing Lives,* Oxford 2004

Butler, Judith, »Critique, Dissent, Disciplinarity«, in: *Critical Inquiry* 25/2009, 773–795

Butler, Judith, *Körper von Gewicht. Die diskursiven Grenzen des Geschlechts*, Berlin 1995

Butler, Judith, *Kritik der ethischen Gewalt*, Frankfurt/Main 2003

Butler, Judith, *Kritik der ethischen Gewalt*, erweiterte Ausgabe, Frankfurt/Main 2007

Candeias, Mario, *Neoliberalismus – Hochtechnologie – Hegemonie. Grundrisse einer transnationalen kapitalistischen Produktions- und Lebensweise*, Hamburg 2004

Canfield, Kip, »The Microstructure of Logocentrism: Sign Models in Derrida and Smolensky«, in: *Postmodern Culture* 3/1993, zugleich: http://pmc.iath.virginia.edu/text-only/issue.593/canfield.593 (letzter Zugriff 7.2.2010).

Canguilhem, Georges, »Die epistemologische Funktion des ›Einzigartigen‹ in der Wissenschaft vom Leben«, in: Ders., *Wissenschaftsgeschichte und Epistemologie. Gesammelte Aufsätze*, Frankfurt/Main 1979, 59–74 (=1979a)

Canguilhem, Georges, »Gehirn und Denken«, in: Ders., *Grenzen medizinischer Rationalität*, Tübingen 1989, 7–40

Canguilhem, Georges, »Machine et Organisme«, in: Ders., *La Connaissance de la vie*, Paris 1965, 101–127

Canguilhem, Georges, »Zur Geschichte der Wissenschaften vom Leben seit Darwin«, in: Ders., *Wissenschaftsgeschichte und Epistemologie. Gesammelte Aufsätze*, Frankfurt/Main 1979, 134–153 (1979b)

Carnap, Rudolf, *Logische Syntax der Sprache* (1934), Wien und New York 1968

Carnap, Rudolf, »Psychologie in physikalischer Sprache«, in: *Erkenntnis* 3/1932, 107–142

Castel, Robert, *Die psychiatrische Ordnung. Das goldene Zeitalter des Irrenwesens,* Frankfurt/Main 1983

Caygill, Howard, »The Topology of Selection. The Limits of Deleuze's Biophilosophy«, in: Keith Ansell Pearson (Hg.), *Deleuze and Philosophy. The Difference Engineer*, London und New York 1991, 149–162

Churchland, Patricia S., *Neurophilosophy. Toward a Unified Science of the Mind/Brain*, Cambridge/Mass. und London 1986, 7. Aufl. 1993

Churchland, Paul M., *Die Seelenmaschine. Eine philosophische Reise ins Gehirn* (1995), Heidelberg, Berlin und Oxford 1997

Code, Lorraine, »Feminist Epistemologies and Women's Lives«, in: Linda Martín Alcoff, Eva Feder Kittay (Hg.), *The Blackwell Guide to Feminist Philosophy*, Malden und Oxford 2007, 211–234

Code, Lorraine, »What Is Natural About Epistemology Naturalized?«, in: Lynn Hankinson Nelson, Jack Nelson, *Feminist Interpretations of W. V. Quine*, University Park, Pennsylvania 2003, 173–204

Collins, Randall, »The Transformation of Philosophy«, in: Johan Heilbron, Lars Magnusson, Björn Wittrock (Hg.), *The Rise of the Social Sciences and the Formation of Modernity. Conceptual Change in Context, 1750–1850*, Dordrecht, Boston und London 1998, 141–161

Cooper, Melinda, *Life as Surplus. Biotechnology and Capitalism in the Neoliberal Era*, Seattle und London 2008

Curran, Charles E., »Abortion: Contemporary Debate in Philosophical and Religious Ethics«, in: Warren T. Reich (Hg.), *Encyclopedia of Bioethics*, Bd. 1, New York und London 1978, 17–25

Damasio, Antonio, *Descartes' Irrtum. Fühlen, Denken und das menschliche Gehirn*, (1994), München 1997

Damschen, Gregor; Schönecker, Dieter, »Argumente und Probleme in der Embryonendebatte – ein Überblick«, in: Dies. (Hg.), *Der moralische Status menschlicher Embryonen*, Berlin und New York 2003, 1–7

Daston, Lorraine, »The Naturalized Female Intellect«, in: *Science in Context* 5/1992, 209–235

Daston, Lorraine; Vidal, Fernando (Hg.), *The Moral Authority of Nature*, Chicago 2004

Daston, Lorraine, *Wunder, Beweise und Tatsachen. Zur Geschichte der Rationalität*, Frankfurt/Main 2001

Daston, Lorraine; Galison, Peter, *Objektivität*, Frankfurt/Main 2007

Dawkins, Richard, *Das egoistische Gen*, Heidelberg, Berlin und Oxford 1994

Debru, Claude, »Genetics and Neuroscience: Some examples of their recent convergence and of the continuing nature-nurture controversy, with emphasis on sleep physiology«, in: Anne Fagot-Largeault, Shahid Rahman, Juan Miguel Torres (Hg.), *The Influence of Genetics on Contemporary Thinking*, Dordrecht 2007, 25–32

Degele, Nina, *Einführung in die Techniksoziologie*, München 2002

Degele, Nina, Schmitz, Sigrid, »Kapitalismuskompatible Körper. Zum wechselseitigen ›Enhancement‹ gesellschaftstheoretischer und naturwissenschaftlicher Körperdiskurse«, in: Boike Rehbein, Klaus-Wilhelm West (Hg.), *Globale Rekonfigurationen von Arbeit und Kommunikation*, Konstanz 2009, 115–129

Deleuze, Gilles, *Differenz und Wiederholung* (1968), München 1992

Deleuze, Gilles, *Spinoza und das Problem des Ausdrucks in der Philosophie* (1968), München 1993

Deleuze, Gilles; Guattari, Félix, *Anti-Ödipus. Kapitalismus und Schizophrenie I*, (1972), Frankfurt/Main 1977

Deleuze, Gilles; Guattari, Félix, *Tausend Plateaus. Kapitalismus und Schizophrenie II*, (1980), Berlin 1992

Dennett, Daniel C., *»Ellenbogenfreiheit«. Die erstrebenswerten Formen freien Willens*, (1984), Frankfurt/Main 1994 (=1984/1994)

Dennett, Daniel C.; Humphrey, Nicholas C., »Speaking for Ourselves: An Assessment of Multiple Personality Disorder«, in: *Raritan: A Quarterly Review* 1/1989, 68–98

Dennett, Daniel C., »Intentionale Systeme« (1971), In: Peter Bieri (Hg.), *Analytische Philosophie des Geistes*, Königstein/Ts. 1981, 162–183

Dennett, Daniel C., *Philosophie des menschlichen Bewußtseins* (*Consciousness explained* 1991), Hamburg 1994 (=1991/1994)

Derrida, Jacques, *Grammatologie* (1967), Frankfurt/Main 1983

Derrida, Jacques, »Implikationen. Gespräch mit Henri Ronse«, in: Ders.: *Positionen* (1972), Wien 1986, 33–51

Derrida, Jacques, *Mémoires. Für Paul de Man*, Wien 1988

Derrida, Jacques; Roudinesco, Elisabeth, *Woraus wird morgen gemacht sein? Ein Dialog*, Stuttgart 2006

Descartes, René, *Die Leidenschaften der Seele* (1649), Französisch/deutsch, übersetzt von K. Hammacher, Hamburg 1984 (=*Leidenschaften der Seele*)

Desrosières, Alain, *Die Politik der großen Zahlen. Eine Geschichte der statistischen Denkweise*, Berlin 2005

Deuber-Mankowsky, Astrid, *Praktiken der Illusion. Kant, Nietzsche, Cohen, Benjamin bis Donna J. Haraway*, Berlin 2007

Deuber-Mankowsky, Astrid; Holzhey, Christoph F. E.; Michaelsen, Anja (Hg.), *Der Einsatz des Lebens. Lebenswissen – Medialisierung – Geschlecht*, Berlin 2009

Deuber-Mankowsky, Astrid; Holzhey, Christoph F. E., »Vitalismus als kritischer Indikator. Der Beitrag der Kulturwissenschaften zur Bildung des Wissens vom Leben«, in: Astrid Deuber-Mankowsky, Christoph F. E. Holzhey, Anja Michaelsen (Hg.), *Der Einsatz des Lebens. Lebenswissen – Medialisierung – Geschlecht*, Berlin 2009, 9–33

Deutscher Bundestag. Referat Öffentlichkeitsarbeit (Hg.), *Enquete-Kommission Recht und Ethik der modernen Medizin. Schlussbericht*, Berlin 2002

Dietze, Gabriele, »Multiple Persönlichkeit und Multiple Choice in den USA«, in: Dies., Christina von Braun (Hg.), *Multiple Persönlichkeit. Krankheit, Medium oder Metapher?*, Frankfurt/Main 1999, 60–85, 202–235

Diniz, Debora; Vèlez, Ana; Gonzalez, Christina, »Feminist Bioethics: The Emergence of the Oppressed«, in: Rosemary Tong, Gwen Anderson, Aida Santos (Hg.), *Globalizing Feminist Bioethics. Crosscultural Perspectives*, Boulder und Oxford 2001, 62–73

Diogenes Laertius, *Leben und Meinungen berühmter Philosophen*, übersetzt v. Otto Apelt, Hamburg 1967

Donchin, Anne, »Integrating Bioethics and Human Rights. Toward a Global Feminist approach«, in: Rosemary Tong, Anne Donchin, Susan Doods (Hg.), *Linking Visions. Feminist Bioethics, Human Rights, and the Developing World*, Lanham, Boulder u. a. 2004, 31–56

Doods, Susan, »Introduction. Integrating Global and Local Perspectives«, in: Rosemary Tong, Anne Donchin, Susan Doods (Hg.), *Linking Visions. Feminist Bioethics, Human Rights, and the Developing World*, Lanham, Boulder u. a. 2004, 1–12

Dosse, François, *Geschichte des Strukturalismus*, 2 Bde., Hamburg 1997 und 1998

Dreier, Horst, »Konsens und Dissens bei der Interpretation der Menschenwürde. Eine verfassungsrechtliche Skizze«, in: Christian Geyer (Hg.), *Biopolitik. Die Positionen*, Frankfurt/Main 2001, 232–239

Dreyfus, Hubert L., *Die Grenzen künstlicher Intelligenz. Was Computer nicht können* (1972; 1979), Königstein/Ts. 1985

Duden, Barbara, »Zwischen ›wahrem Wissen‹ und Prophetie: Konzeptionen des Ungeborenen«, in: Dies., Jürgen Schlumbohm, Patrice Veit (Hg.), *Geschichte des Ungeborenen. Zur Erfahrungs- und Wissenschaftsgeschichte der Schwangerschaft, 17.-20. Jahrhundert*, Göttingen 2002, 11–48

Duden-Redaktion, *Duden. Das Fremdwörterbuch*, Mannheim, Leipzig, Wien und Zürich 1982

Dusek, Val, *Philosophy of Technology. An Introduction*, Malden und Oxford 2006

Düwell, Marcus, *Bioethik. Methoden, Theorien und Bereiche*, Stuttgart und Weimar 2008

Düwell, Marcus, »Die Bedeutung ethischer Diskurse in einer wertepluralen Welt«, in: Kettner, Matthias (Hg.), *Angewandte Ethik als Politikum*, Frankfurt/Main 2000, 76–116

Düwell, Marcus, »Utilitarismus und Bioethik: Das Beispiel von Peter Singers Praktischer Ethik«, in: Ders., Klaus Steigleder (Hg.), *Bioethik. Eine Einführung*, Frankfurt/Main 2003, 57–71

Dworkin, Ronald, *Die Grenzen des Lebens* (1993), Reinbek bei Hamburg 1994

Edwards, Paul N., *The Closed World. Computers and the Politics of Discourse in Cold War America*, Cambridge/Mass. und London 1996

Engelhardt, Tristam H., *The Foundations of Bioethics*, New York und Oxford 1986

Esposito, Roberto, *Bíos. Biopolitics and Philosophy*, Minneapolis und London 2008

Falkenburg, Brigitte, »Einleitung«, in: Dies. (Hg.), *Natur – Technik – Kultur. Philosophie im interdisziplinären Dialog*, Paderborn 2007, 7–11

Falkenburg, Brigitte, »Was heißt es, determiniert zu sein? Grenzen der naturwissenschaftlichen Erklärung«, in: Dieter Sturma (Hg.), *Philosophie und Neurowissenschaften*, Frankfurt/Main 2006, 43–74

Firestone, Shulamith, *Frauenbefreiung und sexuelle Revolution* (1970), Frankfurt/Main 1975

Flanagan, Owen, »Multiple Identity, Character Transformation, and Self-Reclamation«, in: Graham Graham, G. Lynn Stephens (Hg.), *Philosophical Psychopathology*, Cambridge/Mass. und London 1994, 135–162

Fleck, Ludwik, *Entstehung und Entwicklung einer wissenschaftlichen Tatsache* (1935), Frankfurt/Main 1980

Fodor, Jerry A., *The Language of Thought,* Hassocks/Sussex 1976

Foucault, Michel, »Der Ariadnefaden ist gerissen«, in: Gilles Deleuze, Michel Foucault, *Der Faden ist gerissen*, Berlin 1977, 7–12

Foucault, Michel, *Der Gebrauch der Lüste. Sexualität und Wahrheit,* Bd. 2, Frankfurt/Main 1989 (= SW2)

Foucault, Michel, *Der Wille zum Wissen. Sexualität und Wahrheit,* Bd. 1, Frankfurt/Main 1983 (=SW1)

Foucault, Michel, *Die Anormalen. Vorlesungen am Collège de France* (1974–1975), Frankfurt/Main 2003 (=DA)

Foucault, Michel, *Die Ordnung der Dinge*, Frankfurt/Main 1989 (=OD)

Foucault, Michel, *In Verteidigung der Gesellschaft. Vorlesungen am Collège de France 1975–76*, Frankfurt/Main 1999 (=VG)

Foucault, Michel, *Überwachen und Strafen. Die Geburt des Gefängnisses*, Frankfurt/Main 1977 (=ÜS)

Foucault, Michel, »Wachsen und vermehren« (1970), in: Ders., *Schriften in vier Bänden. Dits et Écrits. Band II: 1970–1975*, Nr. 81, Frankfurt/Main 2002, 123–128 (=WV)

Foucault, Michel, *Wahnsinn und Gesellschaft. Eine Geschichte des Wahns im Zeitalter der Vernunft*, Frankfurt/Main 1989 (=WG)

Fox, Renée, »The Evolution of American Bioethics: A Sociological Perspective«, in: George Weisz (Hg.), *Social Science Perspectives on Medical Ethics*, Dordrecht, Boston und London 1990, 201–217

Fox-Keller, Evelyn, »Beyond the Gene but Beneath the Skin«, in: Eva Neumann-Held, Christoph Rehmann-Sutter (Hg.), *Genes in Development. Re-Reading the Molecular Paradigm*, Durham und London 2006, 290–312

Fox-Keller, Evelyn, *Das Jahrhundert des Gens*, Frankfurt/Main und New York 2001

Fox-Keller, Evelyn, »Language and Ideology in Evolutionary Theory: Reading Cultural Norms into Natural Law«, in: James J. Sheehan, Morton Sosna (Hg.), *The Boundaries of Humanity. Humans, Animals, Machines*, Berkeley, Los Angeles und Oxford 1991, 85–102

Franklin, Sarah; Lock, Margaret, »Animation and Cessation«, in: Dies. (Hg.), *Remaking Life and Death. Toward an Anthropology of the Biosciences*, Santa Fe und Oxford 2003, 3–22

Franklin, Sarah, »Making representations. The parliamentary debate on the Human Fertilization and Embryology Act«, in: Dies., Jeanette Edwards u. a. (Hg.), *Technologies of Procreation. Kinship in the Age of Assisted Conception*, London und New York 1993, 127–165

Franklin, Sarah, »Postmodern Procreation: A Cultural account of Assisted Reproduction«, in: Faye Ginsburg, Rayna Rapp (Hg.), *Conceiving the New World Order. The Global Politics of Reproduction*, Berkeley, Los Angeles und London 1995, 323–345

Fraser, Nancy, »Der Kampf um die Bedürfnisse: Entwurf für eine sozialistisch-feministische kritische Theorie der politischen Kultur im Spätkapitalismus«, in: Dies., *Widerspenstige Praktiken. Macht, Diskurs, Geschlecht*, Frankfurt/Main 1994, 249–291

Freedman, Benjamin; Weijer, Charles, *Duty and Healing. Foundations of a Jewish Bioethic*, New York 1999

Galison, Peter, »Die Ontologie des Feindes. Norbert Wiener und die Vision der Kybernetik«, in: Hans-Jörg Rheinberger, Bettina Wahrig-Schmidt (Hg.), *Räume des Wissens. Repräsentation, Codierung, Spur*, Berlin 1997, 281–324

Gamm, Gerhard, »Die Verbindlichkeit des Unergründlichen. Zu den normativen Grundlagen der Technologiekritik«, in: Ders., Mathias Gutmann, Alexandra Manzei (Hg.), *Zwischen Anthropologie und Gesellschaftstheorie. Zur Renaissance Helmuth Plessners im Kontext der modernen Lebenswissenschaften*, Bielefeld 2005,197–216

Gehlen, Arnold, *Der Mensch. Seine Natur und seine Stellung in der Welt* (1940), 2 Bde., Frankfurt/Main 1993

Gehring, Petra, »Feministischer Lebensschutz? Positionsverschiebungen im Vorfeld eines geplanten Fortpflanzungsmedizingesetzes«, in: *Feministische Studien* 1/2001, 90–99

Gehring, Petra, *Foucault – die Philosophie im Archiv*, Frankfurt/Main und New York 2004

Gehring, Petra, *Was ist Biomacht? Vom zweifelhaften Mehrwert des Lebens*, Frankfurt/Main und New York 2006

Gerhardt, Volker, *Der Mensch wird geboren. Kleine Apologie der Humanität*, München 2001

Geyer, Christian, »Vorwort«, in: Ders. (Hg.), *Hirnforschung und Willensfreiheit. Zur Deutung der neuesten Experimente*, Frankfurt/Main 2004, 9–19

Gimenez, Martha E., »Die Heraufkunft der kapitalistischen Fortpflanzungsweise – Umbrüche der Reproduktion im 21. Jahrhundert«, in: *Das Argument* 242/2001, 657–670

Globus, Gordon, *The Postmodern Brain*, Amsterdam und Philadelphia 1995

Goebel, Bernd, »Probleme eines philosophischen Naturalismus«, in: Bernd Goebel, Anna Maria Hauk, Gerhard Kruip (Hg.), *Probleme des Naturalismus. Philosophische Beiträge*, Paderborn 2005, 23–42

Görg, Christoph, »Dialektische Konstellationen. Zu einer kritischen Theorie gesellschaftlicher Naturverhältnisse«, in: Alex Demirovic (Hg.), *Modelle kritischer Theorie*, Stuttgart und Weimar 2003, 39–62

Gottweis, Herbert, *Governing Molecules. The Discursive Politics of Genetic Engineering in Europe and the United States*, Cambridge/Mass. und London 1998

Gould, Stephen Jay, *Der falsch vermessene Mensch*, Frankfurt/Main 1988

Grant, Iain Hamilton, »Postmodernism and Science and Technology«, in: Stuart Sim (Hg.), *The Routledge Companion to Postmodernism*, London und New York 2001, 65–77

Grosz, Elizabeth, »Darwin and Feminism: Preliminary Investigations for a Possible Alliance«, in: *Australian Feminist Studies* 29/1999, 31–45

Grosz, Elizabeth, *The Nick of Time. Politics, Evolution, and the Untimely*, Durham und London 2004

Habermas, Jürgen, »Anthropologie«, in: A. Diemer, J. Frenzel (Hg.), *Fischer Lexikon Philosophie*, Frankfurt/Main 1958, 18–35

Habermas, Jürgen, *Die Zukunft der menschlichen Natur. Auf dem Weg zu einer liberalen Eugenik?* (2001), um ein Postscriptum erweiterte Ausgabe, Frankfurt/Main 2005

Habermas, Jürgen, »Ein Argument gegen das Klonen von Menschen. Drei Repliken«, in: Ders., *Die postnationale Konstellation. Politische Essays*, Frankfurt/Main 1998, 243–256.

Habermas, Jürgen, *Erkenntnis und Interesse* (1968), Frankfurt/Main 1994

Habermas, Jürgen, »Freiheit und Determinismus«, in: Ders., *Zwischen Naturalismus und Religion. Philosophische Aufsätze*, Frankfurt/Main 2005, 155–186 (= 2005a)

Habermas, Jürgen, »›Ich selber bin ja ein Stück Natur‹ – Adorno über die Naturverflochtenheit der Vernunft. Überlegungen zum Verhältnis von Freiheit und Unverfügbarkeit«, in: Ders., *Zwischen Naturalismus und Religion. Philosophische Aufsätze*, Frankfurt/Main 2005, 187–215 (= 2005b)

Habermas, Jürgen, »Technik und Wissenschaft als ›Ideologie‹« (1968), in: Ders., *Technik und Wissenschaft als »Ideologie«*, Frankfurt/Main 1974, 48–103

Hackett, Edward J.; Amsterdamska, Olga; Lynch, Michael und Wajcman, Judy (Hg.), *The Handbook of Science and Technology Studies*, Cambridge 2008

Hagengruber, Ruth, *Nutzen und Allgemeinheit. Zu einigen grundlegenden Prinzipien der Praktischen Philosophie*, Sankt Augustin 2000

Hagner, Michael, *Homo cerebralis – Der Wandel vom Seelenorgan zum Gehirn*, Frankfurt/Main und Leipzig 2000

Hagner, Michael, »Moderne Gehirne«, in: Ders. (Hg.), *Ecce Cortex. Beiträge zur Geschichte des modernen Gehirns*, Göttingen 1999, 7–25

Hagner, Michael; Hörl, Erich (Hg.), *Die Transformation des Humanen. Beiträge zur Kulturgeschichte der Kybernetik*, Frankfurt/Main 2008

Haker, Hille, *Ethik der genetischen Frühdiagnostik*, Paderborn 2002

Haker, Hille, »Feministische Bioethik«, in: Marcus Düwell, Klaus Steigleder (Hg.), *Bioethik. Eine Einführung*, Frankfurt/Main 2003, 168–183

Haker, Hille, »Geschlechter-Ethik der Reproduktionsmedizin. Ethik – Geschlecht – Wissenschaften«, in: Ursula Konnertz, Hille Haker, Dietmar Mieth (Hg.), *Ethik – Geschlecht – Wissenschaft. Der ›ethical turn‹ als Herausforderung für die interdisziplinären Geschlechterstudien*, Paderborn 2006, 255–287

Haker, Hille, »Pränataldiagnostik und Präimplantationsdiagnostik – ein Wertungswiderspruch?«, in: Wolfgang Lenzen (Hg.), *Wie bestimmt man den ›moralischen Status‹ von Embryonen?*, Paderborn 2004, 141–163

Haraway, Donna, »Ein Manifest für Cyborgs: Feminismus im Streit mit den Technowissenschaften« (1985), in: Dies., *Die Neuerfindung der Natur. Primaten, Cyborgs und Frauen*, Frankfurt/Main und New York 1995, 33–72

Haraway, Donna, »Primatologie ist Politik mit anderen Mitteln«, in: Barbara Orland, Elvira Scheich (Hg.), *Das Geschlecht der Natur. Feministische Beiträge zur Geschichte und Theorie der Naturwissenschaften*, Frankfurt/Main 1995, 136–202

Haraway, Donna, »Situiertes Wissen. Die Wissenschaftsfrage im Feminismus und das Privileg einer partialen Perspektive«, in: Elvira Scheich (Hg.), *Vermittelte Weiblichkeit. Feministische Wissenschafts- und Gesellschaftstheorie*, Hamburg 1996, 217–248

Hare, Richard M., »Could Kant have been a Utilitarian?«, in: Ders., *Sorting out Ethics*, Oxford 1997, 147–165

Hark, Sabine, *Dissidente Partizipation. Eine Diskursgeschichte des Feminismus*, Frankfurt/Main 2005

Harris, John, *Der Wert des Lebens. Eine Einführung in die medizinische* Ethik (1985), Berlin 1995

Hartmann, Dirk; Janich, Peter, »Die kulturalistische Wende«, in: Dies. (Hg.), *Die kulturalistische Wende. Zur Orientierung des philosophischen Selbstverständnisses*, Frankfurt/Main 1998, 9–22

Hartmann, Dirk; Janich, Peter, »Methodischer Kulturalismus«, in: Dies. (Hg.), *Methodischer Kulturalismus. Zwischen Naturalismus und Postmoderne*, Frankfurt/Main 1996, 9–69

Hassenstein, Bernhard, »Jakob von Uexküll (1864–1944)«, in: Ilse Jahn, Michael Schmitt (Hg.), *Darwin & Co. Eine Geschichte der Biologie in Portraits*, München 2001, 344–364

Hauser, Jürg A., »Bevölkerungsentwicklung/Bevölkerungspolitik«, in: Wilhelm Korff, Lutwin Beck, Paul Mikat (Hg.), *Lexikon der Bioethik*, Bd. 1, Gütersloh 2000, 347–356

Hayles, N. Katherine, *How we became posthuman. Virtual bodies in cybernetics, literature, and informatics*, Chicago und London 1999

Heel, Sabine; Wendel, Claudia, »Transformation des Subjekts im neurowissenschaftlichen Diskurs«, in: *Potsdamer Studien zur Frauen- und Geschlechterforschung* 6/2002, 41–53

Heidegger, Martin, *Der Satz vom Grund* (1957), Pfullingen 1978 (=1957/1978)

Heidegger, Martin, »Die Frage nach der Technik« (1954), in: Ders., *Vorträge und Aufsätze*, Pfullingen 1978, 9–40 (=1954/1978)

Heidegger, Martin, *Sein und Zeit*, Tübingen 1986 (=SuZ)

Heidegger, Martin, *Überlieferte Sprache und technische Sprache* (1962), St. Gallen 1989

Heidegger, Martin, »Zeit und Sein« (1962), in: Ders., *Zur Sache des Denkens*, Tübingen 1976, 1–25

Heims, Steve J., *Constructing a Social Science for Postwar America. The Cybernetics Group 1946–1953*, Cambridge/Mass. und London 1993

Heinrich, Klaus, *Versuch über die Schwierigkeit nein zu sagen* (1964), Frankfurt/Main 1985

Heintz, Bettina, *Die Herrschaft der Regel. Zur Grundlagengeschichte des Computers*, Frankfurt/Main und New York 1993

Hoerster, Norbert, *Abtreibung im säkularen Staat. Argumente gegen den §218*, Frankfurt/Main 1991

Hoerster, Norbert, *Ethik des Embryonenschutzes. Ein rechtsphilosophischer Essay*, Stuttgart 2002

Hoerster, Norbert, *Neugeborene und das Recht auf Leben*, Frankfurt/Main 1995

Höffe, Otfried, »Menschenwürde als ethisches Prinzip«, in: Ders., Ludger Honnefelder, Josef Isensee, Paul Kirchhof, *Gentechnik und Menschenwürde. An den Grenzen von Ethik und Recht*, Köln 2002

Hofmann, Heidi, *Die feministischen Diskurse über Reproduktionstechnologien. Positionen und Kontroversen in der BRD und den USA*, Frankfurt/Main und New York 1999

Hohlfeld, Rainer, »Der Streit um die Federführung in der Humangenetik«, in: Volker Peckhaus, Christian Thiel (Hg.), *Disziplinen im Kontext. Perspektiven der Disziplingeschichtsschreibung*, München 1999, 199–221

Holmes, Helen Bequaert, »Closing the Gaps: An Imperative for Feminist Bioethics«, in: Anne Donchin, Laura M. Purdy (Hg.), *Embodying Bioethics. Recent Feminist Advances*, Lanham, Boulder u. a. 1999, 45–63

Honegger, Claudia, *Die Ordnung der Geschlechter. Die Wissenschaften vom Menschen und das Weib 1750–1850*, Frankfurt/Main und New York 1991

Honnefelder, Ludger, »Bioethik und die Frage nach der Natur des Menschen«, in: Abel, Günter (Hg.), *Kreativität. XX. Deutscher Kongress für Philosophie. Kolloquienbeiträge*, Hamburg 2006, 324–338

Honnefelder, Ludger, »Die Frage nach dem moralischen Status des Embryos«, in: Ders., Otfried Höffe, Josef Isensee, Paul Kirchhof, *Gentechnik und Menschenwürde. An den Grenzen von Ethik und Recht*, Köln 2002, 79–110

Honnefelder, Ludger, »Ethik. 1. Philosophisch«, in: Wilhelm Korff, Lutwin Beck, Paul Mikat (Hg.), *Lexikon der Bioethik*, Bd. 1, Gütersloh 2000, 654–662

Honnefelder, Ludger, »Humangenetik und Menschenwürde«, in: Thomas Brose, Matthias Lutz-Bachmann (Hg.), *Umstrittene Menschenwürde. Beiträge zur ethischen Debatte der Gegenwart*, Berlin 1994, 157–175

Hubbard, Ruth, »Hat die Evolution die Frauen übersehen?«, in: Elisabeth List, Herlinde Studer (Hg.), *Denkverhältnisse. Feminismus und Kritik*, Frankfurt/Main 1989, 301–333

Hubig, Christoph; Huning, Alois; Ropohl, Günther (Hg.), *Nachdenken über Technik. Klassiker der Technikphilosophie*, Berlin 2001

Hügli, A.; Han, B.-Ch., »Utilitarismus«, in: Joachim Ritter, Karlfried Gründer (Hg.), *Historisches Wörterbuch der Philosophie*, Basel 1971ff., 503–510

Illies, Christian, *Philosophische Anthropologie im biologischen Zeitalter. Zur Konvergenz von Moral und Natur*, Frankfurt/Main 2006

Jacob, François, *Die Logik des Lebenden. Eine Geschichte der Vererbung*, Frankfurt/Main 2002

Jacob, François, »Le modèle linguistique en biologie«, in: *Critique* 322/1974, 197–205

Jäger, Christian, *Gilles Deleuze zur Einführung*, München 1997

Janich, Peter, »Szientismus und Naturalismus. Irrwege der Naturwissenschaft als philosophisches Programm?«, in: Geert Keil, Herbert Schnädelbach (Hg.), *Naturalismus. Philosophische Beiträge*, Frankfurt/Main 2000, 289–309

Janich, Peter, *Was ist Information?*, Frankfurt/Main 2006

Jennings, Bruce, »Liberale Autonomie und bürgerliche Interdependenz: Politische Kontexte angewandter Ethik«, in: Matthias Kettner (Hg.), *Angewandte Ethik als Politikum*, Frankfurt/Main 2000, 51–75

Jonsen, Albert R., *The Birth of Bioethics*, New York und Oxford 1998

Kant, Immanuel, *Grundlegung zur Metaphysik der Sitten* (1785), Stuttgart 1986 (=*Grundlegung*)

Kant, Immanuel, *Kritik der Urteilskraft* (1790), Werkausgabe Bd. 10, Frankfurt/Main 1974 (=KdU)

Kant, Immanuel, *Metaphysik der Sitten* (1797), Werkausgabe Bd. 8, Frankfurt/Main 1998 (=MdS)

Kaufman, Eleanor, »Toward a Feminist Philosophy of Mind«, in: Ian Buchanan, Claire Colebrook (Hg.), *Deleuze and Feminist Theory*, Edinburgh 2000, 128–143

Kaulbach, Friedrich, »Leib, Körper II. Neuzeit«, in: Joachim Ritter, Karlfried Gründer (Hg.), *Historisches Wörterbuch der Philosophie*, Basel u. a. 1971ff., 179–185

Kay, Lily E., *Das Buch des Lebens. Wer schrieb den genetischen Code?*, Frankfurt/Main 2005

Keil, Geert, »Anthropologischer und ethischer Naturalismus«, in: Bernd Goebel, Anna Maria Hauk, Gerhard Kruip (Hg.), *Probleme des Naturalismus. Philosophische Beiträge*, Paderborn 2005, 65–100

Keil, Geert, *Kritik des Naturalismus*, Berlin und New York 1993

Keil, Geert, »Rorty und der Eliminative Materialismus – eine Mesalliance?«, in: Thomas Schäfer, Udo Tietz, Rüdiger Zill (Hg.), *Hinter den Spiegeln. Beiträge zur Philosophie Richard Rortys mit Erwiderungen von Richard Rorty*, Frankfurt/Main 2001, 56–72

Keil, Geert; Schnädelbach, Herbert, »Naturalismus«, in: Dies. (Hg.), *Naturalismus. Philosophische Beiträge*, Frankfurt/Main 2000, 7–45

Kenny, Anthony, »The Homunculus Fallacy«, in: Marjorie Gene, Ilya Prigogine (Hg.), *Interpretations of Life and Mind*, London 1971, 155–165

Kettner, Matthias, »Einleitung«, in: Ders. (Hg.), *Angewandte Ethik als Politikum*, Frankfurt/Main 2000, 7–20

Kettner, Matthias, »Selbstbestimmung. Das latente Thema der Willensfreiheitsdebatte«, in: Helmut Fink, Rainer Rosenzweig (Hg.), *Freier Wille – Frommer Wunsch? Gehirn und Willensfreiheit*, Paderborn 2006, 205–217

Kliemt, Hartmut, »Zur Kommodifizierung menschlicher Organe im freiheitlichen Rechtsstaat«, in: Jochen Taupitz (Hg.), *Kommerzialisierung des menschlichen Körpers*, Berlin, Heidelberg und New York 2007, 95–108

Klinger, Cornelia, »Eine Fallstudie zum Thema postmoderne Philosophie der Weiblichkeit: Jacques Derrida, *Sporen: Die Stile Nietzsches*«, in: Natalie Amstutz, Natalie, Martina (Hg.), *Theorie – Geschlecht – Fiktion*, Basel und Frankfurt/Main 1994, 205–233

Klinger, Cornelia, »Feministische Theorie zwischen Lektüre und Kritik des philosophischen Kanons«, in: Hadumud Bußmann, Renate Hof (Hg.), *Genus. Geschlechterforschung/Gender Studies in den Kultur- und Sozialwissenschaften*, Stuttgart 2005, 329–364

Klinger, Cornelia, »The Concepts of the Sublime and the Beautiful in Kant and Lyotard«, in: Robin May Scott (Hg.), *Feminist Interpretations of Immanuel Kant*, University Park, Pennsylvania 1997, 191–211

Klinger, Gerwin, »Freiheit als ›freiwillige Aufgabe der Freiheit‹. Arnold Gehlens Umbau des Deutschen Idealismus«, in: Wolfgang Fritz Haug (Hg.), *Deutsche Philosophen 1933*, Hamburg und Berlin 1989, 188–218

Klinger, Gerwin, »Modernisierung des NS-Staates aus dem Geist der Anthropologie. Die Konzepte ›Zucht‹ und ›Leistung‹ bei Arnold Gehlen«, in: Wolfgang Bialas, Manfred Gangl (Hg.), *Intellektuelle im Nationalsozialismus*, Frankfurt/Main, Berlin u. a. 2000, 299–324

Klöppel, Ulrike, »›Strenge Objektivität und extremste Subjektivität konkurrieren‹. Hermaphroditismusbehandlung in der Nachkriegszeit«, in: Leonie Baumann (Hg.), *1-0-1 Intersex. Das Zwei-Geschlechter-System als Menschenrechtsverletzung*, Berlin 2005, 168–185

Knecht, Michi, »Reproduktionstechnologien und die Biomedikalisierung von Verwandtschaft. Anmerkungen aus ethnographischer Perspektive«, in: *Das Argument* 275/2008, 179–194

Kollek, Regine, »Von den Genen zur Funktion«, in: Ludger Honnefelder, Peter Propping (Hg.), *Was wissen wir, wenn wir das menschliche Genom kennen?*, Köln 2001, 113–114

Koppelberg, Dirk, »Was ist Naturalismus in der gegenwärtigen Philosophie?«, in: Geert Keil, Herbert Schnädelbach (Hg.), *Naturalismus. Philosophische Beiträge*, Frankfurt/Main 2000, 68–91

Korff, Wilhelm, »Einführung in das Projekt Bioethik«, in: Ders., Lutwin Beck, Paul Mikat (Hg.), *Lexikon der Bioethik*, Bd. 1, Gütersloh 2000, 7–16

Koyré, Alexandre, *Descartes und die Scholastik*, Darmstadt 1971

Krauth, Stefan, *Die Hirnforschung und der gefährliche Mensch. Über die Gefahren einer Neuauflage der biologischen Kriminologie*, Münster 2008

Krüger, Hans-Peter, »Die Fraglichkeit menschlicher Lebewesen. Problemgeschichtliche und systematische Dimensionen«, in: Hans-Peter Krüger, Gesa Lindemann (Hg.), *Philosophische Anthropologie im 21. Jahrhundert*, Berlin 2006, 15–41

Kuhse, Helga, »Die Lehre von der ›Heiligkeit des Lebens‹« (1987), in: Anton Leist (Hg.), *Um Leben und Tod. Moralische Probleme bei Abtreibung, künstlicher Befruchtung, Euthanasie und Selbstmord*, Frankfurt/Main 1990, 75–106

Kuster, Friederike, »Die Erfindung des bürgerlichen Geschlechterverhältnisses. Jean-Jacques Rousseau«, in: Dies., Sabine Doyé, Marion Heinz (Hg.), *Philosophische Geschlechtertheorien*, Stuttgart 2002, 158–164

Kymlicka, Will, »Moralphilosophie und Staatstätigkeit: das Beispiel der neuen Reproduktionstechnologien«, in: Matthias Kettner (Hg.), *Angewandte Ethik als Politikum*, Frankfurt/Main 2000, 193–228

Lacan, Jacques, »Psychoanalyse und Kybernetik oder von der Natur der Sprache« (1955), in: Ders., *Das Seminar. Buch II (1954–1955). Das Ich in der Theorie Freuds und in der Technik der Psychoanalyse*, Weinheim und Berlin 1991, 373–390

Lafontaine, Céline, *L'empire cybernétique. Des machines à penser à la pensée machine*, Paris 2004

Laqueur, Thomas, *Auf den Leib geschrieben. Die Inszenierung der Geschlechter von der Antike bis Freud*, München 1996

Larsen, Lars Thorup, »Speaking Truth to Biopower. On the Genealogy of Bioeconomy«, in: *Distinktion. Scandinavian Journal of Social Theory* 14/2007, 9–24

Lebaqcz, Karen, »On the Elusive Nature of Respect«, in: Dies., Suzanne Holland, Laurie Zoloth (Hg.), *The Human Embryonic Stem Cell Debate. Science, Ethics and Public Policy*, Cambridge/Mass. und London 2001, 149–162

Leist, Anton, »Angewandte Ethik und öffentlicher Vernunftgebrauch«, in: Reinold Schmücker, Ulrich Steinvorth (Hg.), *Gerechtigkeit und Politik. Philosophische Perspektiven*, Berlin 2002, 135–150

Leist, Anton, »Diskussionen um Leben und Tod«, in: Ders. (Hg.), *Um Leben und Tod. Moralische Probleme bei Abtreibung, künstlicher Befruchtung, Euthanasie und Selbstmord*, Frankfurt/Main 1990, 9–74

Leist, Anton, »Herausforderungen der Bioethik«, in: Johann S. Ach, Andreas Gaidt (Hg.), *Herausforderung der Bioethik*, Stuttgart-Bad Cannstatt 1993, 19–44

Lemke, Thomas, *Veranlagung und Verantwortung. Genetische Diagnostik zwischen Selbstbestimmung und Schicksal*, Bielefeld 2004

Lethen, Helmuth, »Philosophische Anthropologie und Literatur in den zwanziger Jahren. Helmuth Plessners neusachliches Mantel- und Degenstück«, in: Wolfgang Essbach, Joachim Fischer, Helmuth Lethen, *Plessners »Grenzen der Gemeinschaft«*, Frankfurt/Main 2002, 29–62

Lettow, Susanne, »›Der Mensch‹ der Philosophischen Anthropologie. Männlichkeit und kulturelle Hegemonie zwischen Weimarer Republik und NS«, in: Claudia

Lenz (Hg.), *Männlichkeiten – Gemeinschaften – Nationen. Historische Studien zur Geschlechterordnung des Nationalen*, Opladen 2003, 23–43

Lettow, Susanne, *Die Macht der Sorge. Heideggers Artikulation von Geschlechterverhältnissen in »Sein und Zeit«*, Tübingen 2001

Lettow, Susanne, »Les bio/technosciences dans la philosophie: Défis et perspectives pour les *gender studies* en philosophie«, in: *Diogène. Revue internationale des sciences humaines* 225/2009, 157–171

Lettow, Susanne, »Zone der Unbestimmtheit. Biopolitik und Geschlechterverhältnisse bei Foucault, Agamben und Hardt/Negri«, in: Dies., Ulrike Manz, Katja Sarkowsky (Hg.), *Öffentlichkeiten und Geschlechterverhältnisse. Strategien, Erfahrungen, Subjekte*, Königstein/Ts, 2005, 225–242

Lettow, Susanne, »Zukunft denken – Benjamin, die Postmoderne und Heidegger«, in: *Das Argument* 230/1999, 338–343

Liebsch, Katharina; Manz, Ulrike, *Jenseits der Expertenkultur. Zur Aneignung und Transformation biopolitischen Wissens in der Schule*, Wiesbaden 2007

Lindemann, Gesa, »Soziologie – Anthropologie und die Analyse gesellschaftlicher Grenzregimes«, in: Hans-Peter Krüger, Gesa Lindemann (Hg.), *Philosophische Anthropologie im 21. Jahrhundert*, Berlin 2006, 42–62

Lindemann, Hilde, »Feminist Bioethics: Where We›ve Been, Where We‹re Going«, in: Linda Martín Alcoff, Eva Feder Kittay (Hg.), *The Blackwell Guide to Feminist Philosophy*, Malden und Oxford 2007, 116–130

List, Elisabeth, *Ethik des Lebendigen*, Weilerswirst 2009

List, Elisabeth, *Vom Darstellen zum Herstellen. Eine Kulturgeschichte der Naturwissenschaften*, Weilerswirst 2007

List, Elisabeth, *Grenzen der Verfügbarkeit. Die Technik, das Subjekt und das Lebendige*, Wien 2001

List, Elisabeth, »Naturverhältnisse – Geschlechterverhältnisse«, in: Dies., *Die Präsenz des Anderen*, Frankfurt/Main 1993, 90–110

Locke, John, *Über die Regierung. The Second Treatise of Government* (1689), Stuttgart 1974 (=*Über die Regierung*)

Locke, John, *Versuch über den menschlichen Verstand* (1690), Bd. 1, Hamburg 1981 (=*Versuch*)

Lösch, Andreas, *Genomprojekt und Moderne. Soziologie des bioethischen Diskurses*, Frankfurt/Main und New York 2001

Lüdersen, Klaus, »Ändert die Hirnforschung das Strafrecht?«, in: Christian Geyer (Hg.), *Hirnforschung und Willensfreiheit. Zur Deutung der neuesten Experimente*, Frankfurt/Main, 98–102

Lyotard, Jean-François, *Das postmoderne Wissen* (1979), Wien 1999

Lyotard, Jean-François, *Der Widerstreit* (1983), München 1989

Lyotard, Jean-François, »Ein Einsatz in den Kämpfen der Frauen« (1976), in: *Das Patchwork der Minderheiten*, Berlin 1977, 52–72 (=1976/1977b)

Lyotard, Jean-François, »Immaterialien. Konzeption«, in: Ders. u. a., *Immaterialität und Postmoderne*, Berlin 1985, 77–89 (=1985c)

Lyotard, Jean-François, »Kleine Perspektivierung der Dekadenz und einiger minoritärer Gefechte, die hier zu führen sind« (1976), in: Ders., *Das Patchwork der Minderheiten*, Berlin 1977, 7–51 (=1976/1977a)

Lyotard, Jean-François, »Kunst heute? Gespräch zwischen Jean-François Lyotard und Bernard Blistène«, in: Ders. u. a., *Immaterialität und Postmoderne*, Berlin 1985, 55–74 (=1985b)

Lyotard, Jean-François, »Ob man ohne Körper denken kann«, in: Ders., *Das Inhumane. Plaudereien über die Zeit* (1988), Wien 1989, 23–50 (=1988/1989a)

Lyotard, Jean-François, »Philosophie in der Diaspora. Gespräch zwischen Jacques Derrida und Jean-François Lyotard, moderiert von Thomas Ferenczi, in der Sendereihe ›Passage du témoin‹. France-Culture vom 27.10.84«, in: Ders. u. a., *Immaterialität und Postmoderne*, Berlin 1985, 19–26 (=1985a)

Lyotard, Jean-François, »Zeit heute«, in: Ders., *Das Inhumane. Plaudereien über die Zeit* (1988), Wien 1989, 107–140 (=1988/1989b)

Macpherson, C. B., *Die politische Theorie des Besitzindividualismus*, Frankfurt/Main 1973

Mahowald, Mary, »Cultural Differences and Sex Selection«, in: Rosemary Tong, Gwen Anderson, Aida Santos (Hg.), *Globalizing Feminist Bioethics. Crosscultural Perspectives*, Boulder und Oxford 2001, 165–178

Malabou, Catherine, *Was tun mit unserem Gehirn?*, Zürich und Berlin 2006

Manzei, Alexandra, »›Nabelschnurblut, die biologische Lebensversicherung für ihr Kind …‹ – Eine gouvernementalitätstheoretische Analyse der Machtverhältnisse in der Biomedizin«, in: Detlef Georgia Schulze, Sabine Berghahn, Frieder Otto Wolf (Hg.), *Politisierung und Entpolitisierung als performative Praxis*, Münster 2006, 161–180

Manzei, Alexandra, »Umkämpfte Deutungen – Gesellschaftstheorie und die Kritik szientifischer Bestimmungen menschlicher Existenz in der biotechnologischen Medizin«, in: Gerhard Gamm, Mathias Gutmann, Alexandra Manzei (Hg.), *Zwischen Anthropologie und Gesellschaftstheorie. Zur Renaissance Helmuth Plessners im Kontext der modernen Lebenswissenschaften*, Bielefeld 2005, 55–82

Marcus, Steven J. (Hg.), *Neuroethics. Mapping the Field. Conference Proceedings May 13–14, 2002*, San Francisco und New York 2002

Mauss, Bärbel, »Genomic Imprinting im Kontext feministischer Kritik«, in: Sigrid Schmitz, Britta Schinzel, *Grenzgänge. Genderforschung in Informatik und Naturwissenschaften*, Königstein/Taunus 2004, 149–163

Mauss, Marcel, *Soziologie und Anthropologie*, Bd. 2, Frankfurt/Main 1989

McDowell, John, »Zwei Arten von Naturalismus«, in: Ders., *Wert und Wirklichkeit. Aufsätze zur Moralphilosophie*, Frankfurt/Main 2002, 30–73

Merkel, Reinhard, »Rechte für Embryonen? Die Menschenwürde läßt sich nicht allein auf die biologische Zugehörigkeit zur Menschheit gründen«, in: Christian Geyer (Hg.), *Biopolitik. Die Positionen*, Frankfurt/Main 2001, 51–64

Merleau-Ponty, Maurice, *Phänomenologie der Wahrnehmung*, Berlin 1966

Metzinger, Thomas, *Being No One: The Self-Model Theory of Subjectivity*, Cambridge/Mass. 2003

Metzinger, Thomas, »Ich-Störungen als pathologische Formen mentaler Selbstmodellierung«, in: Georg Northoff (Hg.), *Neuropsychiatrie und Neurophilosophie*, Paderborn, München, Wien und Zürich 1997, 169–192

Metzinger, Thomas, *Subjekt und Selbstmodell. Die Perspektivität phänomenalen Bewußtseins vor dem Hintergrund einer naturalistischen Theorie mentaler Repräsentation*, Paderborn, München, Wien und Zürich 1993

Meyers großes Taschenlexikon, Mannheim, Wien und Zürich 1983

Mittelstrass, Jürgen, *Die Geisteswissenschaften und die Zukunft der Universität*, Köln 2003

Morgenstern, Oskar; Neumann, John von, *Spieltheorie und wirtschaftliches Verhalten* (1944), Würzburg 1961

Moser, Peter, »Der Fall Sloterdijk. Ein Vortrag erregt die Gemüter«, in: *Information Philosophie* 4/1999, 20–29

Muzrukova, Elena, »Karl Ernst von Baer (1792–1876)«, in: Ilse Jahn, Michael Schmitt (Hg.), *Darwin & Co. Eine Geschichte der Biologie in Portraits*, München 2001, 299–310

Nicholas, Barbara, »Strategies for Effective Transformation«, in: Anne Donchin, Laura M. Purdy. (Hg.), *Embodying Bioethics. Recent Feminist Advances*, Lanham, Boulder u. a. 1999, 239–252

Nida-Rümelin, Julian, »Wert des Lebens«, in: Ders. (Hg.), *Angewandte Ethik. Die Bereichsethiken und ihre theoretische Fundierung. Ein Handbuch*, Stuttgart, 834–861

O'Neill, Onora, *Autonomy and Trust in Bioethics*, Cambridge 2002

Oudshoorn, Nelly, *Beyond the natural body. An archaeology of sex hormones*, London und New York 1994

Pagel, Gerda, *Jacques Lacan zur Einführung*, Hamburg 1999

Pateman, Carol, *The Sexual Contract*, Stanford und Cambridge 1988

Pauen, Michael, *Grundprobleme der Philosophie des Geistes*, Frankfurt/Main 2001

Pauen, Michael, *Illusion Freiheit? Mögliche und unmögliche Konsequenzen der Hirnforschung*, Frankfurt/Main 2004

Pauer-Studer, Herlinde, »Bioethik und Feminismus. Ein Blick auf neue Publikationen«, in: *Deutsche Zeitschrift für Philosophie* Nr. 42, 1/1994, 155–166

Pearson, Keith Ansell, »Viroid Life. On Machines, Technics and Evolution«, in: Ders. (Hg.), *Deleuze and Philosophy. The Difference Engineer*, London und New York 1991, 180–210

Pelkner, Eva, *Gott, Gene und Gebärmütter: Anthropologie und Frauenbild in der evangelischen Ethik zur Fortpflanzungsmedizin*, Gütersloh 2001

Pellegrino, Edmund D., »Einleitung: Die medizinische Ethik in den USA – Die Situation heute und die Aussichten für morgen«, in: Hans-Martin Sass, *Bioethik in den USA. Methoden, Themen, Positionen*, Berlin, Heidelberg u. a. 1988, 1–18

Petchesky, Rosalind, »Morality and Personhood: A Feminist Perspective. Extract from *Abortion and Woman's Choice*«, in: Elizabeth Frazer, Jennifer Hornsby, Sabina Lovibond (Hg.), *Ethics. A Feminist Reader*, Oxford und Malden, 413–439

Plessner, Helmuth, *Die Stufen des Organischen und der Mensch* (1928), *Ges. Schriften*, Bd. 4, Frankfurt/Main 1981

Plessner, Helmuth, *Grenzen der Gemeinschaft* (1924), Frankfurt/Main 2002

Prätorius, Ina, »Biotechnologie und Ethik«, in: Dies., *Skizzen zur feministischen Ethik*, Mainz 1995, 142–158

Purdy, Laura, *Reproducing Persons. Issues in Feminist Bioethics*, Ithaca und New York 1996

Putnam, Hilary, »Die Natur mentaler Zustände« (1967), in: Peter Bieri (Hg.), *Analytische Philosophie des Geistes*, Königstein/Ts. 1981, 123–135

Putnam, Hilary, »Mind and Machines« (1960), in: Ders., *Mind, Language and Reality. Philosophical Papers*, Vol. 2, Cambridge/Mass., London u. a. 1975, 362–385

Putnam, Hilary, »Why Functionalism Didn't Work« (1988), in: Ders., James Conant (Hg.), *Words and Life*, Cambridge/Mass. und London 1994, 441–459

Putnam, Hilary, »Why Reason Can't Be Naturalized« (1988), in: *Synthese* 52/1982, 3–23

Quante, Michael, »Wessen Würde? Welche Diagnose? – Bemerkungen zur Verträglichkeit von Präimplantationsdiagnostik und Menschenwürde«, in: Ludwig Siep, Michael Quante (Hg.), *Der Umgang mit dem beginnenden menschlichen Leben. Ethische, medizintheoretische und rechtliche Probleme aus niederländischer und deutscher Perspektive*, Münster 2003, 133–152

Quine, Willard Van Orman, »Naturalismus – oder: Nicht über seine Verhältnisse leben«, in: Geert Keil, Herbert Schnädelbach (Hg.), *Naturalismus. Philosophische Beiträge*, Frankfurt/Main 2000, 113–127

Quine, Willard Van Orman, »Ontologische Relativität«, in: Ders., *Ontologische Relativität und andere Schriften*, Frankfurt/Main 2003, 43–84

Quine, Willard Van Orman, »Zwei Dogmen des Empirismus«, in: Ders., *Von einem logischen Standpunkt. Neun logisch-philosophische Essays*, Frankfurt/Main, Berlin und Wien 1979, 27–50

Qiu, Ren-Zong, *Bioethics: Asian Perspectives. A Quest for Moral Diversity*, Dordrecht und Boston 2004

Rajan, Kaushik Sunder, *Biokapitalismus. Werte im postgenomischen Zeitalter*, Frankfurt/Main 2009

Rammert, Werner, *Technik – Handeln – Wissen. Zu einer pragmatistischen Technik- und Sozialtheorie*, Wiesbaden 2007

Rattanakun, Phinhit, *Bioethics and Buddhism*, Bangkok 2004

Reardon, Jenny, »Race and Biology. Beyond the Perpetual Return of Crisis«, in: *NTM. Zeitschrift für Geschichte der Wissenschaften, Technik und Medizin* 16/2008, 373–377

Rehmann-Sutter, Christoph, »Biomedizinische Ethik als Diskurs über Politisches«, in: Helmut Holzhey, Jean-Pierre Leyvraz (Hg.), *Der Wert des Lebens. Bioethik in der Diskussion*, Bern und Stuttgart 1991, 21–38

Reich, Warren T., »Shaping and Mirroring the Field: The ›Encyclopedia of Bioethics‹«, in: Jennifer K. Walter, Eran P. Klein (Hg.), *The Story of Bioethics. From Seminal Works to Contemporary Explorations*, Washington 2003, 165–196

Rheinberger, Hans-Jörg, »Alles, was überhaupt zu einer Inskription führen kann«, in: Ulrich Raulff, Gary Smith (Hg.), *Wissensbilder. Strategien der Überlieferung*, Berlin 1999, 265–277

Rheinberger, Hans-Jörg, *Epistemologie des Konkreten. Studien zur Geschichte der modernen Biologie*. Frankfurt/Main 2006

Rheinberger, Hans-Jörg, *Experimentalsysteme und epistemische Dinge. Eine Geschichte der Proteinsynthese im Reagenzglas* (2001), Frankfurt/Main 2006 (=2001/2006)

Rheinberger, Hans-Jörg, »Von der Zelle zum Gen. Repräsentationen der Molekularbiologie«, in: Ders., Michael Hagner, Bettina Wahrig-Schmidt (Hg.), *Räume des Wissens. Repräsentation, Codierung, Spur*, Berlin 1997, 265–279

Rheinberger, Hans-Jörg, »Von Mendel zu Postgenomics«, in: Honnefelder, Ludger, Propping, Peter (Hg.), *Was wissen wir, wenn wir das menschliche Genom kennen?*, Köln 2001, 119–127

Richards, Evelleen, »Darwin and the Descent of Woman«, in: David Oldroyd, Ian Langham (Hg.), *The Wider Domain of Evolutionary Thought*, Dordrecht, Boston und London 1983, 57–111

Ringer, Fitz K., *Die Gelehrten. Der Niedergang der deutschen Mandarine 1890–1933*, München 1987

Rose, Nikolas, *The Politics of Life Itself. Biomedicine, Power and Subjectivity in the Twenty-First Century*, Princeton 2007

Roskies, Adina L., »What›s ‹Neu‹ in Neuroethics?«, in: John Bickle (Hg.), *The Oxford Handbook of Philosophy and Neuroscience*, Oxford 2009, 454–472

Roth, Gerhard, »Vorwort«, in: Paul M. Churchland, *Die Seelenmaschine. Eine philosophische Reise ins Gehirn* (1995), Heidelberg, Berlin und Oxford 1997, XIII-XVII

Sacksofsky, Ute, »Präimplantationsdiagnostik und Grundgesetz«, in: *Kritische Justiz* 3/2003, 274–292

Salles, Arleen L. F.; Bertomeu, Maria Julia (Hg.), *Bioethics: Latin American Perspectives*, Amsterdam 2002

Samerski, Silja, *Die verrechnete Hoffnung. Von der selbstbestimmten Entscheidung durch genetische Beratung*, Münster 2002

Sarasin, Philipp, »Infizierte Körper, kontaminierte Sprachen. Metaphern als Gegenstand der Wissenschaftsgeschichte«, in: Ders., *Geschichtswissenschaft und Diskursanalyse*, Frankfurt/Main 2003, 191–230

Sass, Hans-Martin, *Bioethik in den USA. Methoden, Themen, Positionen*, Berlin, Heidelberg u. a. 1988

Saupe, Angelika, »Technik oder Leben? Life Sciences, Technoscience und feministische Techniktheorie«, in: Marlies Krüger, Bärbel Wallisch-Prinz (Hg.), *Erkenntnisprojekt Feminismus*, Bremen 2001, 224–238

Scheich, Elvira, »Klassifiziert nach Geschlecht. Die Funktionalisierung des Weiblichen für die Genealogie des Lebendigen in Darwins Abstammungslehre«, in: Dies., Barbara Orland (Hg.), *Das Geschlecht der Natur*, Frankfurt/Main 1995, 270–288

Scheler, Max, *Die Stellung des Menschen im Kosmos* (1928), in: Ders., *Ges. Werke*, Bd. 9, Bern 1976

Scheler, Max, »Zur Idee des Menschen« (1913), in: Ders., *Vom Umsturz der Werte. Abhandlungen und Aufsätze. Ges. Werke*, Bd. 3, Bern und München 1972, 171–197

Scherer. G., »Person III. 1–9«, in: Joachim Ritter, Karlfried Gründer (Hg.), *Historisches Wörterbuch der Philosophie*, Basel u. a. 1971ff., 300–319

Schmidgen, Henning, *Das Unbewußte der Maschinen. Konzeptionen des Psychischen bei Guattari, Deleuze und Lacan*, München 1997

Schmitz, Sigrid, »Hirnbilder im Wandel? Kritische Gedanken zum ›sexed brain‹«, in: Bärbel Mauss, Barbara Petersen (Hg.), *Das Geschlecht der Biologie*,Talheim 2006, 61–92

Schmitz, Sigrid, »Körperlichkeit in Zeiten der Virtualität«, in: Dies., Britta Schintzel (Hg.), *Grenzgänge. Genderforschung in Informatik und Naturwissenschaften*, Königstein/Ts. 2004, 118–132

Schnädelbach, Herbert, *Philosophie in Deutschland 1831–1933*, Frankfurt/Main 1983

Schneider, Ingrid, »Die Nicht-Kommerzialisierung des Organtransfers als Gebot einer Global Public Policy: Normative Prinzipien und gesellschaftspolitische Begründungen«, in: Jochen Taupitz (Hg.), *Kommerzialisierung des menschlichen Körpers*, Berlin, Heidelberg und New York 2007, 109–127

Schneider, Ingrid, »Die soziale und rechtliche Regulation des Transfers von Körpersubstanzen: Kategorien, Klassifikationen und Normbildungsprozesse«, in: Christian Steineck, Ole Döring (Hg.), *Kultur und Bioethik. Eigentum am eigenen Körper*, Baden-Baden 2008, 26–50

Schultz, Susanne, »Biopolitik und affektive Arbeit bei Hardt/Negri«, in: *Das Argument* 248/2002, 696–708

Schultz, Susanne, *Hegemonie – Gouvernementalität – Biomacht. Reproduktive Risiken und die Transformation internationaler Bevölkerungspolitik*, Münster 2006

Searle, John, *Freiheit und Neurobiologie* (2004), Frankfurt/Main 2004

Searle, John, »Geist, Gehirn, Programm« (1980), in: Douglas Hofstadter, Daniel C. Dennett (Hg.), *Einsicht ins Ich. Fantasien und Reflexionen über Selbst und Seele*, Stuttgart 1986, 337–356

Searle, John, »Ist das Gehirn ein Digitalcomputer?« (1990), in: Peter Schefe, Heiner Hastedt u. a. (Hg.), *Informatik und Philosophie*, Mannheim, Leipzig, Wien und Zürich 1993, 211–232

Searle, John, »What's Wrong With the Philosophy of Mind?« (1992), in: Richard Warner, Tadeusz Szubka (Hg.), *The Mind-Body Problem. A Guide to the Current Debate*, Oxford und Cambridge/Mass. 1994, 277–298

Sellars, Wilfrid, *Science, Perception, and Reality*, London 1963

Serres, Michel, *Hermes III. Übersetzung*, Berlin 1992

Sherwin, Susan, »Feminist Reflections on the Role of Theories in a Global Bioethics«, in: Rosemary Tong, Gwen Anderson, Aida Santos (Hg.), *Globalizing Feminist Bioethics. Crosscultural Perspectives*, Boulder und Oxford 2001, 12–26

Sherwin, Susan, »Feministische Ethik und In-vitro-Fertilisation« (1987), in: Herta Nagl-Docekal, Herlinde Pauer-Studer (Hg.), *Jenseits der Geschlechtermoral. Beiträge zur feministischen Ethik*, Frankfurt/Main 1993

Shildrick, Margrit, »Beyond the Body of Bioethics: Challenging the Conventions«, in: Dies., Roxanne Mykitiuk (Hg.), *Ethics of the Body. Postconventional Challenges*, Cambridge/Mass. 2005, 1–26

Siep, Ludwig, »Die Bedeutung der ›Natur des Menschen‹ für eine konkrete Ethik«, in: Giovanni Maio, Jens Clausen, Oliver Müller (Hg.), *Mensch ohne Maß? Reichweite und Grenzen anthropologischer Argumente in der biomedizinischen Ethik*, Freiburg und München 2008, 195–212

Siep, Ludwig, »›Dolly‹ oder die Optimierung der Natur«, in: Johann S. Ach, Gerd Brudermüller, Christa Runtenberg (Hg.), *Hello Dolly? Über das Klonen*, Frankfurt/Main 1998 (= 1998b)

Siep, Ludwig, »Ethik und Anthropologie«, in: Annette Barkhaus, Matthias Mayer u. a. (Hg.), *Identität, Leiblichkeit, Normativität. Neue Horizonte anthropologischen Denkens*, Frankfurt/Main 1996, 274–298

Siep, Ludwig, »Ethik und Menschenbild«, in: *Information Philosophie* 5/1999, 7–21

Siep, Ludwig, *Konkrete Ethik. Grundlagen der Natur- und Kulturethik*, Frankfurt/Main 2004

Siep, Ludwig, »Moral und Gattungsethik«, in: *Deutsche Zeitschrift für Philosophie* 50/2002, 111–120

Siep, Ludwig, »Natur als Norm? Zur Rekonstruktion eines normativen Naturbegriffs in der angewandten Ethik«, in:, Mechthild Dreyer, Kurt Fleischhauer (Hg.), *Natur als Norm? Natur und Person im ethischen Disput*, Freiburg/München 1998, 191–206 (= 1998a)

Simon, Herbert A., *Perspektiven der Automation für Entscheider*, Hamburg 1966

Singer, Mona, *Geteilte Wahrheit. Feministische Epistemologie, Wissenssoziologie und Cultural Studies*, Wien 2005

Singer, Mona, »Wir sind immer mittendrin: Technik und Gesellschaft als Koproduktion«, in: Sigrid Graumann, Ingrid Schneider (Hg.), *Verkörperte Technik – Entkörperte Frau. Biopolitik und Geschlecht*, Frankfurt/Main und New York 2003, 110–124

Singer, Peter, *Praktische Ethik* (1979), Stuttgart 1994

Singer, Wolf, *Ein neues Menschenbild? Gespräche über Hirnforschung*, Frankfurt/Main 2003

Sloterdijk, Peter, »Domestikation des Seins. Die Verdeutlichung der Lichtung«, in: Ders., *Nicht gerettet. Versuche nach Heidegger*, Frankfurt/Main 2001, 142–234 (=2001a)

Sloterdijk, Peter, »Regeln für den Menschenpark. Ein Antwortschreiben zu Heideggers Brief über den Humanismus«, in: Ders., *Nicht gerettet. Versuche nach Heidegger*, Frankfurt/Main 2001, 302–337 (=2001b)

Sokal, Alan; Bricmont, Jean, *Eleganter Unsinn. Wie die Denker der Postmoderne die Wissenschaften mißbrauchen*, München 1999

Spaemann, Robert, »Gezeugt, nicht gemacht. Die verbrauchende Embryonenforschung ist ein Anschlag auf die Menschenwürde«, in: Christian Geyer (Hg.), *Biopolitik. Die Positionen*, Frankfurt/Main 2001, 41–50

Steigleder, Klaus, »Bioethik als Singular und als Plural – Die Theorie von Tristam H. Engelhardt jr.«, in: Ders., Marcus Düwell (Hg.), *Bioethik. Eine Einführung*, Frankfurt/Main 2003, 72–87 (=2003a)

Steigleder, Klaus, »Kasuistische Ansätze in der Bioethik«, in: Ders., Marcus Düwell (Hg.), *Bioethik. Eine Einführung*, Frankfurt/Main 2003, 152–167 (=2003b)

Stepan, Nancy Leys, »Race and Gender: The Role of Analogy in Science«, in: *Isis* 287/1986, 261–277

Tanner, Jakob, »Komplexität, Kybernetik und Kalter Krieg. ›Information‹ im Systemantagonismus von Markt und Plan«, in: Michael Hagner, Erich Hörl (Hg.), *Die Transformation des Humanen. Beiträge zur Kulturgeschichte der Kybernetik*, Frankfurt/Main 2008, 377–413

Taupitz, Jochen, »Das Verbot der Kommerzialisierung des menschlichen Körpers und seiner Teile: Lässt es sich rational begründen? – Zugleich Einführung in das Tagungsthema«, in: Ders. (Hg.), *Kommerzialisierung des menschlichen Körpers*, Berlin, Heidelberg und New York 2007, 1–6

The Biology and Gender Study Group, »The Importance of Feminist Critique for Contemporary Cell Biology«, in: Nancy Tuana (Hg.), *Feminism and Science*, Bloomington und Indianapolis 1989, 172–187

Thorgeirsdottir, Sigridur, »The Controversy on Consent in the Icelandic Database Case and Narrow Bioethics«, in: Gardar Árnason, Salvor Nordal, Vilhjalmur Árnason (Hg.), *Blood and Data. Ethical, Legal and Social Aspects of Human Genetic Databases*, Reykjavik 2004, 67–78

Tong, Rosemary, *Feminist Approaches to Bioethics. Theoretical Reflections and Practical Applications*, Boulder und Oxford 1997

Tong, Rosemary, »Is a Global Bioethics Possible as Well as Desirable? A Millennial Feminist Response«, in: Dies., Gwen Anderson, Aida Santos (Hg.), *Globalizing Feminist Bioethics. Crosscultural Perspectives*, Boulder und Oxford 2001, 27–36

Tooley, Michael, »Abortion and Infanticide«(1972), in: Helga Kuhse, Peter Singer (Hg.), *Bioethics. An Anthology*, Oxford und Malden 1999, 21–35

Tuana, Nancy, *The Less Noble Sex. Scientific, Religious, and Philosophical Conceptions of Woman's Nature*, Bloomington und Indianapolis 1993

Tugendhat, Ernst, *Anthropologie statt Metaphysik*, München 2007

Uexküll, Jakob von, *Theoretische Biologie* (1920), Frankfurt/Main 1973
van den Daele, Wolfgang, »Gewinnverbot: Die ambivalente Verteidigung einer Kultur der Gabe«, in: Jochen Taupitz (Hg.), *Kommerzialisierung des menschlichen Körpers*, Berlin, Heidelberg und New York 2007, 128–140
van Tuinen, Sjoerd, *Peter Sloterdijk. Ein Profil*, Paderborn 2006
van den Wijngaard, Marianne, »The Acceptance of Scientific Theories and Images of Masculinity and Femininity: 1959–1985«, in: *Journal of the History of Biology* 24/1991, 19–49
Vollmer, Gerhard, *Biophilosophie*, Stuttgart 1995
Vossenkuhl, Wilhelm, »Entscheidung/Entscheidungsfindung. Ethisch«, in: Wilhelm Korff, Lutwin Beck, Paul Mikat (Hg.), *Lexikon der Bioethik*, Bd. 1, Gütersloh 2000, 611–614
Wajcman, Judy, *Technofeminism*, Cambridge und Malden 2004
Waldby, Catherine; Mitchell, Robert (Hg.), *Tissue Economies. Blood, Organs, and Cell Lines in Late Capitalism*, Durham und London 2006
Waldschmidt, Anne, »Normierung oder Normalisierung: behinderte Frauen, der Wille zum ›Normkind‹ und die Debatte um die Pränataldiagnostik«, in: Sigrid Graumann, Ingrid Schneider (Hg.), *Verkörperte Technik – Entkörperte Frau. Biopolitik und Geschlecht*, Frankfurt/Main und New York 2003
Walter, Henrik, *Neurophilosophie der Willensfreiheit*, Paderborn 1999
Weber, Marcel, »Supervenienz und Physikalismus«, in: Ulrich Krohs, Georg Toepfer (Hg.), *Philosophie der Biologie. Eine Einführung*, Frankfurt /Main 2005, 71–87
Wehling, Peter, »Die ›natürliche Symbolgewalt technischer Neuerungen‹. Zur Aktualität von Walter Benjamins Technikphilosophie und -soziologie«, in: Nicole C. Karafyllis, Tilmann Haar (Hg.), *Technikphilosophie im Aufbruch. Festschrift für Günter Ropohl*, Berlin 2004, 41–54
Weigel, Sigrid, »Der Text der Genetik. Metaphorik als Symptom ungeklärter Probleme wissenschaftlicher Konzepte«, in: Dies. (Hg.), *Genealogie der Genetik. Schnittstellen zwischen Biologie und Kulturgeschichte*, Berlin 2002, 223–246
Wendel, Saskia, *Jean-François Lyotard. Aisthetisches Eros*, München 1997
Wiener, Norbert, *Mensch und Menschmaschine*, Frankfurt/Main und Berlin 1952
Wikler, Daniel; Brock, Dan W., »Population-Level-Bioethics: Mapping a New Agenda«, in: Ronald M. Green, Aine Donovan, Steven A. Jauss (Hg.), *Global Bioethics. Issues of Conscience for the Twenty-First Century*, Oxford 2008, 15–36.
Wilson, Elizabeth, *Neural Geographies. Feminism and the Microstructure of Cognition*, New York und London 1998
Wilson, Elizabeth, *Psychosomatic. Feminism and the Neurological Body*, Durham und London 2004
Wolf, Susan M., »Introduction: Gender and Feminism in Bioethics«, in: Dies. (Hg.), *Feminism and Bioethics. Beyond Reproduction*, New York und Oxford 1996, 3–43
Wolf, Ursula, »Vorbemerkung der Herausgeberin«, in: John Harris, *Der Wert des Lebens. Eine Einführung in die medizinische Ethik*, Berlin 1995, 13–14

Wulf, Christoph (Hg.), »Vorwort«, in: Ders., *Vom Menschen. Handbuch Historische Anthropologie*, Weinheim und Basel 1997, 13–16

Wunderlich, Antonia, *Der Philosoph im Museum. Die Ausstellung ›Les Immatériaux‹ von Jean François Lyotard*, Bielefeld 2008.

Young, Iris Marion, »Impartiality and the Civic Public. Some Implications of Feminist Critiques of Moral and Political Theory«, in: Seyla Benhabib, Drucilla Cornell (Hg.), *Feminism as Critique*, Cambridge und Oxford 1987, 56–76

Zapata Galindo, Martha, »Männerphantasien in der Philosophie. Eine Annäherung an Peter Sloterdijks Denken«, in: Birgit Christensen, Angelica Baum, Sidonia Blättler u. a. (Hg.), *Philosophie und die Zukunft der ›condition féminine‹*, Zürich 2002, 545–552

Zapata Galindo, Martha, *Triumph des Willens zur Macht. Zur Nietzsche-Rezeption im NS-Staat*, Hamburg 1995

Zirnstein, Gottfried, »August Weismann (1834–1914)«, in: Ilse Jahn, Michael Schmitt (Hg.), *Darwin & Co. Eine Geschichte der Biologie in Portraits*, München 2001, 411–433

Žižek, Slavoj, *Körperlose Organe. Bausteine für eine Begegnung zwischen Deleuze und Lacan*, Frankfurt/Main 2005

Zoglauer, Thomas (Hg.), *Technikphilosophie*, Freiburg 2002

Personenregister

Politik der Geschlechterverhältnisse

Susanne Lettow
Biophilosophien
Wissenschaft, Technologie und Geschlecht im philosophischen Diskurs der Gegenwart
2011, ca. 320 Seiten, Band 43, ISBN 978-3-593-39295-0

Otto Penz
Schönheit als Praxis
Über klassen- und geschlechtsspezifische Körperlichkeit
2010, 205 Seiten, Band 42, ISBN 978-3-593-39212-7

Sabine Strasser, Elisabeth Holzleithner (Hg.)
Multikulturalismus queer gelesen
Zwangsheirat und gleichgeschlechtliche Ehe in pluralen Gesellschaften
2010, 370 Seiten, Band 41, ISBN 978-3-593-39172-4

Christa Binswanger, Margaret Bridges, Brigitte Schnegg, Doris Wastl-Walter (Hg.)
Gender Scripts
Widerspenstige Aneignungen von Geschlechternormen
2009, 279 Seiten, Band 40, ISBN 978-3-593-39014-7

Ina Kerner
Differenzen und Macht
Zur Anatomie von Rassismus und Sexismus
2009, 413 Seiten, Band 37, ISBN 978-3-593-38595-2

Dominique Grisard, Jana Häberlein, Anelis Kaiser, Sibylle Saxer (Hg.)
Gender in Motion
Die Konstruktion von Geschlecht in Raum und Erzählung
2007, 405 Seiten, Band 34, ISBN 978-3-593-38348-4

Mehr Informationen unter
www.campus.de/wissenschaft

campus
Frankfurt · New York

Kultur der Medizin

Jochen Vollmann, Jan Schildmann, Alfred Simon (Hg.)
Klinische Ethik
Aktuelle Entwicklungen in Theorie und Praxis
2009, 303 Seiten, Band 29, ISBN 978-3-593-39052-9

Verina Wild
Arzneimittelforschung an schwangeren Frauen
Dilemma, Kontroversen und ethische Diskussion
2010, 256 Seiten, Band 28, ISBN 978-3-593-39053-6

Marianne Hirschberg
Behinderung im internationalen Diskurs
Die flexible Klassifizierung der Weltgesundheitsorganisation
2009, 376 Seiten, Band 30, ISBN 978-3-593-39027-7

Matthias Kettner (Hg.)
Wunscherfüllende Medizin
Ärztliche Behandlung im Dienst von Selbstverwirklichung und Lebensplanung
2009, 338 Seiten, Band 27, ISBN 978-3-593-38881-6

Bernhard Hadolt, Monika Lengauer
Genetische Beratung in der Praxis
Herausforderungen bei präsymptomatischer Gendiagnostik am Beispiel Österreichs
2009, 247 Seiten, Band 26, ISBN 978-3-593-38874-8

Mehr Informationen unter
www.campus.de/wissenschaft

campus
Frankfurt · New York